DE UITVINDING DER VERREKIJKERS

Eene bijdrage tot de beschavingsgeschiedenis

DE UITVINDING DER VERREKIJKERS

Eene bijdrage tot de beschavingsgeschiedenis

DOOR

C. DE WAARD Jr.

UITGEGEVEN MET STEUN VAN HET ZEEUWSCH
GENOOTSCHAP DER WETENSCHAPPEN

'S-GRAVENHAGE
DE NEDERL. BOEK- EN STEENDRUKKERIJ
voorheen H. L. SMITS
1906

VOORBERICHT.

Het meerendeel der schrijvers van onzen tijd, die de uitvinding der verrekijkers ter sprake brengen en het best met de zaak op de hoogte schijnen, geven als resultaat der onderzoekingen, dat die uitvinding in de Nederlanden is geschied. Leest men echter de verschillende monographieën, die er over geschreven zijn, dan kan een gevoel van teleurstelling niet uitblijven; niet alleen, omdat zij, zoowel de een als de andere, onwaarschijnlijkheden bevatten, maar vooral ook, omdat de schrijvers het over de personen en soms zelfs over de zaak zelve niet eens zijn. Als hieromtrent eenmaal twijfel is gewekt, rijst ook de vraag, of de plaats, waar het feit zou geschied zijn, wel zoo onomstootelijk vast staat, en of door eene te groote vooringenomenheid voor eene Nederlandsche uitvinding de gezichtskring niet te beperkt bleef. In deze overweging vond ik aanleiding om een nieuw onderzoek naar de zaak te doen en daarbij zooveel mogelijk kennis te nemen van hetgeen er ook buiten ons land op het gebied van combinaties van lenzen is voorgevallen.

Tot dit laatste bestond ook nog eene andere reden. Vele ontdekkingen en uitvindingen schijnen gezocht te moeten worden in het tijdperk, dat aan hare meer algemeene bekendheid voorafgaat; zij hebben meestal een korter of langer tijd van voorbereiding, waarin men meer dan eens reeds het beginsel kan aantreffen. Ook dien tijd, waarin de gedachte van het instrument ontstaat, zoo goed mogelijk te schetsen en den weg voor zooverre bekend te volgen, dien het doorliep vóór het uit zijn toestand van sluimering opgewekt en een bruikbaar werktuig werd, kon, naar ik meende, niet anders dan de denkbeelden omtrent eene zoodanige „uitvinding" verhelderen.

Dankbaar herdenk ik hier de hulp van verschillende zijden ontvangen, vooral van Prof. FAVARO, den geleerden uitgever der werken van GALILEI te Padua, van den archivaris van Middelburg en van den rijksarchivaris in Zeeland, die mij in het bijzonder zooveel voorlichting gaf; de bibliothecaris van de Provinciale Bibliotheek in die provincie vestigde zelfs mijne aandacht op de aanteekening in een handschrift, die mij van groot gewicht toeschijnt.

Ook betuig ik mijn vriendelijken dank aan het Bestuur van het Zeeuwsch Genootschap der Wetenschappen, dat de uitgave van dit opstel heeft mogelijk gemaakt.

C. DE W.

INHOUD.

I. VOORAFGAANDE BESCHOUWINGEN.

Er kunnen in de geschiedenis der exacte wetenschappen slechts weinige feiten worden aangegeven, welke op eene heerschende wereldbeschouwing een zoo grooten invloed hebben gehad als de door GALILEI in 1610 wereldkundig gemaakte ontdekkingen, gedaan door middel van de toen juist aan hem bekend geworden uitvinding der verrekijkers. Aan het geloof in de wetten van ARISTOTELES betreffende het onveranderlijke der wereld boven de maan, waarmede men het reeds in het laatste vierdedeel der 16^e eeuw waargenomen nieuw verschijnen van sterren, later nog de in 1604 in het beeld Ophiuchus te voorschijn gekomen en veel besproken nieuwe ster niet in overeenstemming kon brengen, en aan het nog algemeen aangenomen wereldstelsel van PTOLOMAEUS werd door GALILEI's ontdekkingen van de vier satelliten van Jupiter (*Astra medicea*, Januari 1610), de door COPERNICUS voorspelde schijngestalten van Venus en Mercurius, en ten slotte door de ontdekking der zonnevlekken, welke de door KEPLER reeds lang verkondigde aswenteling der zon duidelijk lieten zien, een groote schok toegebracht.

Het is zeker onder den indruk van het gewicht dier ontdekkingen, waarvan ook de groote verspreiding der verrekijkers dagteekent, gevoegd bij den grooten naam als physicus, dien GALILEI reeds van vroeger bezat, dat door verschillende schrijvers, die van de uitvinding der verrekijkers gewag maken, ook de eer van de eerste samenstelling van het instrument aan GALILEI wordt toegekend. Die meening ten gunste van den beroemden geleerde kon niet anders dan nog versterkt worden door de uitvoerige uiteenzetting van de samenstelling van een verrekijker, welke voor het eerst gegeven werd in zijn in 1610 verschenen *Nuncius Sidereus*, een werk, dat door de groote verspreiding in veler handen kwam. Zoo verscheen in 1611 een werk van Antonius de Dominis, in welks voorrede, vervaardigd door Joannes Bartolus, Galilei voor de eerste maal als uitvinder wordt genoemd : (¹)

»Sciscitari saepius placuit, quidnam (M. Ant. de Dominis) de novo instrumento illo sentiret, quod nuper ad inspicienda, quae sunt remotissima, a nostrate viro, insigni mathematico Galileo, in lucem editum ferebatur, et Venetiis potissimum publicatum.«

en van dit tijdstip af tot zelfs op heden toe kan men telkens Galilei als uitvinder vermeld vinden (²), al zullen we zien, dat hijzelf meermalen heeft betuigd, dat hij tot de samenstelling van zijn instrument aanleiding vond in de mededeelingen, welke hem van elders bereikten.

Uit hetzelfde jaar 1611 dagteekent ook de benaming »telescopium« voor het nieuwe werktuig, uitgedacht door een lid van de toen pas gestichte Academia dei Lyncei, den Griek Giovanni Demiscianus, of door den stichter dier Academie, den markies Federico Cesi zelf. (³) Zoowel vóór als na dit tijdstip wordt het instrument ook wel met eene andere benaming aangeduid, welke dezelfde is als die van bril of oogglas

(¹) *De radiis visus et lucis in vitris perspectivis et iride, tractatus* M. Antonii de Dominis, *per* Joannem Bartolum *in lucem editus. Venetiis, 1611.* 4°. 78 pags.

(²) O. a. Oliver Lodge, *Pioneers of Science 1893* (Lecture IV, Galileo and the invention of the telescope) en M. Dastre in de *Revue des deux Mondes* van 15 October 1902, pag. 903.

(³) Zoo vindt men in eene verhandeling van Lagalle: *De phoenomenis in orbe lunae,* uitgegeven 1612: „Joannes Remiscianus (Demiscianus) vir omni disciplinarum genere instructus et attica atque romana facundia praeclarus, cuius solerti ingenio novum telescopii nomen perspicillo aptissime inditum debemus" (*Le opere di Galileo Galilei, Edizione nazionale sotto gli auspicii di Sua Maestà il Re d'Italia. Firenze. Tipografia di G. Barbera,* vol. III par. I pag. 811) en in de *Memorie istorico-critiche dell' Academia dei Lincei e del Principe Frederico Cesi, secondo Duca d'Acquasparta, fondatore e principe della medesima* van D. Baldassare Odescalchi (Roma 1806 pag. 96) „che il Cesi o solo, o insieme coi suoi Lincei, desse egli il nome di telescopio e di microscopio ai due strumenti" etc.

in het Nederlandsch(¹), occhiali, occhialini of occhiali in
canna (samengetrokken tot cannochiali) in het Italiaansch,
lunettes in het Fransch en ocularia, perspicilia of conspicilia, tubus visorius of arundo dioptrica (KEPLER) in
het Latijn. Met deze woorden, in het bizonder met het woord
"telescopium", worden de beide soorten van kijkers, zoowel de
zg. Hollandsche of Galileïsche als de astronomische, door elkaar
.aangeduid en in het algemeen elk "instrument om verre te
sien"; men moet zich dus wel wachten aan de benaming "telescopium" uitsluitend de beteekenis te hechten van het moderne
woord telescoop, zooals vroeger wel is geschied, en in den tijd,
waarover ons onderzoek loopt, zal het zelfs veel vaker de beteekenis
hebben van Hollandschen verrekijker. Al worden echter beide soorten van kijkers met hetzelfde woord aangeduid, toch maakt men.
wel degelijk verschil tusschen de instrumenten zelven, en we
moeten dus in voorkomende gevallen uit het overige deel van
den zin opheldering trachten te verkrijgen, welke soort van kijker
is bedoeld ; de Nederlandsche benamingen "korte buyse" en
"lange buyse" resp. voor Hollandschen en astronomischen kijker
zijn in dat opzicht beter. Vóór 1611, in welk jaar KEPLER
in theorie de samenstelling van den astronomischen kijker aan-
geeft, hebben we evenwel nog met geene andere soort kijkers
te maken dan de zg. Hollandsche, d. w. z. kijkers, welke bestaan

---

(¹) Zoo zegt VAN METEREN († 1612) in zijn *Historiën der Nederlanden*
boek 32 Anno 1610 fol. 654 verso (ed. 1647): „In desen tijdt zijnder
eenige soorten van Brillen gevonden, als te sien door een buyse een
voet lanck, en soo het licht dwingen, daer door men dingen siet
verre, jae mijlen verre, al oft het by u ware, en seer bescheydelick,
somen die vast kan leggen dan is onnut om groote effecten te wege
te brengen, oft veel seekerheyts te gheven: maer de komste (*sic*) nieu
zijnde was fraey, maer terstont ghemeyn," en WILLEM YSBRANTSZ.
BONTEKOE verhaalt in zijn *Journael ofte gedenckwaerdighe beschrijvinghe
van de Oost-Indische Reÿze, Hoorn 1648* pag. 23, hoe hij na zijn schipbreuk
in 1619 met zijn boot de Straat Soenda kwam opvaren, waar hij een
vloot vondt liggen: „dit waren altemael Hollantsche schepen, die daerover commandeerde, was van Alckmaer, genaemt FREDERIK HOUTMAN, hy
stont doen ter tydt en keeck met de kijcker of bril in de gelderye, na
ons toe, verwondert wesende over onse mirakuleuse seylen." Deze voorbeelden zouden gemakkelijk met nog andere te vermeerderen zijn.

uit een bol objectief en hol oculair en dus een rechtopstaand
beeld geven van aardsche voorwerpen. Wel is waar wordt de
optische samenstelling der kijkers vóór het werk van GALILEI
nergens door de vinders zelven uitdrukkelijk vermeld, maar
langs een omweg laat zich die gemakkelijk vaststellen. Het
doel, waartoe de eerste kijkers werden gebezigd, was nl. in de
eerste plaats een praktisch; zij zullen dus geene bovenmatige
lengte gehad hebben, zooals in den regel het geval is bij den
astronomischen kijker, die eene buis vereischt ter lengte van
minstens de som der brandpuntsafstanden van objectief en
oculair, en waarbij de brandpuntsafstand van het objectief daarenboven gaarne zeer groot gemaakt wordt. Ook uit de benaming
,,bril" blijkt, dat men in den eersten tijd met werktuigen van
geringe lengte te doen heeft; bovendien zou een zg. astronomische kijker een in de praktijk zeer bezwarend gebrek gehad
hebben, doordat hij, samengesteld uit een bol objectief en
bol oculair, van de omringende voorwerpen een omgekeerd
beeld gaf. Met zekerheid weten we verder, dat de door GALILEI
vervaardigde kijkers, geconstrueerd naar aanleiding van hem
ter oore gekomen geruchten, bestonden uit een bol objectief
en een hol oculair. Uit al deze gegevens besluiten we, dat ook
de kijkers, van welke we in het volgende vóór GALILEI melding
gemaakt vinden, die samenstelling zullen hebben gehad.

Inderdaad zijn er reeds in de eerste helft der 17de eeuw verschillende schrijvers geweest, welke de prioriteit der uitvinding
aan GALILEI ontzegden en die vinding eenige jaren vroeger
plaatsten: zoo eischte FONTANA in een door hem in 1646 uitgegeven werk, waarop we later terugkomen, de eer voor zich
op; doch de meeste berichtgevers wijzen den verrekijkers een
ander vaderland dan Italië aan en noemen haar afkomstig
,,ex Belgica" ([1]); enkelen schrijven haar met name toe aan
DREBBEL ([2]), aan JACOB METIUS of aan LIPPERHEY. Voor METIUS
getuigt de autoriteit van DESCARTES: ([3])

---

[1] B. v. SIMON MARIUS, MALPERTUIS, MAIGNAN en GALILEI zelf.

[2] Volgens BOREL *De vero Telescopii inventore* Lib. I pag. 19, 22.

[3] *Discours de la methode, pour bien conduire sa raison, et chercher la
verité dans les sciences. Plus la dioptrique, les méteores et la geometrie,*

„A la honte des nos sciences cette invention si utile et si admirable n'a premierement esté trouvée, que par l'experience et la fortune. Il y a environ trente ans, qu'un nommé JAQUES METIUS de la ville d'Alcmar en Hollande, homme qui n'avoit iamais estudié, bien qu'il eust un pere et un frere, qui ont fait profession des mathematiques (¹), mais qui prenoit particulierement plaisir à faire des miroirs et verres bruslans, en composant mesme l'hyver avec de la glace, ainsi que l'experience a monstré qu'on en peut faire; ayant à cete occasion plusieurs verres de diverses formes, s'avisa par bonheur de regarder au travers de deus, dont l'un estoit un peu plus espais au milieu qu'aux extremités, et l'autre au contraire beaucoup plus espais aus extremités qu'au milieu, et il les appliqua si heureusement aux deux bouts d'un tuyau, que la premiere des lunettes, dont nous parlons en fut composée. Et c'est seulement sur ce patron, que toutes les autres qu'on a veuës depuis, ont esté faites, sans que personne encore, que je sçache, ait suffisamment determiné les figures que ces verres doivent avoir."

Behalve dat DESCARTES de uitvinding niet aan GALLILEI toeschrijft, maar door hem JACOB METIUS als uitvinder wordt genoemd (²), geeft hij uitdrukkelijk op, dat de eerste verre-

---

qui sont des essais de cete methode, à *Leyde 1637.* — La Dioptrique pag. 1—2. Dit werk werd door DESCARTES in Friesland samengesteld; hij kon dus op de hoogte van de zaak zijn.

JOHANNES TARDÉ, kanunnik te Sarlat in Perigord had in zijn in 1620 verschenen werk over de zonnevlekken *(Borbonia sidera, id est. planetae qui solis limina circumvolitant, motu proprio et regulari, falso hactenus ab helioscopis maculae solis nuncupati, ex novis observationibus,* etc. *Parisiis 1620* of: *Les astres de Borbon, et Apologie pour le Soleil. monstrant et verifiant que les apparences qui se voyent dans la face du Soleil sont des Planettes et non des Taches* etc. *Paris 1623* en *1627)* de uitvinding aan de Amsterdammers toegeschreven.

(¹) JACOBS broeder ADRIAAN, met wiens bijnaam METIUS het geheele geslacht wordt aangeduid, was hoogleeraar in de wis- en sterrekunde te Franeker; er zal van hem meermalen in dit opstel sprake zijn. De vader van JACOB en ADRIAAN, ADRIAAN ANTHONISZ, was burgemeester van Alkmaar en is bekend als vinder der „verhouding van METIUS".

(²) „Pour celuy" — schreef hij den 1ᵉⁿ Maart 1638 in antwoord aan pater MERSENNE' — „que vous dites qui m'accuse de n'avoir pas nommé GALILÉE, il monstre avoir envie de reprendre et n'en avoir pas de sujet; car GALILÉE mesme ne s'attribue pas l'invention des Lunettes, et je n'ay dû parler que de l'inventeur" *(Oeuvres de* DESCARTES, *publiées par* CH. ADAM *et* P. TANNERY — *Correspondance* T. II 1898 pag. 25—26).

kijkers waren samengesteld uit een bol objectief en een hol oculair, en daar de latijnsche vertaling in plaats van *lunettes* het woord *telescopium* geeft (¹) is reeds hier een bewijs aanwezig, dat met dit laatste woord evenzeer de Hollandsche of Galileïsche als de astronomische kijker kan worden bedoeld.

Ten voordeele van LIPPERHEY, een brillemaker, wiens vak hem (ook blijkens de wel aan den verrekijker gegeven naam van *bril*) allicht tot de uitvinding van het instrument kon leiden — het vak bleef met de vervaardiging daarvan dan ook nog lang verbonden — bestaat, behalve nog een getuigenis van HIERONYMUS SIRTURUS van vroegeren datum, waarvan later tot een ander doel gebruik gemaakt zal worden, een oordeel van den schrijver van een werk, dat in 1645 verscheen: (²)

Enim vero Batavus quidam, anno 1609, conditione quidem humilis, arte autem perspicillarius, nomine JOANNES LIPPENSUM *Zelandus, casu concavum cum convexo specillo conjungens, sicque utrumque oculo applicans, haud sine admiratione animadvertit objecta magnopere augere, oculoque mirum in modum propinqua reddi. Quo viso, tum utrumque vitrum in tubum seu canalem debita proportione disponit et ita forte transeuntibus turris gallum, quasi ex joco, spectandum praebet. Increbuit hujus novitatis paulatim fama, alliciuntur catervatim viatores, novum et inauditum spectaculum haud sine curiositate et stupore spectantes: casus itaque in utilitatem transit, jocus in rem seriam vertitur. Enim vero Marchio* SPINOLA, *tunc temporis Hagae Comitis suspensionem armorum cum statibus tractaturus degens, novum instrumentum illud visum pecuniâ sibi comparatum, Serenissimo Archiduci* ALBERTO *piae memoriae offert. Interim*

(¹) „Ut primum de quo loquimur telescopium inde extiterit.”

(²) *Oculus Enoch et Eliae seu Radius sidereo-mysticus, auctore* ANTONIO MARIA SCHYRLEO DE RHEITA, *ord. Capucinorum concionat. et prov. Austriae ac Bohemiae quondam praelectore, Antverpiae, 1645,* Lib. IV. — SCHYRLEUS DE RHEITA werd in 1597 in Bohemen geboren en stierf in 1660 te Ravenna. Zijn werk is vooral gericht tegen het wereldstelsel van COPERNICUS en neemt dat van TYCHO BRAHE in bescherming; het eerste deel handelt o. a. over verrekijkers en is gewijd aan den Heiland „Deo Opt. Max. Christo Jesu rerum omnium Patratori”, het tweede deel, dat de heftigste aanvallen tegen Lutheranen en Calvinisten bevat, aan de Maagd MARIA. — Een exemplaar (gemerkt 533 i. 8) berust in het British Museum te Londen; ons uittreksel danken we aan de welwillendheid van den Heer W. R. WILSON aldaar.

res defertur ad proceres, vocatur homo ille perspicilliarius, tubumque alterum a se factum, sat magno pretio, ea tamen inhibitione et onere vendere cogitur, ne deinceps simile instrumentum elaboret vendatque se. Quo modo et hoc nobilissimum casuale inventum instrumentumque in abscondito repositum celatumque remauisset nisi divinâ ita disponente voluntate, jam aliunde, uti diximus prius fuisset transmissum, et in Brabantia aula divulgatum.

»Coepit itaque paulatim ulterius in Italiam, Germaniam et Galliam divulgari, magisque perfici, donec ad eam, in quâ nunc temporis est, perfectionem tandem deductum fuerit. Et profecto quemadmodum, embrio prius informe quid et imperfectum est, tum vero paulatim perficitur, donec in hominem excrescat perfectum, ita hoc specillum primo fuit quasi informe et imperfectum, tum a GALILAEO, aliisque ad majorem perfectionem deductum est.«

De waarde van beide verhalen, wat betreft de wijze, waarop de uitvinding tot stand is gekomen, nog buiten beschouwing latende, is er evenwel ook door de onnauwkeurige vermelding der data volstrekt geene conclusie uit te trekken door hem, die een onderzoek wil doen naar de vraag, of METIUS dan wel LIPPERHEY of een ander de prioriteit der vinding toekomt. Zij konden dan ook omtrent den uitvinder geene overtuiging vestigen, die algemeen ingang vond.

Het bewijs hiervan levert een onderzoek, gepubliceerd ongeveer eene halve eeuw, nadat de uitvinding van den kijker in Holland is bekend geworden en GALILEI zijne geruchtmakende ontdekkingen heeft openbaar gemaakt. De geheele wereld is echter nog van die ontdekkingen vervuld, allerwege heeft men getracht verbeteringen aan de kijkers aan te brengen, en men hoopt met het instrument tot in de verste einde van het heelal te kunnen doordringen; DESCARTES en anderen hebben zich zelfs gevleid met de hoop, dat het gelukken zal, nadat door het aanwenden van hyperbolisch en elliptisch geslepen lenzen de spherische aberratie is vermeden, de kijkers zóó te verbeteren, dat men kleine voorwerpen op de hemellichamen even duidelijk zal kunnen zien als op aarde; de Hollandsche kijker wordt voor sterrekundige waarnemingen langzamerhand verdrongen door den astronomischen. Toch worden er in de eerste veertig

jaren na GALILEI's ontdekkingen geene zeer belangrijke nieuwe
meer gedaan; zij zullen eerst weer aanvangen met de ontdekking van de manen van Saturnus door HUYGHENS in Maart 1655.
Onder de velen, die zich nu bezighouden met het slijpen van
lenzen tot wetenschappelijke doeleinden, waarin zich vooral
TORRICELLI, DIVINI en CAMPANI grooten roem hebben verworven, wordt in Frankrijk als uitmuntend in de vervaardiging van
verrekijkers naast AUZOUT vermeld de lijfarts van LODEWIJK XIV,
PIERRE BOREL; het is deze, die, op grond van een onderzoek,
in 1655 opzettelijk ingesteld met het doel om den uitvinder
der verrekijkers bekend te maken, ons ten koste van de
vroeger genoemde personen iemand als uitvinder heeft bekend
gemaakt, genaamd SACHARIAS JANSSEN, die, hoewel hij
in tegenstelling met zijne mededingers tot heden in geen
enkel officieel stuk uit den tijd zelf werd genoemd, steeds
hardnekkig als uitvinder eener soort van kijkers is vermeld. (1)

De titel van het geschrift, dat van zulk een overwegenden
invloed is geweest op de openbare meening omtrent den waren
uitvinder, luidt:

De vero ‖ **Telescopii** ‖ inventore, ‖ cum brevi omnium ‖
conspiciliorum ‖ historia. ‖ Ubi de Eorum Confectione, ac Usu,
seu ‖ de Effectibus agitur, novaque quaedam ‖ circa ea pro-
ponuntur. ‖ *Accessit etiam* ‖ Centuria observationum ‖ micro-

(1) PIERRE BOREL, Médecin ordinaire du Roi et de l'Academie
des Sciences was omstreeks 1628 te Castres geboren, kwam in 1653
te Parijs, werd benoemd tot koninklijk lijfarts en in 1674 opgenomen
onder de leden der Academie; hij overleed in 1689. BOREL publiceerde in
de dagbladen van 1676 en 1678, dat hij objectieflenzen kon slijpen van
zelfs verscheidene honderden voeten brandpuntsafstand, waarvan hij
ook enkele aan verschillende astronomen aanbood (MONTUCLA, *Histoire
des Mathématiques* etc. *nouvelle édition, an VII* Tome II pag. 509).
Behalve het bovengenoemde werk schreef BOREL nog: *Les antiquités
de Castres* 1649 8°, *Vie de* DESCARTES 1653, *Bibliotheca chemica seu cata-
logus librorum hermeticorum* 1654 12°, *Trésor des recherches et antiquités
Gauloises* 1655 4°, *Discours prouvant la pluralité des mondes* 1657 en
Historiarum et observationum Medico-physicarum centuriae quatuor 1676, 8°.
Men vindt verder twee brieven, gewisseld tusschen PETRUS BORELLUS
en FRANCISCUS HENRICUS „Patritius Lugdunensis", achter in de
derde uitgave van het leven van PEIRESC door GASSENDI, evenals het in
den tekst te bespreken werk uitgegeven bij ADRIANUS VLACQ in 1655.

cospicarum. || Authore || PETRO BORELLO, Regis Christia- ||
nissimi Consiliario, et Medico Ordinario. || Hagae—Comitum, ||
MDCLV.

Het werk is in 1655 uitgegeven bij den van elders wel-
bekenden ADRIANUS VLACQ. (¹)

Waarschijnlijk is het denkbeeld tot het verrichten dezer
nasporingen bij BOREL opgekomen, niet alleen omdat hij zelf,
zich met het slijpen van lenzen bezighoudende, in de uitvinding
der verrekijkers belang stelde, maar ook, omdat hij op de
eene of andere manier in kennis was gekomen met den gezant
van de Republiek der Vereenigde Nederlanden te Parijs
WILLEM BOREEL (²), waarbij was gebleken, dat de laatste een
Middelburger was en dus aan BOREL gemakkelijk verschillende
inlichtingen kon verschaffen. WILLEM BOREEL heeft het PIERRE
BOREL daaraan ook niet laten ontbreken. Om bij de inlichtingen,
welke de gezant zal verstrekken, niet geheel en al op eigen
herinneringen te moeten afgaan, schrijft WILLEM BOREEL den
volgenden brief aan burgemeesteren, schepenen en raden van
Middelburg (³):

(¹) Cf. voor zijn verdiensten vooral op logarithmisch gebied o. a.
D. BIERENS DE HAAN, *Bouwstoffen voor de geschiedenis der wis- en natuurkundige wetenschappen in de Nederlanden*, nᵒˢ 1, 3, 4.

(²) WILLEM BOREEL, baron van Vroedyke, heer van Duinbeke en
Westhoven, speelde eene belangrijke rol in de diplomatie dier dagen
en maakte sinds 1619 deel uit van gezantschappen naar Engeland,
Bremen en Zweden. In 1626 had de Regeering van Amsterdam hem
tot Pensionaris aangesteld. BOREEL was in 1650 van wege de Staten
als gewoon Ambassadeur naar Frankrijk vertrokken, welken post hij
tot zijn dood in 1668 bekleedde. WILLEM BOREEL bestond PIERRE
BOREL volstrekt niet in den bloede, zooals wellicht de gelijkenis der
namen zou kunnen doen denken.

(³) Deze brief, berustende in een band gemerkt: *Brieven aan de stadt
1650—1655* (Nᵒ) *104*, is niet in het werk van BOREL opgenomen; hij werd
met de minuten van de op de volgende bladzijden afgedrukte verklaringen, waarnaar vroeger te vergeefs was gezocht, en van den brief
van burgemeesters, schepenen en raden van Middelburg aan BOREEL
later in het archief van Middelburg gevonden en in 1835 door J. DE
KANTER en J. AB UTRECHT DRESSELHUIS uitgegeven. Ik heb gemeend
deze stukken naar de aanwezige handschriften te moeten opnemen,
waarmee de tekst van DE KANTER en DRESSELHUIS niet geheel gelijklui-
dend is; in de noot op blz. 10 is gewezen op een niet onbelangrijk verschil.

Edele, erntfeste, wyse, hoochgeleerde,
seer voorsienige Heeren.

Gelijc ick alletijt seer geern sal toebrengen alles wat can
strecken tot eere ende renommée van UweEd. Erntf. stadt ende
mijn vaderlandt, soo compt my nu voor eenige goede occasie
daertoe. UweEd. Erntf. is ten vollen wel bekent de heerlijcke
nieuwe inventie van de verdesiende brillen ofte verdekykers,
door middel van dewelcke de mathematiques grootlijcx sijn
geholpen geworden, maer oock vele schoone heerlyke schepsels
Gods, soo in hemel als op aerde, sijn ontdect en bekendt geworden, die noeit menschen ooghe voor desen, dat men weet,
en heeft gesien. Ydereen souckt aen hem te trecken d'eere
van die vond, GALILEUS DE GALILEIS, VELSERUS (¹), METIUS,
van Alcmare deer haer daervan wel aennemen en toeschryven,
insonderheit den laetsten, hoewcl sy alle, mijns erachtens,
vermeerderaers en illustrateurs en sijn van de gevonden sake
binnen UweEd. Erntf. stadt. Soo ick wel geïnformeert ben
en wel onthouden can, soo hebbe ick de man gekendt, gesien.
en gesproken in myne joncheyt. die gesegt werde d eerste
inventeur geweest te sijn, hoewel met wat imperfectie, van
de voorschreven verrekykers, die hy naemaels van tijt tot tijt
seer heeft verbetert; als oock die geleerde en andere ervaren
mannen, die deselve als voorschreven hebben geïllustreert. Dese
man woonde tot Middelburgh in de Capoenstraete comende van
de Groenmart aen de slynckerhandt, ontrent het midden van
de straete, in de huyskens, die tegens de Nieuwe kercke aen-
staen; was een man van geringhe middelen, hadde eene sobere
wynckel, veel kinders, die ick daerna noch hebbe gesien,
ouder wordende ende tot Middelburch comende. Indien Uwe Ed.
Erntf. myne memorie by wetlijck ondersouck bevinden goet te
wesen, ende dat d'eere van die inventie de stad Middelburgh
toecome, soo versoucke, dat ick daervan by toegesondene
documenten versekert moge werden; ick hebbe hier nu goede

(¹) DE KANTER en DRESSELHUIS lezen DREBBEL, hetgeen er in het geheel
niet staat. MARCO WELSER (1558—1614), de geleerde raadsheer van
Augsburg, stond in het begin der 17ᵉ eeuw met talrijke geleerden in
correspondentie, in het bizonder aangaande astronomische ontdekkingen,
ook wat betreft de met behulp van den verrekijker gedane, o.a. met
KEPLER, GALILEÏ en SCHEINER. — cf. *Viri illustr. Marci Velseri Vita
genus et mors per* CHR. ARNOLDUM *descripta* voorafgaande aan de MARCI
VELSERI *Opera historica et philologica* etc., *Norimbergae 1682*; R. WOLF,
Geschichte der Astronomie, München 1877 pag. 391.

occasie om d'eere van UweEd. Erntf. stadt te connen verbreyde(n),
en na dienstighe gebiedenisse ben ende sal altijt blyven,

Mijn Heeren,

UweEd. Erntf.

dienstwillighe ingeboren

Tot Paris desen 8 January   W. Boreel.
1655.

Zooals uit de nauwkeurige opgave der woonplaats blijkt,
houdt Boreel op 8 Januari 1655 Hans Lipperhey voor den
uitvinder der verrekijkers, juist zooals Sirturus en Rheita
ons bericht hebben; er is zelfs geen sprake van, dat iemand
anders te Middelburg op de uitvinding aanspraak zou kunnen
maken en alleen Jacob Metius is een ernstig concurrent.
Begeerig de eer van zijne geboortestad te handhaven en wellicht
eigen aanzien aan het Fransche hof te verhoogen, hetgeen als
diplomaat eenigszins op zijn weg lag, verzoekt Boreel aan de
regeering van Middelburg door de toezending van in wettelijken
vorm afgelegde en op schrift gebrachte verklaringen de eer van de
eerste uitvinding voor de stad te staven. De brief van Boreel
wordt op 23 Januari 1655 in de zitting van burgemeesters,
schepenen en raden van Middelburg voorgelezen. Dezen voldoen
volgaarne aan het verzoek van hun oud-stadgenoot, die nu zulk
eene hooge waardigheid bekleedt, en ondervragen verschillende
personen, die geheel overeenkomstig Boreel's geheugen verklaren, dat Lipperhey de uitvinder van den verrekijker is. Het
proces-verbaal dier getuigenissen luidt: (¹)

»Burgmeesters, schepenen ende raden der stad Middelburgh
in Zeeland, hebbende gedaan examineren en hooren de persoonen van Jacob Willemssen, concherge in de wisselbancq alhier,
gaende in sijn 70 jaar, en Eeuwoud Kien, bode van dese
stadt op Antwerpen, oudt zevenenzestigh jaren, mitsgaders
Abraham de Jonge, mr. smit binnen deser stad, oudt zeven-
enzeventigh jaren, over de kennisse, die sy gesamentlijck en
yder van hun int bysonder hadden van seker persoon, die
binnen deser stede soude gemaeckt hebben d'eerste verresiende
brillen oft verrekijckers, dewelcke gevraeght zijnde, hebben getuycht ende verclaerd als volght: En eerstelijck de voornoemde

---

(¹) Dit stuk en de op pag. 14—15 en 16—17 afgedrukte stukken berusten in een band, gemerkt: *Brieven van de stadt 1654—1679* (N°) *117.*

Jacob Willemsen seght den voorschreven persoon genaemt te
sijn geweest Hans Laprey (¹), ende dat deselve gewoont heeft
in de Capoenstrate binnen deser stad, daer jegenwoordigh een
stopper in woond, oft het naeste huys daeraen, souder daerin
te willen sijn begrepen, segt oock hem gekent te hebben, ter-
wyle hy brillen maeckte, ende naderhand dat hy verrekijckers oft
buyssen gemaeckt heeft, ende dat hetselve geleden is omtrend
vijftigh jaren; dat denselven Laprey, na sijn memorie, omtrend
de dartigh jaren is overleden (²) en wel te weten denselven alhier
binnen de stad Middelburgh is overleden, gevende voor redenen
van welwetenschap, dat hy deponent vier à vijff huysen van het
voornoemde huys heeft gewoont, en dat denselven Hans Laprey
over d'eerste verrekijckers, die hy maeckte, een vereeringe heeft
verkregen van den prins Maurits, soo hy dickmaels heeft
hooren seggen. Ende den voornoemden Eeuwoud Kien depo-
serende verclaerde den naem van den persoon, die de brillen
of verrekijckers plach te maken, geweest te sijn Hans Laprey
van Wesel, en dat denselven binnen deser stadt gewoont
heeft in de Cappoenstraete, tegens de Nieuwe kercke aen,
in het huys daer de verrekijckers plegen uuyt te steken, (³)
naest het huys, daer nu het Serpent uuythanght, welcke
huysen den voornoemde Laprey toegecomen hebben. Seght
oock den gemelten Laprey omtrent het jaar 1610 de voornoemde verrekijckers heeft begonnen te maken en in den
jare 1619 in de maend van October binnen deser stede overleden en begraven te sijn, voor redenen van wetenschap alle-
gerende, dat hy den voornoemde Laprey's doghter in huywelijck
heeft gehadt, dat oocq denselven Laprey soo aen de Staten
als aen Sijn Excellentie prins Maurits van deselve verrekijckers
vereert gehadt heeft ende eenige schenckagiën in recompense
daerover gekregen te hebben, oock op sijn versoucq octroy
geobtineert voor den tijdt van 3 jaaren (⁴). Den voornoemde
Abraham de Jonge, mede sijnne getuygenisse gevende, seght
en verclaert den persoon, die deerste verrekijckers hier binnen
deser stadt gemaecqt heeft, is genoemt geweest Hans, sonder

(¹) D. i. Hans Lipperhey.

(²) Lipperhey overleed in 1619; in de latijnsche vertaling van dit
getuigenis in het boek van Borel staat in cijfers 20.

(³) Vóór de uitvinding van Lipperhey schijnt het huis geen bepaalden
naam gehad te hebben, maar kreeg daarna den naam: In de drie
Vare Gesighten. Zie M. Fokker. *Proeve van een lijst, bevattende de
vroegere namen der huizen te Middelburg. 1904.*

(⁴) Dit is onjuist.

synen toenaem perfectelijck onthouden te hebben, maer dat men hem int gemeen noemde HANS d e n b r i l l e m a k e r. Seght denselven gewoont te hebben in de Kapoenstraete binnen deser stede, sonder presycelijck te weten in wat huys, ende dattet naer sijn onthoudt omtrent (4)5 a 46 jaeren is geleden, dat den voornoemde HANS deerste verrekykers maecte, dat hy deponendt denselven ettelijcke jaren te vooren, eer hy noch b(r)illen maeckte, gekent heeft, ende dat hy doen een metselaersknecht was, gevende voor redenen van wetenschap, dat hy deposant in het huys, daer hy nogh woont, staende op de Wal alhier, wel 50 jaaren heeft gewoont ende als gebuyr aghter tlijck van den voornoemden HANS te begravenisse heeft medegegaen. Seght oock wel te weten ende meenichmael heeft hooren verhaelen, dat den voornoemde HANS voor Sijn Exsellentie MAURITIUS eenige buysen ofte verrekykers heeft gemaecqt. Des toirconde etc.″ (¹)

Vergelijken we deze drie getuigenissen met het in het request van JACOB METIUS aan de Staten-Generaal vermelde feit, dat kort vóór 17 October 1608 een Middelburgsche brillemaker aan die Staten een verrekijker heeft gepresenteerd, welke brillemaker volgens vorenstaande getuigenissen, LIPPERHEY geweest zou moeten zijn, dan blijkt, dat de getuigen het tijdstip der uitvinding onjuist opgeven, wat met het oog op het lange tijdsverloop niet te verwonderen is, te meer daar het iemand anders dan de getuigen zelf betreft. Toch plaatsen zij gemiddeld de uitvinding omstreeks 1608, en er is dus geene aanleiding om hunne verklaringen in haar geheel te wantrouwen. De getuigen noemen zonder eenige twijfeling, geheel in overeenstemming met het door BOREEL in zijn brief geuite gevoelen, LIPPERHEY als uitvinder der verrekijkers; zij spreken bovendien van geen ander persoon, voor wien er ook slechts de minste kans kan bestaan, dat hij zich een deel van de aan LIPPERHEY toegeschreven eer zou kunnen toeëigenen, en men zou dus kunnen meenen, dat van de

---

(¹) Het is niet gebleken, wanneer de verklaringen zijn afgenomen. De minuut is met twee verschillende handen geschreven, wat er op schijnt te wijzen, dat de verhooren op twee verschillende dagen zijn afgenomen. BOREEL ontving de gezegelde afschriften, geteekend door den secretaris SIMON VAN BEAUMONT, gedagteekend 3 Maart 1655.

zijde van burgemeesters en schepenen van Middelburg bij dezen stand der zaak geene aanleiding bestond om op eigen initiatief nog nadere onderzoekingen in het werk te stellen, en dat aan het door Boreel gedane verzoek genoegzaam was voldaan. Op deze omstandigheden lettende, heeft het er allen schijn van, dat zich bij hen uit eigen beweging de te Middelburg woonachtige brillenslijper Johannes Sachariassen heeft aangemeld met verzoek om met zijne tante te mogen verklaren, wat hun van de uitvinding der verrekijkers bekend was. Zij leggen althans de volgende verklaringen af: (¹)

»Burgemeesters, schepenen ende raden der stadt Middelburgh in Zeeland, hebbende gedaen hooren ende examineren de personen van Johannes Sachariassen, brillemaker binnen deser stede, oudt tweeënvijftigh jaeren, ende Sara Goedaerts, weduwe wylend Jacob Goedaerdt, oudt tweeenseventigh jaren, wonende int Goude kruys op de Kaye binnen deser stede, over de kennisse, die sylieden te samen ende yder int bysonder soude mogen hebben van seecker persoon, die binnen deser stede gemaeckt heeft d'eerste verresiende brillen oft verrekijckers, dewelcke gevraeght sijnde, getuyght en verklaert hebben als volght: Eerstelijck den voornoemde Johannes Sachariassen seght, die by sijnnen vader met namen Sacharias Janssen, soo hy meermaels heeft hooren seggen, in den jare XVᵉ tnegentigh alhier binnen Middelburgh sijn geïnventeert geweest, en dat de langhste buyse doen ter tijt geweest is van vijfthien à sesthien duymen, datter twee van deselve gemaeckte verrekijckers vereert geweest sijn, d'eene aen den prince Mauritius ende d'ander aen den hertogh Albertus, welcke buysen van alsulcken lenghte sijn gebruyckt geweest tot den jare XVIᶜ aghthien incluys, als wanneer hy deposant verclaerde mettenselven synen vader de lange buysse geïnventeert te hebben, die men gebruyckt om by naghte te sien in de sterren ende mane; seght mede, dat eenen Meetsius (²) in den jare XVIᶜ twintigh, een van deselve verrekijckers bekomen hebbende,

(¹) Het stuk was reeds in het net geschreven en van de handteekening van den secretaris en het stadszegel voorzien, toen eene verandering werd noodig geacht, die in noot 1 op de volgende bladzijde is aangewezen: de handteekening van den secretaris werd afgescheurd, het zegel afgelicht en dit stuk in plaats van de minuut bewaard.

(²) De hierbedoelde Metius, welke zulk een kijker verkrijgt, is, zooals later duidelijker zal blijken, de hoogleeraar te Franeker Adriaan.

die nabootste, soo hy best conde; desgelijcx eenen CORNELIS
DRIBBEL. Voorts (¹) dat ten tyde van het practiseren van de
voornoemde buysen sijnnen voornoemde vader gewoont heeft
op het Kerckhof tegens de Nieuwe kercke, daer nu de vendue
gehouden werdt.

"Ende de voornoemde SARA GOEDAERTS, mede getuygenisse
gevende, seght omtrendt twee- à vierenveertigh jaren geleden,
sonder den precysen tijt te hebben onthouden, alhier buysen
oft verrekijckers binnen deser stede gemaeckt wierden by
SACHARIAS JANSSEN, haren broeder saliger, woonende by de
Munte dight aen de Nieuwe kercke, gevende voor redenen
van welwetenschap, dat sy den voornoemde haren broeder
deselve verrekijckers ontallijcke reysen heeft sien maecken.

"Des t'oirconde hebben wy burghmeesters ende schepenen
voornoemt desen gedaen segelen met den contrasegele der
voorschreven stadt ende by een van onse secretarissen laten
onderteeckenen op den derden Martij XVIᵉ vijfenvijftigh." (²)

. De verklaring van de zuster van SACHARIAS JANSSEN is
ten voordeele van dezen laatste als uitvinder vóór LIPPERHEY
van geen belang; zij verklaart niet meer, dan haar bekend is,

(¹) Hier stond aanvankelijk: „Gevende voor redenen van wetenschap",
doch deze woorden zijn doorgehaald en vervangen door: „Voorts".

(²) Zooals ook uit den datum van het begeleidend schrijven van
burgemeesters, schepenen en raad aan BOREEL (zie blz. 17) blijkt, is
dit de dag van de verzending der processen-verbaal naar Parijs. Ook
hier blijkt de dag van het afleggen der verklaringen zelven niet.

Evenals die ten gunste van LIPPERHEY zijn ook deze getuigenissen,
zoo goed als volledig vertaald, in het werk van BOREL opgenomen,
waarbij echter die van JOHANNES SACHARIASSEN met kennelijke bedoeling
vooropgaat. Ik citeer ze hier vooral met het oog op de benamingen
voor de instrumenten in quaestie, (pag. 30):

„Et primo praedictus JOANNES ZACHARIDES affirmavit illa Telescopia
primum esse inventa et confecta a Patre suo, cui nomen erat ZACHARIAS
JOANNIDES, idque contigisse (ut saepe inaudiverat) in hac Civitate Anno
Christi 1590. Quod tamen longissimum Telescopium illo tempore con-
fectum non excessit quindecim aut sedecim pollicum longitudinem.
Affirmavit tunc duo talia Telescopia oblata fuisse, unum videlicet
Illustrissimo Principi MAURITIO, alterum vero Archiduci ALBERTO, et
tantae similis longitudinis Telescopia in usu fuisse usque in Annum
1618. Tunc eum demum (ut affirmabat hic Testis) ipse et Pater ejus,
nempe praedictus JOANNES ZACHARIAS JOANNIDES invenerunt fabricam et
compositionem longiorum Telescopiorum, quibus etiam nunc utuntur
nocte ad inspiciendas Stellas et Lunam" etc.

nl. dat zij haar broeder menigmaal verrekijkers heeft zien maken. Geheel anders is dit evenwel met de verklaring van den zoon van SACHARIAS JANSSEN: hij getuigt uitdrukkelijk, dat zijn vader reeds achttien jaren vóór LIPPERHEY den verrekijker heeft uitgevonden. Het bestuur van de stad Middelburg is door dit getuigenis van JOHANNES SACHARIASSEN eenigszins van zijn stuk gebracht, en mogelijk ook nog door de omstandigheid, dat JOHANNES zich wellicht ongeroepen in het onderzoek gemengd had, wordt zijne attestatie gewantrouwd. Immers burgemeester, schepenen en raad zenden zoowel de verklaringen ten gunste van LIPPERHEY als van JANSSEN aan BOREEL met het volgende schrijven: (1)

> Edele, gestrenge, eernfeste, wyse,
> seer voorsienige Heer.

De missive van UweEdelheyt, geschreven den 8en January, is ons wel ter hant gekomen, ende bedancken deselve gansch hooghelijcke voor de toegenegene sorge om d'eere van dese stadt te laeten verbreyden door de heerlijcke inventie van de verrekijckers off verresiende brillen, waervan den eersten vinder alhyer soude hebben gewoont. Wy hebben geern omme UEdelheyts goede intentie op te volgen naersticheyt laeten aenwenden om den man uyt te vinden, ende is ons ten eersten daertoe aenleydinge gegeven door onsen medebroeder in wetthe JACOB BLONDEL, oud LXV jaeren, in effecte confirmerende hetgeene UEdelheyt diesaengaende was schryvende; edoch naer verder en curieus ondersouck hebben tot nochtoe niet anders konnen bekomen, als hetgeene Uwe Edelheyt uyt het inleggende sal gelieven te sien; ende gelijck als diverse haer geerne d'eere van dese treffelijcke inventie souden aenmaetigen, soo dunckt ons mede, dat alhier eenen JOHANNES SACHARIAS insgelijcx wilt doen, dan op het bericht van den voornoemden heer onsen confrater BLONDEL, accoorderende met Uwe Edelheyt, misgaders de verklaeringen van JACOB WILLEMSEN ende EEWOUD KIEN dunckt ons, dat hy sigh abuseert en qualijck moet hebben onthouden; edoch in allen gevalle oordeelen sijn bericht mede astruërende alsdat d'inventie uyt dese onse stadt is voortgekomen, waervan niet meerder voor als noch; sullen soo yets naerders konnen bekomen niet mancqueren dat over te senden,

---

(1) Ook deze brief is niet in het werk van PIERRE BOREL opgenomen.

en onderentusschen aen Uwe Edelheyt laetende off en hoe d'in-
'leggende gelieft te gebruycken, sullen seer geern verwachten
andere occasiën om Uwe Edelheyt genegentheyt te mogen verschuldigen, waertoe Edele etc. den goeden Godt will verleenen
Uwe Edelheyt langhduyrige gesontheyt en voorspoet.

Verblyvende

Uwer Edelheyts gungstige en
dienstwillige vrienden,

Den 3^{en} Meerte 1655.   De borgemeesters, schepenen en raedt.

t' Opschrift:
Aen den ambassadeur BOREEL

tot
Parijs.

Uit dezen brief blijkt, dat burgemeesters en schepenen de
verklaring van JOHANNES SACHARIASSEN ten gunste van zijn
vader als uitvinder der verrekijkers, die door geene enkele
andere afdoende wordt gesteund en een persoon als uitvinder noemt, hun als zoodanig geheel onbekend, slechts
schoorvoetend hebben aangenomen; niet alleen was ze in
tegenspraak met de drie getuigenissen ten gunste van LIPPERHEY,
doch ook in strijd met de aanwijzing van BOREEL zelf, hun
in zijn brief van 8 Januari 1655 gedaan, en de herinneringen
van hun eigen medelid BLONDEL. Zelf hadden de heeren blijkbaar geene meening en moesten zij geheel afgaan op de mededeelingen van anderen. Toch doet de merkwaardig lange tijd,
die tusschen de behandeling van BOREEL's schrijven uit Parijs
(23 Januari) en de verzending der getuigenissen naar den gezant
(3 Maart) verloopt, ons vermoeden, dat burgemeesters en schepenen de verschillende verklaringen hebben laten liggen, om ze,
toen er toch ten slotte eene beslissing moest genomen worden,
eindelijk op den laatstgenoemden datum, maar allen naar Parijs
te zenden; zij bleven echter alle waarde hechten aan de getuigenissen, die LIPPERHEY als uitvinder noemden, en schreven den
gezant BOREEL, dat naar hunne meening JOHANNES SACHARIASSEN
"sich abuseert, en qualijck moet hebben onthouden".

WILLEM BOREEL ontvangt deze verschillende stukken en er
geschiedt nu iets zeer zonderlings; hij schrijft nl. in strijd met de
meening van SIRTURUS en RHEITA, BOREELS eigene herinneringen
in zijn brief van 8 Januari neergelegd, bevestigd door die van

2

Jacob Blondel te Middelburg en het oordeel van burgemeesters
en schepenen over de verklaring van Johannes Sachariassen,
welke allen ten gunste van Lipperhey spreken, aan Pierre
Borel (insgelijks te Parijs) den volgenden brief: (¹)

Guillelmius Borelius
Belgii Uniti Legatus,
Petro Borello Medico Regio

S. P.

Petis a me, ut quae comperta habeam de Telescopii syderei
inventione, tibi per epistolam, id est, breviter, declarem.
Accipe igitur quae dicam. Middelburgum Selandorum Metro-
polis mihi Patria est: juxta aedes ubi natus sum in Foro
Olitorio, Templum novum est cujus parentibus (²) nectuntur
aediculae quaedam satis humiles: harum unam prope Portam
Monetariam Occidentalem inhabitabat Anno 1591 (cum natus
sum (³)) quidam conspiciliorum confector nomine Hans, Uxor
ejus Maria, qui Filium habuit praeter Filias duas, Zachariae
nomine, quem novi familiarissime, quia puero mihi vicino
vicinus ab ineunte tenerrima aetate colludens semper adfuit,
egoque puer in Officina ipsi saepiuscule adfui. Hic Hans, id
est, Johannes, cum Filio suo Zacharia, ut saepe audivi,
Microscopia primi invenere, quae Principi Mauritio Gubernatori
et summo Duci Exercitus Belgicae foederatae obtulerunt, et
honorario aliquo donati sunt. Simile Microscopium postea ab
ipsis oblatum fuit Alberto Archiduci Austrico, Belgicae Regine
Supremo Gubernatori. Cum in Anglia Anno 1619 Legatus
essem, Cornelius Drebelius Alckmarianus Hollandus, Vir multorum Secretorum Naturae conscius, ibique Regi Iacobo in
Mathematicis inserviens, et mihi familiaris, ostendit illud ipsum
instrumentum mihi, quod Archidux ipsi Drebellio dono
dederat, videlicet Microscopium Zachariae istius, nec erat

(¹) P. Borel l. c. Lib. I, pag. 34.
(²) Parietibus?
(³) Het is van belang in verband met den onbekenden leeftijd van
Sacharias Janssen, met wien Boreel zegt gespeeld te hebben, en die
volgens zijn zoon Johannes Sachariassen in 1590 een kijker zou hebben
uitgevonden, het opgegeven geboortejaar van Willem Boreel aan de
opgave in de doopregisters te Middelburg te toetsen; inderdaad wordt
opgegeven als gedoopt 29 Maart 1591 „Wilhelmus filius Jacob Boreel".
Jacob Boreel (1552--1636) was van 1584 tot 1601 muntmeester van
Zeeland en sinds 1598 meermalen burgemeester van Middelburg.

(ut nunc talia monstrantur) curto tubo, sed fere ad sesquipe-
dem (¹) longo, cui tubus ipse erat ex aere inaurato, latitudinis
duorum digitorum in diametro, insidens tribus delphinis ex
aere, itidem subnixis, in basis disco ex ligno Ebeno, qui
discus continebat impositas quisquilias, aut minuta quacque,
quas desuper inspectabamus forma ampliata ad miraculum fere
maxima. Ast longe post, nempe anno 1610 inquirendo paulatim etiam ab illis inventa sunt Middelburgi Telescopia longa
syderea, de quibus tibi res est, et unde Lunam et reliquos
Planetas, stellas et sydera inspectamus, quorum specimen unum
Principi MAURITIO etiam obtulit, qui illud inter secreta custodivit, usui futurum forte, in Expeditionibus Belgicis. Ut
tamen rumor tam mirandi novi inventi increbuit, et jam in
Hollandia et alibi de authore loquerentur homines curiosi, ...

BOREEL geeft hierop een verhaal, hoe een zekere vreemdeling,
wiens naam onbekend is gebleven, van de uitvinding heeft
gehoord, naar Middelburg is gereisd, hoe deze in plaats van
bij SACHARIAS JANSSEN toevallig bij den aan de andere zijde
der kerk wonende LIPPERHEY is gekomen, welke laatste, na
nauwkeurig geluisterd te hebben naar hetgeen de vreemdeling hem
mededeelde, zelf een scherpzinnig man zijnde, een verrekijker
samenstelde, zoodat hij dus als tweede uitvinder moet beschouwd
worden.

Res et error tamen — gaat BOREEL voort — brevi sese mani-
festavit, nam ADRIANUS METIUS Alcmarianus (²) Mathematices
Professor, et post eum CORNELIUS DREBELLIUS supra nominatus,
re cognita Anno 1620 Middelburgum venerunt, et non IOANNEM
LAPREYUM, sed ZACHARIAM IOANNIDEM adierunt, a quo singuli
Telescopia pretio compararunt, et multis observationibus et
curis, sicut et GALILAEUS à GALILAEIS Florentinus Italus, et
alii multi doctissimi viri rem inventam magnopere illustrarunt,
inventi primi tamen honore apud illos duos Midelburgenses
in solidum manente. Quibus ego seu primis Middelburgensibus,
seu adornatoribus, per hanc meam Epistolam nihil quicquam
detractum iri volo. Vale Vir Doctissime, et iis quae experientia

---

(¹) = 1¼ voet; buitenlandsche schrijvers hebben dit woord wel vertaald door „6 voet” en op grond van die vervaarlijke lengte gemeend,
dat het microscoop der Middelburgsche uitvinders een geheel ander
werktuig dan het samengestelde microscoop van lateren tijd zou geweest zijn; de uitvinding zelve werd dan daarom betwijfeld.

(²) d. w. z. te Alkmaar geboren; hij was hoogleeraar te Franeker.

et memoria satis certa mihi dictavit, utere si lubet. Dabantur
Lutetiis nona die mensis Julii Anno 1655.

Blijkbaar hebben de getuigenissen ten voordeele van SACHARIAS
JANSSEN nieuwe herinneringen bij BOREEL opgewekt en beschouwt
hij thans dezen in plaats van den bewoner van de Kapoenstraat (waarmede LIPPERHEY is bedoeld) als den gezochten man.
Bovendien heeft BOREEL, blijkens den aanhef van zijn brief,
met PIERRE BOREL over het onderzoek, dat in Middelburg
was geschied, gesproken, en deze laatste gaat niet alleen geheel met BOREEL mede, doch drukt zich in zijn werk nog veel
krachtiger uit: (¹)

»ZACHARIAS JOANNIDES, Inventor est verus Telescopii; eratque
autem Conspiciliorum Artifex peritissimus, Middelburgensis
Zeelandus, qui anno 1590 admotis (non fato quodam) oculo
duobus conspiciliis, nempe lentem cavam et convexam, Tuboque
immissis felicissime (ut vult CARTESIUS) invenit Telescopium.
Sed rerum abstrusarum et reconditarum in Optica, quam callebat, desiderio flagrans, ad haec tentanda motus fuit: quare
male conqueritur CARTESIUS, hoc inventum adeo utile et mirandum, scientiarum nostrarum opprobrio, vagis experimentis,
et casui fortuito deberi. Telescopium ergo Artifex nostet (²)
rimando ex professo indagavit, et tubos 16 pollicum primo
fecit, optimum tamen, quem Principibus MAURITIO, et Archiduci
ALBERTO, ut testimoniis infra (³) probabimus, obtulit, pro
quibus pecunias accepit, rogatus ne rem amplius propalaret, ut
ipsi eo uti interim ad bellica possent, quibus ille in patriae gratiam
obtemperavit, et sic diu delituit in obscuro Inventor noster.

»Invenit praeterea Microscopium ut testimoniis patebit sequen-
tibus. (⁴)

. . . .

. . . . (⁵)

»Nec gloria sua privandus est IOHANNES, ejus Filius, qui
sedulo Arti huic perficiendae cum Patre incubuit: Nec etiam HANS
LA PREII, LIPPERSEIN a SIRTURO vocatus, ejusdem Urbis Middel-

---

(¹) BOREL, l. c. Lib. I pag. 25.

(²) Noster?

(³) Dit slaat op de voor burgemeesters en schepenen afgelegde getuigenis van JOHANNES SACHARIASSEN.

(⁴) Dit heeft betrekking op den brief van WILLEM BOREEL aan den
schrijver (zie blz. 18).

(⁵) BOREL maakt hier enkele opmerkingen van astronomischen aard.

burgensis cum reliquis Civis, qui idem Inventum casu accepit, et fere sponte post minimam cognitionem perfecit, ut infra ([1]) dicetur. "

De verandering in de oorspronkelijke meening van Boreel (en van Borel kan men wel aannemen, daar deze geheel met den gezant medegaat) geschiedt schijnbaar uitsluitend ten gevolge van de verklaring van Johannes Sachariassen voor burgemeesters en schepenen afgelegd. We zullen bij de bespreking van latere onderzoekingen zien, dat de critiek verschillende onnauwkeurigheden in dit getuigenis heeft weten aan te toonen, en het zal dan ook blijken, welke commentaren latere schrijvers op dit verhaal hebben geleverd; maar toch kan de opmerking nu reeds gemaakt worden, dat Willem Boreel ook nog andere voor hem beslissende mededeelingen ten gunste van Sacharias Janssen kan hebben ontvangen; vergelijken we den datum van de verzending der verklaringen uit Middelburg — 3 Maart — met dien van den brief van den gezant aan Pierre Borel — 9 Juli — dan schijnt dit groote tijdsverloop die meening wel te ondersteunen; Boreel zou anders niet tot 9 Juli met zijn brief gewacht hebben. ([2])

Zooals we zagen, gaat Pierre Borel geheel met Willem Boreel mede; de beide portretten, dat van Sacharias Janssen en dat van Lipperhey, welke vóór in het boek van Borel zijn opgenomen, dragen dan ook respectievelijk tot onderschrift: "Zacharias Iansen sive Iohannides, primus conspiciliorum inventor" en "Hans Lipperhey, secundus conspiciliorum inventor". ([3])

([1]) Ook dit heeft betrekking op den brief van Willem Boreel aan den schrijver.

([2]) Daar Willem Boreel in zijne qualiteit van gezant der Republiek te Parijs eene uitgebreide correspondentie hield met de Staten van Zeeland, is die briefwisseling over 1655 en ook over 1654, voor zoover zij in de *Relatieven tot de resolutiën der Staten van Zeeland* bewaard is gebleven, nagegaan om te zien, of Boreel wellicht ook aan dezen inlichtingen heeft gevraagd. Noch hieruit noch uit het *Register van Acten en Missiven van Gecommitteerde Raden* is eenig licht omtrent deze zaak opgegaan.

([3]) Zij zijn vervaardigd door Henri Berckmans. Het is mogelijk, dat dit de schilder van dien naam is, welke in 1629 te De Klundert werd ge-

BOREL droeg zijn werk op aan de regeering van de stad
Middelburg, welke zich jegens den schrijver, die de eer der
stad zoo krachtig had verdedigd, niet onbetuigd liet. (¹)

Het werk van BOREL stelde dus eene nieuwe persoonlijkheid
als uitvinder van den kijker op den voorgrond, doch leerde
niets omtrent de plaats, welke den anderen genoemden personen,
LIPPERHEY, METIUS of GALILEI, in de geschiedenis der uitvinding dan wel toekwam. Onderzoekingen in deze richting
werden het eerst bekend gemaakt door CHR. HUYGHENS. Zonder
nog volledig kennis te dragen van hetgeen omtrent deze zaak
was voorgevallen, heeft HUYGHENS kennis kunnen nemen van
het request, waarmede JACOB METIUS zich in 1608 tot de
Staten-Generaal heeft gewend, en waarin hij een octrooi voor
zijne uitvinding verzoekt: tevens bleek uit dit stuk, dat aan
METIUS al dadelijk de prioriteit der uitvinding moest ontzegd
worden. Het request van METIUS, waarvan zich eene copie van
een notarieel afschrift van 1677 bevindt onder de handschriften
van HUYGHENS op de bibliotheek te Leiden, (²) luidt nl.:

boren, langen tijd te Middelburg woonde en in 1690 overleed; hij
schilderde de portretten van admiraal DE RUYTER en zijne vrouw,
van den luitenant-admiraal EVERTSEN en andere voorname personen in
Zeeland. Het is mij niet gebleken, welke waarde aan de portretten
van JANSSEN en LIPPERHEY gehecht moet worden.

(¹) „By propositie erinneert sijnde van het bouck, geschreven door
de heer PETRUS BORELLUS, raedt en ordinaris medicijn van den koninck
van Vranckrijck, geintituleert: *De Vero Telescopii Inventore* en gededi-
ceert aen dese stadt, is naer deliberatie goetgevonden en geresolveert
den autheur te laeten bedancken en met eenen gouden penninck van
vijfentwintigh ponden Vlems of daeromtrend waerdigh te vereeren, tot
een memorie voor de moeyte, by hem genomen van door het voorschreven bouck te vindiceren d'eere, dese stad competerende, uyt dat
den eersten ende den tweeden verrekijckers inventerie (*lees*: inventeurs)
en makers desselfs borger en ingesetenen respectivelijck sijn geweest,
ende dat ten dien eynde de heeren thresauriers besorgen van daerop
te laten snyden hetgene sy sullen oordeelen te convenieren." — *Notulen
van Wet en Raad*, 3 Maart 1657.

Dergelijke vereeringen bij de aanbieding van een boekwerk waren
destijds zeer gewoon, en men vindt in dit opzicht ook in de stadsrekeningen van Middelburg de meest bekende schrijvers vermeld.

(²) Er boven staat: *Copia Copiae, exhibita anno 1682, ab* HADRIANO VAN
DE WAL, *unde patet* JACOBUM METIUM *non esse primum inventorem telescopii*,

Aan de Edele Mogende Heeren, de Heeren Staten-
Generaal der Vereenigde Nederlanden,

Verthoont met behoorlyke eerbiedinghe ende reverentie JACOB
ADRIAANS ZOON, zoon van Mr. ADRIAAN ANTHONIS ZOON, oud-
borghemeester der Stad Alkmaar, Uwer Ed. Mog. onderdanige
dienaar, hoedat hy Suppliant, omtrent die tijd van twee jaren
bezig geweest zijnde, om de tyden, die hem van zijn handwerk ende principale bezigheeden mogten overig zijn, te employeeren in 't naarzoeken van eenige verborgene konsten, die
met het ghebruik ende apropriatie van 't glas by eenighe andere
zo moght gebracht zijn geweest (sic), gekomen is in ondervindinghe, dat by middel van seeker instrument, 'twelck hy suppliant
tot een ander eynde ofte intentie onder handen was hebbende,
't gesichte van dengheene, die 'tselve was gebruyckende, konde
uitstrekken, in sulcker voege dat men daarmeede seer beschei-
delijk dinghen konde zien, die men anders mits de distantie ende
verheit van de plaatsen niet of gansch duister ende sonder
kennisse ofte bescheide zoude konnen sien, 'twelk hy suppliant vermerckende, heeft hem principaalijk na dien tijd
geoeffend, omme 'tselve noch te verbeeteren, en eyndelijck
so verre gebracht, dat hy met sijn instrument een dingh so
verre kan sien, ende klaar bekennen, als met het instrument,
U.E. Mog. onlangs verthoont door een borger en brillemaker
van Middelburgh, volgens het oordeel selv van Syne Excellencie ende andere, die de respective instrumenten tegen el-
kanderen hebben geproeft (1), niettegenstaande sijns suppliants
instrument meest en is gemaakt van slechte stoffe, ende
alleen tot eene proeve, 'twelk hy suppliant niet en twijffelt,
of en soude met verbeeteren van de materie ook in 't gebruick
seer gebeeterd worden, behalve dat hy mede gelooft en ver-
hoopt metter tijd de voorschreven inventie in sich selfs so te
verbeteren, dat daar noch meerder dienst en vruchten te verwachten sullen sijn; dan also hy suppliant beducht is, dat
middelertyde iemand hem soude mogen onderwinden de voorschreven zyne instrumenten na te maaken ofte imiteren,
bouwende op de fundamenten, die de suppliant met sijn
vernuft, groote arbeid, en hooftbrekinge door Gods zeegeningen
geleyt heeft, ende hem suppliant daarmeede frustreeren

---

sed potius **Middelburgensem.** — Het hier afgedrukte stuk is genomen naar
een afschrift van het voorgaande van c. 1816, dat hij de hierna op
blz. 27 bedoelde collectie stukken berust.

(1) Het verblijf van LIPPERHEY in den Haag was dus spoedig bekend
geworden.

ende berooven van de vruchten, die hy met recht ende goede apparentie daarvan te verwachten heeft, soo keert hy suppliant hem tot Uw. Ed. Mog., ootmoedelijk versoekende, dat deselve gelieven hem suppliant te vergunnen octroy, dat er by (¹) eenen iegelijc, de voorschreven inventie voor dezen niet gehad ofte in 't werk gesteld hebbende, verboden wordt de voorschreven instrumenten in 't geheel ofte deel naar te maken, of die by soodanige onvrye persoonen gemaakt souden mogen zijn, te koopen ofte verkoopen, sonder expres consent van hem suppliant, op de verbeurte van deselve instrumenten en daarteboven noch van eene somme van honderd Carolusguldens van 40 grooten 't stuck, op elck instrument, contrarie deses gemaeckt, gecoft of vercoft, ende dat voor de tijd van 20 jaren, of anderzins, hem suppliant ten aansien van de nuttigheid en diensten van de voorschreven inventie voor 't gemeene Vaderland toe te leggen alsulcke vereeringh als UE. Mog. naar haer gewoonlyke goedertierenheid in deezen bevinden sullen te behooren, 't welck doende, etc.

In margine stondt:

De suppliant word vermaant verder te ondersoeken, omme syne inventie te brengen totte meerdere perfectie, ende sal alsdan op zijn verzochte octrooy gedisponeert worden naar behooren.

Actum 17 October 1608.

Onderstond :

(get.)   Aersen.

1608.

Na gedaane collatie is deese beneffens de origineele requeste met zijn apostille, geteekent als boven, van woord tot woord accordeerende bevonden.

In Alckmaar den 8 November 1677.

Quod attestor

Joh. H. Milius, Nots.

1677.

Dit authentieke stuk geeft ons bij voorloopig onderzoek al dadelijk iets van groote waarde nl. een nauwkeurigen datum: 17 October 1608, wel is waar niet dien, waarop Metius zijn request heeft aangeboden, doch toch den dag, waarop op zijn verzoek eene beslissing wordt genomen, hetgeen waarschijnlijk een verschil van enkele dagen bedraagt.

Die beslissing is voor Metius niet gunstig; zooals hij trouwens zelf erkent, is een Middelburger hem voor geweest met eene

---

(¹) Lees: daarby.

dergelijke uitvinding en zijn uitvoerig request — wellicht juist
zoo uitgebreid, omdat hij wist, dat een ander reeds vroeger
zijn instrument aan de Staten had gepresenteerd — heeft METIUS
niet gebaat. De naam van den Middelburgschen uitvinder valt
uit het stuk niet op te maken en HUYGHENS kon er dan ook
geen ander besluit uit trekken dan dit volgende: (¹)

„Sunt qui inventionis, sed, uti dixi, fortuitae, primae laudem JACOBO METIO Batavo Alcmariae civi tribuant. Mihi
vero certo compertum est ante ipsum telescopia fabricasse
Artificem quendam Medioburgensem apud Selandos circa annum
hujus sœculi nonum, sive is fuerit cujus SIRTURUS meminit,
JOH. LIPPERSHEIM nomine, sive cui BORELLUS in libello de vero
Telescopii repertore primus defert, ZACHARIAS. Hi tunc non
majores sesquipedalibus tubos factitabant.„

Allereerst werd door het gevonden request van METIUS de
meening van BOREL, dat de uitvinding uit Middelburg afkomstig
was, naar het schijnt, bevestigd. Waar verder de beroemde lijfarts
van LODEWIJK XIV tusschen de beide Middelburgers SACHARIAS
JANSSEN en HANS LIPPERHEY na zijn uitvoerig onderzoek niet
aarzelde aan SACHARIAS de eer van de uitvinding toe te kennen,
vond zijne meening tot in het begin der 19de eeuw algemeen onvoorwaardelijk geloof, te meer daar men meende, dat zij onwankel-
baar gesteund werd door de authentieke stukken, welke BOREL in
zijn werk ieder lezer te beoordeelen gaf, en op welker betrouwbaarheid schijnbaar niets viel aan te merken. Wel aarzelden eenige
weinigen, zooals uit het bovenstaande citaat blijkt o.a. ook
HUYGHENS, op de gronden van BOREL, LIPPERHEY geheel als uitvinder op zijde te schuiven; doch de meest gezaghebbende
schrijvers, vooral die der 18de eeuw, namen zonder aarzeling
het oordeel van BOREL over en zoodoende werd ook in tal
van andere geschriften de naam van SACHARIAS JANSSEN als
die van den uitvinder der verrekijkers verspreid; die van HANS
LIPPERHEY, zoo zij al in dat verband werd vermeld, toch
steeds in de tweede plaats genoemd. (²)

(¹) CHRISTIANI HUGENII *Opuscula postuma, quae continent Dioptricam* etc.
Lugdun. Bat. 1703 pag. 163; *Opera reliqua, Amstelod. 1728* vol. II pag. 124.
(²) DE LA HIRE, *Recherche des Dates de l'invention du Micromètre, des*
Horloges à Pendule, et des Lunettes d'approche (Mémoires de l'Académie

De 19de eeuw, die ook op zooveel ander gebied vooruitgang
bracht, zou zich echter met de autoriteit van een BOREEL en
BOREL op den duur niet tevreden stellen en gaan beseffen, dat
de gronden, waarop aan SACHARIAS JANSSEN de eer van de uitvinding der verrekijkers werd toegeschreven, nauwkeurig getoetst
en herzien moesten worden. Omtrent LIPPERHEY hebben die
latere onderzoekingen eenig licht doen opgaan, maar voor de
kennis van SACHARIAS JANSSEN als uitvinder bleef tot dusver
het werk van BOREL de eenige bron — hij werd in geen enkel
nieuw document als uitvinder van eenig optisch werktuig genoemd.

Uit een zoo kort mogelijk overzicht der 19de eeuwsche litteratuur over het betreffende onderwerp zal het nu van zelf
gemakkelijk blijken, tot welke slotsom men eindelijk door verschillende onderzoekingen is gekomen; we zullen evenwel alleen
die nasporingen vermelden, welke eenige nieuwe zaak of bezwaar

Royale des Sciences 1717, pag. 84) verandert het verhaal van BOREL een
weinig: „Le fils d'un ouvrier Hollandois qui faisoit des Lunettes à porter
sur le nés, tenoit d'une main un verre convexe comme sont ceux dont se
servent les Presbytes ou vieillards, et de l'autre main un verre concave
qui sert pour ceux qui ont la vûë courte, et ayant mis par hazard le
verre concave proche de son oeil, et ayant éloigné un peu le convexe
qu'il tenoit au devant, il s'apperçût qu'il voyoit au travers de ces
deux verres quelques objets éloignés beaucoup plus grands et plus
distinctement qu'il ne les voyoit auparavant à la vûë simple, il montra
cet effet à son père, qui en assembla aussi-tôt de semblables dans de
petits tuyaux de 5 ou 6 pouces de long, et voilà la premiere découverte
des Lunettes d'approche. Cette invention se divulga à même temps
par tout, et ce pouvoit être en 1609, car GALILÉE publia ses Observations
avec les Lunettes d'approche en 1610, et il dit qu'il y avoit 9 mois
qu'il avoit été averti de cette découverte, comme on le peut voir dans
son *Nuncius sidereus*.'' — Volgens DE LA HIRE zou dus SACHARIAS JANSSEN
door het spelen van zijn zoon op het denkbeeld der uitvinding zijn
gekomen. Eene dergelijke legende bestaat ook ten opzichte van JACOB
METIUS, die tot de samenstelling zou gekomen zijn, doordat spelende
kinderen stukken ijs in den vorm van lenzen (nauwkeurig eene
convex, het andere concaaf) in hunne griffelkokers hadden aangebracht. Zie ook voor de 18te eeuwsche litteratuur DE LA RUE, *Geletterd
Zeeland. Middelburg 1734* pag. 299=304; *l'Encyclopédie* van DIDEROT en
D'ALEMBERT en MONTUCLA, *Histoire des mathématiques, Nouvelle edition*,
an VII, tom II pag. 280 e. v.

bij het proces SACHARIAS JANSSEN—HANS LIPPERHEY in het debat hebben gebracht.

I. *Collectie met stukken over* ZACHARIAS JANSSEN *en* HANS LIPPERHEY, *in betrekking tot de uitvinding der verrekijkers (Inventaris der handschriften van het Zeeuwsch genootschap der wetenschappen*, pag. 29 vlg.), thans berustende in de Provinciale bibliotheek te Middelburg. De in deze manuscripten neergelegde onderzoekingen zijn ingesteld tusschen de jaren 1816 en 1822, voornamelijk door DE KANTER, SERLÉ en LAMBRECHTSEN.

In het begin van Januari 1816 hield de Heer DE KANTER in eene vergadering van leden van bovengenoemd Genootschap eene lezing over de uitvinding der verrekijkers, waarvan de conclusie voldoende wordt aangeduid door het voorstel van den lezer om ter eere van de nagedachtenis van SACHARIAS JANSSEN, burger weleer der stad Middelburg, als den eersten uitvinder, een gedenksteen te plaatsen in den gevel van het huis, door hem bewoond. Dit voorstel gaf aanleiding tot eene nauwgezette beoordeeling van de verschillende getuigenissen, in het werk van BOREL opgenomen, waarop zich de aanspraken van SACHARIAS JANSSEN grondden; spoedig wordt dan bij dat onderzoek op bijzonderheden gewezen, welke niet met elkaar in overeenstemming zijn te brengen. Vergelijkt men b.v. de verschillende gegevens in den brief, door WILLEM BOREEL aan PIERRE BOREL geschreven, met het door den laatste op gezag van JOHANNES SACHARIASSEN gegeven jaartal der uitvinding 1590, dan is het zeer moeilijk dit jaartal 1590 in overeenstemming te brengen met de mededeeling van WILLEM BOREEL, geboren in 1591, dat deze wel als kind met SACHARIAS JANSSEN had gespeeld, en voert dit feit ons tot eene onwaarschijnlijkheid, dat nl. JANSSEN in het jaar der uitvinding ongeveer 5 of 6 jaar oud geweest moet zijn; tot een dergelijken jeugdigen leeftijd van SACHARIAS JANSSEN in 1590 voerde ook — meende men — het geboortejaar 1603 van zijn zoon, die in 1655 zeide twee en vijftig jaren oud te zijn. Er kon dus ernstige twijfel rijzen, of de uitvinding van JANSSEN wel inderdaad zoo vroeg geschied was, als PIERRE BOREL opgaf, te meer daar zich de aanspraken daarop grondden op de getuigenis vooral van zijn zoon, terwijl die ten gunste van LIPPERHEY waren afgelegd door onzijdige personen. Deze twijfel gaf aanleiding tot een onderzoek in verschillende archieven, inderdaad de eenige juiste weg om de aanspraken van JANSSEN en LIPPERHEY zoo mogelijk naar waarheid te leeren kennen.

Al heel spoedig werden dan ook in de *Notulen der Staten-Generaal* te 's Gravenhage de volgende resolutiën opgespoord, welke de getuigenissen ten opzichte van HANS LIPPERHEY, in het boek van BOREL neergelegd, grootendeels bevestigden. Die stukken, welke nu een groote rol gingen spelen, luidden als volgt:

(1)   "Jovis den II^{en} Octobris 1608.

"Opte requeste van HANS LIPPERHEY, geboortich van Wesel, woonende tot Middelburch, brilmaecker, gevonden hebbende seecker instrument om verre te sien, gelijck d'Heeren Staten gebleken is, versoeckende aldewyle 'tselve instrument niet en dient gedivulgeert, dat hem gegunt soude worddeu octroy voor den tijt van dertich jaeren, daarby een yegelijck verboden soude wordden 't voorschreven werck ofte instrument nae te maecken, ofte anderssints hem te accorderen een jaarlijcx pensioen om 't voorschreven werck alleene te maecken om ten dienste van den Lande gebruyckt te worden, sonder dat aen eenige uuytheemsche coningen, vorsten ofte potentaten te mogen vercoopen; is goetgevonden, dat men eenige uuit dese vergadering sal committeren, omme metten suppliant op sijn inventie te communiceren, ende van denselven te verstaen, oft hy dat niet en soude kunnen gebeteren, sulckx, dat men daardoore met twee oogen soude cunnen sien, ende van denselven te verstaen, waermede dat hy te contenteren soude sijn, om het rapport daervan gehoort, te adviseren ende geresolveert te wordden, oft men den suppliant een tractement oft het versochte octroy sal hebben te accorderen."

(2)   "Sabati den iiij^{en} Octobris 1608.

"Is goetgevonden, dat boven de communicatie den tweeden deses gehouden met HANS LIPPERHEY, geboortich van Wesel, gevonden hebbende het instrument, omme verre te sien, noch nuyt elcke provincie een sal committeren, omme het voorschreven instrument te examineren ende proeven opten toren van Sijn Excellenties quartier, oft d' inventie ende het werck sulckx is, dat men daervan soude geraecken de vruchten te trecken, die

men meent, ende in sulcken gevallen metten inventeur te
handelen, dat hy aanneme binnen tsjaers te maecken sess
sulcke instrumenten van christal de roche (daervooren hy eyscht
van elck stuk dusent Guldens) dat hy synen eysch moderere,
onder beloften dat hy syne inventie niemanden anders teenigen
daegen en sal overgeven."

(3)   "Lune den VI^{en} Octobris 1608.

"Die Heeren Gedeputeerde van de provinciën ondersocht
hebbende naerder het instrument, geïnventeert by JOHAN LIP-
PERHEY, brilmaecker, ende metten selven gecommuniceert,
rapporteren, dat zy 't voorschreven instrument naer apparentie
bevindende den Lande dienstelijck te sullen vallen, den voorschreven inventeur geboden hebben voor een instrument by
hem te maecken van christal de roche voor het Land dryehondert gulden gereet, ende sesshondert guldens als 'tselve
volmaakt ende goed bevonden sal sijn; is goetgevonden ende
geresolveert, dat men die voorschreven Heeren Gedeputeerde sal
authorizeren, gelijck deselve geauthorizeert worden mits desen,
omme metten voorschreven LIPPERHEY absolutelijck op het maecken
van 't voorschreven instrument te handelen, ende denselven
eenen tijt te limiteren binnen denwelcken hy gehouden sal
sijn 't voorschreven instrument goet ende welgemaeckt te
leveren, mits dat d' Heeren Staten alsdan oock sullen resolveren,
ofte den suppliant te accorderen sijn versochte octroy ofte toe
te leggen een jaerlijcx tractement, dies dat hy sal belooven
egeen sulcke instrumenten meer te maecken sonder consent van
de Heeren Staten."

Bij deze stukken, waarbij LIPPERHEY octrooi voor zijne
vinding verzoekt, behooren nog enkele andere van 11 en 15
December 1608 en 13 Februari 1609, welke ons berichten, hoe
het met die aanvrage om octrooi is afgeloopen. We zullen ze
allen later bespreken, daar ze op het oogenblik niet ter zake
doen. Het vinden der bovenstaande stukken nu heeft een grooten
schok toegebracht aan het geloof aan de verklaringen, in 1655
afgelegd door JOHANNES SACHARIASSEN en WILLEM BOREEL,
dat SACHARIAS JANSSEN de uitvinder der verrekijkers zou zijn.
Te meer was dit het geval, toen een onderzoek, door verschillende
personen in archieven te Middelburg in het werk gesteld,
eenige bizonderheden ten opzichte van LIPPERHEY aan den dag
bracht, die intusschen ter zake niet meer aantoonen, dan dat hij

inderdaad als brillenmaker wordt genoemd, gewoond heeft in
een huis, genaamd "De dry vare gesichten", en gestorven is
in October 1619, uit welk laatste gegeven volgt, dat het door
BOREEL medegedeelde feit, dat de hoogleeraar METIUS en
DREBBEL, in 1620 te Middelburg komende, niet bij LIPPERHEY
maar bij JANSSEN kwamen, wel waar kan zijn, doch wegens het
overlijden van LIPPERHEY in 1619 niet de door BOREEL daaraan gehechte beteekenis heeft. De nasporingen, met betrekking
tot SACHARIAS JANSSEN gedaan, brachten evenwel niets aan het
licht, dat de onderzoekingen van PIERRE BOREL en WILLEM
BOREEL, als zoude hij de uitvinder zijn, kon bevestigen:
SACHARIAS JANSSEN of zijn zoon JOHANNES SACHARIASSEN konden
de heeren op geene enkele plaats aantreffen als lieden, die
eenig handwerk deden; de bizonderheden, die men verder omtrent den ouderdom, woonplaats en levensomstandigheden van
SACHARIAS JANSSEN bijeenbracht, waren al zeer gering en —
van achteren beschouwd — grootendeels nog onbetrouwbaar ook.

Het is dus niet te verwonderen, dat men met de zaak verlegen
was: de eer van de stad Middelburg (LIPPERHEY was van Wezel,
JANSSEN, meende men, een geboren Middelburger) deed de
heeren van het Genootschap beproeven zoo mogelijk de rechten
van JANSSEN staande te houden, en tot veler genoegen slaagde
men naar wensch door tegenover de extracten uit de *Notulen
der Staten-Generaal* van 1608, die de voudst van LIPPERHEY
bewezen, den inhoud te stellen van het werk van BOREL, dat
toch op besliste wijze SACHARIAS JANSSEN als uitvinder in 1590
aanwees. De conclusie van het rapport van Augustus 1818
wijst SACHARIAS JANSSEN aan als den eersten gelukkigen uitvinder
der microscopen en korte verrekijkers, en de rapporteur eindigt
met den wensch om over te gaan "tot het onderzoek ten
principale, wat ter eere van SACHARIAS JANSSEN behoort gedaan
te worden".

Ook in anderen kring werden bovenstaande onderzoekingen
bekend gemaakt, nl. door prof. VAN SWINDEN, die ze gebruikte bij eene door hem over het onderwerp gehouden rede
in Felix Meritis te Amsterdam op 8 Januari 1822, doch in

de eindconclusie met het rapport van 1818 verschilde. De verschillende door hem gebruikte gegevens zijn later uitgegeven door prof. MOLL te Utrecht onder den titel:

II. *Geschiedkundig onderzoek naar de eerste uitvinders der verrekijkers uit de aanteekeningen van wijlen den hoogleeraar* VAN SWINDEN *samengesteld door* G. MOLL. (*Nieuwe Verhandelingen der eerste klasse van het Koninklijk Nederlandsch Instituut, 3ᵉ deel, 1831, pag. 103—209.*)(¹)

VAN SWINDEN kent de uitvinding van den Hollandschen verrekijker beslist toe aan HANS LIPPERHEY, eene meening, die op zijn gezag door nagenoeg alle moderne buitenlandsche schrijvers is overgenomen.

„Het verzoekschrift van HANS LIPPERHEY — lezen we op pag. 157 der genoemde verhandeling — heeft buiten twijfel gesteld, dat hij, althans vóór METIUS, de uitvinding der kijkers bekend gemaakt hebbe. Doch een stadgenoot, een burger en inwoner van Middelburg, SACHARIAS JANSSEN, wiens naam zelfs meer algemeen dan die van LIPPERHEY bekend is, betwist dezen de eer dezer belangrijke uitvinding."

Om in dit proces uitspraak te doen beschikt VAN SWINDEN over geene andere middelen dan de verschillende verklaringen ten gunste van SACHARIAS JANSSEN en die voor LIPPERHEY, in het boek van BOREL vermeld, te onderzoeken en te beoordeelen in verband met de in betrekking tot LIPPERHEY gevonden officiëele stukken.

„Uit de getuigenis van den ambassadeur BOREEL(²) blijkt geenszins, dat HANS of SACHARIAS de eerste uitvinders der kijkers zijn geweest, maar wel blijkt er uit de omstandige beschrijving, dat zij een groot microscoop hebben uitgedacht. Maar van kijkers wordt vóór 1616 (*sic*) niet gesproken. Het blijkt dus

---

(¹) Eene vertaling van dit opstel verscheen in het *Royal Institution Journal* vol. I 1831 pag. 319—332, pag. 483—496. Een overzicht er van geeft OLBERS *Ueber den Erfinder der Fernröhre* (*Jahrbuch für 1843, herausgegeben von* H. C.SCHUMACHER, *Stuttgart und Tübingen 1843* pag. 57-65) en ook W. DOBERCK, *The Inventor of the Telescope* (*The Observatory, a monthly review of astronomy, edited by* W. H. M. CHRISTIE, *London 1879* vol. II pag. 364—370).

(²) Zie pag. 18.

geenszins uit de getuigenis van BOREEL, die in 1610 negentien jaren oud was, dat, hetzij HANS of SACHARIAS omtrent 1608 de kijkers hebbe uitgevonden. (¹)

»De tweede getuige is JOANNES SACHARIASZ., of zoon van SACHARIAS JANSZ. in 1655 twee-en-vijftig jaar oud en dus in 1603 geboren en bijgevolg in 1608 slechts 5 jaren oud (²). ... Tusschen deze getuigenis en die van BOREEL zijn verscheidene tegenstrijdigheden: vooreerst spreekt JOANNES SACHARIASZ. van kijkers omtrent 1590 uitgevonden, maar hij zegt geen woord van de hoogst belangrijke ontdekking der microscopen. BOREEL spreekt van den grootvader HANS als medeuitvinder der micros- copen; JOHANNES SACHARIASZ. zwijgt van dezen geheel en noemt alleen zijnen vader SACHARIAS en zich zelven. (³) ... Ook omtrent het tijdstip van de uitvinding der kijkers, ver- schillen BOREEL en deze zoon van SACHARIAS JANSSEN. BOREEL noemt 1610 en JOHANNES SACHARIASSEN spreekt van 1618, een tijdsverschil hetwelk noodzakelijk mistrouwen moet ver- oorzaken en zeker niet kan opwegen tegen de zekerheid, welke ons de dagteekening der requesten van LIPPERHEY en METIUS aanbiedt. (⁴)

»Uit onwederspreekbare stukken — besluit VAN SWINDEN — blijkt, dat in October 1608 eerst HANS LIPPERHEY, vervolgens JACOB ADRIAANSZ., ook wel genaamd METIUS, elk van hunnen kant de verrekijkers hebben uitgevonden en dat nog daaren-

---

(¹) Wat HANS en SACHARIAS betreft, zegt BOREEL wel uitdrukkelijk: „Ast longe post, nempe anno 1610 inquirendo paulatim etiam ab illis inventa sunt Middelburgi Telescopia". ... maar hij kent verder toch beslist LIPPERHEY in de uitvinding der verrekijkers slechts eene tweede plaats toe.

(²) Zie pag. 14.

(³) „Dit kan daardoor verklaard worden" — meent prof. HARTING in zijne *Bijdragen tot de geschiedenis der microscopen in ons vaderland. Utrecht 1846* pag. 46 en *Het Microscoop 1850 dl. III* pag. 34 — „dat de eerste zijn grootvader niet gekend heeft, die dus reeds vóór of kort na 1603 moet zijn gestorven, terwijl BOREEL ook in dit opzicht een veel zekerder getuige is, aangezien hij verklaart den grootvader zeer wèl gekend te hebben en dikwijls in zijn winkel geweest te zijn". Dit is niet alleen minder juist, maar een meer afdoende verklaring is ook, dat bij de ge- rechtelijke verhooren, in 1655 afgenomen, niet gevraagd werd naar microscopen maar naar verrekijkers, waartusschen JOHANNES SACHARIASSEN wel degelijk verschil kende.

(⁴) Het jaartal 1618 van JOH. SACHARIASSEN slaat echter, zooals hij uitdrukkelijk zegt, op de uitvinding van den astronomischen kijker; voor dat van den Hollandschen, in verband waarmede LIPPERHEY en METIUS alleen voorkomen, geeft hij het jaartal 1590.

boven Lipperhey, naar aanleiding van hetgeen de Staten van hem vorderden, de binoculus het eerst vervaardigd heeft. Dat Hans, eu zijnen zoon Sacharias Janssen veel vroeger en om, of omtrent 1605 of vroeger een microscoop hebben uitgevonden. Dat er alle waarschijnlijkheid bestaat, dat dezelfde Sacharias Janssen en zijn zoon Joannes Sachariasz. zijn voortgegaan met het vervaardigen van kijkers.//

Wil dus prof. van Swinden alleen Lipperhey als uitvinder der verrekijkers zien aangemerkt, de schrijvers van het volgende werk kennen de eer weer toe aan Sacharias Janssen.

III. *De provincie Zeeland*, door J. de Kanter, Phil. z. en J. ab Utrecht Dresselhuis, *Middelburg 1824. Bijlage X: Over de uitvinding der verrekijkers te Middelburg.* (¹)

Wanneer de schrijvers alle narichten vereenigen, komt hun de volgende samenhang als zeer natuurlijk voor:

//Zacharias Jansen, nog jongeling of knaap zijnde, deed omstreeks 1590 de bekende eerste ontdekking: deze schijnt bij zijnen vader in het eerst geene zeer vruchtbare gevolgen te hebben gehad, totdat Jansen, tot rijperen ouderdom gekomen, dezelve doelmatiger aanwendde, en eindelijk den verrekijker zamenstelde.//

Janssen zou dan in 1605 den prins een verrekijker hebben aangeboden, daarvoor beloond zijn en beloofd hebben de zaak vooreerst geheim te zullen houden. De schrijvers nemen ook aan het verhaal van Boreel betreffende den onbekenden man, die den kijker (volgens de schrijvers van het bedoelde boek) bij Maurits zou hebben kunnen zien, en toen verkeerdelijk bij Lipperhey kwam, waardoor deze ook op het denkbeeld kwam een verrekijker samen te stellen en bij Hunne Hoog Mogenden als eerste uitvinder optrad.

//Jansen intusschen getrouw aan zijn, den Prins Maurits gegeven, woord, hield zich stil: hoezeer het hem niet onverschillig zal of kan geweest zijn, eenen anderen, en wel zijnen buurman, voordeelen te zien trekken van eene hem toekomende uitvinding. . . . . , ...

(¹) Met eene latere bijdrage: *Oorspronkelijke stukken betreffende de uitvinding der verrekijkers binnen de stad Middelburg. Middelburg 1835.* Zie noot 3 pag. 9.

„In welk een licht Lipperhey verschijnt, beoordeele de lezer. Komt hem eenige eer toe, het kan dan alleen die zijn, dat het hem op onvolkomene narigten is gelukt, ook eenen kijker te vervaardigen; en vervolgens op de door Hun Hoog Mogende gekregene aanleiding eenen dubbelen zaam te stellen, om dien met twee oogen te gebruiken.„

De Kanter en Ab Utrecht Dresselhuis zijn evenwel de laatste oorspronkelijke schrijvers, die de eer der uitvinding van den Hollandschen verrekijker aan Sacharias Janssen toe-kennen. (¹) Wel wordt nog dikwijls, nadat op grond van het werk van Van Swinden de uitvinding aan Lipperhey is toe-gekend, gewezen op het oordeel van Borel en Sacharias Janssen verdedigd (²), maar langzamerhand verlaat men diens partij geheel. Lipperhey heeft men in verschillende geraadpleegde stukken uit het begin der 17de eeuw wel als brillenslijper aan-getroffen, doch nimmer Sacharias Janssen; het vergeefsche zoeken naar feiten om de conclusies van Pierre Borel te ondersteunen schijnt bovendien medegebracht te hebben, dat men een bovenmatig gewicht ging hechten aan de in 1816 gevondene stukken, waarin Lipperhey octrooi voor zijne vinding verzoekt, en het gevolg is geweest, dat aan Sacharias Janssen voortaan een aandeel in de uitvinding van den Hollandschen kijker werd ontzegd.

IV. *De twee gewigtigste Nederlandsche uitvindingen op natuur-kundig gebied; door* P. Harting. Overgedrukt uit *Album der Natuur*, *1859* (pag. 323—349, 355—368 met facsimiles der beide portretten naar Borel).

Na eerst den inhoud van de requesten van Hans Lipperhey aan de Staten-Generaal te 's-Gravenhage te hebben medegedeeld,

---

(¹) Dit geschiedt ook door Emil Wilde, *Geschichte der Optik, Erster Theil*, *Berlin 1838*, pag. 167, waar uitsluitend op grond van Borel's onderzoekingen als resultaat wordt gegeven: „Der wahrscheinliche Erfinder des sogenannten holländischen Fernrohres ist Jansen".

(²) Zie *Kunst- en Letterbode 1839* pag. 347 en 430; *de Navorscher dl. IV (1854)* Bijblad XIII en XC, uit welk laatste artikel blijkt, dat Ab Utrecht Dresselhuis ook toen nog geene reden zag iets aan zijn vroeger, hier-boven gegeven, oordeel te veranderen.

wordt door prof. HARTING de brief van WILLEM BOREEL aan PIERRE BOREL besproken. Volgens den schrijver weten we thans, sedert in de *Notulen der Staten-Generaal* de authentieke stukken gevonden zijn, dat het geheele tweede gedeelte van BOREEL's brief op onjuiste opgaven steunt; immers, het is nu bewezen, dat LIPPERHEY's uitvinding reeds van vóór 2 October 1608 dagteekent. Indien SACHARIAS JANSSEN pas in 1610 de eerste kijkers gemaakt heeft, dan kan hij geene aanspraak maken op eene uitvinding, die twee jaren vroeger door zijn buurman gedaan en in 1610 reeds door geheel Europa bekend was geworden.

"Evenwel mogen wij niet voorbijzien, dat er onder de door BOREL uitgegeven getuigenissen één voorkomt, volgens welke de uitvinding der verrekijkers door ZACHARIAS JANSSEN reeds van het jaar 1590 zoude dagteekenen . . . .

. . . .

"Tusschen dit getuigenis en den brief van BOREEL bestaan verscheidene tegenstrijdigheden. (¹). . . . .

. . . .

"Er bestaat slechts één middel om deze schijnbare tegenstrijdigheden op te lossen. Uit den geheelen inhoud en den titel van het geschrift van BOREL ziet men, dat het voorname doel daarvan was om aan te toonen, door wien de verrekijker was uitgevonden. Van het microscoop wordt alleen als in het voorbijgaan, namelijk in den brief van BOREEL, gewag gemaakt. Bij de in gerechtelijken vorm afgevraagde getuigenissen werd daarvan met geen woord gesproken. Nu was de getuige JOHANNES ZACHARIASZ. in 1655 twee en vijftig jaren oud; hij was dus in 1603 geboren, derhalve 13 jaren nadat de eerste uitvinding zoude geschied zijn. Aangenomen nu dat er in dat jaar 1590, volgens de in zijne familie bestaande overlevering, werkelijk een optisch werktuig is uitgevonden, dan mag men met eenigen grond vermoeden, dat hier eene verwarring ontstaan is, en dat dit werktuig niet de verrekijker, maar het zamengesteld microscoop is geweest. Dit zoo zijnde, strookt zijn getuigenis geheel met dat bevat in den brief van den twaalf jaren ouderen BOREEL, die den vader en grootvader goed gekend heeft, en volgens wien het mikroskoop lang voor 1610 uitgevonden was, terwijl bovendien de door dezen opgegeven lengte

---

(¹) O. a. reeds door VAN SWINDEN opgesomd.

van het werktuig en zijne mededeeling, dat eerst Prins MAURITS en later Aartshertog ALBERT er een van de uitvinders ten geschenke ontvingen, daarmede geheel in overeenstemming zijn." (¹)

Het feit, dat in dien eersten tijd verrekijkers en microscopen, ja zelfs brillen in de verschillende talen gewoonlijk met dezelfde namen worden aangeduid is — volgens prof. HARTING — iets, wat dit vermoeden versterkt en bijna tot zekerheid verheft.

"Deze onbestemdheid in de benamingen der beide werktuigen geeft geheel rekenschap van de verwarring, waarvan het ge-. tuigenis van JOHANNES ZACHARIASZ. de blijken draagt. (²) Ook is het zeer waarschijnlijk, dat hij, dit getuigenis in het Neder-duitsch afleggende, alleen gesproken heeft van kijkers of kijkglazen en dat de vertaler dit door het woord telescopia heeft overgebragt, omdat er eigenlijk alleen naar teleskopen gevraagd was. (³)

(¹) Het zal uit ons onderzoek, vooral in verband met het vinden van een nieuw stuk over deze zaak, blijken, dat de meening van prof. HARTING, als zoude het in 1590 geconstrueerde instrument een microscoop geweest zijn, zeer waarschijnlijk onjuist is. Deze meening is door prof. HARTING reeds in 1846 uitgesproken in zijne *Bijdragen tot de geschiedenis der microscopen in ons 'vaderland* pag. 45, *Het Microscoop dl. III* pag. 32, 33 (vertaling: *Geschichte und gegenwärtiger Zustand des Mikroskopes* etc. *herausgegeben von* F. W. THEILE, 2° *Aufl. 1866*, *Th. III* pag. 29) en in de *Verslagen en Mededeelingen der Kon. Academie van Wetenschappen te Amsterdam dl. I* pag. 73 en heeft daardoor groote verbreiding gevonden.

(²) Ook op dit gevoelen van prof. HARTING is zeer veel af te dingen. De verklaring van JOHANNES SACHARIASSEN, dat de verrekijkers door zijn vader SACHARIAS JANSSEN in 1590 zijn uitgevonden, waarop in 1618 is gevolgd de uitvinding van „de lange buyse", is zeer stellig en volstrekt niet verward, al zullen we later zien, dat ze niet overeenkomstig de waarheid is. Wat wèl zonderling is, is de getuigenis van WILLEM BOREEL omtrent zekere uitvinding omstreeks 1610.

(³) Hoe prof. HARTING zijne meening, op de vorige blz. weergegeven, heeft kunnen steunen door de veronderstelling, dat JOH. SACHARIASSEN in 1655 over „kijkglazen" heeft gesproken, is vreemd, daar de door ons gegevene, in de landstaal afgelegde verklaringen, toch reeds in 1835 zijn gevonden en gepubliceerd. JOHANNES sprak (zie pag. 14) over de uitvinding der „verresiende brillen oft verrekijckers" in 1590, later door hem, zooals zal blijken „korte buyse" genoemd, en over die van de „lange buysen" in 1618 in termen, die geen twijfel omtrent zijne bedoeling overlaten. Het is bovendien op zichzelf al niet denkbaar, dat een zoo uitstekend lenzenslijper en instrumentmaker als JOHANNES

See "Addenda et Corrigenda" on p. 335 below where the above title is corrected as follows: Das Mikroskop. Theorie, Gebrauch, Geschichte und gegenwärtiger Zustand desselben."

,,Er is echter nog een punt, dat wij niet geheel met stil-zwijgen mogen voorbijgaan. BOREEL, die in 1591 geboren was, noemt ZACHARIAS JANSSEN zijn speelgenoot. Alligt zoude men uit deze woorden afleiden, dat de uitvinding, waaraan ook deze gezegd wordt deel gehad te hebben, dan wel niet in 1590 kon hebben plaats gegrepen. Echter ontbreekt het niet aan bewijzen, dat ZACHARIAS verscheidene jaren ouder moet geweest zijn dan BOREEL. Boven zagen wij, dat eerstgenoemde reeds in 1603 vader was, toen BOREEL derhalve eerst twaalf jaren telde, en uit het getuigenis van JOHANNES, die van zijn grootvader, dien hij vermoedelijk niet meer gekend heeft, zelfs geheel zwijgt, moet zijn vader in 1590 in elk geval oud genoeg geweest zijn om iets uit te vinden. Maar toch mogen wij uit de woorden van BOREEL wel besluiten, dat, indien werkelijk de uitvinding van het mikroskoop reeds zoo vroeg geschied is, dan HANS of de oudere JOHANNES daaraan geen minder deel zal gehad hebben dan zijn zoon ZACHARIAS, die in 1590 nog wel niet meer dan een aankomend jongeling kan geweest zijn. (¹)

,,Gesteld echter dat hij op vijf en twintig jarigen ouderdom gehuwd is, dan zoude hij in 1577 hebben kunnen geboren en in 1590 dertien jaren oud geweest zijn.

,,Uit een en ander volgt, dat het thans wel is waar niet meer met zekerheid uit te maken is, in welk jaar de uit-vinding van het mikroskoop is geschied, maar dat deze in elk geval heeft plaats gegrepen verscheidene jaren vóór de uit-vinding der verrekijkers, waarschijnlijk reeds in 1590, en dat de uitvinders waren: de Middelburgsche brillenslijpers HANS of JOHANNES en zijn zoon ZACHARIAS JANSSEN.,,

Kent prof. HARTING dus de uitvinding van het microscoop aan SACHARIAS JANSSEN en zijn vader toe, voor hem is LIPPERHEY ongetwijfeld de uitvinder van den verrekijker.

SACHARIASSEN zal blijken geweest te zijn, zich in het jaar 1655, toen de wetenschap der optica reeds vrij groote vorderingen had gemaakt, zou hebben kunnen vergissen in twee instrumenten, welke hem bijna dagelijks onder de oogen kwamen.

(¹) Wij zouden in deze redeneering in plaats van microscopen verre-kijkers willen lezen — indien niet zou gebleken zijn, dat de verschillende gegevens, waarop prof. HARTING aan SACHARIAS JANSSEN dien leeftijd toekende, geheel verkeerd zijn, hetgeen eene andere redeneering noodig maakt.

"Evenals het echter lang geduurd heeft, eer de regten van
Lippershey op de eerste uitvinding des verrekijkers behoorlijk
erkend zijn, evenzoo zijn die van Hans en Zacharias Janssen
op de uitvinding des mikroskoops lang betwist geworden. . .

. . . .
"Wij achten derhalve het goede recht van Johannes Lippershey om voor den uitvinder des verrekijkers en van Hans
of Johannes en Zacharias Janssen, om voor de uitvinders
des mikroskoops gehouden te worden, op goede en deugdelijke
gronden bewezen te zijn."

V. *Oude optische werktuigen, toegeschreven aan* Zacharias
Janssen *en eene beroemde lens van* Christiaan Huyghens *teruggevonden: door* P. Harting (*Album der Natuur*, *1867* pag.
257—281).

Prof. Harting werd aangezocht om te trachten uit verschillende physische gegevens de herkomst te bepalen van een
microscoop en twee blikken buizen, elk met een bol objectief,
de eene lang 1,68 M., de andere lang 1,65 M., en t o e-
g e s c h r e v e n aan Sacharias Janssen. De zekere geschiedenis
dezer kijkers reikt slechts terug tot omstreeks 1830; zij werden
in 1867 aan het Zeeuwsch Genootschap der Wetenschappen
te Middelburg geschonken. (¹)

Die beide verrekijkers, waaraan een oculair ontbreekt, zijn
gebleken "lange buyssen" of astronomische kijkers te zijn.

De vraag ontstond echter: welk oculair moest bij de objec-
tieven gebruikt worden? En wanneer dan de voorste der beide
microscooplenzen met zijn koker als oculair werd gebezigd,
voldeed deze combinatie volkomen, al is het daarmede nog
verre van bewezen, dat zij tot dit doel ook door den vervaardiger werkelijk bestemd is geweest.

We weten, dat de oudste Hollandsche kijkers uit een bol
en een hol glas zijn samengesteld; dit geldt echter bepaaldelijk
van die, welke door Lipperhey en door Metius in 1608 zijn
vervaardigd.

(¹) Ook door den schrijver van een opstel over de uitvinding in de
Kroniek van het Historisch genootschap te Utrecht werden zij (in 1851)
toegeschreven aan de eerste uitvinders, waarmede blijkbaar Sacharias
Janssen met zijn vader en zoon zijn bedoeld.

*"*Daarentegen is het meer dan onzeker, dat ook HANS en ZACHARIAS JANSSEN zulke kijkers gemaakt hebben en als zoodanig regt zouden hebben om ook onder de eerste uitvinders van den verrekijker geteld te worden . . . . . .

*"*BOREEL nu zegt uitdrukkelijk in zijnen brief, dat in 1610 lange kijkers door ZACHARIAS JANSSEN zijn uitgevonden. Uit het getuigenis der zuster van ZACHARIAS JANSSEN, SARA GOEDARD, zoude men moeten afleiden, dat dit iets later, namelijk in 1611—1613, heeft plaats gehad, terwijl zijn zoon, JOHANNES ZACHARIASSEN, verzekerde, dat de korte kijkers tot in het jaar 1618 in gebruik zijn gebleven, en dat hij in genoemd jaar (hij was toen 15 jaren oud) met zijnen vader het zamenstel en het maken der lange kijkers had uitgevonden.*"* ([1])

Op verschillende waarschijnlijkheidsgronden komt prof. HARTING dan tot het resultaat, dat de beide astronomische kijkers inderdaad uit de werkplaats van SACHARIAS JANSSEN afkomstig zijn.

VI. JOHAN LIPPERHEY *van Wesel, burger van Middelburg en uitvinder der verrekijkers, door* J. G. FREDERIKS. Overgedrukt uit *De Tijdspiegel*, *1885* (3e deel, pag. 168—197). ([2])

Hebben bijna alle schrijvers der 19de eeuw de uitvinding van den Hollandschen verrekijker toegekend aan HANS LIPPERHEY en haar ontzegd aan SACHARIAS JANSSEN, dit gevoelen werd nog nimmer zoo heftig verdedigd als in het geschrift van

---

([1]) Het blijkt volstrekt niet — zooals prof. HARTING meent — dat SARA astronomische kijkers in hare verklaring bedoeld heeft; het is integendeel zoo goed als zeker, dat zij het oog had op de zg. gewone of Hollandsche. Welke soort kijkers BOREEL bedoelde, zullen we voorloopig laten rusten. Alleen JOHANNES SACHARIASSEN verklaart omtrent de astronomische kijkers uitdrukkelijk, dat zij uitgevonden zijn in 1618. En dat de beide boven bedoelde lange kijkers vervaardigd moeten zijn geruimen tijd na de groote verspreiding der verrekijkers omstreeks 1609, schijnt wel te blijken uit het feit, dat de vervaardiger dier instrumenten reeds het nut van diaphragma's kende en wist, dat men, om met zulke objectiefglazen een eenigszins scherp beeld te verkrijgen, hunne opening niet te groot mag laten.

([2]) Een uittreksel van dit opstel komt voor in het tijdschrift *Gaea, Natur und Leben*, *22er Band*, *Leipzig 1886* pag. 705—707. De in Duitschland wonende en zich als Hollander voordoende schrijver van dit stuk maakt aan het slot zijner conclusie ook nog eenige opmerkingen van politieken aard, die, naar we hopen, niet ieder Nederlander aangenaam in de ooren klinken.

den heer Frederiks. In de eerste plaats worden door hem de aanspraken van Lipperhey uiteengezet en daarna de verschillende getuigenissen ten gunste van Sacharias Janssen, ons door Pierre Borel nagelaten, onderzocht.

"Borel verhaalt ons iets — zegt Frederiks — dat omtrent zijn geboortejaar plaats moet gehad hebben en zijne herinnering aan het huisgezin van den brillenmaker naast de deur dagteekent van zijne vroegste jeugd: een' speelmakker, die "altijd bij" hem was, kon hij niet gemakkelijk vergeten, en die speelmakker was Zacharias Janssen, de uitvinder der verrekijkers. Nu weten we niet, van welken tijd Boreel spreekt, als hij zich herinnert, hoe hij dagelijks met Zacharias speelde; maar als wij dien leeftijd op straat op zijn dertiende jaar stellen, is dat voor zulk een jongeheer lang genoeg. In dat jaar echter werd Sacharias de gelukkige vader van zijn Jan, gelijk we uit diens depositie over de uitvinding hebben gezien. Laten wij den toekomstigen ambassadeur als vijfjarigen knaap buiten de Muntpoort scharrelen, dan is de man, die volgens Boreel twee dochters en een zoon — wellicht dus vóór dien zoon — had, nog minder geschikt, om een dagelijksche speelmakker te wezen.

"Onze diplomaat is dus met den persoon van den uitvinder niet in 't klare, en wat zijn speelmakker betreft, dien moet hij zich geïmproviseerd hebben, toen hij de zaak van Lipperhey verliet, die hij een half jaar vroeger omhelsd had."

Na de vermelding van het nietszeggende feit in den brief van Willem Boreel, dat Adriaan Metius en Drebbel in 1620 te Middelburg kwamen en zich vervoegden bij Sacharias Janssen in plaats van bij Lipperhey (deze laatste was immers reeds in 1619 overleden) gaat Frederiks voort:

"Zacharias Jansse, de nieuwe beroemdheid in de geschiedenis der beschaving, is, behalve de getuigenis van zijn eigen zoon en de bescherming van zijn gewaanden speelmakker, eene onbekende grootheid. Hij staat nu eenmaal in 't boek van Borellus, dat wel in Den Haag gedrukt, doch in de taal der toenmalige geleerden geschreven, en aldus, overal verspreid werd. Van daar is zijn naam overgenomen door latere schrijvers en beschermd door wie 't beter behoorden te weten." (¹)

(¹) De heer Frederiks heeft zelfs de gedachte gehad, dat reeds de naam van Sacharias Janssen tot het ruime gebied der onnauwkeurigheid behoorde, geheel ten onrechte intusschen, zooals ter gelegener plaatse zal worden aangetoond.

De heer Frederiks maakt dan eene ontdekking bekend, waarvan het geene verwondering behoeft te wekken, dat zij grooten indruk op hem heeft gemaakt, en die inderdaad dan ook een zeer groote hinderpaal is, bij de vele andere, die er reeds bestonden, voor diegenen, welke de uitvinding der verrekijkers in 1590 aan Sacharias Janssen nog zouden willen zien toegekend.

„De geëerde lezer heeft opgemerkt, dat herhaaldelijk gesproken is over den leeftijd, dien Jan Zachariasse zich toekende in 1655. Daarop dient teruggekomen te worden . . . . .

„Eén recht doen wij Zacharias gaarne wedervaren; hij zelf is ons niet bekend ooit eenige aanspraak op deze uitvinding gemaakt te hebben. Zijn zoon Johannes heeft dit op zijne rekening en wel op eene wijze, waarvoor de vader geheel buiten staat is, zich te verantwoorden. In het gemelde doopboek (van Middelburg) komt hij niet voor in 1602 of 1603, dat in zijne verklaring het geboortejaar moet zijn. Den 25 September 1611 evenwel staat de eenige Johannes, f^i Zacharias Janssen opgegeven en de doopgetuigen behooren tot de bloedverwanten van den pseudo-uitvinder. Dus was hij, toen hij 3 Maart 1655 voor Burgemeesteren verscheen, niet twee en vijftig jaar, zooals hij beweert, maar drie en veertig. Zijne ouders toch laten in dezelfde gemeente kinderen doopen en de voorschriften waren toen te gebiedend om die plechtigheid acht jaar uit te stellen. Nu kan iemand zich in zijn leeftijd vergissen, doch voor het gerecht en uit den mond van een sterrekundige is dit bezwaarlijk. Met zijne verklaring in de hand begrijpt men echter het nut dezer onwaarheid. Dit verschil heeft grooten invloed op zijn zeggen: „1618, Doen hebbe ick met mijn vader hierboven vernoempt de langhe buysen geinventeerd." De jonge inventeur is in 't najaar van 1618 juist zeven jaar geworden; had hij den opgegeven leeftijd in 1655 bereikt, dan was hij in 1618 zestien jaar geweest, waaruit meer waarschijnlijkheid voor zijne uitvinding bestaat."

Inderdaad blijkt, zooals de heer Frederiks zegt, uit het doopboek van Middelburg uit dien tijd onomstootelijk, dat Johannes Sachariassen is geboren in 1611, welk jaartal we dan ook als zijn geboortejaar moeten aannemen in plaats van 1603, zooals uit de verklaring, voor burgemeesters en schepenen in 1655 afgelegd, zou moeten volgen.

Bij het boven gezegde kan dan echter gevoegd worden, dat,

nu we weten, dat JOHANNES in 1611 is geboren, zijn vader thans gemakkelijk als speelmakker van den in 1591 geboren WILLEM BOREEL kan worden aangenomen; SACHARIAS JANSSEN behoeft niet eerder geboren te zijn dan omstreeks 1588. Van eene uitvinding door dezen in 1590 kan nu evenwel zeer bezwaarlijk sprake zijn, en het is dan ook opmerkelijk, dat dit jaartal niet afkomstig is van WILLEM BOREEL, wiens goed geheugen omtrent zijn jeugdigen speelmakker wij in tegenstelling met den heer FREDERIKS wel zullen vertrouwen, maar van den zoon van den vermeenden uitvinder, JOHANNES SACHARIASSEN, die — hetzij opzettelijk, hetzij uit onwetendheid — zijn leeftijd negen jaren te hoog opgeeft.

VII. *Het aandeel van ZACHARIAS JANSE in de uitvinding der verrekijkers door* Dr. H. JAPIKSE. *Uitgegeven door het Zeeuwsch Genootschap der Wetenschappen. Middelburg 1890.*

Op grond van de beschouwingen van prof. HARTING, vergeleken met de in het werk van BOREL voorkomende gegevens, komt Dr. JAPIKSE tot de conclusie, dat LIPPERHEY moet beschouwd worden als uitvinder der korte verrekijkers, terwijl het niet onwaarschijnlijk geacht kan worden, dat HANS de microscopen en SACHARIAS JANSSEN, 't zij met of zonder hulp van zijn vader HANS de lange kijkers heeft uitgevonden. Ook volgens Dr. JAPIKSE slaat het jaartal 1590 op de uitvinding der microscopen, maar niet op die der verrekijkers.

Dat althans deze laatste meening onjuist is, zal uit het volgende van zelf blijken.

Herinneren we ons in het kort de in bovenstaande bladzijden weergegeven prioriteitsvraag tusschen LIPPERHEY en SACHARIAS JANSSEN omtrent de uitvinding van den verrekijker, dan blijkt, dat men, in het algemeen gesproken, in de 18de eeuw onvoorwaardelijk aan de uitspraak van BOREL, als zou JANSSEN de uitvinder zijn, geloof heeft geschonken. Op grond van verschillende tegenstrijdigheden en onnauwkeurige gegevens in BORELS opgaven hebben echter vele van de boven geciteerde schrijvers der 19de eeuw getwijfeld aan de juistheid van BOREL's oordeel en op grond van authentieke stukken, wier duidelijkheid niets te wenschen overliet, HANS LIPPERHEY als eersten uitvinder gehuldigd; dit oordeel is door vele moderne schrijvers overgenomen en in verschillende werken van dezen tijd wordt hem de eer der uitvinding toegekend. (¹)

Hiermede schijnt de zaak nu wel eene beslissing te hebben gekregen, maar m. i. niet nadat het volle licht er over is opgegaan: men heeft den knoop maar doorgehakt. Wij althans kunnen ons niet voorstellen, dat de stellige uitspraak van PIERRE BOREL geheel en al op bedrog berust, en het wil ons toeschijnen, dat er in het door hem ten gunste van SACHARIAS JANSSEN medegedeelde eene kern van waarheid moet zitten, die een nieuw onderzoek rechtvaardigt. Men heeft aan de authentieke stukken van 1608, waarin wel is waar van HANS LIPPERHEY als aanbieder van kijkers sprake is, — wellicht ook onder den indruk van het feit, dat ondanks vele nasporingen verder niets van SACHARIAS JANSSEN als uitvinder bleek — eene te groote waarde gehecht, daar ze feitelijk toch niets ten nadeele van JANSSEN inhouden of in lijnrechte tegenspraak zijn met hetgeen in het boek van BOREL ons omtrent LIPPERHEY is meegedeeld. Verder kan men zich ook na de lezing van al de geciteerde werken geene vaste overtuiging omtrent de uitvinding vormen en is in het bizonder de rol, welke JANSSEN daarin speelt, zeer duister.

Bij gebrek aan genealogische en andere gegevens vooral ten opzichte van SACHARIAS JANSSEN, heeft men in de prioriteits-

---

(¹) R. WOLF, *Die Erfindung des Fernrohrs und ihre Folgen für die Astronomie, Zürich 1870*, meent dat LIPPERHEY slechts eene vondst deed, en dat de uitvinding van den verrekijker (voor prof. WOLF den astronomischen) aan KEPLER moet worden toegekend; in de *Geschichte der astronomie, München 1877* pag. 358 van denzelfden schrijver wordt gezegd, dat het wel nimmer zeker zal zijn uit te maken, of JANSSEN den kijker uitvond of door kinderen daartoe geleid werd en LIPPERHEY een onafhankelijk uitvinder zij, doch vaststaat, dat deze in October 1608 een instrument in den Haag aanbood. H. SERVUS, *Geschichte des Fernrohrs bis auf die neueste Zeit, Berlin 1886* spreekt zich voor LIPPERHEY uit; J. A. C. OUDEMANS et J. BOSSCHA, *Galilée et Marius (Archives Néerlandaises des Sciences Exactes et Naturelles, Serie II T. VIII* pag. 122: Invention de la lunette) zwijgen van JANSSEN geheel.

vraag tusschen hem en LIPPERHEY allerlei conclusies gebouwd op gevolgtrekkingen, die men uit de in het boek van BOREL bevatte gegevens meende te kunnen afleiden. Aan die conclusies ontbreekt echter elke redelijke grondslag en met name berust het toekennen van de uitvinding van het microscoop aan SACHARIAS JANSSEN en zijn vader in 1590 slechts op de gevolgtrekking, dat JOHANNES SACHARIASSEN zich bij zijne positieve verklaring, dat zijn vader anno 1590 de *korte buyse* uitvond, wel vergist zal hebben en geen verrekijker, doch een microscoop zal hebben bedoeld, eene conclusie, die volstrekt geene critiek kan doorstaan.

Met de tegenwoordig aangenomene opvatting, dat HANS LIPPERHEY de uitvinder der verrekijkers is, staan we dan op het oogenblik van den aanvang van ons onderzoek ongeveer op het standpunt van burgemeesters en schepenen van Middelburg in 1655, toen WILLEM BOREEL hun eerst dezen LIPPERHEY als uitvinder noemde. Zij hebben toen een *verder en curieus ondersouck* gedaan, en het is in hunnen brief aan WILLEM BOREEL, welke de afgelegde verklaringen vergezelde, wel opmerkelijk, dat zij zelven geene volkomene beslissing ten gunste van LIPPERHEY hebben kunnen nemen, al zeggen zij, dat naar hunne meening JOHANNES SACHARIASSEN zich abuseert, wanneer hij zijn vader de eer der uitvinding toeschrijft; zij eindigen hun schrijven, bij gebrek aan eene overtuiging, met de belofte het onderzoek te zullen voortzetten, waarvan echter naar alle waarschijnlijkheid niets meer gekomen is.

Om tot een zoo volledig mogelijk oordeel omtrent de aanspraken van JANSSEN en LIPPERHEY te geraken, is het allereerst noodig de toestand der optica vóór de 17de eeuw na te gaan.

II. DE LENZEN EN HARE AANWENDING
TOT DE 17de EEUW.

Reeds in de vroegste oudheid kende men de kunst om edelgesteenten in verschillende gedaanten te slijpen en onder de nu nog in kabinetten aanwezige steenen bevinden er zich, welke de gedaante van holle en bolle lenzen hebben, en waaraan een ouderdom van meer dan 3000 jaren wordt toegekend. Een dergelijk stuk, bestaande uit bergkristal in den vorm eener plan-concave lens, werd o. a. gevonden in een tumulus van Birs-Nimroud [1]. Andere dier steenen bestaan uit beryl, doch alle zijn doorschijnend.

In hoeverre deze steenen tot andere doeleinden dan alleen als sieraad hebben gediend, is moeilijk uit te maken. Van belang schijnt in dit opzicht eene plaats in "de Wolken" van ARISTOPHANES (± 500 v. Chr.) [2], waar gewag wordt gemaakt van een toen welbekend glas, waarmede men met behulp der zonnestralen papier op een afstand in brand kon steken; uit de woorden "op een afstand" zou dan volgen, dat we hier te doen hebben met eene werkelijke lens en niet met een geheelen bol, wiens brandpuntsafstand natuurlijk al heel gering is; andere schrijvers zijn echter van meening, dat ARISTOPHANES met de bedoelde woorden juist iets heeft willen te kennen geven, dat destijds onmogelijk en onbereikbaar was, en ze spottenderwijze heeft gebezigd, daar toen ter tijd slechts geheele bollen als brandglazen zouden gebruikt zijn.

Doch ook voor zuiver optische doeleinden werden oudtijds door-

---

[1] BREWSTER, *Report of the British Association 1852*; het diende volgens BREWSTER tot optische doeleinden.

[2] Vs. 766—772; op deze plaats werd de aandacht gevestigd door DE LA HIRE in de *Histoire de l'Académie Royale des Sciences 1708*, pag. 112.

schijnende voorwerpen gebezigd. Zoo zegt SENECA (12—66 na Chr.)(¹): "Poma per vitrum adspicientibus multo majora sunt" of — zooals hij zich op eene andere plaats van zijn werk uitdrukt — "formosiora quam sunt, videntur si innatant vitro", daar volgens de oude leer het zien daarin bestaat, dat een lichtstraal uit het oog schiet en de voorwerpen als het ware aanraakt. Elders schrijft hij (²): "Literae, quamvis minutae et obscurae, per vitream pilam aqua plenam majores clarioresque cernuntur." SENECA begreep echter de oorzaak van het vergrootend vermogen dezer met water gevulde, waarschijnlijk geblazene, bollen zoo weinig, dat hij haar aan het water zelf toeschreef. Hij kent ook spiegels, die tot in het ongeloofelijke een voorwerp vergrooten of verkleinen of het vermenigvuldigen, en uit verschillende andere uitlatingen blijkt, dat ook de kunst van glasslijpen zijn tijdgenooten welbekend was. — SENECA's berichten worden bevestigd door PLINIUS (23—79), die o. a., over glas sprekende, zegt (³): "Aliud flatu figuratur, aliud torno teritur, aliud argenti modo coelatur, Sidone quondam iis officinis nobili, siquidem etiam specula excogitaverat. Haec fuit antiqua ratio vitri"; en elders (⁴): "Invenio medicos, quae sunt urenda corporum, non aliter id fieri utilius putare, quam crystallina pila, adversis posita solis radiis." Bij denzelfden schrijver komt ook het bekende verhaal voor, dat NERO de gevechten der gladiatoren aanschouwde door een, wellicht holrond geslepen, steen, Smaragdus genoemd (⁵), misschien om het gezicht te hulp te komen, zooals ook van elders blijkt, dat NERO bijziende was. De oudst bekende lens van glas is verweerd en gebroken gevonden bij opgravingen te Pompeii; ook deze heeft nog slechts een zeer geringen brandpuntsafstand, doch haar doel schijnt een optisch geweest te zijn. Andere bijna bolvormige stukken glas, die wellicht tot sieraad hebben kunnen strekken, werden ook te Herculanum opgegraven.

(¹) *Natur. Quaest.* Lib. I cap. 3. § 10.

(²) *Natur. Quaest.* Lib. I cap. 6 § 5.

(³) *Hist. natur.* Lib. XXXVI cap. 26, sect. 66.

(⁴) *Hist. natur.* Lib. XXXVII cap. 2, sect. 10.

(⁵) *Hist. natur.* Lib. XXXVII cap. 5, sect. 16; o. a. ook bij ISIDORUS HISPALENSIS, *Ethymologiae [Origines]* Lib. XVI, cap. 7.

PTOLOMAEUS, die in de 2de Eeuw leefde en zich, behalve door zijn *Almagest*, waarin hij het naar hem genoemde wereldstelsel ontvouwde, ook bekend heeft gemaakt door eene *Optica*, waarin de theorie van het'zien, de terugkaatsing, de theorie der vlakke en convexe spiegels en die der uit vlakke, convexe en concave samengestelde, zoowel als die van de conische spiegels benevens eene theorie der astronomische refractie wordt behandeld, maakt, voor zoover zijn werk bewaard is gebleven, geene melding van de verschijnselen van bolle doorschijnende lichamen. Dit is wel het geval met LACTANTIUS († 325), den opvoeder van den oudsten zoon van CONSTANTIJN den Groote (^{1}); ook DAMIANUS, een schrijver uit de 8ste eeuw, kent de kracht van convexe glazen om door de zon voorwerpen in hun brandpunt te ontsteken. (^{2}) Wel is waar wordt dus bij de ouden geen bepaald gewag gemaakt van het vergrootend vermogen van lensvormig geslepen stukken glas, doch het is bijna niet aan te nemen, dat zij, die er dikwijls mede omgingen, er onkundig van bleven. (^{3})

De theorie en de toepassing der katoptrica was ongetwijfeld veel uitgebreider. Zoowel vlakke als convexe en concave spiegels (eerst van metaal, later van glas) vonden o. a. als brandspiegels toepassing, en PLUTARCHUS verhaalt, (^{4}) dat men zich om het door een toeval uitgedoofde vuur in den tempel van Vesta weder te ontsteken, bediende van eene tegen de zonnestralen gehouden bolvormige schaal. Het verhaal omtrent het door

(^{1}) In zijn werk „*de Ira Dei*".

(^{2}) DAMIANUS HELIODORI *filius*, *De opticis Libri II editi ab E. Bartholino Parisiis 1657.*

(^{3}) Over het gebruik van lenzen bij de ouden handelen o.a.: MOLYNEUX, *Treatise of Dioptricks*, *1692;* DE LA HIRE, *Histoire de l'Académie des Sciences 1708;* RICH. WALLER, *Concerning the Burning-Glasses of the Ancients* (in HOOKE, *Experiments by* DERHAM pag. 348); SMITH-KÄSTNER, *Vollst. Lehrbegriff der Optik. 1755,* pag. 380; verschillende stukken in de *Monatliche Correspondenz zur Beförderung der Erd- und Himmelskunde* van VON ZACH: *Bd. VIII, 1803,* pag. 42; *XXIII, 1811,* pag. 600; *XXIV, 1811,* pag. 82; *XXV,* pag. 392. Zie ook *Correspondance astronomique* etc. *du Baron* DE ZACH, *T. VII, Gênes, 1822,* pag. 60, 124. — Sommige dezer stukken ook in verband met eene mogelijke kennis der Ouden met den verrekijker.

(^{4}) In het Leven van NUMA.

bolle spiegels in brand steken der Romeinsche vloot voor Syracuse door ARCHIMEDES (287—212 v. Chr.), die ook eene verhandeling over parabolische spiegels zou hebben geschreven, is echter aan grooten twijfel onderhevig. Verschijnselen van holle spiegels worden ook behandeld in eene *Optica*, toegeschreven aan EUCLIDES, doch waarschijnlijk van latere commentatoren afkomstig; de wetten der terugkaatsing waren intusschen aan de volgelingen van PLATO, waartoe EUCLIDES behoorde, bekend. Dergelijke spiegels kunnen ook gebruikt zijn in tempels om de goden te doen verschijnen door op den rook van het offer het vergroote beeld te werpen van een voorwerp, in eene verborgen plaats opgesteld. (1) Van de observatie van verwijderde voorwerpen door eene toepassing van spiegels, waarin men meermalen de uitvinding van den telescoop heeft willen zien, wordt in vele fabelachtige verhalen melding gemaakt, in het bizonder vermeldt men zulk een spiegel, opgesteld op den vuurtoren van Alexandrië ten tijde van ALEXANDER DEN GROOTE of PTOLOMAEUS EUERGETES, van meer dan een Meter middellijn, waarmede men vijandelijke schepen op 600.000 schreden zou kunnen zien en zelfs, volgens verhalen van Arabischen oorsprong, de schepen uit de Grieksche havens kon zien uitloopen (2); de verwoesting zou geschied zijn door de Christenen, weinig tijds na de Arabische verovering, onder de regeering van WALID I in de eerste helft der 8ste eeuw. (3) Eene dergelijke inrichting zou ook bestaan hebben te Ragusa in Illyrië en in de 17de eeuw nog zijn gezien; zij had de gedaante van een schepel en men observeerde door den rug naar de te beschouwen voorwerpen te plaatsen. (4) Holle

---

(1) BREWSTER, *Letters on natural magic*, *1845*, Lett. IV.

(2) PORTA, *Magia Naturalis*, *Lib. XVII*, *Prooemium;* MONTUCLA, *Histoire des Mathématiques*, *Nouvelle edition*, *an VII*, T. III pag. 560; LIBRI, *Histoire des sciences mathematiques en Italie, Paris 1838.* T. I, pag. 215—217.

(3) Zij wordt ò. a verhaald door BENJAMIN DE TUDELA (NORDEN, *Voyage d'Egypte et de Nubie ed.* LANGLÈS *1795.* T. III. pag. 163; CHARTON, *Voyageurs anciens et modernes, Paris 1855—1867,* T. II, pag. 216) en ABULFEDA (1273—1331) in zijne *Descriptio Aegypti*.

(4) BURATTINI beschrijft haar in een brief aan BOULLIAU (LIBRI, *Histoire des sciences mathematiques en Italie.* T. I, pag. 218—228).

spiegels worden verder het eerst uitdrukkelijk vermeld bij
ANTHEMIUS, die in de 6de eeuw onder JUSTINIANUS I leefde, en
uitvoerig aantoont, dat ARCHIMEDES te Syracuse eene combinatie
van vlakke spiegels moet hebben gebezigd. (¹)

Meer zekerheid dan aangaande het gebruik van spiegels
om op een verren afstand te zien bestaat omtrent het
gebruik van een onderdeel van het instrument, dat ons in het
bizonder bezighoudt, nl. van zeer nauwe ledige buizen, wier
aanwending bij alle volken van af de vroegste tijden is
geconstateerd. Als afkomstig van de oorspronkelijke bevolking
werden ze gevonden in 1842 bij Elisabethstown in West-
Virginie en in Peru; door Hindoes en Chineezen werden
ze gebruikt bij hunne meridiaan-observaties of dienden ze op
eenigerlei wijze als vizierlijn in het midden van den hemelbol,
die dan voor de Chineesche astronomen onze aequatoriaal of
een parallactisch opgesteld instrument voorstelden. (²) Het doel
dezer opene, slechts enkele millimeters wijde, buizen was eensdeels het voorwerp beter te kunnen beschouwen en zijne plaats
nauwkeuriger te bepalen, anderdeels den invloed van het zijdelingsche licht te ontgaan, zooals men ook wist, dat de sterren beter
uit schachten worden waargenomen dan van uit het open veld;
men zou ze dus den naam van pseudo-telescopen kunnen geven.

ARISTOTELES maakt van de waarneming door eene dergelijke
buis (αὐλός) gewag bij het onderscheiden van verschillende
kleuren, waarvan hij uitdrukkelijk zegt, dat zij zoo van
veel verder afstand gezien kunnen worden dan zonder zulk

(¹) In verband met de uitvinding der verrekijkers en spiegeltelescopen
handelt over het vorenstaande o. a. uitvoerig. D(RINKWATER), *On the
Catoptrical and Dioptrical Instruments of the Ancients (Philosophical
Magazine*, vol. *XIX, 1804*, pag. 176, 232, 344, *vol. XX, 1805*, pag. 14 e. v.)
en vooral TH. H. MARTIN, *Sur des instruments d'optique faussement attribués
aux anciens par quelques savants modernes (Bulletino di bibliografia e di
storia delle scienze mathematiche e fisiche*, publicatio da B. BONCOMPAGNI.
Roma, T. IV 1871, pag. 165—238.

(²) SOUCIET, *Observations mathématiques, astronomiques, géographiques,
chronologiques et physiques, tirées des anciens livres chinois, Paris 1732.*
T. II pag. 25; HOUZEAU *et* LANCASTER, *Bibliographie génerale de l'astronomie,
Bruxelles 1887 T. I, 1, Introduction* pag. 170, 258.

een instrument (^{1}), zooals dat reeds nog eenvoudiger plaats
vindt door de oogen met de hand te overschaduwen. POLYBIUS
geeft een overzicht van de methoden in het leger om gewichtige
berichten door een soort fakkeltelegraphie snel over te brengen en
zegt daarbij, dat de waarnemers een diopter met twee buizen
moeten hebben om met de eene de plaatsen aan de rechter-, met de
andere die aan de linkerzijde te kunnen overzien (^{2}). STRABO
maakt melding van eene meening van POSIDONIUS, dat de zon ,
bij den op- en den ondergang in zee grooter schijnt, omdat het
door de dampen evenals door buizen gebroken beeld zich
grooter voordoet. (^{3}) PTOLOMAEUS beschrijft een instrument om
waar te nemen in zijn *Almagest*, dat bekend is onder den naam
Triquetrum (^{4}); men kon er aan elk uiteinde door zien, waar
het openingen bezat, door den vertaler GEORGIUS TRAPEZUNTIUS
foramina genoemd, en PROCLUS DIADOCHUS vermeldt dioptra
als in het bezit van HIPPARCHUS. (^{5})

Ook uit Hebreeuwsche schrijvers van de 1ste of 2de eeuw
blijkt, dat dezen met het gebruik van dergelijke werktuigen
vertrouwd waren; in den Talmud vindt men melding gemaakt
van eene buis, waarmede men schepen op zeer grooten afstand
kon zien; zulk een instrument was ook in het bezit van
een Rabbi GAMALIEL, die het gebruikte ter opgave van plaats-
bepalingen en van de diepte van een dal. Waarschijnlijk
was hunne aanwending overgenomen van de stamverwante
Arabieren, welke die kijkers ook tot astronomische observatie

(^{1}) *De generatione animalium* Lib. V, cap. 1.

(^{2}) *Historia universalis* Lib. X, cap. 43.

(^{3}) *Res geographicae* Lib. III, cap. 1. — Sommigen hebben hier in plaats
van δι' αὐλῶν (buizen), δι' ὑάλων (glazen) willen lezen; zie DE CAYLUS,
Réflexions sommaires sur les connoissances Physiques des anciens (*Histoire
de l'Académie Royale des Inscriptions* 1761, pag. 61), ook een artikel over
de uitvinding en oudheid van den verrekijker door LAMOTTE, Pe-
tersburg 1761, uit het Russisch vertaald in het *Hamburger Magazin*,
I, pag. 182. Het tegendeel wordt verdedigd door AMEILHON, *Mémoire
dans lequel on examine s'il est prouvé que les anciens aient connu le télescope
ou les lunettes d'approche, comme quelques Modernes le prétendent* (*Histoire
de l'Académie des Inscriptions*, 1786, pag. 498).

(^{4}) Lib. V, cap. 14.

(^{5}) *Hypotyposis Astronomicarum Positionum, Basileae 1541*, pag. 399;
zie RICCIOLI, *Almagestum Novum, Bonon. 1651*, vol. I, Lib. III, 10, § 4.

gebruikten en zich in dien tak der sterrekunde groote verdiensten hebben verworven; ze worden speciaal vermeld onder den inventaris van het observatorium van Meragah. (1)

Door de Arabieren werd het gebruik van het werktuig naar het Westersche Europa overgebracht. Nadat zij in de landen rondom de Middellandsche zee hun godsdienst hadden verbreid en zich vaste woonplaatsen hadden verworven, richtten zij hun oog op de kunsten des vredes; spoedig bloeiden in die landen naar het voorbeeld van Bagdad en Damascus Arabische scholen, waar vooral astronomie, mathesis en geneeskunde werden beoefend. Uit geheel Europa stroomden leergierigen naar Cordova, o. a. ook GERBERT, geboren tusschen 940 en 945, later paus SYLVESTER II. Verschillende uitvindingen bracht hij naar het westen over (2), en in een zijner brieven, aan CONSTANTIJN VAN FLEURY (3), vindt men ook gewag gemaakt van de constructie eener sterrenglobe, waaraan men onmiddellijk de beweging van den hemel kon nagaan door middel van eene door het middelpunt aangebrachte buis, de zoogenaamde poolbuis, die op het beeld van de Kleine Beer gericht moest zijn; aan het instrument kwamen bovendien ook nog andere kijkers voor om andere punten van den hemel te fixeeren. (4) Van eene dergelijke aanwending door GERBERT

---

(1) JOURDAIN, *Mémoire sur l'observatoire de Méragah et sur quelques instruments employés pour y observer; suivi d'une notice sur Nassyr-Eddin (Magasin encyclopédique,* année *1809* T. VI, pag. 64; uittreksel in de *Monatliche Correspondenz etc. herausgegeben vom* Freyherrn von ZACH, Bd. XXIII); SEDILLOT, *Mémoire sur les instruments astronomiques des Arabes, Paris 1841.*

(2) O. a. de Arabische cijfers. „GERBERTUS" — zegt WILLIAM MALMESBURY (± 1150) — „abacum certe primus a Saracenis rapiens, regulas dedit, quae a sudantibus abacistis vix intelliguntur."

(3) GERBERTI *Scholastici epistola ad* CONSTANTINUM *monachum Floriacensem de Sphaerae constructione* (JOAN. MABILLONII, *Vetera analecta, Nova Editio*, *Parisiis 1723* fol. pag. 102–103). Zie ook *Lettres de Gerbert* (983—997) *publiées avec une introduction et des notes par* JULIEN HAVET, *Paris 1889,* ~~nᵒ 153.~~ n.ᵒˢ *134, 148, 152, 162*

(4) S. GÜNTHER, *Das gläserlose Sehrohr im Altertum und Mittelalter (Bibliotheca mathematica. Zeitschrift für Geschichte der Mathematik, Journal d'histoire des mathématiques,* G. ENESTRÖM, Stockholm 1894), pag. 15–23, pag. 16 en pag. 20 noot 8.

wordt ook mededeeling gedaan in een kroniek van THIETMAR, bisschop van Merseburg, die in het begin der 11de eeuw stierf, toen hij de breedte der stad Maagdenburg wilde bepalen met het doel er een zonnewijzer te construëeren: ([1])

*//*GERBERTUS optime callebat astrorum cursus discernere, et contemporales suos variae artis notitia superare. Hic tandem a finibus suis expulsus, OTTONEM petiit imperatorem, et cum eo diu conversatus, in Magdeburg horologium fecit, illud recte constituens, considerata per fistulam quadam stella nauta-. rum duce.*//*

De Arabieren nemen in de geschiedenis der exacte wetenschappen van de eerste helft der middeleeuwen eene voorname plaats in, en hunne geschriften zijn nog lang, nadat zij zelve van het wereldtooneel zijn verdwenen, tot zelfs in de 16de eeuw van zeer grooten invloed op de beoefening der wetenschap geweest; vooral AVICENNA ($\pm$ 980—1037) geldt nog honderden jaren later als hoofdbron van natuurwetenschappelijke kennis: tevens komt met de beoefening der alchemie en magie meer en meer eene richting in de natuurkunde op, die tot in de 17de eeuw van grooten invloed op hare ontwikkeling zou zijn. Wat de optica betreft, is ons van de Arabieren overgebleven een werk van ALHAZEN, die gewoonlijk wordt aangenomen omstreeks 1100 in Spanje geleefd te hebben. Van de theorie der terugkaatsing is hij geheel op de hoogte, en wat die der refractie betreft, is hij dichter bij de waarheid dan PTOLOMAEUS. ALHAZEN maakt ook gewag van het vergrootend vermogen van een lichtbrekend lichaam in den vorm van een bolvormig segment; wordt een voorwerp dicht tegen de vlakke oppervlakte van eene dergelijke plano-convexe lens gehouden, wier bolle zijde naar het oog is gekeerd, dan zal het zich vergroot vertoonen. Zoo zegt hij : ([2])

([1]) DITMARI *Episcopi Mersburgensis Chronicon Libri VIII*, uitgave van MADERUS, Helmstädt 1665, Lib. VI pag. 180; LEIBNITIUS, *Scriptores rerum brunsvicensium*, Hanoverae 1707, T. I pag. 399.

([2]) *Opticae thesaurus* ALHAZENI *Arabis Libri septem, nunc primum editi.* Ejusdem liber de Crepusculis, et Nubium ascensionibus. Item VITELLIONIS *Thuringopoloni Libri X. Omnes instaurati, figuris illustrati et aucti, adjectis etiam in* Alhazenum commentariis a F. RISNERO, *Basileae 1572.* Fol.

' „In assuetis visibilibus non est tale aliquid, quod videatur ultra corpus diaphanum sphaericum, grossius aere, ultra centrum sphaerae, et res visa cum sit intra hoc corpus sphaericum. Hoc enim non fit, nisi corpus sphaericum fuerit vitreum aut lapideum, et fuerit totum corpus sphaericum solidum, et res visa fuerit intra ipsum; aut ut corpus sphaericum sit portio sphaerae, major semisphaera, et res visa sit applicata cum basi ejus. Sed hi duo situs raro accidunt."

Hier wordt dus voor het eerst melding gemaakt van een glazen bolvormig segment (en wel het grootste segment), dienende tot vergrooting van een voorwerp. Toch schijnt ALHAZEN dit verschijnsel alleen theoretisch beschouwd te hebben en die glazen niet uit eigen ervaring gekend, veel minder tot een praktisch doel aangewend te hebben, zooals trouwens in het algemeen de Arabieren zich meer toelegden op het meetkundig gedeelte der optica dan op het verrichten van proeven. Hij zou anders niet gezegd hebben, dat de toepassing slechts zelden voorkomt, noch eenige zaken vermeld hebben, die niet met de werkelijkheid overeenkomen, maar wel opgemerkt, dat het niet noodig is het voorwerp tegen de lens te houden.

Gedurende de glansperiode der Arabische heerschappij is de toestand van de Indogermaansche volken van het westen niet gunstig. De barbaarsche tijden der volksverhuizing hebben hun invloed op den beschavingstoestand dier volkeren niet gemist, en de onverdraagzaamheid van het toenmalige Christendom belette bovendien, dat de Arabische beschaving bij de Christelijke volkeren verbreiding vond. In het gevolg van dogmatisme komen andere karaktertrekken van den tijd, en alras spelen astrologie, magie en alchemie eene hoofdrol. De geleerdheid is beperkt tot de kloosters, doch gaat niet veel verder dan het van vroegere tijden afkomstige. Onder de instrumenten voor de astronomische waarneming zijn weder de dioptra de voornaamste. In het bizonder zijn daaromtrent berichten voorhanden van het destijds in hoogen bloei verkeerende klooster Sint Gallen; blijkens afbeeldingen in handschriften, waarop men geestelijken

---

474 pag's. Lib. VII 44, 45. Deze vertaling van ALHAZEN schijnt te zijn van GERARD VAN CREMONA; zie B. BONCOMPAGNI in de *Atti dell' Accademia de' Nuovi Lincei. T. IV 1851.*

door dergelijke dioptra den hemel ziet beschouwen, werden zulke kijkers ongetwijfeld gevonden onder den inventaris van een middeleeuwsch observatorium. (¹) Van eene dergelijke af-beelding werd ook kort na de verspreiding der eigenlijke verre-kijkers gewag gemaakt door JOHANN BAPTIST CYSATUS (1586—1657), professor in de astronomie te Ingolstadt, aan wien in den regel de eerste waarnemingen van kometen met een verrekijker worden toegeschreven. Zijn bericht omtrent die dioptra, dat evenals die omtrent sommige plaatsen uit de klassieke schrijvers eene zekere vermaardheid heeft verkregen, omdat men er meende uit te kunnen afleiden, dat de uitvinding van den kijker geens-zins nieuw was, meldt, dat zich in het klooster Scheyern, in de diocese Freising, eene kroniek bevindt, waarin een astronoom is afgebeeld, die den hemel door zulk een kijker beschouwt: (²)

An NICEPHORUS et ANAXAGORAS illum stellarum erraticarum confluxum, DEMOCRITUS autem earundem digressum libero oculo conspexerint, non disputo; fortassis et ipsi solo tubo optico phaenomenon illud deprehenderunt. Fuisse enim usum Tubi optici, Antiquis etiam Astronomis familiarem, testatur liber vetustissimus, in bibliotheca celeberrimi Monasterij Scheurensis, scriptus ante 400 annos, quo in libro, inter caetera schemata, etiam Astronomus per tubum opticum, in Coelum intentum, sydera contemplans visitur.

Nu kan men zeer bezwaarlijk aannemen, dat de hier ver-melde *tubus opticus* een verrekijker is geweest in den zin, welken men thans aan het woord hecht; wel aannemelijk is het, dat we hier met een diopter bij astronomische waar-neming te doen hebben om het zijdelingsche licht af te sluiten. CYSATUS heeft in de afbeelding die van een verre-kijker willen zien, hetgeen de vervaardiger daarvan stellig niet bedoeld heeft. (³) Waarschijnlijk is CYSATUS ook tot

---

(¹) VON ARX, *Geschichten des Kantons St. Gallen*, Bd I St. Gallen 1810 pag. 265; ZIMMERMANN, *Ratpert, der erste Züricher Gelehrte, Basel 1878* pag. 63, geciteerd bij GÜNTHER, *Das gläserlose Sehrohr*, etc, pag. 18.

(²) *Mathemata astronomica de loco, motu, magnitudine et causis Cometae quae sub finem Anni 1618 et initium Anni 1619 in coelo fulsit*, etc. *Ingol-stadii 1619* cap. 7 pag. 76.

(³) Toen GALILEI's ontdekkingen van 1609 en 1610 bekend werden, trokken velen dezen in twijfel; ten slotte toch haar niet **kunnende**

zijne conclusie verleid geworden door eene bizonderheid aan
het instrument, welke hij zelve niet vermeldt, doch die ons
wordt medegedeeld door MABILLON, die in 1683 op uitnoodiging van COLBERT eene wetenschappelijke reis door Duitschland ondernam om de bibliotheken en archieven van dat land
te leeren kennen. De abt GREGORIUS van het klooster Scheyern,
zoo verhaalt hij, heeft hem eene kroniek getoond, van het
jaar 1096 begonnen door een monnik KONRAD en tot op zijn
tijd, over drie eeuwen loopende, voortgezet; deze kroniek bevatte behalve andere manuscripten ook eene *Historia Scholastica*

---

loochenen, heeft men getracht, daarin begunstigd door de onbekendheid
van den uitvinder, den oorsprong van het instrument reeds in de
vroege oudheid te plaatsen, in het algemeen met het doel om ook aan
PTOLOMAEUS, wiens wereldstelsel door GALILEI's ontdekkingen zoozeer
geschokt werd, ook het gebruik van deze kijker te kunnen toeschrijven.
Op gronden aan den Bijbel ontleend (MATTHEUS 4 vs 8, LUCAS 4 vs 5)
schreef men de uitvinding en het gebruik aan den duivel toe; op
gezag eener uitlating van DIODORUS SICULUS veronderstelde CHARLES
LAMOTTE, dat de inwoners van Brittannië ten tijde van ALEXANDER den
Groote zeer voortreffelijke kijkers gebruikten. Ook DEMOCRITUS werd genoemd, doch deze had volstrekt geen verrekijker noodig gehad om zijn
vermoeden omtrent de constitutie van den melkweg uit te spreken. Omtrent ARISTOTELES, zooals we zagen met het gebruik van dioptra wel
bekend, zegt onze Groninger hoogleeraar NICOLAAS DES MULIERS:
„Ende wat de Sporades sterren belangt die siet men in de melcstract
ontallijck, ende also dat mense op de cloot niet stellen can. ARISTOTELES
moet een scherp ghesicht gehadt hebben, dat hijse sien conde sonder
bril: wij luyden connen se anders qualic sien, dan met behulp van
de nieuw gevonden bril" *(Hemelsche Trompet Morgenwecker, ofte Comeet
met een Langebaart, erschenen Anno 1618 in Novembri ende Decembri etc.
Tot Groningen 1618. — Zie: Album der Natuur 1859 pag. 171 en ook
pag. 173.)* — Ook PTOLOMAEUS noemt eenige sterren en nevelvlekken, die
thans met het bloote oog niet waarneembaar zijn, hetgeen zich echter
laat verklaren eensdeels door zijn gunstiger positie, andersdeels
door werkelijk aan den hemel plaats gehad hebbende veranderingen.
LIBRI geeft in zijne *Histoire des sciences mathématiques en Italie*, T. I.
pag. 229 uit de groote Japansche encyclopadie *Wa-kan-san-saï-tsou-ye*
van 1713 eene afbeelding van Jupiter met twee zijner satelliten; men
kan daar echter zonder meer niet uit besluiten, dat bij die waarneming
een werkelijke verrekijker is gebruikt, daar men anders nog veel meer
zou hebben moeten zien en er bovendien ook voorbeelden bekend zijn
van personen, die inderdaad sommige dier trawanten met het bloote
oog hebben waargenomen.

van Petrus Comestor, waarin op de eerste vijf bladzijden de vrije kunsten waren afgebeeld : ([1])

"In tertio Astronomia exhibetur, adjunctam habens à dextris Ptolemaei effigiem, sidera contemplantis ope instrumenti longioris, quod instar tubi optici quatuor ductus habentis concinnatum est in hunc modum." ([2])

Ongetwijfeld was het afgebeelde werktuig een diopter, en het feit, dat het vier geledingen bezat, kan verklaard worden door de omstandigheid, reeds door Aristoteles vermeld, dat zulk een werktuig des te beter diensten bewijst, naarmate het langer is; om de werkzaamheid te verhoogen en de lengte gemakkelijk te kunnen regelen, stak men dus eenige buizen gedeeltelijk in elkander; aldus namen de intensiteit van het lichtbeeld en de grootte der ster zichtbaar toe. ([3])

Intusschen brengt het lot ook de volken van Noord-Europa al nader tot hunne bestemming. De 13de eeuw is voor hen wel de belangrijkste; door de kruistochten, de handelsreizen naar Italië en de daarmede gepaard gaande overbrenging der Arabische cultuur worden eenige lichtvonken in de duisternis geworpen; aan deze eeuw knoopt zich o. a. de naam van Albertus van Bolstädt vast. Witelo, afkomstig uit Krakau, schrijft omstreeks 1270, alles, wat in het werk van Alhazen belangrijk was, behoudende, eene verhandeling over de optica, waarin wederom gewag wordt gemaakt van de werking van een glazen bolsegment, ofschoon zijne waarnemingen zoowel als de daarvan gegevene verklaringen onjuist zijn: ([4])

([1]) Joan. Mabillonii *Iter Germanicum*, Hamburg 1717 pag. 54; Joan. Mabillonii *Vetera analecta* etc. *cum itinere Germanico* etc. *Nova Editio*, *Parisiis 1723* Fol. pag. 9, kolom 1.

([2]) Eene reproductie komt voor in Knitl, *Scheyern als Burg und Kloster*, *Freising* 1880.

([3]) „En se mettant dans l'obscurité, on peut avec un long tuyau noirci faire une lunette d'approche sans verre, dont l'effet ne laisseroit pas que d'être fort considérable pendant le jour" (Buffon, *Histoire naturelle de l'homme 1749* T. III pag. 325). Zie ook Humboldt, *Kosmos*, *Stuttgart*, III Band, 2 Abschnitt pag. 43.

([4]) Vitellionis *mathematici doctissimi* Περὶ Ὀπτικῆς, *id est de natura, ratione, et projectione radiorum visus luminum colorum atque formarum, quam vulgo Perspectivam vocant, Libri decem editi opera* G. Tanstetter

"Forte tamen portio sphaerae crystallinae, minor hemisphaerio, fortius inflammaret, in loco centri sui posita re inflammabili, quoniam omnes radii, totali illi superficiei sphaericae perpendiculariter incidentes, concurrerent in centro. Sed et in horum experimentatione est maxima latitudo, quam relinquimus ad talia curiosis."

In plaats van echter, zooals ALHAZEN, het grootste bolvormig segment van glas voor te slaan, daar toch de werking van zulk een glas sterker is, naarmate het grooter dikte bezit, spreekt WITELO van het kleinere. Ook hij kent dus schijnbaar uit eigene aanschouwing de werking niet en meent, dat alle lichtstralen loodrecht op het convexe deel van het glas invallen.

Omstreeks denzelfden tijd, dat aan Engeland, hetwelk weinig van de volksverhuizing te lijden had gehad, de Magna Charta werd geschonken, werd daar geboren ROGER BACO ($\perp$ 1214—1294). Hij was eene der merkwaardigste figuren, die de middeleeuwen ons aanbieden, en daar hem meermalen de uitvinding van den verrekijker is toegeschreven, is het gewenscht iets langer bij hem stil te staan. Na in Oxford gestudeerd te hebben, begaf hij zich naar Parijs en trad na zijne terugkeer in de orde der Franciskanen. Ofschoon hij zich niet aan den geest van zijn tijd kon onttrekken, komt hem toch de groote verdienste toe de exacte wetenschappen van uit een nieuw gezichtspunt beschouwd te hebben: geene bespiegeling maar waarneming van de natuur was zijn hulpmiddel. Zijne uitgebreide kennis verschafte hem den naam van "doctor mirabilis"; als kenner van de grieksche en arabische talen maakte hij zich vertrouwd met de belangrijkste geschriften dezer volken en deed hij ze door zijne werken in het westen ingang vinden. Nadat hij reeds vroeger van tooverij was beschuldigd en hem de verspreiding zijner kennis was verboden, vond BACO na de verheffing van zijn begunstiger, den bisschop van Sabina en pauselijk gezant in Engeland, tot paus onder den naam van CLEMENS IV (1264—1268) in

---

et PETRI APIANI *Norimbergae 1535*, en ook in denzelfden band als de werken van ALHAZEN door RISNER *Basileae 1572*, Lib. X. 48. Volgens zijne eigene opgaven verwierf WITELO zijne optische kundigheden in Italië; hij gaf ook den raad om aan brandspiegels eene parabolische gedaante te geven.

dezen een machtigen steun. Op diens verlangen zond Baco hem
door middel van een leerling zijn omstreeks 1267 verzameld *Opus
majus* later het *Opus minus* en *Opus tertium* benevens verschillende
door hem vervaardigde physische instrumenten. Niet lang echter
mocht hij deze hooge bescherming genieten: Clemens stierf in
1268, en tien jaren later, toen Nicolaas III paus was, werd op
raad van vele geestelijken door den generaal der orde de ban
over Baco's werken uitgesproken, hij zelf voor een toovenaar
verklaard en met goedvinden van den paus in de gevangenis
geworpen. Zijne bewaking werd nog verscherpt, toen diezelfde
generaal als Nicolaas IV den pauselijken stoel besteeg en pas
na diens dood werd Baco op voorspraak van enkele aanzienlijke
Engelschen na eene meer dan tienjarige gevangenschap ontslagen;
oud en gebroken keerde hij uit den Parijschen kerker naar
zijn vaderland terug, waar hij in 1294 stierf. (¹)

De optische kennis, waarvan Baco in zijn *Opus maius* blijk
geeft, gaat verder dan die van Alhazen en Witelo. In de
eerste plaats schildert Baco met groote zekerheid het nut
van de brillen, welke trouwens spoedig na zijn dood in gebruik kwamen; ongetwijfeld is dan ook in den loop der tijden,
sinds men oudtijds brandglazen met nog zeer geringen brandpuntsafstand kende, die afstand successievelijk vergroot, zoodat
Baco op de volgende wijze zijne bekendheid met vergrootglazen
kon toonen: (²)

„Si vero homo aspiciat literas et alias res minutas per medium
crystalli vel vitri vel alterius perspicui suppositi (³) literis,

---

(¹) „Renovantes studium" — zegt hij — „semper receperunt contradic-
tionem et impedimenta, et tamen invalescebat, et invalescet, usque
ad dies Antichristi."

(²) The „*Opus Majus*" of Roger Bacon *edited with Introduction and
analytical Table by* John Henry Bridges *in two volumes: vol. II Oxford,
At the Clarendon Press 1897* pag. 157. — Eene minder volledige editie
werd uitgegeven door S. Jebb: *Fratris* Rogeri Bacon, *ordinis minorum
Opus maius ad* Clementem IV *pontificem Romanum* etc. *London 1733* en
Venetie 1750. Het optisch gedeelte was reeds onder den titel *Perspectiva*
in 1614 te Frankfort uitgegeven door J. Combach.

(³) D. i. super imposti of suprapositi.

et· sit portio minor sphaerae cujus convexitas sit versus oculum,
et oculus sit in aere, longe melius videbit literas et appare-
bunt ei majores. Nam secundum veritatem canonis quinti de
sphaerico medio infra quod est res vel citra ejus centrum,
et cujus convexitas est versus oculum, omnia concordant ad
magnitudinem, quia angulus major est, sub quo videtur, et
imago est major, et locus imaginis est propinquior, quia res
est inter oculum et centrum. Et ideo hoc instrumentum est
utile senibus, et habentibus oculos debiles. Nam literam quantumcunque parvam possunt videre in sufficienti magnitudine.″

Of Baco hier uit eigene waarneming spreekt, is moeielijk
te beslissen; hij beweert hier en ook in het onmiddellijk volgende,
dat de letters, door het kleinste bolvormig segment beschouwd,
grooter schijnen, dan die, door het grootste gezien; evenals
Alhazen verlangt ook hij, dat de lens op de letters gelegd
worde en de convexe zijde telkens naar het oog gekeerd. Toch
is de uitvinding der brillen, zoo al niet vroeger, omstreeks
1300 geschied, zoodat het niet onmogelijk is, dat Baco iets
meer van de zaak afwist. — Wat den verrekijker betreft, de
uitvinding daarvan is Baco, vooral door sommige zijner lands-
lieden, meermalen toegeschreven. (¹) In een zijner befaamde
brieven leest men o. a.: (²)

″Possunt enim sic figurari perspicua ut longissime posita
appareant propinquissima, et e contrario: ita quod ex incredibili

---

(¹) Molyneux, *Treatise of Dioptricks*, *London 1692* pag. 256; Jebb in
de *Praefatio* zijner editie van het *Opus majus Lond. 1733*; D(rinkwater),
*Curious Extracts from old English books with Remarks which prove, that
the telescope etc. were known in England much earlier than in any other
country* (*Philosophical Magazine 1804* vol. XIX pag. 66—79).

(²) *Epistolae Fratris* Rogerii Baconis *De Secretis operibus artis et naturae
et de nullitate magiae (ad Gulielmum Pariensem conscripta)* cap. V: „de
experientiis perspectivis artificialibus.” — De brief werd o. a. uitgegeven
in 1542 te Parijs door Orontius Finaeus en beleefde spoedig vele
herdrukken, ook in meer dan een verzamelwerk; zoo is deze tekst
ontleend aan eene uitgave *Operâ* Iohannis Dee *Londinensis e pluribus
exemplaribus castigata olim, et ad sensum integrum restituta. Nunc vero
a quodam veritatis amatore, in gratiam verae scientiae canditatorum foras
emissae*″ etc. en door den laatsten opgedragen „Roseae Crucis Fratribus
unanimis”, opgenomen in het *Theatrum Chemicum praecipuos selectorum
auctorum tractatus de chemiae et lapidis philosophi antiquitate, veritate
etc. vol. V Argentorati* (Straatsburg) *1622* pag. 943—962.

distantia legeremus literas minutissimas, et numeraremus res quantumcunque parvas, et stellas faceremus apparere quo vellemus."

De uitlating draagt hier evenwel niet den stempel van eene door de ervaring geleerde zaak, maar van hetgeen iemand met vooruitzienden blik voor mogelijk of waarschijnlijk houdt; op vele plaatsen geeft Baco's geschriftje den indruk eener weelderige fantasie, die hem zaken en ontdekkingen voor-tooveren, van welke we thans niet anders kunnen aannemen, dan dat Baco nog ver van haar werkelijk bestaan verwijderd was. (1) Grondiger behandelt hij de zaak elders, waar hij zich

(1) B.v. luidt cap. IV „De instrumentis artificiosis mirabilibus" der Epistola: „Narrabo igitur nunc primo opera artis et naturae miranda, ut postea causas et modos eorum assignem: in quibus nihil magicum est. ut videatur quod omnis potestas magica sit inferior his operibus et indigna. Et primo per figurationem solius artis. Nam instrumenta navigandi possunt fieri hominibus remigantibus, ut naves maximae fluviales et marinae ferantur unico homine regente, maiori velocitate quam si essent plenae hominibus navigantibus. Currus etiam possent fieri ut sine animali moveantur cum impetu inaestimabili, ut existi-mantur currus falcati fuisse quibus antiquitus pugnabatur. Possunt etiam fieri instrumenta volandi, ut homo sedens in medio instrumenti revolvens aliquod ingenium, per quod alae artificialiter compositae aerem verberent, ad modum avis volantis. Fieri etiam potest instru-mentum parvum in quantitate ad elevandum et deprimendum pondera quasi infinita, quo nihil utilius est in casu. Nam per instrumentum altitudinis trium digitorum, et latitudinis eorum, et minoris quantitatis, posset homo seipsum et socios ab omni periculo carceris eripere, et elevare, et descendere. Potest etiam de facili fieri instrumentum quo unus homo traheret ad se mille homines per violentiam ipsis invitis, et sic de rebus aliis attrahendis. Possunt etiam fieri instrumenta ambulandi in mari et in fluviis ad fundum sine periculo corporali. Nam Alexander magnus his usus est, ut secreta maris videret, secundum quod Ethicus narrat astronomus. Haec autem facta sunt antiquitus, et nostris temporibus. Et certum est, praeter instrumentum volandi, quod non vidi, nec hominem qui vidisset cognovi, sed sapientem qui hoc artificium excogitavit explicite cognosco. Et infinita alia possunt fieri ut pontes ultra flumina sine columna vel aliquo sustentaculo et machinae, et ingenia inaudita." — Indien deze uitlatingen niet den stempel droegen van bespiegeling en overdrijving zou men Baco op even goede gronden voor den uitvinder onzer stoombooten, locomo-tieven, hangbruggen en vliegmachines kunnen houden. — „Possunt

omtrent de werking van een instrument als den kijker uitlaat
als volgt : ([1])

    *"De visione fracta majora sunt; nam de facili patet per
canones supradictos, quod maxima possunt apparere minima,
et e contra, et longe distantia videbuntur propinquissime et
e converso. Nam possumus sic figurare perspicua, et taliter
ea ordinare respectu nostri visus et rerum, quod fraugentur
radii et flectentur quorsumcunque voluerimus, ut sub quocunque augulo voluerimus videbimus rem prope vel longe.
Et sic ex incredibili distantia legeremus literas minutissimas
et pulveres et arenas numeraremus propter magnitudinem anguli
sub quo videremus, et maxima corpora de prope vix videremus
propter parvitatem anguli sub quo videremus, nam distantia
non facit ad hujusmodi visiones nisi per accidens, sed
quantitas anguli. Et sic posset puer apparere gigas, et unus
homo videri mons, et in quacunque quantitate, secundum
quod possemus hominem videre sub augulo tanto sicut mon-
tem, et prope ut volumus. Et sic parvus exercitus videretur
maximus, et longe positus apparet prope, et e contra: sic etiam
faceremus solem et lunam et stellas descendere secundum appa-
rentiam hic inferius, et similiter super capita inimicorum
apparere et multa consimilia, ut animus mortalis ignorans
veritatem non posset sustinere."*

Op grond ook van deze plaats is, doch ten onrechte, de
uitvinding van den verrekijker aan BACO toegekend. Men kan
uit zijne woorden nauwelijks het gevolg trekken, dat hij getracht zou hebben de hem bekende bolle lenzen tot een meer
samengesteld optisch werktuig te vereenigen. In de canones,
waarop BACO zich beroept, wordt zelfs nergens van eene lens·
niet eens van een glas gewag gemaakt en wordt het voorwerp
niet b u i t e n, doch i n het dichtere medium aangenomen. De
eigenschappen, die hij een kijker toekent, zijn geheel ongegrond
of overdreven; men zou met een kijker, gesteld dat zulk
een werktuig in BACO's tijd was vervaardigd, bezwaarlijk de

---

etiam" — zegt hij zelfs in het volgende cap. V — „sic figurari perspicua,
ut omnia homo ingrediens domum, videret veraciter aurum, et argentum,
et lapides pretiosos, et quicquid homo vellet, quicunque festinaret ad
visionis locum nihil inveniret. Non igitur oportet nos uti magicis
illusionibus, quum potestas Philosophiae doceat operari quod sufficit."

([1]) *The „Opus Majus"* ed. BRIDGES vol. II pag. 165.

allerkleinste letters op ongeloofelijken afstand hebben kunnen lezen; een mensch vertoont zich door een kijker gezien niet als een berg of eene kleine hoeveelheid menschen als eene groote. (¹) Kunnen we dus niet aannemen, dat Baco zelf een kijker heeft bezeten. en liggen zijne zeer groote verdiensten jegens de exacte wetenschappen voornamelijk in andere feiten, in zijne pogingen om uit de banden der scholastiek en der Aristotelische philosophie bevrijd te geraken, uit zijne woorden blijkt wel, dat hij een vermoeden had, dat zulk een instrument zou kunnen worden samengesteld, dat hij het eerste het vraagstuk opwierp en de middelen om tot de oplossing te geraken in de verte aanwees (²). Zijne uitlatingen konden de groote zoekers naar hermetische vondsten en zijner talrijke lezers in volgende, over meer hulpmiddelen beschikkende tijden, aanleiding geven om te trachten het vraagstuk op te lossen.

De algemeene verspreiding van eene belangrijke uitvinding op optisch gebied zou weldra den weg daartoe effenen. Hoewel men op grond van Baco's uitlatingen kan betwijfelen, of hij wel lenzen met zulk een ver brandpunt, als de eigenlijke brillen- of verrekijkerglazen bezitten, heeft vervaardigd, en hij meer bedoelde het in de hand houden van een sterk vergrootglas, schrijft men aan den tijd kort na Baco's dood of het begin der 14ᵈᵉ eeuw de voor de beoefening der natuurkundige

---

(¹) Op grond van dergelijke passages als bovenstaande *(Opus Majus* ed. Bridges vol. II pag. 164—165; *Epistola de secretis operibus* etc. cap. V in het begin) zou men Baco ook voor uitvinder van den spiegeltelescoop kunnen houden. „Sic enim" — laat hij er op beide plaatsen op volgen — „Julius Caesar, quando voluit Angliam expugnare, refertur maxima specula erexisse, ut a Gallicano littore dispositionem civitatum et castrorum Angliae praevideret." Men heeft opgemerkt, dat hier specula = spiegels met specula = wachttorens is verwisseld.

(²) „The exaggerated claims" — teekent de jongste uitgever van het *Opus Majus* bij de daaruit boven gegevene plaats omtrent de verrekijkers aan — „sometimes set up for Bacon as an inventor must not blind us to the thoroughly scientific spirit which inspired these forecasts. It is enough for his fame that he conceived the possibility of the telescope, and gave solid grounds for his belief, more than three centuries before the conception was realized. And the same may be said of many other of his anticipations of man's mastery over physical forces."

wetenschap van groote gevolgen zijnde uitvinding der brillen-
of verrekijkerglazen toe; hier wordt de geschiedenis der lenzen
van belang, omdat hunne brandpuntsafstand langzamerhand
groot genoeg geworden is om als kijkerglazen benut te worden.
In de kerk ″Maria Maggiore″ te Florence was nog in de 17^{de}
eeuw het volgende grafschrift te vinden:

 ″Qui giace Salvino d'Armato degli Armati di Fir. — Inventore degli Occhiali — Dio gli perdoni la peccata — Anno
D. MCCCXVII.″

Of deze SALVINO D' ARMATO de eerste uitvinder der brillen is,
geweest, is moeielijk uit te maken; wel schijnt onmiddellijk na hem,
althans in Florence, de kunst verbreid te zijn. In eene kroniek in
handschrift in de bibliotheek der broeders van St. Catharina te
Pisa wordt melding gemaakt van een ALEXANDER DE SPINA,
gestorven in 1313, die de door een ander gevonden en geheim
gehouden kunst van brillen te maken verstond en bereidwillig
mededeelde aan anderen: ″Frater ALEXANDER DE SPINA, vir
modestus et bonus, quaecunque vidit aut audivit facta, scivit
et facere. Ocularia ab aliquo primo facta et communicare nolente,
ipse fecit et communicavit corde hilari et volente.″ In overeenstemming hiermede verhaalt GIORDANO DA RIVALTO, die in
1311 in het klooster St. Catharina te Pisa stierf en dus een
kloosterbroeder van ALEXANDER DE SPINA was, in eene preek,
die hij in 1305 te Florence hield: (¹) ″Non è ancora vent'
anni, che si trovò l'arte di fare gli occhiali, che fanno veder
bene, che è una delle migliori arti e delle più necessarie,
che il mondo abbia″; en omtrent den uitvinder zegt de copiist:
″io vedi colui, che prima la trovò e fece, e favellagli″. Dat
de uitvinding reeds op het laatst der 13de eeuw moet geschied
zijn, volgt ook uit een bericht van het jaar 1299, zich bevindende
in een manuscript, waarvan de schrijver zegt: (²) ″Mi truovo

(¹) E. NARDUCCI, *Tre prediche inedite del beato* GIORDANO DA RIVALTO,
Roma 1857, pred. IV pag. 60.

(²) *Trattato di Governo della Famiglia di Sandro di Pipozzo di Sandro,
cittadino Fiorentino, fatto nel 1299.* Het was in het bezit van REDI
(† 1688), aan wien we vele nasporingen omtrent de geschiedenis der
brillen verschuldigd zijn, en die de uitvinding tusschen 1280 en 1311

cosi gravoso di anni, che non abbia valenza di leggiere e scrivere senza vetri appellati okiali, truovati novellamente per la commodità delli poveri veki, quando affiebolano del vedere". In verscheidene werken uit den aanvang der 14ᵉ eeuw is dan ook al spoedig van de vinding sprake (¹); zoo zegt Bernard Gordon, een geneesheer te Montpellier, in een in 1305 begonnen werk *Lilium medicinae* omtrent een door hem aangeprezen oogenzalf: "Est tantae virtutis, quod decrepitum faceret legere literas minutas absque ocularibus" en in een werk van Guido de Chauliac, den lijfarts van drie pausen, lezen we: (²) "Et si ista non valent, ad conspicilia vitri seu becyclos est recurrendum."

Waarschijnlijk is het dus, dat Salvino d' Armato de uitvinder der brillen was, en dat Alexander de Spina van hem de kunst heeft afgezien; in elk geval is de ontdekking omstreeks 1300 in Italië geschied. Of evenwel eerst convexe dan wel concave brillenglazen werden gebezigd, is niet te beslissen, al is het eerste het meest waarschijnlijkst, daar het in de lijn der geschiedenis lag eerst convexe glazen te vervaardigen en ook dikwijls wordt gesproken van het nut voor ouderen van dagen, terwijl bijziendheid van de jeugd in die dagen wel niet zoo menigvuldig zal zijn voorgekomen. In den eersten tijd werden de glazen bevestigd aan de klep van de muts, die ver over het voorhoofd tot aan de wenkbrauwen reikte, later aan eigene haken, welke aan den neus vasthielden.

---

stelt. Later werd het grafschrift ontdekt door den Florentijnschen oudheidkundige Leopoldo del Migliore, dat den naam van den vermoedelijken vinder noemt (zie zijn *Firenze, città nobilissima, illustrata, 1684).* Veel materiaal voor de geschiedenis der brillen vindt men in Jaques Spon, *Recherches curieuses d'antiquité, Lyon,* pag. 213 - 220; R. Smith, *A compleat system of optics.* 2 vols *Cambridge 1738;* M. Manni, *Degli occhiali da naso inventati da Salvino Armati. Trattato istorico, Firenze 1738;* Tiraboschi, *Storia della Letteratura Italiana, Modena 1793,* pag. 163, 198, en de voorrede van Narducci voorafgaande aan zijne editie der *Prediche* van Rivalto.

(¹) Du Fresne du Cange, *Glossarium mediae et infimae Latinitatis. Niort 1883* T. I pag. 793 in voce *Bustula* vermeldt een brief, waarin ook van brillen sprake is, zonder evenwel de dagteekening op te geven.

(²) *Chirurgia magna* ed. L. Joubertus *Lyon 1585* pag. 315.

Intusschen blijkt uit deze verschillende berichten, dat behalve BACO zich ook nog andere personen met het slijpen van lenzen bezig hielden, zoodat SALVINO D'ARMATO en ALEXANDER DE SPINA ieder op zich zelf reeds lenzen met vrij grooten brandpuntsafstand konden vervaardigen. Het brillen slijpen wordt van nu af langzamerhand een handwerk, dat tegen de 17de eeuw algemeen in steden van eenige beteekenis wordt uitge- oefend, zelfs vinden we te Middelburg twee brillenslijpers in denzelfden tijd, JANSSEN en LIPPERHEY, genoemd, en is er ook nog een derde geweest.

De 14de en de 15de eeuw gaan voorbij zonder eenig spoor na te laten, dat voor ons onderzoek van eenig belang is. Deze leemte kan evenwel benut worden om eenige uitvindingen te vermelden, die in het algemeen van grooten invloed zijn ge- weest op de beschaving van Europa, en om tevens te wijzen op het karakter van het wetenschappelijk onderzoek in dezen tijd. De eerste belangrijke uitvinding, waarvan men in de 14de eeuw partij gaat trekken, is die van het compas, al is het bekend, dat dit instrument even goed hare vóórgeschiedenis heeft als de verrekijker en reeds lang vóór FLAVIO GIOJA's tijd in verschillende werken wordt vermeld; door zeevaarders der groote Italiaansche handelssteden wordt het het eerst aan- gewend; doch het vindt van zelf groote verspreiding onder de handeldrijvende volken. Met de uitvinding van den verrekijker en die van de slingeruurwerken behoort het tot de ontdekkingen, die van den grootsten invloed zijn geweest op de beschaving. De 15de eeuw brengt evenwel drie gebeurtenissen, die nog meer den stoot hebben gegeven om de drukkende heerschappij der scholastiek en hierarchie den doodsteek te geven en aan- leiding geven tot eene geweldige revolutie in de cultuur: de uitvin- ding van de boekdrukkunst (in verband met die van het papier), waardoor de geesteswerken der groote mannen niet meer in het stof der kloosters verloren gaan, den ondergang van het Oostromeinsche rijk, waardoor een schat van Byzantijnsche geleerdheid naar het westen komt, terwijl het zg. humanisme de beschaving der Europeesche naties bevordert en verfijnt en den ruwen geest der middeleeuwen doet wijken, en in de derde

5

plaats ʼde door de uitvinding van het compas voorbereide ontdekking van Amerika. Tengevolge der beide eerste gebeurtenissen verschijnen weldra eene menigte vertalingen en uitgaven van schrijvers, door de Arabieren bewaard. De belangstelling van alle beschaafde volken van Europa in de hermetische kunsten schijnt hierdoor evenwel meer aangewakkerd dan getemperd te worden; zij vinden nu en in later tijd tal van beoefenaars en men moet zich eigenlijk verwonderen, dat bij de tallooze onderzoekingen, met zooveel geduld en volharding door die beoefenaars der natuurkunde gedaan, niet reeds in dezen tijd door combinatie van de sinds lang bekende dioptra bij het verrichten van astronomische waarnemingen en de nu reeds twee eeuwen bekende brilleglazen een verrekijker zou zijn samengesteld.

Inderdaad bestaat dan ook een bericht omtrent het gebruik van kijkers in dit tijdvak, medegedeeld door Giovanni Camillo Gloriosi, den opvolger van Galilei aan de universiteit te Padua, iemand, van wien men dus zou mogen vermoeden, dat hij met optische zaken in het algemeen goed op de hoogte en met den verrekijker in het bijzonder vertrouwd moet zijn geweest. In een zijner werken vindt men eene soort van verrekijker of perspicillum vermeld, waarvan verhaalt wordt, dat het gebruikt is door paus Leo X in het begin der 16ᵈᵉ eeuw (hij stierf in 1521); "perspicillum possedisse certum est" zegt Gloriosi (¹), en wellicht slaat ook op eene dergelijke omstandigheid de uitlating van Matteo Zuliani in een brief aan denzelfden Gloriosi van 1613, waarin deze spreekt van een "occhiale che da altri già più anni si usava". (²)

Van meer gewicht, dan dergelijke posthume getuigenissen is een ander citaat, dat ten bewijze kan worden aangevoerd, dat men in ieder geval sinds de uitvinding der brilleglazen toch een stap genaderd is tot de mogelijkheid van de constructie van

---

(¹) *De Cometis dissertatio astronomico-physica publice habita in Gymnasio Patavino, anno Domini MDCXIX a* Ioanne Camillo Gloriosi *Gifonensi, publico tunc temporis eiusdem Gymnasii Mathematico. Venetiis, MDCXXIV.* 4°, pag. 239.

(²) A. Favaro, *Amici e Corrispondenti di Galileo Galilei, IX Giovanni Camillo Gloriosi, Venezia (Atti del Reale Istituto Veneto T. LXIII Parte seconda 1903—1904)* pag. 9, 40.

een verrekijker, en dat reeds in de 16de eeuw tot het vergrooten van verwijderde voorwerpen zekere combinaties van lenzen werden bedacht. Zoo vindt men in een der geschriften van HIERO-NYMUS FRACASTORO (1483—1553), beroemd geneesheer te Verona, deze uitlating: ([1])

*»*Per duo specilla ocularia si quis perspiciat, altero alteri supposito majora multo et propinquiora videbit omnia.*»*

en verder: ([2])

*»*Quinimo quaedam specilla ocularia fiunt tantae densitatis, ut si per ea quis aut Lunam, aut aliud syderum spectet, adeo propinqua illa iudicet, ut ne turres ipsas excedant: quare nec mirum videri debet si per orbium partes idem quoque contingat.*»*

Blijkens deze citaten •heeft FRACASTORO den kijker echter niet gekend; de aard der lenzen is hier geheel onbepaald, en de schrijver spreekt ook in elk geval van het op elkander leggen van twee glazen om grootere beelden te verkrijgen en de voorwerpen schijnbaar meer nabij te zien; uit het geheele verband, waarin de woorden voorkomen, blijkt dan ook, dat er alleen van gewag gemaakt wordt ter opheldering van de gegeven theorie van het verschil in schijnbare grootte van een zelfde hemellichaam op verschillende tijdstippen, welke in hoofdzaak berustte op het aannemen in de ruimte van het licht sterk brekende media.

Een andere schrijver, wien men bekendheid met den verrekijker heeft willen toeschrijven, althans met de theorie van zulk een instrument, is RECORDE, die zich in de voorrede van een zijner werken aldus uitlaat: ([3])

([1]) *Homocentricorum seu de stellis liber unus*, *Venetiis 1535*. Het werk werd vele malen herdrukt, niet alleen te Venetie, maar ook te Leiden; men telt drukken van 1538, 1555, 1574, 1584, 1591, meermalen bij de *Opera omnia* van FRACASTORO. Deze behandelt in het genoemde werk de homocentrische spherentheorie van EUDOXUS, waardoor het Copernicaansche wereldstelsel in Italië de weg geeffend werd, en schrijft aan refractie in de stof van die kristallen spheren de ongelijkheden der planeten toe. — De gegevene plaats bevindt zich in Sectio II, cap. 8.

([2]) L. c. Sectio III, cap. 23.

([3]) *The Pathway to Knowledge, or the first Principles of Geometry* etc. 1551, 1574, 1602, opgedragen aan koning EDWARD VI. — RECORDE was de leermeester van EDWARD VI en van diens opvolgster MARY. Hij hield

68

„But to retourne againe to ARCHIMEDES, he did also by art perspective (whiche is a part of geometrie) devise suche glasses within the towne of Syracusa that did burne their enemies shippes a greate waie from the towne, whiche was a mervailous, politike thynge. And if I should repeate the varietie of such straunge inventions, as ARCHIMEDES and others have wrought by geometrie, I should not onely excede the order of a preface, but I should also speake of suche things as can not well bee understoode in talke without some knowledge in the principles of geometrie. But this will I promise, that if I maie perceive my paines to be thankfully taken, I will not onely write of suche pleasaunte inventions, declaryng what they were, but also will teach how a great nomber of them were wroughte, that they maie be practised in this tyme also. Whereby shall be plainly perceived that many thynges seeme impossible to bee done, which by arte maie verie well bee wrought. And when they bee wrought, and the reason thereof not understoode, then saie the vulgare people, that those thynges are doun by negromancie. And hereof came it that frier BACON was accompted so greate a negromaucier, whiche never used that art (by any coniecture that I can finde), but was in geometrie and other mathematicall sciences so experte that he could doe by them suche thynges as appear wonderfull in the sight of moste people. Great talke there is of a glasse that he made in Oxforde, in whiche men might see thinges that weare doen in other places, and that was iudged to be doen by power of evill spirites. But I knowe the reason of it to bee good and naturall, and to be wrought by geometrie (sith perspective is a parte of it), and to stande as well with reason, as to see your face in a common glasse. But this conclusion, and other divers of like sort, are more meete for princes, for sundry causes, then for other men, and ought not to be taught commonly."

Bezwaarlijk is echter uit deze passage het besluit te trekken, dat aan RECORDE het gebruik van een verrekijker bekend zou zijn geweest; het geheele verhaal bevat eigenlijk slechts eene mededeeling over de fantastische door BACO beschreven wonderen, wier praktische uitvoering door hem te betwijfelen

eenigen tijd lezingen te Oxford en was een der eerste aanhangers van het stelsel van COPERNICUS in Engeland; hij stierf in 1558 in de gevangenis. Zie D(RINKWATER) *Curious Extracts from old English books with Remarks* etc. (*Philosophical Magazine vol. XVIII, 1804*, pag. 254.)

valt. Wel zegt RECORDE de reden te weten, waarom die "thinges that weare doen in other places" gezien konden worden; doch waar hij verder in zijn werk van zulk eene nuttige vinding geen woord meer schijnt te reppen, kan men de meening, als zou RECORDE in het bezit van een kijker geweest zijn, moeielijk aanvaarden; daarvoor zijn beslister getuigenissen noodig dan enkele vage uitdrukkingen over een werktuig, waarvan men door de woorden van een schrijver slechts eene schemerachtige voorstelling krijgt; en zelfs die duistere uitlatingen, kunnen ons niet anders doen besluiten, dan dat RECORDE de fabelachtige geschiedenissen van zijn bewonderden BACO door zijne eigene kennis omtrent de vergrootende werking van lenzen heeft trachten te steunen.

Bij eene vergelijking b. v. van de uitlatingen van FRACASTORO en RECORDE, blijkt intusschen wel, dat men bij de denkbeelden, welke men had, te eeniger tijd tot de uitvinding van den verrekijker moest geraken, waarbij dan verder de persoonlijke of plaatselijke omstandigheden ook van veel invloed zouden zijn. Het is voor ons onderwerp van belang die kennis en die begrippen, die men vóór de samenstelling van het instrument had, eenigszins nauwkeurig na te gaan, om te zien, welke invloeden en omstandigheden ten slotte tot die samenstelling leidden, en de behoeften te leeren kennen, onder wier drang het werktuig werd geboren: de vóórgeschiedenis eener uitvinding is wellicht van nog grooter gewicht dan eene beschrijving van de daad der uitvinding zelve. Uit het door FRACASTORO neergeschrevene bleek wel, dat men in de 16e eeuw in Italië het nut van op elkaar gelegde lenzen bij astronomische waarnemingen besefte, al weten we ook niet, of eene dergelijke inrichting door FRACASTORO zelve is gebruikt. Dat de bedoelde combinatie van lenzen toch wel praktisch door de toenmalige astronomen in Italië werd toegepast om de hemellichamen schijnbaar naderbij te brengen, blijkt uit een omstreeks 1560 gedrukt mysteriespel (1), waarin

---

(1) *La devotissimà rappresentatione di Santa Barbera (in ottava Rima) 4to. Stampata in Siena*, s. a. (circa 1560), geciteerd in de *Catalogue of the Choicer portion of the magnificent Library, formed by M. Guglielmo Libri. S. Leigh Sotheby & John Wilkinson, Londen 1859* N° 2239.

onder de andere Dramatis personae ook astrologen **worden**
opgevoerd, die ALBUMAZAR, GUIDO BONATTI en de tafels van
ALFONSUS X citeeren; in dat spel komt de volgende merkwaardige plaats voor:

"Lo astrologo vecchio piglia lo astrolabio et la spera et gli
ochiali et dice:

> "La spera et lastrolabio prendo in mano,
> Per calculare appunto i suoi minuti
> Gl' occhiali ancor per veder piu lontano
> Sendo gia vecchio e' mie peli son canuti."

Zooals vroeger is opgemerkt, wordt het instrument,
zelfs wanneer het reeds algemeen in Italië verbreid is, ook
door GALILEI aangeduid met den naam "occhiale"; doch hier
kan men in het door den astroloog gebezigde werktuig
moeielijk iets anders zien dan eene zekere combinatie van
lenzen om sterrekundige waarnemingen te doen, te meer waar
in een tooneelspel in den regel wel melding gemaakt kan
worden van zaken, die min of meer algemeen bekend zijn,
doch niet van een zeldzaam werktuig, als de verrekijker dan
toch in elk geval in 1560 geweest zou moeten zijn, al blijkt
het dan ook volgens de schrijvers en de werken, die de optredende
personen citeeren, dat we hier met een geleerd mysteriespel te doen hebben. Niettemin blijft, ook zoo wij in dien
zin het citaat opvatten, de uitlating voor het gebruik van
dergelijke combinaties van lenzen in dien tijd zeer merkwaardig.

In het midden der 16de eeuw begint ook de strijd tusschen
het wereldstelsel van PTOLOMAEUS uit de oudheid en het in 1543
door COPERNICUS voorgestelde, ter beslissing waarvan groote behoefte bestaat aan een instrument zoowel om de hemelruimte
te kunnen peilen als om nauwkeurige metingen te kunnen doen.
Eene der tegenwerpingen van de beweging der aarde om de
zon is nl., dat indien de aarde niet in het middelpunt van
het heelal in staat van rust verkeerde, de hemelpool niet onbe-
weeglijk zou zijn en de sterren nu eens kleiner, en dan weer grooter
zouden schijnen. Men heeft nog geen begrip van de uitge-
strektheid der wereldruimte en kent den verbazenden afstand

der vaste sterren niet, zoodat men nog piet kon inzien, dat onder zulke omstandigheden eene beweging der aarde om een centrum geene destijds merkbare parallaxis te voorschijn kan brengen. Al worden de meetinstrumenten door Tycho Brahe nog zoo verbeterd, en al wordt daardoor de waarneming veel nauwkeuriger, het feit, dat hij zelf een tegenstander is van Copernicus' leer, is wel een bewijs, dat alleen krachtige hulpmiddelen om in de hemelruimte door te dringen den tusschen de astronomen heftig outbranden strijd kunnen beslechten.

Gedurig komen we dan ook nader tot het doel, en men heeft zelfs op grond van verschillende aanduidingen gemeend de bekendheid met den verrekijker reeds in dezen tijd te moeten veronderstellen. Zoo zou men kunnen meenen, dat zulk een werktuig in het bezit is geweest van den befaamden doctor John Dee (1527—1607), groot zoeker in de geheime en mystieke wijsheid, doch die zich ook in verband daarmede verdienstelijk heeft gemaakt door de uitgave van verschillende handschriften. Hij vond allerlei toestellen op magisch gebied uit en zou in het bezit geweest zijn van een glas, waarin men de toekomst kon lezen, en dat koningin Elisabeth in 1575 opzettelijk bij hem kwam zien (¹); groot was dan ook zijne reputatie, maar ook meermalen werd hij wegens tooverij aangeklaagd; Dee zwierf half Europa door en was ook in Holland welbekend. In 1581 sloot hij een verbond met een zekeren Kelley om den steen der wijzen en andere geheime kunsten te zoeken, welke compagnon de geestdrift van Dee tot haar toppunt deed stijgen; beide bezochten o. a. ook het hof van Rudolf II te Praag, dat zij echter weldra gedwongen werden te verlaten, toen de macht van hun kristal niet afdoende bleek. (²)

(¹) Th. Smith, *Vitae quorundam eruditissimorum et illustrium virorum*, *Lond. 1717*, in het leven van Dee, pag. 16, 17.

(²) De beroemdheid van Dee kan blijken uit het later verschenen werk: *True and faithful relation of what passed for many years between Dr. J. Dee and some spirits: with a preface by* Mer. Casaubon, *Lond. 1659;* met de portretten van Dee en Kelley. Het *Private Diary of Dr. J. Dee and the Catalogue of his library of MSS.* werd in 1842 door J. Halliwell gepubliceerd.

Overigens wordt ons DEE zelf geschilderd als een op zichzelf zeer eerlijk man en meer als een slachtoffer van zijn hartstocht
dan als een bedrieger. Voor ons onderzoek is van belang eene plaats
in de voorrede, welke DEE vervaardigde bij een werk van
grooter nut, dat in 1570 voor het eerst verscheen; hij zegt
daarin het volgende: (¹)

*"No small skill ought he to have, that should make true
report, or neer the truth of the numbers and summes, of
footmen or horsemen, in the Enemies ordering. Afarre off,
to make an estimate between neer terms of More and Lesse,
is not a thing very rife, among those that gladly would do
it.... The Herald, Pursuivant, Serjeant Royall, Captain,
or whosoever is carefull to come neer the truth herein, besides
the Judgment of his expert eye, his skill of Ordering Tacticall,
the help of his Geometricall instrument: Ring or Staffe Astro-
nomicall: commodiously framed for carriage and use. He
may wonderfully help himself by perspective Glasses. (²) In
which, (I trust) our posterity will prove more skilfull and
expert, and to greater purposes, than in these dayes, can
(almost) be credited to be possible."*

Hoewel het verleidelijk is, vooral in verband met het vermelde doel, hier aan eene aanwijzing van een kijker te
gelooven, meenen we toch te moeten aannemen, dat zulks
niet het geval was, te meer omdat het bij eene vergelijking
van DEE's voorrede met het door hem uitgegeven werkje van

(¹) Het volgende citaat is niet ontleend aan den eersten druk van de
Preface van JOHN DEE vóór de uitgave der Elementen van EUCLIDES
van Sir HENRY BILLINGSLEY van 1570, doch opgenomen naar een volgende: EUCLID's *Elements of Geometry, the first VI books, in a com-
pendious form contracted and demonstrated by Capt.* THOMAS RUDD etc.;
whereunto is added the Mathematicall Preface of Mr. JOHN DEE. *London,
1651.* — De *Preface* is "Written at my poor house at Mortlake, anno
1570, Febr. 9". — DEE's kostbare verzameling instrumenten, boeken
en handschriften, daar bijeengebracht, was toen vernietigd "as belonging
to one who dealt with the devil".

(²) Volgens DEE is Perspective "an Art Mathematicall, which demon-
strateth the nature and properties of all Radiations, Direct, Broken,
and Reflected". Glass "is a generall name, in Catoptrike, for any thing
from which a Beam reboundeth". Hieronder kunnen dus o. a. metalen
oppervlakken worden begrepen.

Baco (¹) blijkt, dat hij, evenals Recorde, sterk onder den invloed van zijn grooten voorganger staat, ja zelfs in zijne voorrede verschillende van diens fabelachtige verhalen heeft overgenomen. (²)

Onder dienzelfden invloed, al weet men thans wel eenigszins vasteren grond aan Baco's uitlatingen te geven, staat ook een vriend van Dee, Digges, die met hem in 1572 door verschillende door Dee uitgedachte werktuigen de in dat jaar in het beeld Cassiopeia verschenen nieuwe ster waarnam, bekend door de observaties van Tycho Brahe. (³) Ook van Leonard Digges, een mathematicus, die te Bristol leefde en omstreeks 1574 stierf, is verondersteld, dat hij in het bezit van een kijker is geweest. In 1571 verscheen een werk, dat door hem was begonnen en door zijn zoon Thomas is voltooid. (⁴)

(¹) Zie blz. 59 noot 2.

(²) „Is it not greatly — zegt hij o. a. — against the Soveraignty of Man's nature, to be so overshot and abused with things (at hand) before his eyes? as with a Peacock's tail, and a Dove's neck: or a whole ore, in water holden, to seem broken. Things far oft to seem neer, and neer, to seem far off. Small things to seem great, and great to seem small. One man to seem an Army". En op een andere plaats — na gesproken te hebben over „the strange self-moving, which, at Saint Denis, by Paris, Anno 1551, I saw once or twice (Orontius being then with me in company)" — „And by Perspective also strange things are done: as to see in the air aloft, the lively image of another man, either walking to and fro: or standing stil. Likewise, to come into an house, and there to see the lively shew of Gold, Silver, or precious stones: and comming to take them in your hand, to finde nought but ayr. Hereby have some men (in all other matters counted wise) fouly over-shot themselves: misdeeming of the means."

(³) „Plurima — zegt Digges — paravit (Dee) instrumenta, nova et inusitata, nullis parcens sumptibus, nec laboris corporis et animi, niva industria et incredibile solertia, a prima sua apparitione, noctes diesque, cum videri poterat, Phænomeni locum motum, altitudinesque varias, miris ingeniis subtissimoque artificio observavit" (Th. Smith, *Vitae quorundam eruditissimorun et ill. vir.* etc. pag. 16). Dee schreef over ·die ster een werk, dat toen door de beste astronomen hoog geschat werd.

(⁴) *A Geometricall Practise, named Pantometria, divided into Three Bookes, Longometria, Planimetria and Stereometria, containing Rules manifolde for Mensuration of all Lines, Superficies and Solides* etc. *framed by* Leonard Digges, *lately finished by* Thomas Digges *his sone* etc. *London.*

In een hoogstwaarschijnlijk nog door LEONARD geschreven passage wordt in de volgende termen gesproken van eene uitvinding, welke men voor die van den verrekijker zou kunnen houden : ([1])

„But marveillous are the conclusions that may be performed by glasses ([2]) concave and convex of circulaire and parabolicall formes, using for multiplication of beams sometime the aide of glasses transparent, which by fraction should unite or dissipate the images or figures presented by the reflection of the other. By these kinde of glasses or rather frames of them, placed in due angles, yee may not onely set out the proportion of an whole regiou, yea represeut before your eye the lively image of every towne, village, &c. and that in as little or great space or place as ye will prescribe, but also augment and dilate any parcell thereof, so that whereas at the first appearance, an whole towne shall present itselfe so small and compact together that yee shall not discerne anye difference of streates, yee may by application of glasses in due proportion, cause any peculiare house or roume thereof dilate and shew itself in as ample forme as the whole towne first appeared, so that yee shall discerne any trifle, or reade any letter lying there open, especially if the sunne beames may come unto it, as plainely as if you were corporally present, although it be distante from you as farre as eye can discrie : But of these conclusions I minde not here more to intreate, having at large in a volume by itself opened the miraculous effects of perspective-glasses." ([3])

Men gaat echter o. i. veel te ver, indien men aanneemt, dat hier de werking van een verrekijker wordt aangegeven : DIGGES spreekt van het instellen van glazen onder zekeren hoek, en de geheele beschrijving is verder ook zoo onbepaald, dat men daaruit niet kan opmaken, of het instrument uit spiegels of lenzen was samengesteld. — De aanspraken van LEONARD DIGGES

1571. — De volgende tekst is ontleend aan de 2ᵉ editie verschenen in 1591 „with sundrie additions". — Van LEONARD DIGGES bestaan nog vele andere werken, vooral op astronomisch en tijdrekenkundig gebied.

([1]) *Pantometria*, the fyrst booke, Ch. 21, pag. 28.

([2]) Ook bij DIGGES is „glasse" in het algemeen een naam zoowel voor lichtbrekende als voor terugkaatsende oppervlakken.

([3]) Dit manuscript is hoogstwaarschijnlijk verloren gegaan.

op de uitvinding van den verrekijker heeft men verder willen steunen door door de uitlatingen van zijn zoon, in de eerste plaats in de voorrede van het door zijn vader begonnen werk:

„My father, by his continuall painfull practises, assisted with demonstrations mathematicall, was able, and sundrie times hath, by proportionall glasses, duely situate in convenient angles, not onely discovered things farre off, read letters, numbered peeces of money with the verye coyne and superscription thereof, cast by some of his freends of purpose, upon downes in open fields, but also seven myles off declared what hath beene doone at that instant in private places. Hee hath also sundrie times, by the sunne beames, fired powder and dischargde ordinance halfe a mile and more distante([1]); *which things I am the boulder to report, for that there are yet living diverse, of these his dooings* oculati testes, *and many other matters farre more strange and rare, which I omit as impertinent to this place*".

Ook in deze getuigenis wordt weer gesproken van *„glasses, situate in convenient angles*" en het bedoelde werktuig niet nader aangeduid. Evenmin is dit het geval bij eene andere getuigenis van LEONARD DIGGES' zoon in een werk, dat grootendeels door hem werd geschreven; wederom over zijn vader sprekende, zegt hij daarin: ([2])

„And such was his felicitie and happie successe, not only in these conclusions, but also in y[e] *Optikes and Catoptikes, that he was able by perspective glasses duely seituate upon convenient angles, in such sort to discover every particularitie of the country round about, wheresoever the sunne beames might pearse: as sithence* ARCHIMEDES (BAKON *of Oxford onely excepted) I have not read of any in* action *ever able by means natural to performe the like. Which partly grew by the aid he had by one old written book of the same* BAKON's *experiments, that by strange adventure, or rather destinie, came to his hands, though chiefly by conioyning continuall laborious prac-*

([1]) Een fabelachtige afstand.

([2]) *An Arithmeticall Militare Treatise, named Stratioticos: compendiously teaching the Science of Numbers etc. and so much of the Rules and Aequations Algebraïcall and Arte of Numbers as are requisite for the Profession of soldier. Lond. 1579; ed. London 1590* pag. 359. Slechts het eerste van de drie boeken is begonnen en bijna voltooid door LEONARD DIGGES.

tise with his mathematicall studies. The which upon this occasion I thought not amisse to rehearse, as wel for the knowne veritie of the matter (divers being yet alive that can of their owne sight and knowledge beare faithful witnesse, these conclusions being for pleasure commonly by him with his friends practised) as also to animate such mathematicians as enjoy that quiet and rest my froward constellations have hitherto denyed me, to imploy their studies and travels for invention of these rare serviceable secrets.,,

Liever dan de bekendheid met den verrekijker zou men dus in Digges beschrijving die van eenige andere optische constructie willen zien, wellicht die eener soort camera obscura, eene vinding, die reeds elders en vroeger bekend was. (¹) Misschien zou men hem ook eenig gebruik van holle en bolle lenzen kunnen toeschrijven. (²) Men kan uit de voorgaande Engelsche berichten moeielijk met zekerheid opmaken, van welk instrument eigenlijk sprake is; dit is ook het geval ten opzichte van een werktuig, waarvan ons mededeeling wordt gedaan door den beroemden astronoom en mathematicus Harriot, die van 1585 tot 1587 Walter Raleigh vergezelde op een tocht naar Virginië tot het doen van opmetingen, en van die reis in 1588 eene beschrijving uitgaf. ,,Most things they sawe with

---

(¹) De aanspraken van Digges op de uitvinding der kijkers zijn o. a. besproken door Hooke, een tijdgenoot van Newton en Huyghens, die er het eerst de aandacht op vestigde (*Philosophical Experiments and Observations by* W. Derham *Lond. 1726* pag. 258); hij laat zich echter niet beslissend uit en zegt slechts, dat „somewhat like the Telescope" bekend geweest zou zijn. D(rinkwater) *Curious Extracts from Old English books* etc. (*Philosophical Magazine vol. XVIII 1804*, pag. 252) en Brewster, (Poggendorff, *Geschichte der Physik:* die Erfindung des Fernrohrs) willen op grond van bovenstaande uitlatingen Digges een aandeel in de uitvinding toekennen; vooral Brewster echter oordeelt ten opzichte zijner landgenooten dikwijls zeer partijdig.

(²) We durven niet te beslissen, of aldus te verklaren is de omstandigheid, dat Moestlin, de leermeester van Kepler, in 1580 elf sterren in de Plejaden telde, waar anderen voor hem steeds zeven hadden waargenomen (zie *the Observatory, a monthly revieuw of astronomy 1879* vol. II pag. 282). Kepler zegt b.v., dat Moestlin een theoloog heeft gekend met zulk een scherp gezicht, dat hij veertig sterren in het schild van Orion kon onderscheiden, terwijl anderen er nauwelijks elf ot twaalf zagen (Bailly, *Histoire de l'Astronomie moderne*, T. I. pag. 555).

us — zegt hij, van de inboorlingen sprekende — as Mathematicall instruments, sea Compasses, the vertue of load-stone in drawing yron, a perspective glasse whereby was shewed many strange sights, burning glasses" etc. (¹) Wel bestaan er van HARRIOT verschillende met den kijker aan den hemel gedane waarnemingen, doch zij dagteekenen juist allen onmiddellijk na de groote verspreiding van het instrument, zoodat men moeilijk kan veronderstellen, dat hiervan reeds in het bovenstaande sprake is, terwijl het werktuig bovendien in omstandigheden als de genoemde, spoedig algemeen bekend geweest zou zijn.

Toch is het wel aan te nemen, dat door onderzoekingen als de bovenbedoelde en vooral die met combinaties van lenzen in Italië eene belangrijke schrede nader tot de uitvinding van den verrekijker werd gedaan. Men is in de laatste helft der 16de eeuw in een tijd, dat men elk oogenblik het verschijnen van het instrument kan verwachten; het handwerk der lenzenslijperij is nu algemeen verspreid en de lenzen komen in velerlei handen, terwijl de geleerden zelf minder aan de hand van klassieke en arabische schrijvers loopen, maar zich tot zelfstandig onderzoek gaan opgewekt gevoelen. Wat Italië betreft, van daar zijn trouwens nog andere berichten dan de vroeger genoemde, waaruit blijkt, dat eene combinatie van holle en bolle lenzen wel werd gebezigd om bij zwakke oogen te kunnen lezen; zelfs wordt thans reeds uitdrukkelijk vermeld, dat de concave lens bij het oog, de convexe bij het boek, dus op grooteren afstand van de eerste wordt gehouden. Het bericht, waaraan echter eene nauwkeurige tijdsopgave ontbreekt, is afkomstig van NICOLAAS CABAEUS (²) en geciteerd

---

(¹) *A Brief and True Report of the new-found Land of Virginia*, London, *1588*, o. a. ook opgenomen in *The Principal Navigations Voyages Traffiques and Discoveries of the English Nation* etc. *by* RICHARD HAKLUYT, waar de plaats zich bevindt in *vol. VIII, Glasgow 1904*, pag. 378.

(²) NICOLO CABEO (1585—1650) was hoogleeraar in de wiskunde te Parma. De bedoelde plaats moet zich bevinden in het 3de boek zijner *Philosophia experimentalis sive Commentaria in IV libros* ARISTOTELIS *meteorologicorum, Roma 1644.* Hij schreef ook eene *Philosophia magnetica, Ferrara 1629.*

door GASPAR SCHOTT, welke laatste hier zij aangehaald: ([1])

 "Non dissimulabo tamen, quod narrat NICOLAUS CABAEUS, novisse se senem quendam, e societate Jesu sacerdotem, qui multis annis antequam quidquam de optico tubo inaudiretur, duobis vitris, concavo et convexo, usus fuerat in horis suis canonicis recitaudis, quod brevioris esset visus, applicando cavum propius oculo, convexum propius libro; nec unquam rem ut exoticam suspexerat, nec aliis detexerat, ut minus dignam, quae propalaretur."

Had deze grijsaard nu nog zijne beide lenzen in den koker gestoken, die de astronomen al zeer vroeg gebruikten, dan was hij ongetwijfeld al zeer ver op weg geweest om in het bezit te zijn van een verrekijker of microscoop — instrumenten, die zeer gemakkelijk in elkaar overgaan ([2]) — maar waarschijnlijk was er dan niet meer dan nu van de zaak gehoord en dè naam van den bezitter even als de tijd. waarin hij leefde, verborgen gebleven. Men behoeft zich een aldus ontstaan instrument niet eens zoo ingewikkeld voor te stellen door het oculair in- en uitschuifbaar te maken, voor iederen afstand en ieder gezicht passend. Er is meer dan een bericht, waaruit blijkt, dat die eerste kijkers moeten bestaan hebben uit slechts eene convexe en eene concave lens, op vasten afstand van elkaar geplaatst in een cartonnen of blikken koker. ([3]) In dezen eenvoudigen vorm zullen zij wel niet

---

([1]) GASPARIS SCHOTTI *Magia universalis naturae et artis, Herbipoli* (Würzburg) *1657—59* pag. 491. SCHOTT stond in correspondentie met de bekendste natuurkundigen van zijn tijd en speelde als zoodanig in Duitschland eene rol, gelijk aan die van zijn ordebroeder pater MERSENNE in Frankrijk.

([2]) Het is wellicht nuttig reeds hier op te merken, dat het microscoop, welks uitvinding nauw met die van den verrekijker samenhangt, zeer waarschijnlijk uit dit werktuig is ontstaan en dus aanvankelijk niet zal zijn samengesteld uit twee convexe lenzen.

([3]) Zoo zegt SCHYRLEUS DE RHEITA in zijn verhaal omtrent de uitvinding van LIPPERHEY, waarmede we reeds — pag. 6 — kennis maakten: "tum utrumque vitrum in tubum seu canalem debita proportione disponit". Zijne meening omtrent de vinding van LIPPERHEY zullen we in het algemeen niet kunnen aanvaarden, maar wel blijkt uit zijn verhaal, dat men in 1645 geloofde, dat de kijkers oorspronkelijk niet in- en uitschuifbaar waren.

in bijzondere mate de aandacht getrokken hebben van den vreemdeling, maar konden zij door den bezitter, welke het instrument op prijs wist te stellen, gemakkelijk onder andere werktuigen, op wier werkelijk of vermeend bezit sommige beoefenaars der natuurkunde of magie in de geschriften van dien tijd gaarne zinspeelden, verborgen gehouden worden, hetzij ook dat iemand om andere redenen het gebruik van het instrument niet verder wilde verbreiden. Zoo zijn er eenige berichten omtrent de aanwezigheid van kijkers in zeer vroegen tijd, waarvan de bezitters niet verder over hunne vinding hebben gesproken, hetzij dan dat het hun ging als den grijsaard, van wien CABAEUS verhaalt, en zij de zaak niet de moeite waard achtten om anderen mede te deelen, hetzij dat zij wel het gewicht der ontdekking beseften, doch die om zekere redenen voor zich zelf willen bewaren. In een in 1627 uitgegeven werk verhaalt FROMOND iets over het vinden van een zeer ouden kijker in Henegouwen, een bericht, waaraan o.i. wel waarde is te hechten. Wanneer hij nl. zich verzet tegen de door sommige zijner tijdgenooten, o.a. door CYSATUS (¹) geopperde meening, dat de kijker reeds veel vroeger dan het begin der 17de eeuw bekend was, gaat hij voort: (²)

"Quod verò fortasse enim dioptrico tubo usum DEMOCRITUM et NICEPHORUM addubitat CYSATUS: ne faciat nam id non silerent et res ista plus famae habuisset, si olim passim cognita eruditis. Potest tamen (et ita etiam sentio) ut fuerit duobus aut tribus; quod ex lib. 17 PORTAE ferè constat (³) et nuper in Hannoniâ, inter veterem cuiusdam Castelli supellectilem, dioptricus tubus repertus narratur, aeruginosus et multae antiquitatis."

Jammer genoeg kan men evenwel uit het bericht zelf

(¹) Zie blz. 54.

(²) LIBERTI FROMONDI *Meteorologicorum Libri Sex*, Antverpiae 1627, Lib. III, cap. 2, art. III pag. 112. — FROMOND was hoogleeraar te Leuven en is bekend als tegenstander van het stelsel van COPERNICUS, waarover hij in een pennestrijd gewikkeld werd met PHILIPPUS VAN LANSBERGEN.

(³) De beteekenis dezer woorden zal in het volgende hoofdstuk blijken.

geene gegevens putten omtrent het tijdstip, waarop de bedoelde kijker vervaardigd is, en is het even goed mogelijk,
dat hij vóór als na 1590 is samengesteld. Van meer belang
in dit opzicht is een verhaal van PIERRE BOREL te Parijs,
wiens oordeel, dat SACHARIAS JANSSEN in 1590 den kijker
zou hebben uitgevonden, reeds uitvoerig is medegedeeld. Bij
de bespreking van een werk van FONTANA, waarbij zich eene
dergelijke gelegenheid voordoet als bij de mededeeling door
FROMOND, zegt BOREL: (¹)

*„Ad haec, non ibi tacebo, Dominum DE HARDY Senatorem
Parisiensem integerrimum et doctissimum (²) mihi asseve-
rasse, repertum olim fuisse post parentis obitum apud se
Tubum talem antiquum multo ante novam Tubi nostri detectionem. Quare credendum inter arcana diu latuisse.„*

Nu heeft BOREL hier inderdaad wel het oog op een
dioptrischen verrekijker, voor welks samenstelling trouwens het
laatste kwartaal der 16de eeuw geheel rijp was. Immers, daar
BOREL de uitvinding van den kijker stelt in 1590, zou ook
in verband met het overige door BOREL in dit bericht omtrent
de vondst medegedeelde de samenstelling van het bedoelde
instrument omstreeks het midden van dat tijdvak moeten
vallen. (³) De beide instrumenten, waarvan FROMOND en BOREL
spreken, schijnen echter geen invloed te hebben gehad op de
verspreiding van het werktuig; eerst in later tijd ontmoet
men dergelijke kijkers, die van eigenaar verwisselen of aanleiding geven tot het maken van copieën.

(¹) L. c. Lib. II pag. 20.
(²) CLAUDE HARDY (1598—1678) was raadsheer in het parlement van
Parijs. Hij had veel studie van de wiskunde gemaakt en DESCARTES stelde
zijne verdiensten zeer hoog.
(³) In verband met het in noot 3 pag. 54 vermelde, moeten we hier
opmerken, dat een dergelijk doel als het daar aangeduide toch moeielijk
aan BOREL kan toegeschreven worden. Berichten als die van
FROMOND en BOREL vinden in elkander een steun en zullen ook door
verschillende andere berichten omtrent het lot van die eerste kijkers
in den loop van ons verhaal eene groote mate van geloofwaardigheid
verkrijgen.

III. GIO. BATTISTA DELLA PORTA.

Ofschoon we — althans te oordeelen naar de kennis, die we op het oogenblik van PORTA's leven en onderzoekingen hebben — hem de zelfstandige vervaardiging of uitvinding van den verrekijker niet zullen kunnen toekennen, is het toch gewenscht zijne aanspraken in een afzonderlijk hoofdstuk en eenigszins uitvoerig te bespreken, 1ᵉ. omdat in een zijner werken van 1589 de werking van den kijker inderdaad op zulk eene treffende wijze wordt beschreven, dat na het bekend worden van het werkelijk bestaan van het instrument hem menigmaal op grond dier uitdrukkingen de bekendheid met het werktuig is toegeschreven, 2ᵉ. omdat we in een tijd zijn gekomen, dat de openbaarmaking der vinding ieder oogenblik is te verwachten, en 3ᵉ omdat PORTA, nadat zulks werkelijk is geschied, herhaaldelijk de eer der uitvinding voor zichzelf opeischt.

GIO. BATTISTA DELLA PORTA, geboren te Napels in 1538 en aldaar gestorven in 1615, was een veelzijdig ontwikkeld man, die zich veel met geheime kunsten heeft bezig gehouden, en wiens werken dan ook eene reusachtige verspreiding hebben gevonden. (¹) Vooral is hij bekend geworden door zijn

(¹) In zijne jeugd hield hij zich ook bezig met poëzie en schreef 24 dramatische werken, deels treur- deels blijspelen; de laatsten waren in zijn tijd zeer gezocht. — Uitvoerig over PORTA handelen: H. G. D(UCHESNE) *Notice historique sur la vie et les ouvrages de J. B. Porta, Paris an IX (1801)* 8º 383 pag.; F. C(OLANGELO) *Racconto storico della vita di G. B. della Porta ..... con un' analisi delle sue opere. Neapoli 1818;* G. F. DE C(ASTAGNOLA) *Memorie intorno al cavaliere G. B. Porta, Parma 1843;* BERNHARDT ... . *Ueber Portae Magia Naturalis, Wittenberg 1845* 4º; C. FORNARI, *Di Gio. Bat. della Porta e delle sue scoperte, Neapoli 1871;* G. CAMPORI, *G. B. della Porta e il Card. Luigi d'Este (Atti e Memorie delle R. R. Deputazioni di storia patria per le provincie modenesi e parmensi T. VI.) Modena 1872.*

hoofdwerk: *Magiae naturalis sive de miraculis rerum naturalium Libri IIII*, dat hij reeds op zeer jeugdigen leeftijd publiceerde, en dat zooveel bijval vond, dat het in verscheidene talen werd overgezet: in het Italiaansch, Fransch, Hollandsch, Spaansch en zelfs in het Arabisch: ieder was verlangend uit dat werk te leeren, hoe men onedele metalen in goud kon veranderen, den steen der wijzen te vinden of het levenselixer te maken. (¹) Door dit groote succes aangemoedigd, besloot PORTA tot eene nieuwe, nog veel omvangrijker uitgave, waartoe hij eene studiereis ondernam door Italië, Frankrijk en Spanje, waar niet alleen bibliotheken en geleerden door hem werden bezocht, maar ook handwerkslieden, om alles, wat zij wellicht als nieuw of eigenaardig hadden vervaardigd of door langdurig gebruik als nuttig hadden leeren kennen, te weten te komen. Bovendien bezat PORTA zelf eene groote belezenheid: hij kende alle werken, die in Europa, in welke taal ook, verschenen, had overal correspondenten en verzamelde alles. Na zijn terugkeer te Napels stichtte PORTA bij zich aan huis eene vereeniging onder den naam van Academia Secretorum naturae (Accademia dei Oziosi), waarvan niemand, die niet eenig *arcanum* ontdekt had, lid mocht zijn, en wier doel ook al weer was natuurkundige ervaringen te verzamelen; niet lang bestond deze vereeniging, of zij wekte den argwaan op van de Roomsche curie, des te meer, omdat PORTA als magiër en giftmenger was aangeklaagd; tot zijne verdediging naar Rome geroepen, werd hij evenwel van de aanklacht vrijgesproken, doch zijne vereeniging op bevel van den paus opgeheven. Als resultaat van

---

(¹) De eerste uitgave van 1553 schijnt verloren gegaan; de oudste, die we bezitten, is van 1558; er zijn verder drukken van 1561, 1564 en 1585 bij PLANTYN te Antwerpen; eene Hollandsche vertaling verscheen daar ook in 1566 van M. EVERAERT, gevolgd door vele andere. Het eerste deel dezer *Magia Naturalis* bevat een soort methaphysiek, het tweede beschrijft allerlei dikwijls hoogst avontuurlijk uitgedachte proeven, het derde deel behandelt de Alchemie, het vierde de Optica. In dit laatste geeft PORTA eene beschrijving der Camera obscura, welke vinding hem dikwijls wordt toegeschreven, doch die waarschijnlijk te danken is aan LEONARDO DA VINCI en door PORTA is verbeterd.

Porta's onderzoekingen verscheen in 1569 te Napels eene nieuwe uitgave der *Magia Naturalis* en twintig jaren later, in 1589, nog eene *"ab ipso quidem authore adaucti"*, thans in twintig boeken, die wel is waar belangrijk minder onzin en bijgeloof bevat dan de uitgave in vier boeken, maar waarin toch zooveel onmogelijkheden beweerd worden, dat men bezwaarlijk Porta's bewering omtrent het zelf verrichten van vele beschreven proeven kan aanvaarden. (¹) Alles wat Porta maar eenigszins de moeite waard vond om aan te teekenen, heeft hij zonder eenige kritiek in zijn werk verzameld, en in verband met de vele bronnen, waarover hij bij het samenstellen beschikte, is het zeer moeilijk uit te maken, wat nu wel van hem zelf, wat van anderen afkomstig is. *"Toto enim animo"* — zegt hij in zijne voorrede — *"totisque viribus majorum nostrorum monumenta pervolvi; et si quid arcani, si quid reconditi scripsissent, defloravi. Dein quum Italiam, Galliam, et Hispaniam peragrassem, bibliothecas, et doctissimos quosque adii: artifices etiam conveni, ut si quid novi curiosique nacti essent, ediscerem; quae longo usu verissima et utilissima comprobassent, agnoscerem. Urbes et viros, quos videre non contigit, crebris epistolis sollicitavi, ut reconditorum librorum exemplaria, vel si quid haberent novi, communicarent, non praetermissis precibus, muneribus, commutationibus, arte, et industria. Hinc universo hoc tempore quicquid ubique terrarum eximium erat, aut expetendum, tum librorum, tum praestantissimarum rerum,*

(¹) Ook de uitgave in 20 boeken (*Magiae naturalis libri viginti, Ab ipso quidem authore adaucti, nunc vero ab infinitis, quibus editio illa scatebat mendis, optime repurgati: in quibus scientiarum naturalium divitiae et delitiae demonstrantur* etc.) vond zeer groote afname. Herdrukken verschenen te Frankfort in 1581, 1591, 1597 en 1607. Verschillende uitgaven, zoowel in het latijn als in de landstaal verschenen in de 17de eeuw ook in Holland. Er wordt in gehandeld over den invloed der hemellichamen, de transmutatie der metalen, de kunstmatige voortbrenging van edelgesteenten, van magneten, over kosmetische middelen, de distillatie, over vuurwerk, geheimschrift, brand- en andere spiegels, over de lucht, enz. Belangrijk is eene inrichting, die Porta beschrijft om de uitzetting der lucht door de warmte te meten, en die herinnert aan den thermometer van Galilei-Drebbel. Overigens is ook deze uitgave nog rijk aan de zonderlingste beweringen.

mihi cumulatissime conquisitum est; ut cumulatior auctiorque Naturae haec suppellex foret. Itaque intensissimo studio, pertinacique experientia, perdius atque pernox periclitabar, quae legeram vel audieram, vera ne essent, an falsa; ne intentatum aliquid remaneret." Het kan ons volstrekt niet verwonderen, dat iemand, in dezen tijd, die voor de uitvinding van den kijker zoo rijp was, iemand, die thuis en op zijne reizen zoo veel gewerkt en verzameld had, eenige mededeeling omtrent het instrument kon doen. Inderdaad komt dan ook in het aangeduide werk eéne plaats voor, die dikwijls aanleiding heeft gegeven tot het vermoeden, dat Porta van deze uitvinding heeft kennis gedragen. Hij zegt nl. na een middel gegeven te hebben om des nachts met behulp van eene lens letters te kunnen lezen. (¹)

"Sed id, quod sequitur longe praestantius vobis cogitandi principium affert, scilicet,

Lente crystallina longinqua proxima videre.

Posito enim oculo in ejus centro retro lentem, remotam rem conspicator, nam quae remota fuerint, adeo propinqua videbis, ut quasi ea manu tangere videaris, vestes, colores, hominum vultus, ut valde remotos cognoscas amicos. Idem erit

Lente crystallina epistolam remotam legere.

Nam si eodem loco oculum apposueris, et in debita distantia epistola fuerit, literas adeo magnas videbis, ut perspicue legas. Sed si lentem inclinabis, ut per obliquum epistolam inspicias, literas satis majusculas videbis, ut etiam per viginti passus remotas legas. Et si lentes multiplicare noveris, non vereor quin per centum passus minimam literam conspiceris, ut ex una in alteram majores reddantur characteres: debilis visus ex visus qualitate specillis utatur. Qui id recte sciverit accomodare, non parvum nanciscetur secretum. Possumus

Lente crystallina idem perfectius efficere.

Concavae lentes, quae longe sunt, clarissime cernere faciunt, convexae propinqua; unde ex visus commoditate his frui poteris. Concavo longe parva vides, sed perspicua, convexo propinqua majora, sed turbida, si utrumque recte componere noveris, et

---

(¹) *Magia Naturalis* lib. XVII cap. 10.

longinqua et proxima majora et clara videbis. Non parum multis amicis auxilii praestitimus, qui et longinqua obsoleta, proxima turbida conspiciebant, ut omnia perfectisime contuerentur».

Uit deze woorden mag men — meer stellig dan vroeger uit die van Baco — afleiden, dat Porta ongetwijfeld eenig denkbeeld had van de mogelijkheid om door middel van eene convexe en eene concave lens een verrekijker samen te stellen en zelf (blijkens de allereerste aangehaalde zinsnede) scheen te gevoelen, dat hij aan den vooravond stond van de uitvinding. Op grond van het bestaan van een kijker in 1590, wat later zal worden aangetoond, is het ook niet onmogelijk, dat Porta door zijne vele connecties iets omtrent zulk een instrument gehoord of gezien heeft; maar op grond der door hem gebezigde woorden mag dit niet worden aangenomen. Wanneer men zijne uitlating zooveel mogelijk ontdoet van het geheimzinnige waas, waardoor hij in de oogen zijner tijdgenooten voor een groot kenner van natuurgeheimen trachtte door te gaan, dan moet erkend worden, dat zijn denkbeeld nog in het geheel geen vasten vorm heeft aangenomen. In de eerste en in het begin van de tweede paragraaf wordt blijkbaar slechts bedoeld, dat voorwerpen, die voor het bloote oog onzichtbaar zijn, nog gezien kunnen worden, indien eene lens dicht daarvoor is geplaatst, waardoor zij grooter schijnen en dus op verder afstand nog gezien kunnen worden, en uit het overige deel van bovenstaand citaat blijkt slechts, dat Porta de werking eener combinatie van eene convexe en eene concave lens in zooverre gekend heeft, dat het zijn doel schijnt geweest te zijn door het op elkaar leggen der beide glazen de te groote convexiteit van de eene lens door de concaviteit van de andere te compenseeren, en aldus voor het bestemde oog geschikte glazen te verkrijgen (multis amicis auxiliis praestitimus, qui et longinqua obsoleta, proxima turbida conspiciebant). Misschien heeft hij, wat voor de hand lag, ook wel de beide lenzen op den juisten afstand van elkaar gehouden, doch hij schijnt dan toch die ontdekking niet vervolgd te hebben. Was Porta aldus de uitvinding op het spoor gekomen, dan had hij stellig bij zijne begeerte om de geheimen der natuur te doorvorschen een aantal proeven genomen en ze met de hem eigene wijze van aanprijzing beschreven. Thans loopt hij er integendeel vrij vluchtig overheen; het instrument dient hem nu slechts als middel om een brief op twintig passen afstand te lezen en de woorden //non vereor quin per centum passus// bewijzen, dat hij nimmer tot eene proef op zulk een afstand is gekomen; vérder laat Porta zich zelf ontvallen, dat hij, die de lenzen op de rechte wijze zou weten te combineeren, geen gering geheim zou ontdekt hebben, uit welke woorden men zou kunnen verstaan, dat Porta tot zijne spijt dat geheim niet bezit. Intusschen zal het bij de geheimzinnigheid, waarmede Porta van een dergelijk instrument spreekt, alleen op grond van bovenstaande aange-haalde woorden wel altijd moeielijk zijn te beslissen, of hij al of niet een kijker heeft gekend of bezeten en kan men uit deze alleen afleiden, dat hij een zeer sterk vermoeden van het werktuig heeft gehad. Ook in zijne latere geschriften, verschenen in 1593, wordt door Porta van zulk eene be-langrijke uitvinding geen gewag meer gemaakt, (¹) zelfs niet in zijn werk: *de Refractione optices parte*, *libri novem*, ge-publiceerd te Napels in 1593, waarin het geheele VIIIᵉ hoofd-stuk handelt //de Specillis//, men zou dus hieruit besluiten, dat Porta althans vóór 1593 geen kijker heeft bezeten. (¹) Indien het alleen zijn doel is geweest door geheimzinnige woor-den zich in de oogen zijner tijdgenooten voor te doen als iemand, die meer van de zaak wist, dan schijnt hem dat wel gelukt te zijn; zonder nadere gegevens kunnen die woorden hen wel bij eigen onderzoek tot de uitvinding der kijkers hebben geleid, maar geenszins hebben zij de inrichting er van kant en klaar er uit op kunnen maken. Zoo schrijft

---

(¹) Verschillende hoofdstukken der *Magia Naturalis* van 1589 zijn later weer uitgebreid en afzonderlijk uitgegeven. Zoo verscheen ook in 1593 van Porta: *De occultis literarum notis seu artis animi sensa occulte aliis significandi* etc. *libri IIII, Montisbelligardi*, waarin uitvoerige mede-deelingen worden gedaan omtrent het doen aan anderen van geheime mededeelingen; zoo spreekt hij b.v. in lib. I cap. 10 over het gebruik van spiegels, en allicht had Porta daartoe ook den kijker kunnen aanwenden, zoo deze hem bekend was geweest; we hebben echter ook in dit werk van zulk een instrument niets kunnen vinden.

Kepler uit Praag den 19^{den} April 1610 aan Galilei in Padua, nadat deze hem zijne *Nuncius Sidereus*, waarin de met den zg. Hollandschen kijker gedane ontdekkingen werden openbaar gemaakt, had toegezonden : (^{1}) *"Incredibile multis videtur epichirema tam efficacis perspicilli, at impossibile aut novum nequaquam est; nec nuper a Belgis prodiit, sed tot iam annis antea proditum a* Jo: Baptista Porta, *Magiae Naturalis* libro XVII, cap. X, De crystallinae lentis affectibus. Utque appareat, ne compositionem quidem cavae et convexae lentis esse novam; age verba Portae producamus*", en na de reeds door ons op pag. 84 gegeven aanhaling aan Galilei te hebben medegedeeld : *"Capite XI novum titulum facit de specillis, quibus supra omnem cogitatum longissime quis conspicere queat; sed demonstrationem de industria (quod et profitetur) sic involvit ut nescias quid dicat, an de lentibus pellucidis agat, ut hactenus, an vero speculum adjungat opacum laevigatum*" (^{2}) en verder : *"Fatendum est, me ex eo tempore, quo Optica sum aggressus, creberrime a* Caesare *rogatum* (^{3}) *de* Portae suprascriptis artificiis, fidem iis, ut plurimum, derogasse. Nec

---

(^{1}) Joannis Kepleri *Dissertatio cum Nuncio Sidereo nuper ad mortales misso a Galilaeo Galilaeo, Pragae 1610* pag. 6; Joannis Kepleri *astronomi opera omnia ed.* Frisch *vol II Frankofurti et Erlangae 1859* pag. 492.

(^{2}) De hier bedoelde uitlatingen van Porta zien ook terug op zijne door ons op pag. 48 gegevene mededeeling omtrent een vermoeden aangaande een spiegeltelescoop: „Non omittemus rem admirabilem, et longe utilissimam. Quomodo lusciosi, ultra quam credi possit, longissime conspicere queant. Diximus de Ptolemaei speculo, sive specillo potius, quo per sexcentena millia pervenientes naves conspiciebat, et quomodo id fieri poterit, docere tentabimus, ut per aliquot millia passuum cognoscere amicos possimus, et visu debiles legere minimos characteres e remoto. Res humano usui necessaria, et optices ratione constans. Idque vel levi artificio fiet, sed res non adeo vulgaribus promulganda, sed perspectivis clara" etc. (*Magia Naturalis*, Lib. XVII cap. XI, de specillis, quibus supra omne cogitatum quis conspicere longissime queat).

(^{3}) Kepler was in 1601 Tycho Brahe opgevolgd als mathematicus van keizer Rudolf II te Praag, waar zij te zamen hadden gewerkt aan de *Tabulae Rudolphinae*. Ofschoon zelf niet aan astrologiege loovende, werd hij door geldnood verplicht voor de edellieden aan het hof hun horoscoop te trekken. In 1604 verscheen zijne *Ad Vitellionem paralipomena, quibus astronomiae pars optica traditur*, in 1611 zijn *Dioptrice seu demonstratio eorum quae visui et visibilibus propter conspicilia non ita pridem inventa*

mirum; miscet enim manifeste incredebilia probabilibus; et titulus capitis XI. verbis (Supra omnem cogitatum quam longissime prospicere) videbatur absurditatem opticam involvere". K̄epler gelooft nu, dat Porta toch den kijker heeft gekend; maar het is de vraag, of zijne verrassing, toen hij de uitlatingen van dezen zoo volkomen bevestigd zag, hem daartoe niet al te zeer heeft verleid; het is teekenend genoeg voor die woorden van Porta, dat zij zelfs iemand als Kepler geene aanleiding hebben kunnen geven om zelf de uitvinding tot stand te brengen, en dat volgens hem daaraan ook door tijdgenooten niet veel waarde werd gehecht. Toch blijft de mogelijkheid bestaan, dat Porta hier of daar iets omtrent het bestaan van een instrument om ver afgelegen voorwerpen als van nabij te zien, heeft opgevangen.(¹) Het zal later blijken, dat Porta inderdaad de uitvinding van den verrekijker voor zich opeischt, wanneer dit instrument in 1610 in Italië algemeen bekend is geworden.

accidunt, waarin Kepler zijn bovenstaand gevoelen herhaalt. Van 1614 tot 1627 was hij hoogleeraar in de wiskunde te Linz; hij stierf den 5^{den} November 1630 te Regensburg, toen hij voor den daar verzamelden rijksdag zijn achterstallig salaris als keizerlijk ambtenaar wilde reclameeren.

(¹) Hooke meent, dat er een „Hint" is, dat Porta een kijker gekend zou hebben. Huyghens ontkent dit beslist: „Nihil tamen magnopere eum profecisse, hoc ipsum probat, quod tanto tempore ars jam coepta non ultra inclaruit, neque ipse Porta quidquam in coelo observavit eorum quae postea apparuerunt. Hoc inde est quod casui, fortuitisque experimentis originem inventi deberi constat. Neque enim hic vir licet mathematicarum aliquatenus gnarus reconditas rationes, quibus ars ea pro fundamentis utitur, comprehenderat, ut meditatione eam eruere posset" (_Dioptrica ed. 1703_ pag. 164). Ook de la Hire denkt, dat indien Porta inderdaad een kijker had bezeten „il y a grande apparence que cela auroit été fort public, car Porta dit qu'il avoit communiqué son invention à plusieurs de ses amis, qui avoient la vûe trop faible ou trop courte, et qui s'en étoient bien trouvés, car ses propres paroles semblent prouver le contraire. Or il est certain que les Lunettes d'approche ne font point voir distinctement les objets proches comme seroit l'écriture d'un Livre" etc. (_Mémoires de l'Académie Royale des Sciences 1717_). Montucla meent, dat het instrument slechts was: „une combinaison de verres concave et convexe, par laquelle on éloigne ou rapproche leur foyer commun, de manière à faire apercevoir les objets distinctement à différentes distances et à différentes vues" (_Histoire des Mathematiques. Nouvelle édition tome 1_ pag. 699).

Is het dus onzeker, of PORTA zelf in het bezit van een
kijker is geweest, of dat in zijn tijd een dergelijk instrument
hier of daar niet reeds bestond, uit het in dit hoofdstuk
behandelde blijkt toch, dat de uitvinding er van nu elk oogenblik verwacht kan worden. Lang genoeg trouwens is de tijd
van ontwikkeling geweest. Ongeveer 300 jaren zijn sedert
het ontstaan der eerste brilleglazen verstreken; wij zijn nu in
het laatst der 16de eeuw aan den grenssteen tusschen twee
hoofdperiodes in de geschiedenis der exacte wetenschappen; er
begint een nieuw tijdperk, dat men het reformatorische zou
kunnen noemen, door COPERNICUS en TYCHO BRAHE voorbereid,
in de groote kalenderreformatie van 1582, die een aantal
astronomen te Rome verzamelde, reeds geopenbaard, en dat
met GALILEI en KEPLER zou geopend worden. Het oude
sterrekundig materiaal, door TYCHO tot zijne grootst mogelijke
volmaking gebracht, moet vermeerderd worden; er is aan het
nieuwe instrument groote behoefte om den aangevangen strijd
tusschen het oude en het nieuwe wereldstelsel te beslissen. De
boekdrukkunst was de algemeene cultuur ten goede gekomen,
en de uitvinding van de brilleglazen moest vroeg of laat
voeren tot de vervaardiging van den kijker, die eene geheele
ommekeer zou brengen in de methode van wetenschappelijk
waarnemen. In aanmerking genomen het groot aantal jaren, sinds
de uitvinding der brilleglazen verstreken, en de algemeene verbreiding, welke de lenzen verkregen hadden, moet het verwondering wekken, dat de uitvinding van een instrument, dat
van zulk een onmetelijken invloed op ontdekkingen en nasporingen kon zijn, om van andere toepassingen niet te spreken,
nog zoo lang heeft geduurd. Die uitvinding besprekende, zegt
HUYGHENS dan ook (^{1}): //Fortuna vero et casu eodem perventum
nihil mirum est, cum frequens usus esset, jam a trecentis
atque amplius annis utriusque generis lentium, quibus seorsim
adhibitis vitia oculorum emendantur. Ut potius mirandum
sit tamdiu rem obviam latuisse//. Daarbij kwam nog het
gebruik sinds de oudste tijden van de dioptra om bij het

(^{1}) *Dioptrica ed. 1703* pag. 164.

beschouwen van den hemel een klein gedeelte er van te isoleeren en aldus de beweging van het een of andere hemellichaam nauwkeurig te kunnen nagaan, en om tevens het gezicht zelve te ondersteunen. Dergelijke dioptra bleven tot op de verspreiding van den verrekijker bij waarnemingen algemeen in gebruik. KEPLER vermeldt het gebruik er van in die dagen bij astronomische studiën: (¹)

//At neque tuus hic, Illustrissime Princeps et Domine Dn. Phillippe Landgravi Hassiae, tubus simplex et vitrorum expers, scio feriabitur, cujus est ea instructionis ratio, ut dimetientem hujus maculae rotundae in tabella sua alba expeditissime circino etiam comprehendendam exhibere possit . . . .//

En onze ADRIAAN METIUS zegt bij eene opsomming van de in zijn tijd in gebruik zijnde werktuigen: (²)

//Instrumenta dioptrica, veteribus usitata, haec tria fuere praecipua, Regula Parallatica, Armilla zodiacalis, et Torquetum. (³) Caetera minoris sunt momenti//.

Een blik in de beschrijving der instrumenten, door TYCHO BRAHE gebruikt (⁴), leert ons ook, dat verschillende dier werktuigen uitgerust waren met regula en dioptra. (⁵)

Door eene gelukkige combinatie van lenzen en dioptra kon de uitvinding van den verrekijker niet uitblijven. PORTA schildert ons nu reeds de werking van het instrument zoo levendig, dat zijne woorden KEPLER in 1610 aanleiding gaven te denken, dat hij inderdaad zulk een instrument had bezeten. Het is ook

---

(¹) *Tomi I Ephemeridum* JOANNIS KEPLERI *Pars tertia complexa annos 1629 in 1636* etc. *Sagani Silesiorum 1630. — Admonitio ad curiosos rerum coelestium* van de Ephemeriden van 1631 (J. KEPLERI *Opera omnia ed.* FRISCH, *vol. VII* pag. 594.).

(²) ADRIANI ME.II *Alcmar. D. M. et Matheseos Prof. ord. in Acad. Frisiorum, Primum Mobile, Editio nova, Amsterdami apud* GUL. BLAEU *1632 Tomus primus, De doctrina sphaerica, Liber tertius* pag. 71.

(³) Zie blz. 50.

(⁴) TYCHONIS BRAHE *Astronomiae instauratae mechanica, Wandisburgi 1598.*

(⁵) Van een der eerste figuren b.v., het Quadrans minor orichalcicus inauratus wordt gezegd: „Regula eius DA habet pinnacidia apud A et D vulgari modo parata cum foraminibus", van een volgend: „Duo dioptra circa DE habet Orichalcica, ubi inferius E rimulas priori pinnacidio ad D parallelas."

niet onmogelijk, dat zijn werk, in vele talen overgezet, en in
alle landen eene reusachtige verspreiding vindende, bij sommige
onderzoekers de aandacht op de zaak heeft gevestigd en aldus
gevoegd bij huune eigene kennis een belangrijken stoot tot
de ontdekking heeft gegeven. Hoe dit echter zij, de wereld
was in het laatst der 16de eeuw voor de uitvinding volkomen
rijp, en het ontbrak ook nu niet aan lieden, die met
vooruitzienden blik de uitvinding wisten te voorspellen. Zoo
verhaalt KEPLER, na in antwoord op eene opmerking uit
de *Nuncius Siderius* van GALILEï gezegd te hebben, dat deze
nu met zijn instrument heeft kunnen wedijveren in de nauwkeurigheid van waarneming, die tot dusver slechts met de
instrumenten van TYCHO BRAHE was bereikt, eene dergelijke
voorzegging van PISTORIUS, die in 1544 in Hessen werd
geboren, eerst in de medicijnen, later in de theologie studeerde
en in 1607 te Freiburg was gestorven: (^{1})

*"*Memini cum Polyhistor ille scientiarum omnium Io: PISTO-
RIUS ex me quaereret, non unā vice, num adeo limatae sint
BRAHEANAE observationes, ut planè nihil in iis desiderari posse
putem? valde me contendisse, ventum esse ad summum, nec
relictum esse quicquam humanae industriae, cum nec oculi
maiorem ferant subtilitatem, nec refractionum negocium, siderum
loca respectu horizontis statu movens; atque hic illum contra
constantissime affirmasse, venturum olim, qui perspicillorum
ope subtiliorem aperiat methodum, cui ego refractiones perspicillorum ut ineptas ad Observationum certitudinem, opposui.
At nunc demum video, verum in parte vatem fuisse PISTORIUM."*

Die methode is gekomen, maar wanneer en door wien? Wij
weten het niet, want het instrument was er, eer de wereld het wist.

(^{1}) *Dissertatio cum Nuncio Siderio* pag. 11.

IV. RAFFAEL GUALTEROTTI.

Behalve met het verhaal van GLORIOSI, die van paus LEO X in het begin der 16de eeuw getuigt: *perspicillum possedisse certum est*, maakten we ook vroeger in Italië, het land van ouds door zijne glasindustrie bekend, kennis met de uitlatingen van schrijvers uit die eeuw, waaruit blijkt, dat althans de werking eener combinatie van twee lenzen, zij het dan ook wellicht onmiddellijk op elkaar gelegd, wel bekend was. FRACASTORO meldde van eene dergelijke samenstelling *si per ea quis aut Lunam, aut aliud syderum spectet, adeo propinqua judicet, ut ne turres ipsas excedant*, en PORTA beschreef de werking van eene combinatie van eene holle en eene bolle lens zelfs zoo levendig, dat zijne woorden later aanleiding gaven, tot de meening, dat hij in 1589 in het bezit van een kijker geweest was, en dat hij het instrument had uitgevonden.

Het gebruik van lenzen bij astronomische waarnemingen vindt trouwens ook in het begin der 17de eeuw in Italië toepassing; in het bijzonder hebben we daaromtrent berichten bij de waarnemingen, gedaan ten opzichte van de nieuwe ster, welke in het jaar 1604 verscheen in het beeld Ophiuchus en na eene trapsgewijze afneming in lichtsterkte in Maart 1606 voor goed verdween. Vele astronomen (en ook niet-astronomen) hielden zich met haar bezig; te Padua werd zij waargenomen door BALDASSARE CAPRA met zijn leermeester den Duitscher SIMON MARIUS van Guntzenhausen, en het was naar aanleiding van haar, dat een twist ontstond tusschen hen en GALILEI, die zich evenzeer met het verschijnsel bezig hield; een strijd, die, later nog gevoed, vooral door GALILEI met verbittering werd gevoerd. In Duitschland werd het nieuwe hemellichaam geobserveerd door KEPLER, ([1]) BYRGI, vroeger medewerker van den overleden landgraaf van Hessen WILLEM IV, en door DAVID FABRICIUS in Oost-Friesland. Vooral in Italië werden naar aanleiding van die nieuwe ster zeer vele geschriften gepubliceerd, en het is op sommige daarvan, dat hier de aandacht gevestigd moet worden, meer bepaald op enkele zinsneden, die in verband met ons onderzoek eene nadere bespreking vereischen. ([2])

In de eerste plaats vinden we eene merkwaardige uitdrukking in een der geschriften van LUDOVICO DELLE COLOMBE, bekend als een tegenstander van GALILEI, dat door hem in 1606 werd uitgegeven.([3]) In eene korte bespreking daarvan door VENTURI lezen we : ([4])

„LUDOVICO DELLE COLOMBE, che scrisse poi contro la teoria dei galleggianti del GALILEO, in un suo *Discorso intorno alla Stella del 1604* s'impegnò a sostenere l'incorruttibilità de' cieli, non ostante quella nuova apparizione. Pose egli per dato, che la nuova stella fosse sempre esistita sul primo mobile, ma che per la enorme distanza di quell' orbe non cadesse in vista, se non quando una parta del cielo cristallino, la quale era più densa del rimanente, a mo' d'occhiale convesso, arrivò a

---

([1]) JOANNIS KEPPLERI, *Sac. Caes. Majest. Mathematici*, *De Stella Nova in pede Serpentarii et qui sub ejus exortum de novo iniit, Trigono igneo. Pragae 1606.*

([2]) Hierover handelen o. a. de *Intorno a due scritti di* RAFFAELE GUALTEROTTI *Fiorentino relativi alla apparisione di una nuova stella avvenuta nell' anno 1604*, *Nota dell' Ingre* FERDINANDO JACOLI (*Bulletino di Bibliografia e di Storia delle scieuze matematiche e fisiche, pubblicato da B. BONCOMPAGNI*" T. VII Roma 1874) en A. FAVARO, *Galileo Galilei ed il „Dialogo de Cecco di Ronchitti da Bruzene in perpuosito de la stella nuova"* (*Atti del Reale Istituto Veneto di scienze, lettere ed arti T. VII, Serie V, Venezia 1880—1881).*

([3]) *Discorso di* LODOVICO DELLE COLOMBE, *Nel quale si dimostra, che la nuova Stella apparita l'Ottobre passato 1604 nel Sagittario non è Cometa, ne* (sic) · *Stella generata, ò creata di nuovo, ne apparente: ma vna di qvelle che fvrono da principio nel Cielo; e ciò esser conforme alla vera Filosofia, Teologia, e Astronomiche demostrazioni. Con alquanto di esagerasione contro a' giudiciari Astrologi. In Firenze nella Stamperia de' GIUNTI 1606. Con licenza de' Superiori.* (76 pag's.)

([4]) *Memorie e Lettere inedite finora o disperse di* GALILEO GALILEI etc. *dal Cav.* GIAMBATISTA VENTURI *Parte prima, Modena 1818* pag. 76.

passare davanti alla medesima stella e ne ingrandi per quel momento l'immagine, in guisa di renderla visibile."

Dat Ludovico delle Colombe gebruik heeft gemaakt van een soort oogglas, waardoor de nieuwe ster beter waarneembaar zou geworden zijn, is volstrekt niet onmogelijk, hoewel de gebezigde methode eenigszins in twijfel werd getrokken in een werk, weinig tijds later in het licht gegeven door iemand, die zich achter het pseudonym van Alimberto Mauri verbergt, in welk werk de meeningen van Delle Colombe werden bestreden (¹); Mauri zegt n.l.: (²)

"Voi Sig. Colombo alla barba di quegli antichi Astronomi, che con tutti i loro arzigogoli nō si seppero immaginar cotali invenzioni, avete loro additato, e fatto vedere il primo Mobile stellato; cōciossiachè quantunque gli occhiali si ritrovassero la prima volta nel 1280. Nulladimeno l'uso loro, essendosi in questa lungheza di tempo annighittito, in oggetti vili, non è stato mai, se non ora da voi, adoperato, e adattato in favor dell' Astrologia a cose sourane, e celesti."

Nochthans is het gebruik van lenzen bij astronomische waarnemingen in de eerste jaren der 17ᵈᵉ eeuw zeer wel aan te nemen, en dat in het bizonder Delle Colombe zich daarvan bediende, schijnt wel afdoende te blijken uit een werk van hem, dat in 1608 als antwoord op dat van Mauri verscheen. (³)

(¹) *Considerazioni* d'Alimberto Mauri *sopra alcuni luoghi del Discorso di Lodovico delle Colombe intorno alla stella apparita 1604. In Firenze. Apprezzo* Gio. Antonio Caneo, *1606 Con licenza de' Superiori.* (32 pag's.)

(²) *Considerazioni* d'Alimberto Mauri etc. pag. 26. "Alimberto Mauri (nome finto) -- zegt Venturi (*Memorie e Lettere inedite* etc. *parte prima* pag. 76) — nelle sue *Considerazioni sopra alcuni luoghi del discorso di Lodovico* delle Colombe *intorno alla stella apparita nel 1604, 4º Firenze 1606*, combatte il delle Colombe, adducendo fra più altre, la seguente riflessione: la sfera cristallina progredisce a detta dei tolemaici con moto sì lento, che nella ipotesi del Colombe la nuova stella avrebbe dovuto rimanere davanti all' occhiale e continuare ad esser veduta per quaranta e più anni".

(³) *Risposte Piacevoli e Curiose di* Lodovico delle Colombe *alle considerazioni di certa Maschera saccente nominata Alimberto Mauri, fatte sopra alcuni luoghi del medesimo Lodovico dintorno alla stella apparita l'anno 1604 etc. In Fiorenza, Per* Gio. Antonio Caneo e Raffaello Grossi *compagni 1608. Con licenza de' Superiori.* (148 pag's.)

Libri, die zich verheugde in het bezit eener reusachtige collectie werken uit vorige eeuwen op wis- en natuurkundig gebied, schreef zelfs in 1861 aangaande dit boek: ([1])

"In this almost unknown work we find the Occhiale frequently mentioned as applied to astronomical observations, and as the telescope was not yet invented at that time, it shows that Occhiale (Spectacles) were used for astronomical observations."

Eene in dit opzicht merkwaardige plaats komt ook voor in een van de werken van Kepler, waarin hij verschillende waarnemingen geeft betreffende de komeet van 1607, en die als volgt aanvangt: ([2])

"Die $\frac{16}{26}$ Septembris feria quarta, Pragae coelo sereno, cum ad spectaculum ignium artificalium, noctis hora dimidia supra octavam a meridie in ponte substitissem, finitisque spectaculis intra dimidiam horam, rogante amico, vultum ad stellas convertissem, vidi stellam sub ursa, maioren caeteris per perspicilla intuitus, quae aequale caeteris fixis lumen mihi sine perspicillis diffundere videbatur. Caudam ipse nullam vidi, sed rogati caeteri, se videre affirmabant."

Hier wordt evenwel met het woord "perspicillum" geen verrekijker bedoeld: het is zeker, dat Kepler zulk een instrument niet gekend heeft, alvorens hij door Galilei van de uitvinding heeft gehoord. Het woord is hier door Kepler dan ook nog gebruikt in den oorspronkelijken zin van lens; al werd het later op het geheele instrument overgedragen, totdat het woord telescopium algemeen werd; maar vóór dit tijdstip

---

([1]) *Catalogue of the Mathematical, Historical, Bibliographical and Miscellaneous portion of the Celebrated Library of* M. Guglielmo Libri, *London,* Leigh Sotheby & John Wilkinson *1861, Part. I* n° 3037.

([2]) *De cometis libelli tres. Autore* Johanne Keplero, *Sac. Caes. Maiest. Mathematico, cum Privilegio Sac. Caesareae Maiest. ad annos XV. Augvstae Vindelicorum 1619* pag. 25. Over deze passage handelen: H. C. Englefield, *Concerning the original Inventors of certain philosophical Discoveries: the Reflection of Cold; Compression of Water in a metallic Vessel; the Telescope; and a perspective Instrument formerly described;* Aletes, *The apparent Reflection of Cold and the Invention of the Telescope.* E. O. *Historical and Critical Observations relating chiefly to the Invention of the Telescope* (A *Journal of Natural Philosophy, Chemistry and the Arts, vol X by* William Nicholson, *London 1805* pag. 1, 92, 145).

wordt door KEPLER met perspicillum een brilleglas aangeduid. (¹)
Het is dus' wel mogelijk, dat KEPLER bij zijne waarnemingen
eene eenvoudige combinatie van lenzen heeft gebezigd, doch misschien bedoelde hij ook slechts, dat hij door een bril zijn zwak
gezicht, waarover hij zich juist in hetzelfde werk beklaagt,
te hulp kwam. (²) Nochtans zat de uitvinding van den verrekijker omstreeks 1600 zoozeer in de lucht, dat KEPLER zelf in
een in 1604 verschenen werk, waarin de theorie van het
zien wordt behandeld, eene figuur teekent, waarin de gang
der lichtstralen door eene holle en eene bolle lens wordt aangeduid, welke tevens door eene gemeenschappelijke as verbonden zijn. (³) Een nader verband tusschen beide lenzen bestaat daar niet en de figuur dient uitsluitend om de daarbij behoorende stelling van de werking van eene holle en eene bolle
lens afzonderlijk te illustreeren (⁴), maar zooals we later zullen
zien, maakt KEPLER zelf later, wanneer hij van de uitvinding
van den zg. Hollandschen kijker heeft gehoord, de opmerking,
dat zij naar aanleiding van die figuur kan geschied zijn.

Het is nu niet onmogelijk, dat althans enkele van de boven

(¹) „Qui remota distincte vident, propinqua confuse; iis perspicilla
convexa prosunt. Qui vero confusè vident remota, juvantur concavis
perspicillis" (*Paralipomena in Vitellionem, quibus Astronomiae pars optica
traditur*, etc. *Francofurti, Anno 1604 cap. V, 3 Propositio XXVIII*,
pag. 200).

(²) „Nam instrumenta Tychonica et suggestum, et liberum horizontem,
et observatorem peritum, socium, et oculos vegetos requirunt, quae
omnia mihi inter initia defuerunt" (pag. 30) zegt hij bij de waarneming van
de komeet van 1607 en bij die van de drie van 1618: „Ego admonitus
his literis, die 1 Septemb. manè lustravi sidera; verum debili sum visu;
et crassus aer, per illorum dierum, aestum splendebat adeo...." (pag. 48).

(³) *Paralipomena in Vitellionem quibus Astronomiae pars optica traditur*
etc. *Francofurti 1604 cap. V, 3* (JOANNI KEPLERI *Opera omnia ed.*
FRISCH, *vol. II* pag. 256).

(⁴) Propositio XXVIII, hierboven vermeld. „Quanta admiratio — zegt
KEPLER daarbij — rei tantae tam late propagatum usum, et tamen
causam ignorari hactenus, ut titubanter pronunciem, clarissimis demonstrationibus inventis. Unus, BAPTISTA PORTA professus est, rationem
in Opticis reddere: quae a librariis frustra hactenus requisivi" (nl. *De
refractione Optices* van PORTA van 1593; de uitlatingen uit de *Magia
Naturalis* blijken KEPLER wel bekend).

aangehaalde berichten, die op het gebruik van verrekijkers in
Italië kunnen wijzen, in waarheid teruggebracht moeten worden
tot eene combinatie van lenzen met eenvoudiger doel, zooals
dat, waartoe het op blz. 95 aangehaalde citaat van KEPLER
aanleiding gaf; maar dat de kijker in de eerste jaren der 17^{de}
eeuw in Italië niet onbekend was en gebruikt werd bij astronomische waarnemingen, staat vast. En over dit feit behoeft
men zich niet te verwonderen, in aanmerking genomen, hoe
gemakkelijk zulk een instrument zich liet samenstellen, wanneer
eenmaal het nut eener combinatie van eene holle en eene bolle
lens was ingezien: CABAEUS verhaalde reeds vroeger, dat een
grijsaard van eene dergelijke vereeniging van lenzen partij
wist te trekken. Om de aanwending van den kijker in dezen
tijd in Italië te bewijzen, moet de man besproken worden,
wiens naam boven dit hoofdstuk is gesteld. (¹)

RAFFAEL GUALTEROTTI, geboren te Florence in 1543, is
in zijn tijd bekend geworden door werken op verschillend
gebied, ging door voor een uitmuntend philosoof en scherpzinnig
astronoom en maakte ook naam als dichter; hij stond in betrekking tot meer dan één hof in Italië en stierf op hoogen leeftijd in 1639; hij werd in de kerk van Santa Croce te Florence
begraven. Ook GUALTEROTTI, reeds langen tijd bevriend met
GALILEI, heeft zich in 1604 bij het verschijnen der nieuwe
ster als astronoom niet onbetuigd gelaten. Van zijne hand
verschenen in het volgende jaar twee werken, waarin hij
wel is waar dikwijls blijk geeft een beoefenaar der hermetische
kunsten te zijn, doch die anderszins toch getuigen, dat GUAL-
TEROTTI inderdaad een scherpzinnig man moet geweest zijn;
hij toont zich in die werken ook een tegenstander van de
leer van ARISTOTELES aangaande de onveranderlijkheid van
den hemel. Uit het eerste dier beide boeken (²) schijnt te
blijken, dat het feit van den overgang van Mercurius over

(¹) De volgende bizonderheden zijn grootendeels geput uit het artikel
van prof. JACOLI over RAFFAEL GUALTEROTTI in het *Bulletino* van prins
BONCOMPAGNI 1874, reeds vermeld op pag. 93 noot 2.

(²) *Discorso di* RAFFAEL' GUALTEROTTI *Gentilhuomo Fiorentino Sopra
l'apparizione de la nuova stella. E sopra le tre oscurazioni del Sole, e de*

de zon hem wel bekend is, en er wordt ook melding in gemaakt van eene door hem waargenomen vlek op de zon. Van grooter gewicht voor ons is het werk, dat hij kort daarop, in 1605, in het licht gaf (¹) en opdroeg aan den groothertog FERDINAND III, en waarin GUALTEROTTI zich voorstelde aan te toonen, "che il Mondo non è assolutamente eterno, come vuole Aristotile" (²). Van belang in dit werk is o.a. de verklaring, welke de schrijver in cap. V geeft van het aschgrauwe licht der maan, hoewel reeds vroeger door MOESTLIN, den leermeester van KEPLER, vermeld, en de uitspraak in cap. XVIII, dat de baan, door een voortgeschoten projectiel doorloopen, een parabool is, gewoonlijk toegeschreven aan CAVALIERI, die haar in 1632 openbaar maakte, of aan GALILEI, aan wien die eigenschap in dat jaar ook bekend was. Ten opzichte van ons onderwerp komt in het werk van GUALTE-ROTTI de volgende mededeeling voor: (³)

"Dice ARISTOTILE che intorno al occhio è mestiero, che sia molto luminoso; e tra l'occhio, e la cosa, che si ha à vedere, sia un corpo diafano, trasparente, ed illuminato, a volere, che si faccia ben l'atto visivo; ma io non so vedere questa necessità; percioche il molto lume intorno al occhio impedisce la vista; come provano quegli, che hanno gli occhi in fuora: et essendo un lume lontano tre, o quattro miglia nel oscurità de la notte, quanto è maggiore il buio, tanto meglio, il lume si vede; si che non pure, non è necessario, ma ne è bisogno, ch' intorno al occhio sia l'Aria molto illuminata; e che tra l'occhio, e la cosa; che si deve rimirare,

---

la Luna nel anno 1605. Con alquanto di lume del arte del Oro. Dedicatò al Sereniss. Gran Duca di Toscana D. Ferdinando Medici. In Firenze. Nella Stamperia di COSINO GIUNTI 1605.

(¹) Scherzi degli Spiriti anamili Dettati con l'occasione de l'oscuriazione de l'Anno 1605. Da RAFFAEL GUALTEROTTI Gentil'huomo Fiorentino: e dedicati al Sereniss. D. Ferdinando Medici III Gran Duca di Toscana. Con alcune particularità del cangiamento del universo, et alcuni cenni de la possibilità del arte del oro, e d'altre cose curiose. Con licenzia de Superiori. In Firenze, nella Stamperia di COSIMO GIUNTI 1605.

(²) Scherzi degli Spiriti etc. lettera dedicatoria.

(³) Scherzi degli Spiriti etc. pag. 26, geciteerd door prof. JACOLI l. c. pag. 395.

egli sia di mezzo un corpo trasparente, et illuminato: poiche egli si vede benissimo un picciol lume per le tenebre, e che sia molto loutane; e cosa certa é, che quel picciolissimo lume non si rischiara l'aere intorno, se non per picciolissimo spazio, non pure tra se, e l'occhio. E che più? uno rimirando con un solo occhio, per la buia canna d'una cerbottana, vede meglio rimirando di giorno, che se per quel buio non havessi a far l'atto visivo; che il molto lume del Aere vicino al occhio impediria, non aiuteria la vista; come mostra l'esperienza, che passando la vista per quella canna arriva al Cielo, e vede le stelle di giorno, che senza essa canna non vede, se non l'Aria illuminata dal Sole, e così meglio si fa l'atto visivo per le tenebre, che per lo corpo illuminato.″

Bij het lezen dezer aanteekening rijst het vermoeden, dat GUALTEROTTI's beschouwing van den hemel ″con un solo occhio, per la buia canna d'una cerbottona″, door welke hij ook overdag de sterren kon waarnemen een verrekijker is geweest. Met zulk een instrument zijn inderdaad de waarnemingen gedaan, door GUALTEROTTI in zijne beide in 1605 verschenen werken beschreven, evenals zijne blijkens verschillende brieven van hem later in het werk gestelde beschouwingen van den hemel. Die brieven van lateren tijd zullen successievelijk eene besliste aanwijzing geven van het instrument, waarop GUALTEROTTI in 1605 reeds zinspeelde; want wanneer in 1609 de kijker algemeen in Italië is verspreid en GUALTEROTTI in 1610 van de nog niet lang geleden door GALILEI gedane ontdekkingen heeft gehoord, dan is dit voor hem eene reden om op het door hem in 1605 gebruikte instrument terug te komen. In de eerste plaats hebben we over dat onderwerp een brief van GUALTEROTTI aan ALESSANDRO SERTINI, insgelijk te Florence wonende, van 1 Maart 1610. Het begin van dat schrijven luidt: (¹)

″Gl'antichi Astrolagi havevono strumento senza alcun' dubbio col quale e' vedevano i moti dele stelle ed esse stelle mirabilmente; e perciò sei anni sono, quando io stampai il mio

---

(¹) JACOLI l. c. pag. 414; Le opere di GALILEO GALILEI, Edizione nazionale vol. X, Firenze 1900 n° 267.

Discorso sopra la nuova stella, io dissi che con una artifiziosa
Cerbottana egli si potevon vedere le stelle di giorno. Che il
Sig.^re GALILEO habbia poi visto molte cose di nuovo, a me
non è maraviglia, perch' è trentadue anni che ci conosciamo,
ed ho sempre conosciuto l'eccellenza del suo ingegno. Io, per
la parte mia, credo che in cielo sieno di molte cose non
mai sino ad hora state osservate; e Mercurio da quattro anni
in qua me ne ha dato grandissimo contrasegno, con l'essere
apparso ala vista più grande che Marte, e di lui più rosso
e scintillante. . . . . ,,

Uit dit schrijven van GUALTEROTTI blijkt, dat het door
hem reeds in 1605 en vroeger gebruikte instrument, aangeduid in het tweede door ons besproken werk van hem
(de *Scherzi degli Spiriti animali* en niet in den *Discorso* zooals
GUALTEROTTI zelve opgaf), hetzelfde is als dat, waarmede
GALILEI in 1610 zijne beroemde ontdekkingen deed, ontdekkingen, die velen destijds ongeloofelijk voorkwamen, doch die
GUALTEROTTI, wel bekend met de werking van het instrument,
niet zoo heel vreemd vindt, vooral ook bij de hem bekende
scherpzinnigheid van GALILEI; hieraan moet echter toegevoegd
worden, dat de kijkers van GUALTEROTTI, zooals weldra zal
blijken, niet van zulke goede hoedanigheid zijn geweest als
die, welke GALILEI heeft gebruikt. Intusschen gaat GUALTE-
ROTTI door met zijne waarnemingen, waartoe hem nu ook
gemakkelijker de in dezen tijd in allerlei soorten te verkrijgen
kijkers hebben kunnen dienen; de briefwisseling met GALILEI, reeds
vele jaren vroeger begonnen, wordt voortgezet: men vindt in een
brief van hem aan GALILEI van 6 Maart 1610 omtrent dezelfde
quaesties, welke hem in zijn schrijven aan SERTINI bezig hielden,
eene uitdrukking, welke er op wijst, dat hij eene nevelvlek heeft
waargenomen ([1]), een verschijnsel, door hem dan eerder geobserveerd dan door MARIUS, wien men gewoonlijk de eer toeschrijft
van in 1612 die van Andromeda te hebben gezien. GUALTE-
ROTTI schijnt nu echter ook den in het begin van Maart 1610
verschenen *Nuncius Sidereus* van GALILEI gelezen te hebben,

([1]) „. . . . se già la non fussi la Terra o una di quelle macchie un
poco più chiare dela strada Lattea."

waarin deze o.a. verhaalde, dat hij een kijker had samengesteld, na gehoord te hebben, dat in Holland een dergelijk
werktuig aan prins MAURITS was aangeboden. GUALTEROTTI
vindt hierin nu aanleiding zijne kennis aangaande de uitvinding
van het instrument aan GALILEI te berichten, en het is de
inhoud van dezen brief, die ons volledig op de hoogte brengt
van de beteekenis van de uitdrukkingen, vroeger door GUAL-
TEROTTI gebezigd. Zijn brief, gedateerd 24 April 1610, luidt
als volgt: ([1])

Molto Ill.^{re} Sig.^r

V. S. si partì senza che io potessi dirle alcune cose a bocca
di qualche momento; pure forse ritornerà migliore occasione.
Fratanto io ho sentito che V.S. ha visto l'occhiale di Mess.
GIOVAMBATISTA milanese ([2]), et attribuitoli alcuna loda. Hora,
12 anni sono, io feci uno strumento, ma non già afine di
veder gran lontananze e misurar le stelle, ma per benefizio di
un cavaliero in giostra e in guerra, e lo proposi al Ser.^{mo}
Gran FERDINANDO et insieme al' Illmo et Eccel.^{mo} Sig.^r Duca
di Bracciano, Don VERGINIO ORSINO; ma parendomi debol
cosa, lo trascurai. Pure ancor io, sentendo il romore del
Fiammingo, presi i miei vetri e i miei cartoni, e li rimesi
insieme, e tornai a considerare il loro uficio, e vedi in terra
e 'n cielo molte cose molto meglio che non fa l'occhiale di
GIOVAMBATISTA milanese: e tale strumento mi insegnò fare
quel foro che V.S. vide circa a trenta anni sono nela camera
mia ala Torre al' Isola, dal qual foro io sino da la mia
prima fanciullezza inparai a dubitare del modo del vedere,
che la terra refletteva i raggi del sole con gran lume e molto
regolatamente, e vi imparai molte bagattelle che io haveva
letto esser possibile a farsi, e finalmente lo strumento che
12 anni sono io feci; dal quale in dotto, 6 anni sono
scrivendo sopra la nuova stella, in proposito del modo del
vedere io dissi, che chi voleva veder le stelle di giorno, gua-
tasse per una cerbottana. Hora io ho detto tante parole non

([1]) JACOLI, l. c. pag. 410; *Le Opere di* GALILEO GALILEI, *Edizione nazionale
vol. X Firenze 1900*, n° 300. — De brief wordt bewaard in de Bibliotèca
Nazionale te Florence.

([2]) Het is niet met zekerheid uit te maken, wie dit is geweest; in
de eerste maanden van 1610 werden reeds op verschillende plaatsen
in Italië kijkers vervaardigd.

per contrariare a la gloria di V. S., ma per esservi a parte
molto, e molto giustamente, poi che a me si deve quella
lode che V. S. dà ad uno Belga, quelo che V. S. può dare
ala sua patria. Mirabil cosa non mi parrà mai Ciò
ch'io dirò deli atti fiorentini. Dio l'ami.

Di Firenze, il dì 24 di Aprile 1610.

Di V. S. molto Ill.ʳᵉ

Servi.ʳᵉ Aff.ᵐᵒ

RAFFAEL' GUALTEROTTI.

Het adres was:

Al Molto Ill.ʳᵉ et Eccellente Signor

GALILEO GALILEI

Padova.

GUALTEROTTI heeft dus reeds in 1598 ten minste één kijker
vervaardigd en waarschijnlijk naar een model van den "cavaliero in giostre e in guerra". Waar echter deze Italiaansche
soldaat zijne kennis heeft opgedaan, in Italië zelf of daarbuiten,
blijkt niet nader. Vast staat echter, dat in 1598 reeds kijkers
in Italië voorhanden zijn; GUALTEROTTI toonde bovendien zijn
instrument aan den toenmaligen Groothertog van Toscane en
den hertog van Bracciano, welke dus ook van het bestaan van
het werktuig moeten hebben kennis gedragen, vooral de eerste,
met wien GUALTEROTTI meermalen in aanraking kwam, zooals
hij ook in 1604 zijne waarnemingen deed in het groothertoge-
lijk paleis. (¹) Daarbij heeft GUALTEROTTI waarschijnlijk zijn
instrument gebezigd, en ook in zijn brief aan GALILEI van
6 Maart 1610 zijn verschillende aanwijzingen voorhanden, dat
GUALTEROTTI nog vóór de verschijning van den *Nuncius Sidereus*
eenig vermoeden heeft gehad van de ontdekkingen, door
GALILEI met zijne kijkers gedaan, en dat hij ook zelf toen ter
tijd te Florence instrumenten vervaardigd heeft. Zelfs reeds in
1598 had GUALTEROTTI zich met maanswaarnemingen bezig
gehouden, hoewel het zeer moeielijk te beslissen is, of ook

(¹) „In questo tempo (25 September 1604) essendo io ogni sera ne la
Galleria del Serenissimo Gran Duca di Toscana; viddi, mentre che il
Sole tendeva al Occidente, che nel corpo suo appariva una macchia..."
(*Discorso* etc. pag. 28).

daarbij van het door hem vervaardigde werktuig is gebruik gemaakt. [1] In 1619 komt GUALTEROTTI nog eenmaal kortelings op het door hem in 1598 vervaardigde instrument terug, wanneer hij den 3den April aan GALILEI in den aanhef van een brief betreffende verschillende astronomische waarnemingen schrijft: [2]

"Da uno mio confidente, e forse amico di V. S. mi e stato accennato che dubita che io non habbia scritto contro ale sue oppinioni; quelle che io dissi già a V. S. quelle ridiro anchora cioè che l'invenzione di tale strumento che ella concede a un Fiammingo molto più giustamente si deve a me che a niun altro de Tempi nostri poi molti anni sono havendo stampato. che le stelle sono nere, e percosse dal Sole resplendono io non potrò lor negare a V. S. . . . ."

Wel is waar zijn de resultaten der waarnemingen van GUALTEROTTI met zijn in 1598 met behulp van den Italiaanschen soldaat vervaardigden kijker, niet van zeer veel gewicht geweest — waarschijnlijk voor een deel te wijten aan de weinige deugdelijkheid van de door hem gebruikte lenzen — maar voor zoover wij weten, moeten we toch in hem den man zien, die het eerst het instrument naar den hemel heeft gericht. Tevens is hij de eerste, wiens naam aan de vervaardiging van den kijker stellig is verbonden.

GUALTEROTTI schijnt echter zijn geheim aan niemand te hebben medegedeeld en heeft de kans om nu ook dadelijk door zijne tijdgenooten als uitvinder van het werktuig erkend te worden laten voorbijgaan. Oppervlakkig mag dit eenige verwondering wekken; bij de overweging dat er waarschijnlijk destijds reeds meer kijkers voorhanden waren, en dat hij in elk geval den kijker niet zelfstandig samenstelde, is dit niet zoo heel vreemd. Toch bestond er bij de astronomen in het begin der 17de eeuw groote behoefte aan een instrument om verder in de hemelruimte door te dringen. Nieuwe ontdekkingen werden in die dagen weinig gedaan, en slechts een plotseling nieuw opgetreden verschijnsel als eene nieuwe ster of komeet gaf aan-

[1] Ook blijkens den brief aan SERTINI van 1 Maart.
[2] JACOLI, l. c. pag. 412.

leiding tot nieuwe beschouwingen. De praktische astronomie was in een stadium van stilstand getreden; TYCHO BRAHE had met zijne talrijke reusachtige instrumenten de waarnemingen uitgeput, welke nog met het bloote oog aan den sterrenhemel gedaan konden worden; de enkele punten, welke bij zijn stelselmatig onderzoek waren overgelaten, waren spoedig aangevuld; verdere astronomische publicaties waren meerendeels van theoretischen aard. Bij zulk een stand van zaken moest een werktuig als de verrekijker wel grooten opgang maken. En inderdaad was de verrekijker reeds aanwezig: we mogen na het vorenstaande wel als vaststaande aannemen, dat het instrument in 1598 in handen was van een Italiaansch soldaat, en dat GUALTEROTTI er in dat jaar een namaakte, dat hij nu en dan bij zijne sterrekundige waarnemingen gebruikte. Hiermede zou de geschiedenis van de uitvinding zelve van den kijker voltooid zijn: de wegen waarlangs eene nieuwe ontdekking, wanneer zij eenmaal aan het licht gekomen is, verbreid wordt, zijn buitengewoon menigvuldig, en vooral geldt dit van eene uitvinding, die niet alleen een wetenschappelijk, doch in de eerste plaats ook een praktisch voordeel beloofde. Maar bovendien waren de kijkers, waarmede we in het bovenstaande kennis maakten, niet de beide eenige instrumenten, die reeds omstreeks dezen tijd bestonden. De volgende bijzonderheden zullen aantoonen, dat er een in handen kwam van iemand, die wel geen beoefenaar der natuurwetenschap was, maar aan de schranderheid om het instrument na te maken ook den ondernemingsgeest paarde om er een handelsartikel van te maken en het in Europa te verspreiden.

V. DE TOESTAND TE MIDDELBURG IN 1600.

Na de aanwending en het gebruik der lenzen vóór de 17de eeuw in het algemeen te hebben nagegaan, moet nu een blik geslagen worden op den maatschappelijken toestand van eene stad en een land, wier naam wel altijd aan de geschiedenis van de samenstelling van de verrekijkers zal verbonden blijven.

De ligging van het eiland Walcheren maakte het voorbeschikt tot de scheepvaart; reeds vóór de Hervorming is de handel van Middelburg met Arnemuiden als voorstad zeer levendig. Wel brachten de troebelen met Spanje, met name vooral het beleg der stad van 1572—1574, de navigatie in een kwijnenden toestand en verarmde de burgerij in niet geringe mate, maar als het verdere beloop van den opstand den Prinsgezinden gunstig wordt, voorschriften worden gegeven op de goede bemanning en bewapening der koopvaardijschepen, de vloot zich ontwikkelt en convooi verstrekt, dan herleeft de oude vaart weer spoedig, en het schijnt juist door die moeielijkheden van de Hervorming, dat er op verschillend gebied een nieuw leven ontwaakt. Het naburige Antwerpen wordt door den oorlog meer en meer geteisterd; men kent er de Spaansche en Fransche furiën, en eindelijk schijnt het, dat met het verdrag van de overgave der stad aan Parma in 1585 ook het doodvonnis der machtige koopstad is geteekend. Dit komt Middelburg ten goede. Groot is het getal Vlamingen, Brabanders en Franschen, die om der religie wille hun land verlaten en zich op Zeeuwschen bodem gaan vestigen; nadat reeds in 1583 meer dan 400 vluchtelingen uit Antwerpen zich te Middelburg hadden nedergezet, kwamen alleen in de jaren 1584 en 1586 meer dan 2500 lidmaten van de Hervormde gemeente naar de hoofdstad van Zeeland over, welwillend ontvangen door de stadsregeering, die reeds vroeger verscheidene schepen naar de veege veste had gezonden om de ballingen af te halen. Er waren onder die uitgewekenen mannen van energie en talent; zij brachten te Middelburg een element, dat krachtdadig zou medewerken tot de oprichting der Oost- en West-Indische en andere compagnieën en van die stad eene der stapelplaatsen van overzeesche producten zou maken; als bijzonderheid vinden we zelfs in 1596 gewag gemaakt van den aanvoer van 100 mooren en moorinnen. Herinnerd zij verder aan de Schotsche court te Vere, den Engelschen stapel te Middelburg en de uitrusting van de expeditie om het Noorden naar China. (¹) Bovendien vestigden zich ook vele personen uit de omliggende landen, Duitschland en Engeland, in de Zeeuwsche hoofdstad. Alle ledige ruimten binnen de stad werden betimmerd, en er was bijna geene plaats voor de snel toenemende bevolking; spoedig volgde eene nieuwe uitlegging der stad, en zij werd in de jaren 1590—1598 voorzien van nieuwe wallen, vesten en bolwerken.

Uit het bovenstaande kan men zich eenig denkbeeld vormen van het drukke verkeer, dat toen ter tijde te Middelburg heerschte. Wat op gebied van kunst en nijverheid hier nog onbekend was of althans niet uitgeoefend werd, werd aangedragen, en de regeering steunde elke poging, die tot verhooging van den bloei van stad of gewest kon bijdragen. Op een der takken van nijverheid moet in verband met ons onderwerp meer bijzonder de aandacht gevestigd worden, nl. op de te Middelburg bestaande kristalfabriek, //fournaise aux verres de christal// of christaloven, waaraan tevens eene glasblazerij was verbonden, doch die zich vooral schijnt te hebben toege-

---

(¹) Met name zij hier genoemd onder hen, wien de Middelburgsche handel in het bijzonder en Nederland als koloniale mogendheid in het algemeen zoo veel verplichting heeft, BALTHASAR DE MOUCHERON, ook een der vele uit Antwerpen naar Middelburg uitgeweken kooplieden. Zie Mr. J. H. DE STOPPELAAR, *Balthasar de Moucheron, een bladzijde uit de Nederlandsche handelsgeschiedenis tijdens den tachtigjarigen oorlog, 's Gravenhage 1901*, aan welk werk enkele der bovenstaande bijzonderheden zijn ontleend.

legd op de vervaardiging van kristallen kunstvoorwerpen. (¹)
Die kristalfabriek was wel eene particuliere onderneming, doch
zij had een contract met de stad Middelburg en de provincie
Zeeland betreffende financiëelen steun; ook kwam de meester
er van dikwijls in aanraking met de autoriteiten om bescherming
van zijne producten tegen de van buiten ingevoerde, zoodat
uit verschillende archiefstukken iets omtrent hare geschiedenis
kan worden medegedeeld.

Op het oogenblik, dat de geschiedenis der kristalfabriek
voor ons van belang is, nl. in 1590, staat aan haar hoofd GOVERT
VAN DER HAGHEN, waarschijnlijk ook weer afkomstig van
Antwerpen. Na reeds eenigen tijd in die functie werkzaam te
zijn geweest, wordt tusschen hem, de provincie Zeeland en de
stad Middelburg een contract aangegaan op den 15den Juni
1591, waarbij de meester zich verbindt om gedurende de zeven
volgende jaren zijne werkzaamheden te Middelburg te blijven
uitoefenen op eene toelage van Staatswege van f 200 per jaar,
een renteloos voorschot van f 800, benevens het verleenen van
verschillende faciliteiten bij den invoer zijner materialen,
vrijdom van impost, accijns e. d. van verschillende goederen en
ten slotte octrooi "om binnen deze provintie alleen te werken
met exclusie van alle andere", waarbij tevens de Staten zullen
doen waken, dat van uit Antwerpen geen "cristalyne glasen"
door de wachten te water zullen passeeren. (²) Sommige der
artikelen van het contract hebben later eenige moeielijkheden
gebaard, doch zijn voor ons op het oogenblik van minder
belang. (³) GOVERT VAN DER HAGHEN stierf kort vóór of in
1605, en zijne erfgenamen verwierven in dat jaar continuatie
voor drie jaren van het in 1598 opnieuw voor zeven jaren
verleende octrooi. (⁴)

Van gewicht voor ons onderzoek is het nu de betrekkingen
na te gaan, die de Middelburgsche kristalfabriek had buiten de

---

(¹) Bijlagen 1 en volgende.
(²) Bijlage 2.
(³) Bijlagen 3, 4, 5, 6 en 7.
(⁴) Bijlagen 11 en 12.

provincie en tevens, welk soort van lieden met die fabriek in relatie stonden. In de eerste plaats blijkt dan uit het contract van GOVERT VAN DER HAGHEN van 1591, dat er connecties bestonden met Holland, speciaal met Amsterdam, waar eene dergelijke inrichting bestond, die door voordeelige aanbiedingen werkvolk aan de Zeeuwsche fabriek trachtte te onttrekken en zelfs het toezicht van den meester te Middelburg op hare werkplaats beproefde over te brengen. Het lokken van dat werkvolk uit Middelburg naar Amsterdam schijnt maar al te dikwijls goed gelukt te zijn, en de pogingen, daartoe aangewend, leveren ons het bewijs, dat onze fabriek eene uitstekende reputatie genoot; wel blijken de Staten van Zeeland destijds met kracht tegen de Amsterdamsche praktijken te zijn opgetreden, doch hetzelfde feit vindt later telkens en telkens weer plaats, zoodat GOVERT VAN DER HAGHEN zich in 1601 wederom beklaagt bij de Staten en hunne tusschenkomst verzoekt, blijkens de volgende aanteekening, die ook om andere redenen van belang is om hier op te nemen:

Uittreksel uit de *Notulen van Gecommitteerde Raden van Zeeland.*

,,Den XIX^{en} Septembris 1601.

. . . .

Op de requeste van ....., mr van den glasenfournaise, ten eynde in sijn faveur werde geschreven aen den magistraet van Amsterdam, opdat hy tegen sijn knechten, die hem ontgaen sijn ende aldaer wercken, mochte goet recht ende justitie geschieden, is geappostileert: fiat ut litteris in optima forma" (*sic*).

De naam van den requestrant is in de notulen niet ingevuld; maar dat deze GOVERT VAN DER HAGHEN was, is boven allen twijfel verheven. In verband met een later voorkomend dergelijk geval zij hier het feit geconstateerd, dat in de notulen de naam oningevuld kon blijven zelfs van een zoo bekend man als het hoofd van de kristalfabriek te Middelburg, GOVERT VAN DER HAGHEN, moet geweest zijn.

Uit den brief, die Gecommitteerde Raden naar aanleiding van het request van GOVERT VAN DER HAGHEN naar Amsterdam zenden, blijkt, welk soort werkvolk veel op de

109

Middelburgsche fabriek werkte, en in het byzonder wie door de „sinistre vonden" van den meester der Amsterdamsche glasblazerij uit Middelburg werden gelokt. (¹) Het waren voor een zeer groot deel vreemdelingen en wel hoofdzakelijk Italianen, die in Zeeland werkzaam waren: Johan Visitelli wordt ous met name in den brief genoemd. Ongetwijfeld was dit hiervan het gevolg, dat in Italië zoowel de glasslijperij als de glasblazerij reeds van oudsher op eene hoogere trap van ontwikkeling stonden en vooral het Venetiaansche glaswerk eene groote reputatie genoot. Van uit Venetië is het dan ook, dat Govert van der Haghen zijn werkvolk voor een groot deel betrekt, en we lezen, als er kort daarop wederom sprake is van de ongeoorloofde praktijken van Amsterdam, het volgende:

Uittreksel uit de *Notulen van Gecommitteerde Raden van Zeeland.*

„Den XXIX^{en} (Octobris) naer noen 1601.

. . . .

Op de naerdere requeste van mr. Govaert van der Haeghen, mr. van de glaesfornayse hier binnen Middelburgh, ten eynde hy mochte werden gemainteneert, dat hy syne knechts, die hy met groote cost uyt Italiën ende anders heeft doen comen ende aen hem verbonden, niet en wierde ontrocken, achtervolgende de belofte daerop aen hem gedaen in het contract, met hem aengegaen; gesien tvoorschreven contract, is gelast naerder daervan aen de magistraet van Amsterdam in zijn faveur te schryven." (²)

Den 7^{den} Januari 1602 hebben we weer een schrijven van Gecommitteerde Raden over dezelfde quaestie met Amsterdam, waarin weder van denzelfden Visitelli sprake is, die dus wel een belangrijken dienst aan de Middelburgsche kristalfabriek moet gehad hebben, dat men zoo bijzonder op hem gesteld was. (³)

(¹) Bijlage 9.
(²) De requesten, waarvan hier en elders telkens sprake is, werden gewoonlijk aan de verzoekers teruggegeven en zijn dus niet meer voorhanden.
(³) Bijlage 10. — De door den magistraat van Amsterdam verzondene brieven van 1601 zijn in het Zeeuwsche archief niet gevonden.

Na den dood van GOVERT VAN DER HAGHEN omstreeks 1605 is het Italiaansche element aan de kristalfabriek volstrekt niet minder geworden; ja zelfs wordt hij als hoofd der inrichting opgevolgd door den Italiaan ANTONIO MIOTTO, en vinden we als meesterknecht op de kristalfabriek SIMON FABRI "van Venise". ([1]) Na afloop van het octrooi van de erfgenamen van GOVERT VAN DER HAGHEN in 1608 treedt ANTONIO MIOTTO, waarschijnlijk reeds na den dood van den vorigen meester door de erfgenamen in diens plaats aan het hoofd der fabriek gesteld, geheel in de plaats van VAN DER HAGHEN, op dezelfde gunstige condities van de zijde der regeering, als vroeger de eerste had verkregen, met uitzondering dat hem geen renteloos voorschot wordt gedaan. ([2]) In 1615 wordt het contract met MIOTTO nog voor zeven jaren verlengd, zoodat geruimen tijd het beheer van de Middelburgsche glasfabriek zich in Italiaansche handen bevond. ([3]) Zij hield zich staande tot in de 18de of 19de eeuw, toen de fabriek eindelijk werd opgeheven.

De industrie, welke door de Italianen uit hun vaderland naar Middelburg was overgebracht, was blijkbaar niet alleen het eenvoudig blazen van glas in verschillende vormen. De inrichting wordt wel somtijds genoemd de "glaesoven" of "glaesfornayse" en de meester aangeduid als "exercerende de konste van glasblasen", doch meermalen wordt ook gewag gemaakt van de "fournaise aux verres de christal", "christal-oven" of "cristalynen glaesfournaise", zoodat het niet twijfelachtig is, of het glas en dergelijke doorschijnende stoffen werden er ook aan hoogere kunstbewerkingen onderworpen. Onder de "cristal-glaesen", welke te Middelburg werden vervaardigd, namen dan

---

([1]) ANTHONIO MIOTO of ANTHONIE MIOTTE, „meester van den glaes-fournaise", werd 6 Maart 1607 poorter en „SIMON FABRI van Venise", meesterknecht van den „glaesfournaise" werd 15 Mei 1607 poorter, de eerste tegen betaling van 20 schellingen en de tweede gratis, 1606. MIOTO kreeg £ 33:6:8 voor twee jaar pensioen", verschenen 27 Januari 1607 en 1608. — Rekening 1607. (H. M. KESTELOO, *De Stadsrekeningen van Middelburg* V — *Archief VIII* deel, 1* stuk, uitgegeven door het Zeeuwsch Genootschap der Wetenschappen, Middelburg 1899* pag. 102.)

([2]) Bijlagen 13, 14 en 15.

([3]) Bijlagen 20 en 21. 20A

ook de drinkbekers blijkbaar eene zeer voorname plaats in, want speciaal tegen het invoeren daarvan uit de Zuidelijke Nederlanden worden krachtige maatregelen genomen (¹), en juist deze waren destijds een artikel, waaraan gaarne zeer veel arbeid en geld ten koste werd gelegd.

In verband met de uitgebreide en op hooge trap van ontwikkeling staande glasindustrie te Middelburg staat ook zonder twijfel het betrekkelijk groote getal lenzenslijpers en brillenmakers, die in dien tijd aldaar worden aangetroffen, en die door de gemelde omstandigheid gemakkelijk aan de voor hun vak benoodigde materialen konden komen; dit onderzoek alleen leert er ons reeds drie kennen. (²) Het is dan ook in handen van dergelijke lenzenslijpers en in het algemeen van lieden, die met de glasindustrie in nauwe betrekking stonden, dat men spoedig den verrekijker kon verwachten Nog vele jaren na de uitvinding bleef trouwens het vervaardigen van verrekijkers bijna uitsluitend een bedrijf der handwerkslieden en waren de geleerden nog afhankelijk van dezen in de vervaardiging van zoo goed mogelijk geslepen lenzen. Zoo schreef DESCARTES, die zich reeds in 1628 met den Parijschen slijper LE FERRIER ijverig met het vervaardigen van kijkerlenzen had beziggehouden, in 1637, na opgemerkt te hebben dat er nog niemand is geweest, die op voldoende wijze de gedaante heeft bepaald, welke die lenzen moeten hebben: (³) "Car, bien qu'il y ait eu depuis quantité de bons esprits, qui ont fort cultivé cete matiere, et ont trouvé à son occasion plusieurs choses en l'Optique, qui valent mieux que ce que nous en avoient laissé les anciens, toutefois, à cause que les inventions un peu malaysées n'arrivent pas à leur dernier degré de perfection du premier coup, il est encore demeuré assés de difficultés en celle cy, pour me donner sujet d'en escrire. Et d'autant que l'execution des choses que je diray, doit dependre de l'industrie des artisans, qui pour l'ordinaire n'ont point estudié, je tascheray de me rendre intelligible à tout le monde, et de

---

(¹) Bijlagen 17 en 18.
(²) Behalve JANSSEN en LIPPERHEY nog een minder bekenden LOUWYS LOUWYSSEN; zie bijlage 29.
(³) *Discours de la methode* etc. *Leyde 1637. La Dioptrique Discours I* pag. 2.

ne rien omettre, ny supposer qu'on doive avoir appris des
autres sciences.// Descartes schreef dit in 1637, toen men
reeds eene meer zelfstandige studie van de dioptrica was gaan
maken en niet meer geheel aan den leiband liep van de
klassieke leerboeken van Ptolomaeus, Euclides of Witelo.
De uitvinding van den verrekijker is dan ook o. i. geenszins
eene uitvinding, geschied op grond van eenige wetenschappelijke
theorie, zooals we die heden opvatten, en waartoe wel in de
eerste plaats de brekingswet had bekend moeten zijn, doch
een uitvloeisel hetzij uitsluitend van de praktijk, hetzij van
eene theorie als die van Porta, dat eene concave lens verkleint, eene convexe vergroot, doch het veld troebel maakt,
welke men destijds wel voor wetenschappelijk kon houden, doch
die eigenlijk niet veel meer is, dan wat de praktijk onmiddellijk
doet zien. En voor die praktijk bestond ook in de Nederlanden, speciaal in Zeeland, genoeg gelegenheid, niet alleen
om bij de slijperij of blazerij een kijker samen te stellen,
doch om in den krijg het groote nut van het instrument
te doen beseffen. Diezelfde oorlogstoestand, die bij den op-
komenden bloei der Geunieerde Gewesten in het laatst der
16de eeuw den stempel drukt op het wetenschappelijk streven
in de Nederlanden ([1]) en aan Simon Stevin, den leermeester
van prins Maurits, vooral gelegenheid zal verschaffen zijn genie
op praktisch gebied te doen blijken, deed niet alleen het nut van
het werktuig dadelijk op prijs stellen, maar belette ook, dat het
aan de vergetelheid werd prijs gegeven. //Hoc opus hic labor
est//, schrijft Leonard Digges bij de vermelding zijner plannen en
proefnemingen, ([2]) //wherein God sparing life and the time with
opportunitie serving, I minde to imparte with my countrie-
man some such secrets, as hath I suppose in this our age
beene revealed to very few, no lesse serving for the securitie
and defence of our naturall countrey than surely to be marvai-
led at of strangers// en was volgens zijn zoon ([3]) //joyning

---

([1]) Cf. o. a. D. J. Korteweg, *Het bloeitijdperk der wiskundige wetenschappen in de Nederlanden* pag. 5.

([2]) *Pantometria*, the Fyrst booke, Ch. 21.

([3]) *Stratiocos* pag. 359.

continual experience" aan de "rare invention of great artillerie",
die evenzeer door dien zoon later werd aangewend. En ook
de bekende NAPIER stelde in 1596 te boek eenige "Secrett
inventions, proffitable and necessary in theis dayes for defence of this Iland and withstanding of strangers, enemies
of Gods truth and religion", waaronder vooral die van verschillende o.a. parabolische brandspiegels en een onderzeesch
schip de aandacht trekken. (¹) Het is ook juist in de jaren 1590—
1604, dat onderscheidene krijgsbedrijven van prins MAURITS in
den omtrek van Zeeland plaats vinden (beleg van Geertruidenberg,
slag bij Nieuwpoort, beleg van Oostende), en het drukke verkeer, dat Middelburg in die dagen reeds had, door de con-
centratie van aanzienlijke scheeps- en troepenmachten in haren
omtrek werd bevorderd. Ons leger bestond voornamelijk uit
vreemdelingen; het is bekend, dat behalve Duitschers en Walen
zich daarin ook vele Italianen bevonden (²), die ook en wellicht
in nog grooter mate in het leger van den vijand voorkwamen.
Behalve eenige sporadisch voorkomende berichten omtrent hunne
aanwezigheid in Zeeland (³) is er eene aanteekening, die ons
inlicht hoe door Gecommitteerde Raden "sekere Italianen gezonden (worden) naer Calais" (⁴), en eene andere in de *Notulen*
van die Raden van 20 Augustus 1606 wijst er niet minder
op, dat het Italiaansche volk in Zeeland ruim vertegenwoor-
digd is:

"Alsoo dagelijcx verscheyden Italiaenen hier in de provincie
van Zeelandt van den vyandt overcommen, ende dat deselve
met den contrarie windt nyet en cunnen getransporteert worden,
tegenwoirdelijck een groote menichte by den anderen sijnde,
soo is in deliberatie gelegh, off men nyet en soude mogen
eenige ordre stellen en die steden aenschryven om te verhoeden
alle inconveniënten, dan is nyet goetgevonden yet daerinne
te doen."

(¹) *Philosophical Magazine* vol. XVIII (1804) pag. 53; N. L. W. A.
GRAVELAAR, *John Napier's Werken (Verhandelingen der Koninklijke Academie
van Wetenschappen te Amsterdam.* Eerste sectie. dl. VI n° 6 1899 pag. 8.)
(²) VAN METEREN, BOR, WAGENAAR enz. passim.
(³) *Notulen Gecommitteerde Raden* d.d. 10 Mei 1601.
(⁴) *Notulen Gecommitteerde Raden* d.d. 2 Maart 1604.

Zoowel door de glasfabriek als door de nabij zijnde legers bevonden zich dus destijds vele vreemdelingen, in het bijzonder Italianen, in Zeeland, eene omstandigheid, waarop in verband met de in het vorige hoofdstuk besproken en ook andere nog te bespreken feiten wel de aandacht mag gevestigd worden; welk eene belangrijke plaats bv. soldaten in de geschiedenis onzer uitvinding innemen, bleek reeds bij de vermelding van de wijze waarop GUALTEROTTI aan zijn instrument kwam, en ook later zullen we daarvan nog een voorbeeld ontmoeten. Middelburg was in die dagen door de tijdsomstandigheden eene verzamelplaats van uit vreemde rijken afkomstige personen, om welke redenen die dan ook hun land verlaten hadden; zij verhoogden de belangrijkheid van de Zeeuwsche hoofdstad als plaats van industrie, en, voor zoover niet reeds aanwezig, brachten zij daar nieuwe methoden en uitvindingen in hun vak over.

VI. SACHARIAS JANSSEN.

In de eerste plaats schijnt het gewenscht betreffende de
levensbijzonderheden van dezen man iets meer bijeen te brengen,
dan tot heden is geschied, om vervolgens, daarmede ge-
wapend, des te beter een onderzoek naar zijn aandeel in de
uitvinding der verrekijkers te kunnen doen.

Om allen twijfel omtrent de identiteit van dezen man weg
te nemen, zij vooraf opgemerkt, dat het ons bij het doorzoeken
van de lange lijsten van doop, trouw, overlijden en lidmaten
der Nederduitsche Hervormde kerk gebleken is, dat er te
Middelburg van circa 1600 tot 1632 slechts één volwassen
persoon van de Hervormde religie, die den naam van SACHARIAS
JANSSEN droeg, heeft geleefd. Meestal bevatten de betreffende
hem in archiefstukken gevonden aanteekeningen door vermelding der namen van bijkomende personen of van bijzonderheden in zich zelf reeds het bewijs, dat wij met den rechten
man te doen hebben; maar het zooeven genoemde feit, dat er te
Middelburg destijds slechts één SACHARIAS JANSSEN was, neemt
allen twijfel, ook daar waar er aanleiding voor zou bestaan,
geheel weg.

De gezant WILLEM BOREEL zegt ons in zijn brief aan PIERRE
BOREL (blz. 18), dat de vader van SACHARIAS JANSSEN de brillemaker HANS was, dat zijne moeder MARIA heette, en dat zij in
1591 op de Groenmarkt bij de Westersche Muntpoort woonden.
Een onderzoek naar deze personen heeft niet veel aan het
licht gebracht, zoodat hunne identiteit alleen bij zeer groote
waarschijnlijkheid is vast te stellen. Er is eene besliste aanwijzing in de huwelijksakte van de zuster van onzen held, SARA
JANSSEN, dat zij van Antwerpen afkomstig, dat wil zeggen: van

daar geboortig, is (¹), en uit hare verklaring, in 1655 voor den Middelburgschen magistraat afgelegd, blijkt, dat zij toen 72 jaar oud was. Hierdoor is het vermoeden gewettigd, dat de ouders omstreeks 1583 te Antwerpen hebben gewoond. (²) Niet lang daarna echter hebben Hans en Marie die stad verlaten. Onder den stroom van vluchtelingen, die zich in de jaren 1584 tot 1586 uit het buitenland te Middelburg vestigen, bevindt zich ook Hans Martens: hij neemt in 1586 als overgekomen van de gemeente te Antwerpen aan het 82ste nachtmaal deel; het lidmatenboek licht ons tevens in, dat hij hier zijn intrek neemt //in Schynen's huys//. (³) Tevergeefs zoekt men bij dit nachtmaal aan de zijde van Hans Martens eene vrouw Maria. Eerst later, den 14den Maart 1593, wordt tot lidmaat der Nederduitsche Hervormde gemeente te Middelburg aangenomen Maeyken, de weduwe van Hans Martens, die //woont tusschen de pylaren van de Nieuwe kercke//. (⁴) Tusschen de pilaren van de Nieuwe kerk, dat is de plaats, waar wij de familie Janssen telkens weer terugvinden. Het zijn deze personen, die we voor de ouders van Sacharias Janssen houden. Er is nog eene kleine bijzonderheid, welke die meening kan versterken. Toen Hans Martens te Middelburg kwam, vond hij een onderdak in het huis van Schynen, en er is reden om te vermoeden, dat dit huis ook op de Groenmarkt stond; want in eene akte van 13 Januari 1618 (⁵) wordt verbonden een huis, //soo tselve gestaen ende gelegen is op de Groene marct nevens de kercdure//, door Cathelyne Schijns, weduwe van Jan Borgerhuis. Deze Cathelyne kan de dochter

---

(¹) Bijlage 44.

(²) Wij vonden hierin aanleiding ons tot den Heer Archivaris van Antwerpen te wenden ten einde zoo mogelijk eenige bijzonderheden uit het doopboek omtrent de ouders van de daar geboren Sara Janssen te bekomen; het bleek echter, dat te Antwerpen geen doop-, trouw en begraafboeken van de Nederlandsche Hervormde Kerk uit de 16de eeuw zijn bewaard gebleven.

(³) Bijlage 21.

(⁴) Bijlage 23.

(⁵) Voorkomende in het *Register M van Nieuwe paey- en schuldbrieven* fol. 73 verso vlg.

geweest zijn van den man, die aan Hans Martens met zijne vrouw voorloopig huisvesting verleende.

Boreel heeft ons medegedeeld, dat Hans brilleman was; als zoodanig zullen wij ook zijn zoon Sacharias en zijn klein-zoon Johannes leeren kennen. Hans Martens stierf vermoe-delijk op even middelbaren leeftijd, het doodboek van Middel-burg vermeldt zijn naam op 11 December 1592. (¹) Van zijne komst te Middelburg in 1586 tot dit overlijden in 1592 houden de registers van de archieven betreffende dit echtpaar niets meer in, en na dien tijd wordt Maeycken Meertens nog éénmaal vermeld, wanneer zij op 19 October 1610 aan haar zoon Sacharias toe-stemming tot een huwelijk geeft. (²) De datum van haar overlijden is niet te constateeren, omdat in de doodboeken de naam van Maeyken Martens of Meertens meermalen voorkomt. Waar-schijnlijk valt haar sterven vóór 1622, toen de eigendom van het huis op de Groenmarkt op hare kinderen was overge-gaan. (³) Daar de vrouw van Hans Martens op betrekkelijk jongen leeftijd weduwe werd, mocht niet geheel zonder hoop in de trouwboeken naar een tweede huwelijk van haar gezocht worden; die nasporingen zijn echter vruchteloos geweest, wat weer overeenstemt met de omstandigheid, dat de predikant bij het huwelijk van Sacharias haar Maeyken Meertens noemt, dus met den achternaam van haar overleden man aanduidt.

Op dezen laatste moet nog even teruggekomen worden. Hans, Sacharias en Johannes waren brillemakers, en van de beide laatsten weten we, dat zij tevens kramers waren (⁴); dat zullen Hans Martens met zijne vrouw ook geweest zijn, en als zoodanig zullen zij van tijd tot tijd Middelburg hebben verlaten om hunne waren elders op jaarmarkten e. d. te verkoopen. In deze omstan-digheid kan men althans de verklaring vinden van het feit, dat Sacharias Janssen te 's-Gravenhage werd geboren. (⁵) Uit het

---

(¹) Bijlage 22.

(²) Bijlage 25.

(³) Bijlage 34—36.

(⁴) Bijlagen 27 en 49.

(⁵) Bijlagen 25 en 42. — Ook van deze gemeente is het doopboek, dat ons omtrent het geboortejaar en de namen zijner ouders zou kunnen inlichten, helaas niet meer voorhanden.

vorenstaande is nu zijn geboortejaar vrij nauwkeurig te bepalen : het moet op 1588 gesteld worden ; hij kan dus zeer goed de speelmakker van WILLEM BOREEL geweest zijn, die in 1591 werd geboren. SACHARIAS' huwelijk met CATHARINA DE HAENE, eene jonge dochter van Middelburg, valt op 6 November 1610 (¹), dus toen hij ongeveer 22 jaar oud was. Den 25 September 1611 werd hem een zoon geboren, de door zijne verklaringen voor het gerecht van Middelburg omtrent de uitvinding der verre-kijkers door zijn vader bekend geworden JOHANNES. (²) Tot lid der Nederduitsche Hervormde gemeente te Middelburg werd SACHARIAS JANSSEN 14 December 1614 aangenomen (³), en 16 October 1624 overleed zijne vrouw. (⁴) Slechts één jaar lang treurde hij over dit verlies, daar 9 November 1625 de plaats van CATHARINA DE HAENE wordt ingenomen door ANNA COUGET van Antwerpen. (⁵) In de Middelburgsche archieven wordt SACHARIAS JANSSEN het laatst vermeld op 26 Maart 1627 (⁶); na dezen datum is te Middelburg geen enkel spoor meer van den merkwaardigen man gevonden. (⁷) Vast staat

---

(¹) Bijlage 25.

(²) Bijlage 26.

(³) Bijlage 28.

(⁴) Bijlage 40.

(⁵) Bijlage 42.

(⁶) Bijlage 48.

(⁷) Wel komt de naam in het *Register van kleene daginge of uytban* op 28 Maart 1628 nog eenmaal voor; doch ik geloof, niet, dat daarmede onze held wordt bedoeld. De daar genoemde persoon woont te Rotterdam en eischt betaling van een oxhoofd anijswater, dat hij aan eene Middel-burgsche vrouw heeft geleverd. [Anijswater is een drank, bestaande uit brandewijn, op anijszaad getrokken, voorheen veel in gebruik, maar later vervangen door de meer kunstmatig toebereide gedestilleerde anijslikeur of anisette. „Anijswater wort somtijts genoemt den ge-branden wijn, daer het Anijssaet eenen tijt lanck in te weycke ghestaen heeft, ende dat wort van veelen smergens gebruyct tegen de gebreken, die van couwe comen mogen", DODON. 518ᵃ (zie DE VRIES en KLUYVER, *Woordenboek der Nederlandsche taal*, 2ᵉ dl., 1ᵉ st., kol. 486.)] Blijkens be-komen inlichting van den archivaris van Rotterdam heeft omstreeks denzelfden tijd een apotheker daar gewoond, genaamd „SARAACH JANSSE", in wien we wel den leverancier van het geneesmiddel meenen gevonden te hebben, maar niet den brilleman JANSSEN.

evenwel, dat hij vóór 17 April 1632 is overleden : afdoende blijkt dit uit de huwelijksakte van zijn zoon JOHANNES, waarin uitdrukkelijk wordt gezegd, *dat de bruidegom geen ouders noch vooghden en heeft*. (¹) De juiste tijd en plaats van zijn overlijden zijn intusschen niet bekend geworden. In het begin van 1627 werd een huis van hem voor schuld verkocht (²), en hoewel we mogen aannemen, dat hij toen nog leefde, omdat er in de akten gesproken wordt van den brillemaker SACHARIAS JANSSEN en niet van wijlen SACHARIAS JANSSEN, is het toch onzeker, of hij toen nog wel in Middelburg vertoefde. Dáár althans is hij niet gestorven, want ook van 1626 tot 1632 vermelden de doodboeken van Middelburg zijn naam niet. In verband met de omstandigheid, dat SACHARIAS JANSSEN in de verschillende registers steeds van zich doet spreken en in het bijzonder in den laatsten tijd van zijn verblijf te Middelburg in de rechterlijke archieven vermeldt wordt, mogen we dus wel besluiten, dat hij reeds omstreeks 1627 deze stad heeft verlaten om zijn leven te eindigen in den vreemde, zooals het ook begonnen was, wellicht op een van die vele zwerftochten. waaraan het zoo rijk geweest moet zijn. Hij werd dus nauwelijks 40 jaren oud.

Vergissen wij ons niet, dan verloor SACHARIAS zijn vader reeds in zijn vijfde levensjaar, toen zijne zuster, SARA JANSSEN, negen of tien jaren oud zal geweest zijn. Om in het onderhoud van haar zelf en deze beide kinderen te voorzien, kunnen wij ons niet anders voorstellen, dan dat de weduwe van HANS MARTENS het bedrijf van haar man voortzette, wellicht met behulp van den brille-

---

(¹) Bijlage 50. — In verschillende geschriften kan men vermeld vinden, dat SACHARIAS JANSSEN 4 Februari 1642 op het Bagijnhof te Middelburg werd begraven, aan welk bericht de heer FREDERIKS zelfs verschillende beschouwingen omtrent SACHARIAS en de uitvinding van den verrekijker weet vast te knoopen. Er is evenwel op dien datum geen persoon van dien naam begraven. Onder de dooden van dien dag komt wel voor SAERKEN JANS, en ik vermoed, dat die naam tot de misstelling heeft aanleiding gegeven, maar SAERKEN JANS is een vrouwennaam, zooals er zoovelen in die doodenlijsten voorkomen, en niet gelijk aan SACHARIAS JANSSEN.

(²) Bijlage 48.

maker LOWYS LOWYSSEN, van wiens kinderen SACHARIAS
JANSSEN, "goede bekende", 20 Mei 1615 voogd wordt. (¹)
Hij zal dus wel niet veel schoolonderwijs hebben ontvangen,
veel minder gelegenheid tot wetenschappelijk onderzoek, maar
reeds spoedig de hand aan den ploeg moeten slaan. Het brillen-
slijpen, mag men aannemen, leerde hij van "goede bekende",
om weldra in de plaats van zijn vader te treden. Met zijn
huwelijk in 1610 verwisselde hij het moederlijk huis op de Groenmarkt voor eene eigene woning op het Koorkerkhof. (²) De beker
was hem niet onwelkom, ook wanneer zijne beurs de uitgaven er
voor niet toeliet; driemalen wordt tegen hem een eisch ingesteld
tot betaling van verteerde gelagen, en wel tot de niet onbedui-
dende sommen van ongeveer 17, 26 en 45 gulden. (³)
Ook met zijne andere crediteuren neemt hij het niet te nauw.
Behalve van de helft van het huis op de Groenmarkt heeft
hij ook een eigendom in de Schuitvlotstraat, een en ander
bezwaard met hypotheken, waarvan de rente niet getrouw
betaald wordt. (⁴)

Dat SACHARIAS JANSSEN bij het herhaaldelijk reizen en
trekken in verschillende streken, zoowel in het binnen- als
buitenland, gelegenheid te over heeft om de wereld te leeren
kennen, spreekt van zelf. Aan schranderheid van geest heeft het
hem evenmin ontbroken als aan physieke krachten. SACHARIAS
was bovenal een kind van zijn tijd, die zich kenmerkt door
een ondernemingsgeest, waarop we met bewondering terugzien.
Hij was in de eerste plaats koopman, zij het dan ook al in
het klein, met name in brillen, laken, baaien, carsaaien,
tabak, Neurenburgerijen enz. Maar verder weet hij ook uit
alles, waarvan hij kennis krijgt, partij te trekken of munt te
slaan, ook in letterlijken zin. De werkzaamheden in de munt
van Zeeland hebben reeds op jeugdigen leeftijd zijne gedachten
beziggehouden; later als reizend koopman heeft hij ruimschoots
gelegenheid kennis te nemen, hoe op groote schaal vreemd

(¹) Bijlage 29.
(²) Bijlage 28.
(³) Bijlagen 33, 41, 46.
(⁴) Bijlagen 30, 32, 34, 35, 36, 37, 38, 39, 43, 45, 47 en 48.

geld wordt nagemaakt, en hoe gemakkelijk het is met behulp van agenten in het buitenland die waar te quiteeren. ([1]) Wat SACHARIAS JANSSEN aan geoefendheid in dat werk nog mocht ontbroken hebben, kan hij van JACOB GOEDAERT, die munter van Zeeland was ([2]) en vermoedelijk ook zijn zwager, geleerd hebben. Zoo slim was echter SACHARIAS JANSSEN toch niet, dat hij uit de handen van het gerecht bleef, althans in 1613 nog niet. Dit blijkt uit het onderstaande:

> Uittreksel uit het *Register ter Vierschaar 1605—1619*, behoorende tot het rechterlijk archief van Middelburg.

Den XXII[en] April XVI[c] XIII[e].
Present tcollege van wette.

Burgemeesters ende schepenen, gehoort de aenspraeke van d'heer baillu ter vierschare gedaen op ende jegens SACHARIAS JANSSEN, gedaechde, ende desselffs ZACHARIAS defentie daerjegens gehoort ende op alles gelet, condemneert den gedaechden in de boete van vierhondert Carolusgulden, ter oorsaeke hy hem vervordert ([3]) heeft ende bevonden is jegens de placaeten, by de Heeren Staeten-Generael gemaeckt, vervordert heeft (*sic*) quaertilles te maeken, interdiceerende denselven sulxs niet meer te doen op peine van breeder correctie.

([1]) Uit dit soort van handel werden in de Nederlanden enorme voordeelen getrokken. „S'il y a — zegt een tijdgenoot — quelqu' une chose qui soit préjudiciable à ce Royaume, c'est le billonnage qu'ils y exercent. Car par ce moyen ils tirent tout nostre argent pour l'envoyer en Flandres; et qui diroit que c'est leur principal trafic, ne s'esloigneroit guère de la verité.... Ils nous baillent de la fausse monnoye pour de la bonne. Je l'appelle fausse monnoye en tant qu'elle est altérée d'une sixième part pour le moins.... Ce n'est pas tout, on en a surpris des balots pleins en Champagne, les casses à Nevers; on en a arresté de grandes sommes à Caudebec.... Depuis quelques années, les Hollandois nous monstrent combien ils sont habiles en ce negoce.... Il y a en Espagne une monnoye de cuivre qui s'appelle oxave, c'est un huictain; on en a plusieurs fois arresté à Rouen des bariques pleines que l'on y transportait...." (zie PAUL FREDERICQ, *Antoine de Montchrétien comme source de l'histoire économique des Pays-Bas au commencement du XVIIe siècle* (*Bulletins de l'Academie royale de Belgique, classe des lettres* etc. no 4 [Avril] 1905 pag. 259 e. v.)

([2]) Bijlage 24.

([3]) Het HS. heeft „overvordert".

Bij plakkaten van Hunne Hoog Mogenden van 21 Maart 1606 en 6 Juli 1610 (¹) was het namaken van vreemde munt en het maken van valsch geld gelijkelijk verboden en met dezelfde straf, den dood en confisiatie van goederen, bedreigd. Het ligt niet op onzen weg te onderzoeken, waarom deze overtreder van het verbod er dan wel heelhuids is afgekomen; maar het staat vast, dat deze boete van 400 gulden hem in dit opzicht niet heeft verbeterd. Voorloopig keert hij wel tot de brillezaak terug, maar JANSSEN is niet uit het veld geslagen. In 1618 rijzen weer dezelfde plannen bij hem op; in het najaar wordt bepaald een klein gezelschap gevormd, waarvan SACHARIAS JANSSEN de ziel en de baljuw van Arnemuiden de patroon of beschermheer zal zijn. Niet te Middelburg, waar de magistraat hem had geïnterdiceerd „sulxs niet meer te doen op peine van breeder correctie", zal de zaak ondernomen worden, maar aan het naburige Arnemuiden geeft SACHARIAS JANSSEN nu de voorkeur. Hij vestigt zich aldaar in de Langstraat in de Busse, Bosse of Dubbele Bosse. (²) Al heel spoedig na zijne komst daar ter plaatse ligt SACHARIAS overhoop met den magistraat; de reeks van processen, waarin hij daar zal ge- wikkeld worden, wordt met het volgende geopend:

(¹) *Groot placaetboek I kolom 2668.*

(²) Bijlage 31. — De naam van het woonhuis zou kunnen doen denken aan eene buis of verrekijker, vooral die van Dubbele Bosse, welke herinnert aan den binoculus, welken, naar we zullen zien, de Staten- Generaal aan LIPPERHEY hebben opgedragen te maken. Blijkens het Middelnederlandsch woordenboek van VERWIJS en VERDAM komt het woord „Busse" echter in dien zin niet voor. Dat JANSSEN niet met het oog op zijn vak dit huis dien naam heeft kunnen geven, blijkt wel verder hieruit: 1° is het hoogstwaarschijnlijk zijn eigen huis niet ge- weest; van een transport bij zijne komst of na zijn vertrek uit Arne- muiden is nl. niets te vinden; 2° reeds in een kohier van de huizen te Arnemuiden, als bijlage berustende bij eene rekening van den 100sten penning in Walcheren over 1580, dus lang vóórdat SACHARIAS JANSSEN geboren werd, komt in de Lange strate een huis voor, genaamd „De Bussghe"; en 3° wordt in eene akte van overdracht van een huis in de Langstraat te Arnemuiden d.d. 20 September 1631, d.i. 12 jaren na JANSSEN's verblijf aldaar, de „Dubbele Busse" genoemd als een van de aangrenzende panden van een overgedragen wordend huis. Dat De Busse en De Dubbele Busse hetzelfde pand is, zal van zelf blijken.

Uittreksel uit de *Gerechtsrol van 1613—1623*, behoorende tot het rechterlijk archief van Arnemuiden.

Op den VIII^{en} December 1618, present enz,

Burchmeesters ende schepenen renvoyeren parthyen by den anderen in presentie van de heeren JOCHEM TRENTE ende LENAERT TEERLINCK, schepenen, ende armmeesters daerover gevoucht wordende mits desen, alles op hope van accorde, ende by faulte van accorde wort geordonneert, dat de gedaechde ten naesten rechtdaghe selffs ende personelijck in juditio sal compareren.

Dheer bailliu CHRISTOFFEL SPIERINCK, heesschere, contra SACHARIAS JANSSEN, gedaechde, omme gecondemneert te worden in openbaere vierschaere te verclaeren qualijck gedaen ende de burchmeester in sijn ampt geoffenseert te hebben, ende daerover Godt ende justitie metten blooten hooffde om verge(ve)nisse te bidden ende in juditio te beloven hem voortan van sulcx (¹) meer te doen te sullen vermyden, op pene van swaerde(r) correctie, ende bovendyen gecondemneert te worden tot proffyte van de graeffelicheyt in de pecuniële amende van vijff ponden Vls. ende tot behouff van de armen deser stadt in sulcken som(m)e als Uwe Eer. by discretie sullen bevinden te behooren, mitsgaders in de rechterlijcke costen.

Het akkoord, waartoe de vierschaar JANSSEN aanspoort, is blijkbaar getroffen, althans van deze zaak vermeldt de gerechtsrol verder niets meer. JANSSEN gaat nu met zijne helpers ongeveer een half jaar met het aangevangen werk rustig voort, waarbij de baljuw CHRISTOFFEL SPIERINCK heen en weer wordt geslingerd tusschen zijne eigene, aan de zaak van JANSSEN verbondene, belangen, en de plichten, die hem door zijn ambt en de bevelen zijner superieuren worden opgelegd. De onderneming van SACHARIAS JANSSEN geeft in Arnemuiden

---

(¹) Het HS. heeft: „sulch".

stof tot allerlei praatjes; dit bevalt hem maar half, hij wordt ontstemd en prikkelbaar, en het gevolg is, dat hij onbedacht en ruw begint op te treden:

> Uittreksel uit de *Gerechtsrol van 1613—1623*, behoorende tot het rechterlijk archief van Arnemuiden.

Op den XI^{en} Juny 1619, present enz.

Burchmeesters ende schepenen renvoyeren parthyen by den anderen ende voor goede mannen, alles op hope van accorde.

JAN VERSIJN, heesschere, contra SACHARIAS JANSSEN, gedaechde, omme gecondemneert te worden in de somme van II £ gr. Vls., over tgene den heesschere voor meesterloon moet betaelen van de quetsure, die de gedaechde hem gegeven heeft, mitsgaders gecondemneert den heesschere te betaelen sijn versuuymde dachgelden jegens vijfftieu stuyvers sdaechs, gelijck den heesschere heeft moghen winnen, te rekenen van de quetsure als tote datelijckc genesinge toe, mette costen.

De scheidsrechters, welke burgemeesters en schepenen benoemd willen zien, hebben de zaak tusschen partyen nog niet zoo spoedig kunnen beëindigen; elf dagen later dient zij opnieuw.

Burchmeesters ende schepenen ordonneren, dat het gewijsde volcomen sal worden tusschen dit ende Dysendach, op pene van recht gedaen te worden.

JAN VERSIJN, heesschere, contra SACHARIAS JANSSEN, gedaechde, omme also hy in weygeringhe is te volcomen het gewijsde van Uwe Eer: van date den . . . .

Intusschen hebben er tusschen 11 en 22 Juni 1619 belangrijke dingen voor JANSSEN plaats gegrepen. Hetzij dat burgemeesters en schepenen uit eigene beweging de verdere werkzaamheden van JANSSEN en zijne medehelpers hebben willen beletten , hetzij dat onze man zich zulke groote vijanden heeft gemaakt, die zijne zaak bekend maken, het is zeker, dat er den 15^{den} Juni 1619 verschillende getuigen door den magistraat worden gehoord, wier verklaringen belangrijk genoeg schijnen om ze hier te laten volgen:

> Bundel stukken, behoorende tot de *Bijlagen van de Notulen van Staten en Raden van Zeeland*, berustende in het Rijksarchief-depôt in Zeeland.

I.   Op den XV^{en} Juny XVI^c negenthiene present Merten Adriaenssen, mr. Ingel de Bruyne, burchmeesters, Jochem Trente, Vincent van Onderdonck, Willem Michielssen, Claes Zael de jonge, Adriaen Bakelant, Carstiaen Cornelissen, Jan Sonnius, schepenen der stadt Arnemuyden in Zeellant.

Seger Dirrioxssen, coster ende innewonende burger deser stadt, oudt XXI jaeren ofte daerontrent, compareerde voor burchmeesters ende schepenen bovengenoemt, ende alvooren gedaen hebbende den eedt in behoorlijcke forme van rechte, heeft op zyne eedt, des gevraecht zijnde, getuycht ende ver-claert, tuychde ende verclaerde mits desen warachtich te wesen, dat hy deponent geleden drie weecken ofte daerontrent, den juisten dach ombegrepen, hy deponent gegaan is ten huysse van Sacharias Janssen, genaemt De Dobbelle Bosse, staende binnen desen stadt in de Langhe strate, om sekere schoenen, daer thuys hoorende, die hy deponent gelapt hadde, thuys te bringhen, ende binnen geroupen ende gecommen wesende in de groote neercamer aldaer, gevonden ende gesien heeft Isack de Haen, de broeder van de huysvrouwe van den voornoemden Sacharias Janssen, Daniël Lota, smit, ende heeft hy comparant daer sien staen een groene turffmande met Spaensche quarten, daervan hy deponent een crygende, met hem genomen, ende op date dese aen de magistraet boven-genoemt overgelevert heeft; verclaert voorts hy deponent, dat den vernoemden Isack de Haen, met hem deponent pratende, onder andere seyde: »Daer wort van ons veel geseyt, geclapt ende gesnapt, maer daer en is niet van; sulcken gelt maecken wy", wysende op de quarten, daervan hem deponent een gegeven was. Affirmeert voorts hy deponent verscheyden maal gesien te hebben, dat dheer bailliu Christoffel Spierinck, ende oock zijn broeder Jacob Spierinck,

ten huysse van den voornoemden SACHARIAS in- ende uuyt-
ginghen. Eyndighende hiermede.

Uit het bovenstaande blijkt al dadelijk, dat het gezelschap
zijn bedrijf volstrekt niet onder stoelen en banken steekt:
wanneer iemand toevallig bij hen komt, krijgt hij als vriend-
schappelijk aandenken een van de vervaardigde munten,
waarvan er eene volle mand in de kamer staat, mede naar huis.
Waarschijnlijk geschiedde dit om den bezoekers te laten zien
wat men eigenlijk maakte, waarop ook het gezegde van ISACK
DE HAEN doelt; er liepen blijkbaar te Arnemuiden allerlei
geruchten, zoo al niet, dat door SACHARIAS JANSSEN Zeeuwsch
of Hollandsch geld werd geslagen, dan toch zeker, dat hij
ook gouden en zilveren munt sloeg, terwijl er alleen koperen
vervaardigd werd.

Er komen evenwel nog meer getuigen voor burgemeesters
en schepenen :

II.   Eodem presentibus ijsdem.

JAN AUGUSTIJNSSEN TEERLINCK, backer ende innewonende
burgher deser stadt, oudt XXXIII jaeren ofte daerontrent,
dewelcke int collegie van burchmeesters ende schepenen voornoemt
compareerde, heeft op den eedt, by hem gedaan in gewonelijcke
forme van rechte, getuycht ende verclaert, tuychde ende verclaerde mits desen warachtich te zyne, dat hy deponent
dickwils ende veel gehoort hebbende, dat men ten huysse van
SACHARIAS JANSSEN in De Dobbele Bosse binnen desen stadt
in de Lange strate besich was met eenige munte te slaen ofte
schrouven, belust is geworden om dat te sien, ende dat hy
nu geleden veerthien daghen ofte bet gegaen is ten huysse
van den voornoemden SACHARIAS JANSSEN boven op de achter-
camer, alwaer hy gevonden heeft PIETER AERTSSEN ende
DANIËL LOTA, die samen besich waeren met quarten te schrouven ofte drayen, ende verclaert hy comparant, datter vijff-,
ses- off seventwintigh ofte meer seffens uuyte scrouve ofte perse
quam, ende datter het cooper lanckwerp ende by reepen
daerinne gesteken werde, ende dan omgedrayt werdende, quamen
de quaerten daeruuyt. Ende, alzoo dat waeren van de cleene quarten,
seyde hy deponent: "Nu soude ick oock wel willen sien,
hoe dat de groote gemaeckt worden." Ende commende
int achterhuysken, daer men de groote vrochte, sach, dat het op
één maniere ende met gelijcke instrumenten toeginck; maer door-

dyen het instrument gebroecken was, en sach daermede nyet werken. Secht mede hy deponent gesieu te hebben, datter DANIËL
LOTA eenige van voorschreven quarten ront maeckte met seker
instrument, dat hy gheen naem geven can. Gevracht sijnde,
off hy noyt den voornoemden SACHARIAS ofte yemant anders
hooren seggeu heeft, dat de bailliu daervan eenige contributie
treckt, verclaert uyemant dat absoluyt hooren seggen heeft,
ende dat de voornoemde DANIËL LOTA, des gevraecht sijnde,
verclaert heeft daeraff nyet te weten; maer hy deponent verclaert onlancx geleden jegens SACHARIAS geseyt te hebben:
„Wel, hoe gaet dit toe, ick en can niet gelooven,
off den bailliu moet hieraff sijn proffijt hebben,
dat hy dat soo met goeden ooghen aensiet." Daerop
heeft de voornoemde SACHARIAS geantwoort: „Men moet niet
al seggen, dat men weet; ick hebbe den bruy van
den bailliu." Verclaert voorts hy deponent, dat hy den
voornoemdeu SACHARIAS hooren seggen heeft: „Soeder ye-
maut van de magistraet waere, al waert de burchmeesters selver, die de conste soude willen comen
sien, ick sal gedooghen, ende henlieden noch de
wijn schyncken", maer moesten maer met een ofte twee
seffens comen. Heeft voorts den voornoemden deponent verclaert,
dat hy noyt eenige andere munte ten voorschreven huysse sien
slaen, perssen, druicken ofte maecken heeft, ende dat hy
deponent wel jegens SACHARIAS geseyt heeft: „Men secht,
dat ghy al silver ende gout slaet", daarop SACHARIAS
voor antwoorde gaff: „Ik hebbet noyt gedocht noch
gedroompt", daerop hy deponent repliceerde: „Ghy hebt
evenwel die naem." Eyndigende.

We zien iu de eerste plaats uit deze verklaring, welk een
vernuftig werktuigkundige SACHARIAS JANSSEN is geweest, en
hoe goed hij zijne oogen gedurende zijn verblijf te Middelburg bij de Munt, den kost heeft gegeven, om een vrij
ingewikkeld werktuig zelf na te maken: eene pers, waarin
de recpeu metaal aan de eene zijde worden gestoken om
er bij 25 à 30 tegelijk aan den anderen kant als munt uit
te komen, zou zelfs in onzen tijd den vervaardiger eer aan-
doen en een munter een benijdenswaardig bezit toeschijnen. In de
tweede plaats blijkt ook uit de verklaring, welk een schrander
persoon SACHARIAS moet geweest zijn; hij schijnt zich eene vaste
meening gevormd te hebben, hoever hij met zijne onderneming

wel gaan kon zonder in ernstig conflikt met de justitie te komen. Ieder, die *belust* is om te zien, hoe het werk verricht wordt, krijgt terstond de geheele machinerie te aanschouwen, en de uitnoodiging aan de burgemeesters zelf om de kunst eens .te komen zien, die alleen te verklaren is van iemand, die zich buiten het bereik van het gerecht waant òf door de onzekerheid, die er destijds op dit punt bestond, òf door het bezit van de bescherming van machtige personen, heeft veel van eene uittarting weg.

Voor burgemeesters en schepenen komt nu nog een derde en laatste getuige:

III.

CORNELIS AERTSSEN, innewoonende burger deser stadt, oudt XXIIII jaeren ofte daerontrent, compareerende voor burch-meesters ende schepen(en) bovengenoemt, heeft op den eedt, by hem gedaen naer rechts behooren, getuycht ende verclaert, tuychde ende verclaerde mits desen, des gevraecht sijnde, wel te weten, dat men ten huysse van SACHARIAS JANSSEN in De Dobbele Bosse, gestaen binnen desen stadt in de Lange strate, maeckt, schroeft ofte perst Spaensche quartillen, ghe-vende voor redenen van wetenschap, boven de gemeene roup ende dagelijckxe spraecke, dat hy selver, geleden drie weecken ofte wat bet, daer mede inne gevrocht ende de voorschreven quarten helpen maecken ende sdaechs eene gulden ende de cost verdient heeft. Ghevraecht sijnde, offer eenighe andere silvere ofte goude munte geslaghen ofte geperst wort, affirmeert daeraff nyet ter weerelt gehoort noch gesien te hebben ende vastelijck te weten, dat hy wyser is dan sulcx te doene, alzoo hy deponent wel weet, dat SACHARIAS secht, *sulcx gansch ongeoorlooft te zyne, ende dat sulcke munters, betrapt sijnde, in de olie gesoden worden*. Gevraecht sijnde hy deponent, off hy nyet en weet, off de voorschreven SACHARIAS van yemant, daertoe ge-qualificeert, consent heeft om de voorschreven quarten te moghen slaen ofte schrouven, secht daeraff gans gheen kennisse te hebben, noch oock uyet te weten, dat dheer bailliu daertoe consent geeft, ofte tselve toelaet, ofte daer-vooren eenich gelt treckt, maer verclaert dikwils gesien te hebben, dat de bailliu met SACHARIAS JANSSEN soo achter op de wal als elders gesproecken heeft, sonder te weten, wat pro-posten sylieden samen hadden. Eyndighende etc.

129

Het ernstig onderzoek, dat de magistraat van Arnemuiden naar de bezigheden van SACHARIAS instelt, schijnt hem nu te ontstemmen en te prikkelen tot een brutaler optreden, waardoor de baljuw wederom in de voor hem zeker harde noodzakelijkheid komt eenige straf tegen hem te eischen.

Uittreksel uit de *Gerechtsrol van 1613—1623,* behoorende tot het rechterlijk archief van Arnemuiden.

Op den XXII^{en} Juny 1619, present enz.

. . . .

Burchmeesters ende schepenen ordonneren nog een wete op pene van recht gedaen te worden.

Dheer bailliu nomine officii, heesschere, contra SACHARIAS JANSSEN, gedaechde, omme gecondemneert te worden in de boete van vijfftich gulden, ter cause hy den heesschere nomine officii mitsgaders de geheele magistraet gevilipendeert ende met veel ongelande ende ongeschicte calumniën op de straete ten aanhooren van eenige getuygen geïnjurieert heeft, mette costen.

Den 25sten Juni 1619 wordt door burgemeesters en schepenen eene beslissing aangaande het door JANSSEN begane muntmisdrijf genomen. De baljuw, die tot heden in het geheel geen ijver heeft betoond om JANSSEN in zijn bedrijf iets in den weg te leggen, wordt nu gelast in deze zaak op te treden en JANSSEN met zijn zwager in arrest te stellen:

Bundel stukken als blz. 125.

Op den XXV^{en} Juny 1619 present MERTEN ADRIAENSSEN, mr. INGEL DE BRUYNE, burchmeesters, JOCHEM TRENTE, VINCENT VAN ONDERDONCK, WILLEM MICHIELSSEN, ADRIAEN BAECKELANT, CARSTIAEN CORNELISSEN, JAN SONNIUS, schepenen, WOUTER NACHTEGAEL, BOUDEWIJN VAN DER GHOES, NATHANIËL VAN HEUSSEN, WOUTER MERTENSSEN, raiden.

9

Alzoo die van het collegie van Wet ende Raet int
sekere onderrecht sijn, ende dat henlieden suffisantelijck gebleken is, dat SACHARIAS JANSSEN in De Dobbele Bosse
Spaensche quarten geslaghen, geperst ofte geschrouft heeft,
ofte noch slaet, perst ende schrouft, ende dat dheer bailliu
deser stadt CHRISTOFFEL SPIERINCK, tselve voor desen aangeseyt
ende belast zijnde sulcx te willen beletten, verscheyde mael
daerop geantwoort heeft, sulcx nyet te connen attrapperen,
ende voorts aent collegie van wette verclaert heeft, daertoe
gheen consent gegeven noch daervan gheenderley contributie
getrocken te hebben noch te trecken; ende dat effter daermede
de magistraet, de stadt en inwoonders van dyen by hooghe
ende leege geblammeert ende seer achterweghe gedraghen, jae
gesuspecteert werden, datter noch andere munte van gout
ende silver geslaghen ofte geperst soude moghen werden, omme
waerinne behoorlijck te versien, burchmeesters, schepenen
ende raiden den voornoemden bailliu belast ende geauthoriseert
hebben, belasten ende anthoriseren specialijck midts desen
om den voornoemden SACHARIAS JANSSEN ende sijn swager
ISACK DE HAEN datelijck in apprehensie te stellen, om daernaer
jegens henlieden geprocedeert te worden sulcx als de merite
van de saecke sal medebringhen. Ende soo dheer bailliu sulcx
niet datelijck te werck stelt, sal daerinne voorsien ende gedaen
worden volgende de resolutie, daerop by Wet ende Raet
genomen, dheer bailliu by desen waerschouwende, soeder eenige
swaricheyt hem daerover bejegent, dat hy dat sal moeten
sich selffs imputeren.

My present,
(get.)   P. CANNOYE.

Men zou echter met een minder geroutineerden man te
maken moeten hebben om te veronderstellen, dat JANSSEN de
komst van den baljuw om hem in arrest te stellen, afwacht.
Door dezen omtrent de bovenstaande opdracht waarschijnlijk
ingelicht, heeft SACHARIAS gelegenheid gevonden niet alleen
om zelf Arnemuiden te verlaten, maar ook om al zijne have en
goed, misschien zelfs wel zijne vernuftige persen, op een wagen
of schip te laden en alles in veiligheid te brengen. Ook de
baljuw is eenigen tijd door voorgewende ziekte of afwezigheid
buiten functie.

Door dezen gang van zaken komt de magistraat eenigszins
in verlegenheid, die zeker niet minder wordt, als de lands-

regeering te Middelburg zich met de zaak gaat bemoeien.

Uittreksel uit de *Notulen van Gecommitteerde Raden van Zeeland.*

Den 9 July 1619.

. . . .

De Heeren DE HUBERT, HUYSSEN, raden, ende DE JONGE, pensionaris, sijn by den Rade gecommitteert omme haer te vervoeghen naer Arnemuyden ende uutte magistraet aldaer te verstaen de gelegentheyt van seeckere saecke, den Rade ter kennisse gecommen, oft ende wat daerinne van wegen de magistraet is gedaen, ende oft misschien deselve magistraet niets daerinne hadde gedaen, te verstaen de redene, waeromme zulcx niet en is geschiet, ende ten versoecke van deselve ordre daerinne te stellen als Haere E. bevinden sullen in de saecke te behooren by provisie tot weyri(n)ge (van) voorder disordre, ende voorts van de saecke rapport te doen, twelck gehoort, men sal dispiciëren, wat wyders in de saecke dient gedaen.

Het rapport wordt door de afgevaardigden twee dagen later uitgebracht en bevindt zich ook in den vroeger vermelden bundel stukken: (¹)

Presentibus omnibus.

Den XI July Donderdach.

De Heeren HUBERT, HUYSSEN, DE JONGHE rapporteren uutte magistraet verstaen te hebben, dat sy eenichsins waren geïnformeert, dat ten huysse van N. werde geslaghen copere munte, derhalven hadden vermaent de bailliu, doch dat nyets daerop was gevolght. Exhibeerden copie van de acte, by dewelcke den bailliu was gelast daerop te informeeren, by faute van welck devoir de reghierders van Armude selve hadden genomen informatie, hyernevens geëxhibeert. (²) Waerop ontboden sijnde in die vergaderinghe van de reghierders aldaer present, de magistraet heeft excuse genomen, dat hy gheen dyenaer en hadde, en dat oock de man vluchtich is en de instrumenten verduystert.

(¹) Dit stuk bevat tevens enkele andere minuteele aanteekeningen, blijkbaar van Gecommitteerde Raden van Zeeland, die geene betrekking hebben op de zaak van SACHARIAS JANSSEN en dus niet zijn overgenomen.

(²) Zie hiervoor blz. 129—130 en de stukken I—III (blz. 125—128).

Is by aengevinghe van N* ondervonden, dat ghister was een tonneken uutten huyse van den ouden SPYERINCK vervoert na Middelburch op sekere waghen, thoonende de magistraet sich allenthalven geneghen, ten fine de sake moste werden geremedieert, dan dat als de bailliu absent is, hy dan een substitut stelt, die them belyeft, ofte als hy sijn devoir nyet en doet, dat alsdan gewone sijn te versoecken ordre van Syne Excellentie, sonder dat de burchmeester oft yemant uut (den) magistraet sich yets des voorschreven ampts onderwindet sonder commissie van Syne Excellentie, sulx Haere E. den 10^{en} July Woensdach hebben verclaert in de Rade van Zeeland.

Is daerop. goetgevonden te ontdecken den voerman, die dat tonneken heeft gebracht tot Middelburch, waarop is last gegeven aen d'heer bailliu PALME hem te informeeren.

Den XI^{en} July.

De pensionaris rapporteert, dat het tonneken is uutten huyse van N. gebracht tot Middelburch onder de crane, alwaer het apparent was ingenomen te worden by een schip, varende op Amsterdam, weghende tselve tonneken ontrent sooveel als twee mans connen verjorren.

De onderneming van JANSSEN te Arnemuiden moet dus wel van grooten omvang zijn geweest, wanneer het nagemaakte geld uit de woning van den vader van den baljuw, die toch in ieder geval een ondergeschikt persoon in de zaak was, bij zulk eene groote hoeveelheid werd weggevoerd, en het feit, dat dit tonnetje Amsterdam tot bestemming had, wijst er op, dat JANSSEN's connecties zich ver buiten Zeeland uitstrekten. Na zijne vlucht wordt het proces te Arnemuiden nog voortgezet; de baljuw, thans weder in functie, doet zijn eisch bij verstek, maar procedeert aanvankelijk niet op grond van de plakkaten van 21 Maart 1606 en 6 Juli 1610, waarbij gedreigd wordt met den dood, maar op dat van het plakkaat van 27 September 1611, waarbij slechts geordonneerd wordt, //dat niemant in dese Vereenichde Provinciën in sijn huys en sal mogen hebben, veel minder gebruycken, eenige persen of andere instrumenten, daer men mede kan schroeven, drucken ofte stampen eenige metalen van gout, silver, kooper, yser ofte andere, egeene uytgesondert, dan met kennisse ende voorweten van den officier, ofte desgeenigen, dien het exercitie van het officie competeert, ende borgemeesteren van de plaetse haerder residentie, ende dat alleen om te gebruycken tot publijcke gheconsenteerde hantwercken, ende anders niet, op pene van duysent goude Nederlantsche ducaten voor de eerste reyse, voor de tweede reyse dobbel ende arbitrale correctie" enz. ([1])

Uittreksel uit de *Gerechtsrol van 1613—1623*, behoorende tot het rechterlijk archief van Arnemuiden.

Op den XX^{en} Jully 1619, present enz,

. . . .

Burchmeesters ende schepenen hebben dheer bailliu in plaetse van recht te doene collegialiter aangeseyt, dat sylieden nyet en souden connen horen ofte in dese saecke yet disponeren contrarie de voorgaende acte, by burchmeesters, schepenen ende raeden gestreckt den XXV Juny 1619, ten waere, dat by acte van de Heeren van (den) Raede ofte schriftelijcke advys van rechtsgeleerden bleecke, dat sulck sonder misgrepe souden connen bestaen.

Dheer bailliu CHRISTOFFEL SPIERINCK nomine officii, heesschere, contra SACHARIAS JANSSEN, gedaechde, omme gecondemneert te worden in de amende van duysent goude Nederlantsche ducaten, uuyt crachte dat hy hem vervordert heeft te perssen, schrouven ofte slaen sekere quartillen, alles in conformité van de placcate van de Hooch Mog. Heeren Staten-General in date den XXVII September 1611, ende by provisie dat de voorschreven SACHARIAS JANSSEN in persone sal moeten comen binnen baille, maeckende heysch van costen.

Burgemeesters en schepenen maken dus den baljuw op den verkeerden grond, waarop deze de vervolging van JANSSEN aanvangt, opmerkzaam; tenzij mocht blijken, dat hij inderdaad te recht uit krachte van het door hem aangehaalde plakkaat handelt, willen zij JANSSEN crimineel vervolgen. Zeven dagen later dient de zaak opnieuw, maar herhaalt de baljuw zijn zelfden eisch:

_____

([1]) *Groot placaetboek* I kolom 2933.

Op den XXVII^{en} Jully 1619, present enz. (¹)

. . . .

VAN DE WELLE voor de gedaechde concludeert tot nyet ontfanckelijcheyt ende dat dheer heesscher sijn heysch ende conclusie sal werden ontseyt cum expensis; den heesschere repliceert ende persisteert.

Burchmeesters ende schepenen houden de saecke in state.

Dheer bailliu nomine officii, heesschere, contra SACHARIAS JANSSEN ut den XX^{en} Jully 1619.

Eene nadere toelichting omtrent de handelwijze van den baljuw en in het algemeen op de beide laatste stukken geeft de volgende brief, door den magistraat van Arnemuiden gericht aan de Gecommitteerde Raden van Zeeland te Middelburg, tevens de vraag inhoudende, op grond van welke plakkaten JANSSEN nu vervolgd moet worden, die van 1606 en 1610 of dat van 1611, zooals de baljuw verlangt, om welk advies in te winnen burgemeesters en schepenen op 27 Juli blijkbaar de zaak niet hebben willen beslissen.

Uittreksel uit de *Notulen van Gecommitteerde Raden van Zeeland.*

Den XXX^{en} July 1619.

. . . .

De gedeputeerden der stede Arnemuden hebben vertoont ende by geschrifte overgelevert sulcx hiernaer volght:

Edele, wyse, discrete, seer voorsienige Heeren,

Naerdat Uw Ed. kennisse hebben vercregen, dat eenen SACHARIAS JANSSEN, binnen de stad Arnemuden Spaensche quarten hadden geschrouft, ende geïnformeert zijnde geweest, wat daerjegens, door nalatigheyt van den officier, by de magistraet selfs begonst was gedaen te worden, is het debvoir, by de magistraet daerinne gedaen, Uw Ed. aangename geweest, sonder dat Uw Ed. aen den voornoemden magistraet eenige

---

(¹) Op dezen dag wordt ook een eisch ingediend tegen den voortvluchtigen SACHARIAS JANSSEN en zijne huisvrouw wegens geleend geld, verschoten penningen en geleverd brood; burgemeesters en schepenen ordonneeren te procedeeren naar stijl van de vierschaar. (Bijlage 32).

voordre ordre gegeven ofte oock bekent gemaeckt hebben,
wat dienaengaende den officier by deselve Uw Ed. naerder
soude mogen belast worden.

Sedert, namentlick op den XX^{en} July 1619, heeft den
baillu jegens den voorschreven SACHARIAS JANSSEN beginnen
rechtelick te procederen in judicio ter rolle, concluderende,
dat denselven SACHARIAS soude werden gecondemneert over
het slaen van de quarten in duysent goude Nederlantsche
ducaten, ende by provisie geordonneert binnen baille in persoone
te moeten compareren, fonderende syne conclusie op seeckere
placcaet van de Ho: Mo: Heeren Staten-Generael in date
27^{en} September 1611.

Waeruuyt by de magistraet gemerct sijnde, dat het delict
by den aenlegger geoirdeelt werde gantsch civil te wesen,
daer de magistraet te voren dat voor criminel gehouden hadde,
soo hebben sylieden in plaetse van recht te doene den baillu
collegialiter aengeseyt, dat sylieden niet en souden connen in
dese saecke yet disponeren contrarie de authorisatie ende last
van apprehensie, tot laste van den voornoemden SACHARIAS
JANSSEN verleent, ten ware, dat by acte van Uw Ed. ofte
schriftelick advis van rechtsgeleerde bleecke, dat sulcx sonder
misgrepe soude connen bestaen.

Den XXVII^{en} July 1619 de saecke wederom dienende ende
d'heer baillu de voorgaende conclusie itererende, heeft tot
fondament van dezelve overgegeven het placcaet hiervoren
verhaelt met seker schriftelick advis van twee rechtsgeleerden,
waerjegens de voornoemde SACHARIAS JANSSEN, occuperende door
eenen procureur ende nemende contrarie conclusie tot niet
ontfanckelick ende absolutie, heeft gesustineert, dat de ghe-
daechde niet en hadde misdaen, ende in allen gevalle, dat
de saecke gantsch civil, ende consequantelick dat het tweede
lidt van de conclusie tot personele comparitie binnen baille
teenegader ongefundeert ende jegens het eerste lidt, behelsende
conclusie ten principalen, strydende was.

Waerop, ende insonderheyt gelet wesende op de kennisse,
die Uw Ed. alreede van de saecke hadden beginnen te nemen,
heeft de magistraet goetgevonden, voor ende aleer daerinne
yet te interloqueren ofte diffinitivelick te wysen, by Uw Ed.
te verschynen ende aff te vraghen, off de meeninge van Uw
Ed. is selver de voorschreven saecke in handen te houden,
off dat de magistraet soude vermogen sonder offensie van Uw
Ed. offitium judicis daerinne voorts te pleghen. Ende in cas
dat jae, off het de goede geliefte van Uw Ed. is, dat op de
voorschreven genomen conclusie ten principalen recht gedaen

soude mogen werden, sonder regard te nemen op de voorgaende authorisatie van apprehensie, den XXVᵉⁿ Juny 1619
verleent, daerby verclarende, dat de magistraet in 't verleenen
van de voorschreven acte van apprehensie niet en hebben gesien opt placcaet van den 27ᵉⁿ September 1611, sprekende
specifise van geen schrouven ofte perssen in huys te moghen
hebben sonder voorwete ende kennisse van de magistraten,
maar in genere op de dispositie van beschreven rechten ende
specialick op het placcaet van de Ho: Mo: Heeren Staten-
Generael, opt stuck van de munte gheëmaneert in den jare
1606 ende 1610, daerby artᵒ. 1ᵒ niet alleene alle vervalschinge
van munte, maer oock alle conterfeytinge van munte op pene
van lijff ende goet verboden wordt.

Welcke proposietie gehoort, sijn de voorschreven Heeren
bedanckt voor de communicatie. Voorts goetgevonden, dat de
baillu der stede Arnemuyden sal werden gelast syne conclusie
crimiuelijck te nemen ende tegen den gedaechden te procederen by apprehensie, indien hy present is, indien niet, by
indaginghe, ende voorts als naer rechte ende stile.

De Staten van Zeeland willen de zaak tegen SACHARIAS
dus tot het uiterste doorzetten, en feitelijk is in de laatste
zes regels van het stuk het doodvonnis van den man, die
later als uitvinder van zulk een hoogst belangrijk natuur- en
sterrekundig instrument zal worden gehuldigd, vervat. Wellicht
zijn de Staten ook geprikkeld door het verzet, dat de ten-
uitvoerlegging van een vonnis tegen JANSSEN scheen te onder-
vinden; de actie tegen JANSSEN heeft met het uitdrukkelijk
bevel tot crimineele vervolging zijn hoogste punt bereikt.
Niettegenstaande het bevel van de landsregeering schijnt echter
de baljuw nog voor het laatst eene poging te willen doen om
JANSSEN er nog met zijn genadiger eisch van 20 Juli 1619
te doen afkomen; burgemeesters en schepenen, nu gesteund
door het gezag van de regeering, weten evenwel thans hun
wensch tot crimineele vervolging door te zetten.

> Uittreksel uit de *Gerechtsrol van 1613—1623*,
> behoorende tot het rechterlijk archief van
> Arnemuiden.

Op den IIIᵉⁿ Augusti 1619, present enz.

. . . .
Burchmeesters ende schepe- Dheer bailliu Christoffel
nen, persisterende by de acte Spierinck nomine officii,
van authorisatie van den XXVᵉⁿ heesschere, contra Sacharias
Juny 1619, hebben geordon- Janssen, gedaechde, omme
neert ende ordonneren by desen, uuytinge te hooren van senten-
dat dheer bailliu conform de tie op den heysch, by den
bovengaende acte sal proce- heesschere den XXᵉⁿ ende
deren tot apprehentie van den XXVIIᵉⁿ Jully 1619 tot laste
gedachde, indyen hy noch pre- van de gedaechde in juditio
sent ende becommelick is, soe ter rolle gedaen.
nyet, by indaeginghe, gelijck
in criminele delicten gecostumeert is.

Dat Janssen niet „becommelick" was, is reeds op 9 Juli
gebleken, en de baljuw gaat er dus toe over om hem in te
dagen, „gelijck in criminele delicten gecostumeert is"; die eerste
indaging heeft plaats op 17 Augustus:

Op den XVIIᵉⁿ Augusti 1619, present enz.

Dheer bailliu Christoffel
Spierinck nomine officii doet
Burchmeesters ende schepe- by dese indagen Sacharias
nen ordonneren de tweede da- Janssen, binnen dese stadt
ginge ter rolle gedaen te wor- geslagen ófte geschrouft heb-
den. bende Spaensche qnarten, omme
te commen sijn feyt in persone
binnen baillie verantwoorden,
binnen sulcken corten tijt als
Uwer Eer: sullen gelieven te
prefigeren, op pene van jegens
hem voorts geprocedeert te
werden, gelijck men jegens fu-
gitive delinquanten volgende
deses stadts privilegiën ende
costuymen gewoone is te doene.

De eerste indaging, waarbij Janssen gelast wordt voor het
gerecht te Arnemuiden te verschijnen, op straffe dat anders
tegen hem geprocedeerd zal worden, zooals tegen voortvluch-
tige delinquenten gebruikelijk is, is dus geschied, en burge-

meesters en schepenen gelasten tevens eene nieuwe indaging.
Er gebeurt nu echter iets vreemds. De zaak tegen SACHARIAS
JANSSEN is op het oogenblik tot het uiterste gedreven : de
regeering heeft gelast hem crimineel te vervolgen en bevolen
hem in te dagen, waarmede door den magistraat van Arnemuiden ook inderdaad een begin is gemaakt; zij gelasten
na de eerste indaging nog eene tweede; maar..... van de geheele geruchtmakende zaak is nu geene letter meer te vinden ;
het proces wordt plotseling gestaakt, en men leest zelfs niet,
of de tweede indaging werkelijk plaats vond. Men vraagt zich
tevergeefs af, langs welken weg JANSSEN er in geslaagd is,
niet alleen het voor hem zeer dreigende gevaar van de dood-
straf, maar zelfs, naar het schijnt, dat van eene hooge geldboete
af te wenden. Het is niet duidelijk, waaraan wij dien voor
JANSSEN zoo gunstigen afloop van het proces moeten toeschrijven.
Daarvoor zou men met zekerheid moeten weten, waarheen hij
in Juli 1619 vertrokken is. Den 9^{den} Maart 1621 vinden wij
hem stellig weer te Middelburg. (¹) Het meest waarschijnlijk komt
het ons voor, dat hij direct naar die stad is vertrokken, en
dat zijn proces van de rol is gebracht, òf omdat er hoogere
machten of invloeden voor hem werkzaam zijn geweest, òf
omdat de stad Middelburg geene delicten, onder de jurisdictie
van Arnemuiden gepleegd, heeft willen vervolgen. De verstandhouding tusschen de steden Middelburg en Arnemuiden in zake
de rechtspleging moet nl. niet gunstig zijn geweest. Vóór den
opstand tegen Spanje toch was Arnemuiden eene voorstad van
Middelburg en had het geene eigene rechtspraak : de Arnemuide-
naars gingen ter vierschaar te Middelburg; eerst in 1574 werd
Arnemuiden door den prins tot stad verheven en van het
rechtsgebied van Middelburg afgescheiden : het kreeg zijn
eigen magistraat om crimineele en civiele justitie te oefenen.
Naar aanleiding hiervan heeft er langen tijd eene gespannen
verhouding tusschen beide steden bestaan, en het schijnt zoo
onwaarschijnlijk niet, dat SACHARIAS JANSSEN dit vooraf over-
wogen en er later partij van getrokken heeft.

(¹) Bijlage 33.

Van den man nu, wiens levensloop aan de hand van officiëele stukken in de vorige bladzijden is beschreven, verhaalt
BOREL, en vele anderen na hem, dat hij de uitvinder der
verrekijkers is. Het levensbericht is echter niet gegeven om
daaruit te concludeeren, dat die eer hem ontzegd moet worden;
integendeel blijkt o. i. uit JANSSEN's geheelen levensloop, dat
het hem aan schranderheid en vindingrijkheid van geest niet
heeft ontbroken, en dat hij een ondernemend man was. Maar
hij is geschetst alleen om te doen zien, hoe de figuur van
SACHARIAS JANSSEN zich nog beter eigent voor het aandeel,
dat hem op grond van de volgende bijzonderheden in de geschiedenis van de uitvinding der verrekijkers moet worden
toegewezen.

Zooals hiervoren reeds is gebleken, berusttten de aanspraken
van SACHARIAS JANSSEN op de eer der uitvinding van het
instrument tot op heden in hoofdzaak op het getuigenis van
zijn zoon JOHANNES, in 1655 voor burgemeesters en schepenen
van Middelburg afgelegd. Deze hebben uit Parijs den brief
van BOREEL ontvangen met verzoek om inlichtingen betreffende
de uitvinding van den verrekijker, en de magistraat beijvert
zich om aan de aanvrage van den gezant te voldoen. Het is
mogelijk, dat deze zelf JOHANNES SACHARIASSEN, den bekenden brilleslijper in hunne stad, hebben doen ontbieden;
maar wanneer men let op de omstandigheid, dat er oorspronkelijk van zijn vader als deel hebbend aan de uitvinding
van den kijker door BOREEL geen gewag wordt gemaakt, en
het raadslid BLONDEL dezen niet noemt, dan is het waarschijnlijker, dat JOHANNES uit zich zelf bij burgemeesters en
schepenen is gekomen om te verklaren, wat hem en zijne
tante SARA van de zaak bekend was. Thans is er bij de
erkenning van de aanspraken groote eer en wellicht voordeel
te behalen, en de naam van den uitvinder zal straks door het
geschrift van den beroemden lijfarts van LODEWIJK XIV, BOREL,
over de geheele wereld verspreid worden. JOHANNES SACHARIASSEN
aarzelt dus niet naar den magistraat toe te gaan om zijne
verklaring af te leggen, die ons ook in den oorspronkelijken

vorm is bewaard gebleven, zooals die door hem zelf is opgesteld. Zij luidt: (¹)

„Anno 1590 is de eerste buyse gemaeckt en geïnventeert
binnen Middelburgh in Zeelant van ZACHARIAS JANSEN, ende
de langste waerr(en) doen ter tijt 15 à 16 duym, waervan datter
2 wech vereert werden: de eene aen den prins MOURYTSYUS
en de ander aen hertogh ALBERTUS. — De destansy van 15 à 16
duym is soo lange gebruyckt (²) geweest tot het jaer 1618;
doen hebbe ick met mijn vader, hierboven vernoumpt, de
lange buysen geïnvente(e)rt, die men gebruyckt om by nachte
te sien in de sterren en de maenne, daer veel in te spekeleren
is (³). Anno 1620 heeft MEETSYUS een van onse buysen be-
kommen, dewelcke hy naergekonterfeyt heeft, voor sooveel als
hij gekonnen heeft: desgelickx heeft oock CORNELIS DRYBBEL
gedaen; als wy dese instermenten practyseerden, woonden wy
op het kerckhof, daer nu de venduysy is (⁴). Waerre REYNNIER
DUCARTES en CORNELIS DRIBBEL en JOHANNES LOOF int leven,
die souden getuygen daervan konnen wesen, dat ick de eerste
lange buysen hebbe geïnvente(e)rt; vorder en kan ick mijn
Heeren geen naeder onderricht daervan doen.
In Middelburgh den 30 Jannewary 1655.
                    UE.W. onderdaene dienaer
                    JOHANNIS SACHARIASSEN.„ (⁵)

WILLEM BOREEL heeft na de ontvangst van de verschillende

(¹) Deze verklaring bevindt zich in denzelfden band als de stukken,
gegeven op blz. 11—12, 14—15 en 16—17.

(²) Het HS. heeft: „gegebruyckt”.

(³) Deze laatste zes woorden zijn doorgeslagen, zeker op de secretarie,
daar zij in de verklaring voor WILLEM BOREEL, die hieruit getrokken
is, niet konden dienen.

(⁴) Het Koorkerkhof; zie Bijlage 28.

(⁵) In dorso van dit stuk is aangeteekend, wat men van SARA GOEDAERDS
had vernomen, in bewoordingen, geheel overeenkomende met die, welke
in het op pag. 14—15 gegevene stuk worden gevonden. Men zou hieruit
kunnen afleiden, dat de schriftelijke verklaring van JOHANNES SACHA-
RIASSEN is voorafgegaan aan de mondelinge, althans aan die van SARA;
misschien heeft JOHANNES wel in het geheel geene mondelinge verklaring meer afgelegd en heeft men uit zijne schriftelijke verklaring
en de mondelinge zijner tante het stuk opgesteld, zooals dat vroeger
is vermeld en door BOREL gepubliceerd. Hierop wijst ook de omstandigheid van de ter secretarie doorgehaalde woorden in de schriftelijke

verklaringen voor burgemeesters, schepenen en raad, zoowel die ten gunste van LIPPERHEY als die voor SACHARIAS JANSSEN afgelegd en in de eerste helft van Maart 1655 door hem ingezien, zijne oorspronkelijke meening, dat LIPPERHEY de eerste uitvinder van het instrument zou zijn, gewijzigd en geloof geschonken aan JOHANNES SACHARIASSEN, die zoo stellig beweerde, dat zijn vader SACHARIAS in 1590 het instrument reeds had uitgevonden. Men vindt verder in het boek van BOREL, behalve de verschillende getuigenverklaringen, ook allerlei sterrekundige waarnemingen van JOHANNES SACHARIASSEN, die deze ongetwijfeld aan WILLEM BOREEL of PIERRE BOREL heeft medegedeeld. Die waarnemingen zijn wel niet van zeer groote waarde, doch leggen toch het getuigenis af, dat JOHANNES SACHARIASSEN geenszins een onontwikkeld man was. Zoo leest men in het uitvoerig besproken werk onder het opschrift: *//*JOHANNES filius ZACHARIAE JOHANNIDIS, primi Inventoris Telescopii Middelburgensis sub tabula phaseos Lunae, quam Telescopio suo saepe vidit, notat haec quae sequuntur//: (¹)

//Ego diversis temporibus Lunam inspexi Selenoscopio meo, cum plena esset, adeoque inveni .... sicuti patet ex schemate quod exhibeo ....// (²)

Vooral de naar TYCHO genoemde vlek schijnt zijne aandacht getrokken te hebben, en uit het op een volgende bladzijde gezegde (³) onder den titel //Super questione ipsi JOANNI ZACHARIAE proposita, num Telescopia ~~ab~~ ipso confecta, stellas in firmamento quae oculo nudo alias cernuntur, majores vero ostentant, visas per Telescopium: Respondet ut sequitur//, blijkt,

---

verklaring. Bij deze opvatting der zaak is het eene opene vraag, hoe het onjuiste geboortejaar van JOHANNES in het door BOREL gepubliceerde stuk is gekomen, dat hij toch niet in zijne schriftelijke verklaring mededeelt.

(¹) BOREL l. c. Lib. I pag. 38.

(²) Dit schema is niet opgenomen in het door ons gebruikte exemplaar van BORELS boek, doch er naast, op pag. 39, bevindt zich eene blanco ruimte.

(³) BOREL, l. c. Lib. I pag. 40.

dat JOHANNES SACHARIASSEN met zijne kijkers, evenals vroeger
GALILEI, vier sterretjes onophoudelijk in cirkels om Jupiter
zag loopen; in Arcturus bemerkte hij behalve de zeven, die
met het bloote oog te zien zijn, nog tallooze andere, waaronder vier in eene rechte lijn tusschen Mizar en de eerste der
vier, welke Benethas genoemd worden, en drie in eene rechte
lijn tusschen Benethas I en IV; diezelfde figuur zag hij met
zeven nieuwe sterren in den Grooten Beer, aan welke nieuwe
hemellichamen hij de namen der Zeven Provinciën wilde geven.
— De wijze, waarop PIERRE BOREL aan al deze kennis betreffende JOHANNES SACHARIASSEN is gekomen, is deze geweest,
dat hijzelf of WILLEM BOREEL — en wellicht als geboren Zeeuw
de laatste — gedaan heeft, wat menigeen zou doen, en met
JOHANNES in correspondentie is getreden; hierop zinspelen de
gespatieerd aangegevene uitdrukkingen, en elders zegt BOREL
dan ook, wanneer er als terloops van de waarnemingen van
JOHANNES SACHARIASSEN sprake is: ([1]) "Cum audiverim quaedam
a Filio Inventoris non contemnenda, in coelo detecta fuisse,
in laudem Ejus, Patriae suae, ea publica facere volui, quare
accipe Lector, quae ipse Epistolis suis communicarit, licet
adhuc ea mihi comprobare non licuerit." Verder staat wellicht ook
met het voeren dier correspondentie in verband de reeds vroeger
gemaakte opmerking betreffende het lange tijdsverloop tusschen
de ontvangst der verklaringen van burgemeesters, schepenen
en raad uit Middelburg in de eerste helft van Maart 1655
en het schrijven van den brief door WILLEM BOREEL aan
PIERRE BOREL, gedateerd 9 Juli 1655. Zeker is intusschen,
dat vooral blijkens de vermelde waarnemingen van JOHANNES
SACHARIASSEN, die BOREL op geene andere wijze zou kunnen
kennen, dat JOHANNES, toen BOREEL door het lezen van de
door burgemeesters, schepenen en raad verzondene verklaringen
aan het twijfelen was geraakt, door BOREEL of BOREL ook nog
verder is geraadpleegd, en dat zijne verklaringen grooten invloed
op hun oordeel hebben uitgeoefend.

Blijkens den ommekeer, dien BOREELS meening omtrent den

([1]) BOREL, l. c. pag. 28, in het caput: De iis, quae JOANNES
ZACHARIAE, JOANNIDIS Filius, Invento paterno in Coelo detexit.

uitvinder — oorspronkelijk door hem in zijn brief aan burgemeester, schepenen en raad als LIPPERHEY aangeduid — ondergaat,
hebben de gezant en de lijfarts door de nadere mededeelingen
van JOHANNES SACHARIASSEN eene zeer gunstige meening omtrent
dezen opgevat en geene redenen gezien zijne verklaringen, te
Middelburg ten stadhuize afgelegd, te betwijfelen, waar zij
zelve niet in staat waren de gegeven data te toetsen aan gegevens uit het leven van SACHARIAS JANSSEN. Het is trouwens
wel opmerkelijk, dat het grootste gedeelte van de verklaring
van JOHANNES gewijd is aan zijne eigene aangelegenheden, zij
het dan ook in vereeniging met zijn vader; doch van de oorspronkelijke uitvinding van 1590 hoort men niet zoo heel veel,
en stellig heeft JOHANNES omtrent deze zaak niet meer verteld
in zijne particuliere correspondentie met BOREEL of BOREL,
waarvan ons door dezen blijkbaar het gewichtigste is medegedeeld,
als bewijs van welke goede hoedanigheden de kijkers waren,
welke de zoon van den vermelden uitvinder wist te vervaardigen ([1]); eene dergelijke bedrevenheid van JOHANNES kon inderdaad in een tijd, dat de zoon het vak van den vader leerde,
wel eenigszins pleiten voor de vaardigheid van SACHARIAS; doch
maakt deze niet met meer recht tot uitvinder der verrekijkers,
vooral niet op de wijze als BOREL ons dat mededeelt: ([2])

([1]) Dit schijnt ons het eenige doel, waarmede JOHANNES SACHARIASSEN
die waarnemingen mededeelde en BOREL ze in zijn werk opnam, geenszins om op GALILEI diens ontdekkingen van 1610 te usurpeeren. Zeer
onbillijk lijkt dan ook hetgeen o. a. ARAGO (*Oeuvres complètes, Tome III
1855* pag. 267), blijkbaar doelende op dit feit, zegt: „On pourrait s'étonner
en voyant que les Hollandais, les premiers inventeurs des lunettes,
n'avaient pas eu la pensée de diriger un de ces instruments vers le
ciel. Pour faire disparaitre ce qu'un pareil fait avait d'extraordinaire,
on a, après coup, publié une lettre dans laquelle on entendait évi-
demment insinuer que la première découverte des satellites de Jupiter
avait eu lieu en Hollande; mais on a rendu cette prétention impro-
bable en faisant remarquer, par le rapprochement des dates, que
l'auteur de la prétendue découverte n'avait que six ans à l'époque
des premières observations de GALILÉE." Betreffende de waarnemingen
van JOHANNES SACHARIASSEN worden geene data genoemd; zij vallen
blijkbaar lang na 1610 en niet ver vóór 1655. Het juiste jaartal van
JOHANNES' geboorte leert zelfs, dat deze in 1610 nog niet geboren was.

([2]) L. c. pag. 26.

*"*Sed rerum abstrusarum et reconditarum in Optica, quam callebat, desiderio flagrans, ad haec tentanda motus fuit: quae male conqueritur CARTESIUS, hoc inventum adeo utile et mirandum, scientiarum nostrarum opprobrio, vagis experimentis, et casui fortuito deberi.(¹) Telescopium ergo Artifex noster rimando ex professo indagavit.....*"*

Men kan aan dat nadenken bij het samenstellen van een verrekijker destijds verschillende waarde hechten, maar geens- zins de beteekenis van het woord zoo opvatten, dat het instrument door nadenken op eenigen wetenschappelijken grondslag zou zijn tot stand gekomen; het was eene zaak, die door de praktijk moest worden opgelost, iets wat destijds on- mogelijk op theoretische grondslagen kon geschieden. HUYGHENS zeide dan ook, deze kwestie besprekende: (²) *"*Quod si quis tanta industria exstitisset, ut ex naturae principiis et Geome- triae hanc rem eruere potuisset, eum ego supra mortalium sortem ingenio valuisse dicendum crederem. Sed hoc tam longe abest, ut fortuito reperti artificii rationem non adhuc satis explicare potuerint Viri doctissimi*"*, en dit getuigenis van den *"*summus HUGENIUS*"* zou op zichzelf bijna zonder aarzelen kunnen aanvaard worden. De bekwaamheden, welke BOREL, zelf ervaren in het lenzenslijpen, wist, dat JOHANNES SACHA- RIASSEN in dat vak bezat, en die hem dezen zelfs een der uit- muntendste slijpers van Europa doet noemen (³), hebben hem naar het schijnt, verleid den vader, in wiens voetspoor JOHANNES was getreden, eene kennis toe te schrijven omtrent de theorie der kijkers, welke niemand destijds bezat. Dat bovendien aan het door JOHANNES SACHARIASSEN zelf gegeven jaartal 1590 der uitvinding van zijn vader iets moet haperen, is bij de kennis, welke wij nu van SACHARIAS' levensloop hebben duidelijk, vooral als men bedenkt, dat hij omstreeks 1588 moet geboren zijn en dus moeielijk zelf een kijker kon uitvinden in 1590.

Nochtans legt men dergelijke gerechtelijke verklaringen als

(¹) Cf. blz. 5, 20.

(²) CHRISTIANI HUGENII *Opuscula postuma quae continent Dioptricam* etc. *Lugd. Bat. 1703* pag. 163.

(³) BOREL, l. c. pag. 11—12.

JOHANNES in 1655 deed, niet af, zonder dat er eenige kern van waarheid in is, en dit in verband gebracht met den leeftijd van SACHARIAS JANSSEN zou ons kunnen doen vermoeden, dat deze wèl een kijker heeft bezeten vóór LIPPERHEY, wiens prioriteit door de verklaring van JOHANNES SACHARIASSEN werd tegengesproken, zijn eerste instrument bekwam, maar dit bezit van lateren datum dagteekent dan 1590.

De hooge dunk, dien BOREL van JOHANNES SACHARIASSEN als lenzenslijper heeft opgevat, is waarschijnlijk wel gegrond geweest, en in verband met JOHANNES' bekwaamheden staat dan ook ongetwijfeld het bezoek der verschillende geleerden, dat hij zegt, dat zij aan de slijperij van zijn vader en hem te Middelburg na 1618 hebben gebracht.

Al heel spoedig na het wereldkundig worden van GALILEI's ontdekkingen aan den hemel, snel gevolgd door vele andere, trachtten ook verschillende personen in Holland zich een verrekijker te verschaffen en vindt de astronomie, nieuwe belangstelling wekkend, van zelf vele beoefenaars. Wel is waar heeft men in de eerste dertig jaren der 17de eeuw nog geene zeer nauwkeurige theorie omtrent de beste inrichting van verrekijkers en moet men zich behalve met hetgeen de oudere schrijvers omtrent lenzen mededeelen, behelpen met de onderzoekingen van PORTA ([1]) en KEPLER ([2]), en is vooral het werk, dat SIRTURUS in 1618 omtrent het slijpen van lenzen en de samenstelling van den Galileischen kijker schreef, ([3]) een uitstekend hulpmiddel; toch zal weldra de publiceering van de wet der lichtbreking en vooral de volmaking van den langzamerhand meer ingang vindenden astronomischen kijker er toe bijdragen om ook den zg. Hollandschen kijker te verbeteren. Men is echter, wat de goede hoedanigheid van de lenzen voor het instrument betreft, zeer afhankelijk van de handwerkslieden in het brillenslijpersvak, en velen geven er de

---

([1]) *De Refractione, optices parte, Libri novem, Neapoli 1593.*

([2]) *Dioptrice seu Demonstratio eorum quae visui et visibilibus propter conspicilla non ita pridem inventa accidunt, Aug. Vind. 1611.*

([3]) HIERONYMI SIRTURI *Mediolanensis Telescopium sive ars perficiendi novum illud Gallilaei visorium instrumentum ad Sydera, Francofurti 1618.*

voorkeur aan zelven hunne lenzen te slijpen, na zich bij een brillenslijper van de praktijk op de hoogte gesteld te hebben. Had Zeeland destijds in Sacharias Janssen en zijn zoon (en ook in Lipperhey tot 1618) een paar uitstekende slijpers, in Holland schijnen die minder talrijk geweest te zijn. Enkele getuigenissen daaromtrent van verschillende geleerden bestaan er uit de jaren 1636 en 1637 bij gelegenheid van de vorming der commissie, bestaande uit Laurens Reael, den kaarten-maker Willem Bleau en den Amsterdamschen hoogleeraar Martinus Hortensius [van den Hove], in 1636 door de Staten-Generaal benoemd, om persoonlijk met Galilei sommige punten te gaan bespreken betreffende zijne den Staten aange-boden oplossing van het destijds brandende vraagstuk van het bepalen der lengten op zee, door middel van den omloopstijd der manen van Jupiter. (¹) Zoo schreef Hortensius aan Galilei: "Hinc de Telescopio agere coepimus, comperimusque nulla in Batavia hodie, quae tantam praecisionem polliceri queant, quanta ad eas observationes requiritur. Solent enim etiam optimi discum Jovis hirsutum offerre et malè terminatum, unde Joviales in ejus vicinia non recte conspiciuntur. — Omnes artifices rudes experimur, et Dioptricae quam maxime ignaros" en aan Elia Diodati te Parijs, door wiens handen de corres-pondentie grootendeels ging, op 1 October 1637: "neque teles-copium tam perfectum usque hactenus visum neque auditum fuit, quale Galileus promittit" (²); Constantijn Huyghens meldde

---

(¹) A. Favaro, *La proposta della longitudine fatta da* Galileo Galilei *alle confederate provincie Belgiche, tratta per la prima volta integralmente dall' originale nell' Archivio di Stato all' Aja (Atti del Reale Instituto Veneto 1880—1881* pag. 367). — Ook Willem Borkel en Pierre Borel stelden beiden zeer veel belang in deze zaak; cf. *De vero Telescopii inventore*, Lib. I pag. 55—67, Lib. II pag. 53—61. De eerste had in eene andere dergelijke commissie zitting gehad en de voortzetting van die van 1637 op verzoek van Huyghens en Diodati gesteund.

(²) Het antwoord van Galilei was: "Quanto al secondo punto che è del trovarsi Telescopi di maggior efficacia di quelli che si fabbricano costi, mi pare d'avere scritto altra volta la facoltà di quello che ho adoprato io esser tale, che mostra primieramente il disco di Giove non irsuto ma terminatissimo, non meno che l'occhio libero scorga il lembo della Luna, e cosi terminati mostra ancora i Satelliti di quello", aan Diodati, nadat deze zich tot hem had gewend met het verzoek om medewerking: (¹) „mais ce sera .... en luy demandant un telescope de sa façon, ceux de ce pais ne pouvant representer les quatre satellites, dont il s'agit, sans je ne sçay quelle sorte de scintillation, qui pourrait empêcher les observations soudaines et momentanées de leur coniunctioni, applicationi et eclissi, telles que l'auteur nous les specifie ...", en ook Gassendi beklaagde zich bij Galilei, dat hij geene goede lenzen kon bekomen te Venetië, Parijs en Amsterdam.

Een uitstekend slijper, zooals vooral Johannes Sachariassen toch moet geweest zijn, was destijds eene vraagbaak voor geleerden, die zich wilden toeleggen op het zelf slijpen van de voor hunne instrumenten benoodigde lenzen of zich een goeden kijker wilden aanschaffen. Volgens de getuigenis van Johannes Sachariassen zelf, die we in dit opzicht kunnen aannemen, kwam met dat doel bij zijn vader en hem o. a. ook Cornelis Drebbel, aan wien zelven wel, zooals Borel terloops mededeelt, door sommigen de uitvinding van den verrekijker werd toegeschreven. Geboren te Alkmaar deed hij reizen door de Nederlanden en vertoefde in 1600 o. a. te Middelburg om er een „fonteyne" te maken (²); in 1604 verliet hij zijn vaderland en vertrok hij naar het hof van koning

---

en aan Diodati schreef hij: „Mi vengono ancor domandati dell' istesso Sig. Ortensio i vetri per un Telescopio, i quali sieno di perfezione tale che mostrino ben terminato il disco di Giove, e chiaramente apparenti i quattro suoi satelliti, effetto, che, come egli scrive non si ha da quelli, che si fabbricano in Olanda: se mi succederà prontamente il farne provvisione, gl' invierò a V.S. molt. Ill. insieme colle presenti."

(¹) D. J. Korteweg, *Een en ander over Constantijn Huygens als beminnaar der stellige wetenschappen en zijne betrekking tot Descartes. (Versl. en Meded. Kon. Ac. v. Wetensch., 3ᵉ reeks dl. IV 1888 pag. 276); Notes sur Constantijn Huygens considéré comme amateur des sciences exactes et sur ses relations avec Descartes (Archives Neerlandaises des sciences exactes et naturelles, T. XXII).*

(²) Blijkens de stadrekening 1600--1601 ontving Drebbel £ 23 : 6 : 8 „over de reste en volle betalinghe van alle tgene hy aen de stadt voor date van deze heeft gewrocht ofte verdient soo int maken van de fonteyne buyten de Noortpoorte als anders". Hij schreef dan ook in de „Dedicatie (aan Jacobus) van 't primum mobile" (pag. 96 van de

Jacobus in Engeland, in 1610 naar dat van keizer Rudolf te Praag, om later weer naar het Engelsche hof terug te keeren; na een tweede bezoek aan Bohemen omstreeks 1619 bleef hij voor goed in Engeland, waar hij tot zijn dood in 1634 als koninklijk mathematicus werkzaaam was. In zijn tijd stond hij als bezitter van verschillende natuurgeheimen bekend, in het bijzonder op het gebied van het veel gezochte perpetuum mobile, dat hij door allerlei thermometrische installaties zocht te verwezenlijken; hij kon ook in later jaren — althans volgens zijn eigen beweren — uitstekende verrekijkers maken. Onge-twijfeld heeft Drebbel menig in zijn tijd onbekend kunststuk gevonden; hij schijnt zich echter daarbij gaarne in een mysti-schen nevel gehuld te hebben en de vruchten van zijne werk-zaamheden meer tot vermaak van koningen en hovelingen dan in den dienst der wetenschap of voor het algemeen belang gegeven te hebben. De groote roep en verbazing, die van zijne ont-dekkingen uitging, gevoegd bij zijne latere werkzaamheid op het gebied van lenzenslijpen, is dan ook wel de eenige reden, dat zijn naam — althans volgens het zeggen van Borel — in verband met de uitvinding der verrekijkers werd genoemd.

Behalve dat Adriaan Metius (1571—1635), de hoogleeraar te Franeker, in 1620 de reis uit die stad maakte om Sacharias Janssen en zijn zoon in verband met de lenzenslijperij te be-zoeken, noemt Johannes Sachariassen in zijne getuigenis ook Descartes, die na zijn eerste verblijf in de Nederlanden in 1619, den winter van 1621—1622 weder hier doorbracht om daarna naar Frankrijk te gaan; na een kort bezoek aan Holland

---

Grondige oplossinge van de Natuur en Eygenschappen der Elementen etc. *Als-mede een klare beschrijving van de Quinta Essentia* etc. *Noch een dedicatie van 't primum mobile" Amsterdam 1688)*: „Waerom ick met goeden yver de Natuur des Waters aangreep, willende dat uyt zijn selfs natuur, door verscheyden vaten en pypen (op vreemde manieren gebogen) opwaarts doen klimmen, maar 't was al voor niet: want ten wilde niet een hayr breet rijsen: Maar gelijk zijn natuur is, 't liep altijts na beneden. 'k Hebbe niet te min verscheyden lustige fonteyn-kens gemaakt, die op verscheyden manieren, een tijt lank door 't dalen van haar eygen water, opwaarts straalden, op de hoogte van 20 of meer voeten." Voor deze en nog andere uitvindingen had Drebbel een octrooi van de Staten-Generaal gekregen (*Resolutie van 21 Juni 1598*).

in het najaar van 1628 vestigde hij zich hier het volgende jaar voor goed en stelde hij zich weldra van uit Amsterdam opnieuw met den pas door hem bezochte Parijschen slijper LE FERRIER in verbinding om de door hem zoo vurig verlangde lenzen met elliptisch en hyperbolisch gebogen oppervlak, die de lichtstralen in één punt zouden vereenigen en aldus de spherische aberratie doen verdwijnen, te verkrijgen, welke proeven ook later in 1635 bij een Amsterdamschen slijper werden voortgezet. (¹)

Behalve METIUS, DREBBEL en DESCARTES is er evenwel, zelfs meermalen, een andere der toenmalige physici, een vriend van DESCARTES en oud-Middelburger, bij JOHANNES SACHARIASSEN geweest, dien hij niet heeft genoemd, maar die juist een voor ons bijzonder belangrijke mededeeling zal doen, in 1634 uit JOHANNES' eigen mond gehoord. Het was de om zijne wis-kundige kennis bij zijne tijdgenooten in hoog aanzien staande ISAAC BEECKMAN, geboren te Middelburg 10 December 1588 (N.S.) als zoon van ABRAHAM BEECKMAN en SUSANNA VAN RHEE, ook weer afkomstig uit eene familie, die de Zuidelijke Nederlanden om des geloofs wille had verlaten. (²) Na in 1607 en 1609 de Leidsche hoogeschool te hebben bezocht en later in 1618 te Caen gepromoveerd te zijn, vestigde BEECKMAN zich eerst als doctor medicinae te Middelburg ; hij werd in 1619 ver-bonden als conrector aan de St.-Hieronymusschool te Utrecht, later aan de Latijnsche school te Rotterdam en is het meest bekend geworden als rector van de Latijnsche school te Dordrecht, welke betrekking hij sinds 1627 vervulde. Niet alleen als leer-meester van den lateren hoogleeraar HORTENSIUS (1605—1639) en den ook op wiskundig gebied goed aangeschreven staanden

---

(¹) D. J. KORTEWEG, *Een en ander over C. Huygens* etc., *pag. 264—268.* PORTA had dit vraagstuk reeds aangeroerd en ook KEPLER had gezegd, dat hyperbolische lenzen de voorkeur verdienen boven bolvormige. Na DESCARTES hielden zich vooral MAIGNAN, RHEITA en WREN met het slijpen van dergelijke hyperbolische lenzen bezig. Overigens werd door NEWTON aangetoond, dat de chromatische aberratie, die niet afhangt van den vorm van de lens, veel hinderlijker is dan de spherische.

(²) Ten onrechte wordt als het geboortejaar van BEECKMAN opgegeven : „omstreeks 1570".

Johan de Witt is Beeckman bekend, doch ook anderszins is zijn naam door de vele relaties, die hij had, aan de geschiedenis der wis- en natuurkundige wetenschappen in de Nederlanden verbonden; hij maakte aanvankelijk ook deel uit van de door de Staten-Generaal met betrekking tot Galilei benoemde commissie, die hare opdracht echter nimmer heeft volvoerd, omdat bijna alle leden kort na hare samenstelling overleden (o. a. Beeckman 19 Mei 1637), en hoewel Diodati bij Constantijn Huyghens nog wel een welwillend oor vond om de zaak opnieuw te beginnen, was weldra ook Galilei zelf door het verlies van zijn gezicht, gevolgd door zijn dood, niet meer in staat zich aan het werk te wijden. (¹) Niet alleen echter was Beeckman bekend met Nederlandsche geleerden als de bovengenoemde, waaraan nog de beide Stampioen's en de door zijn onvermoeiden arbeid op sterrekundig gebied bekende, sinds 1613 te Middelburg gevestigde, astronoom Lansbergen (1561—1632) (²), ijverig voorstander van het

(¹) Wel is waar zegt de *Resolutie van de Staten-Generaal van 11 November 1636:* „. . . ende werden tot d'examinatie van het meergenoemde werck mits desen versocht ende gecommitteert de meergenoemden Heer Reael selffs, ende met ende neffens hem Hortensius, ende Blau mede woonende tot Amsterdam, ende sal de professor Gool het voorschreve werck dienstig bevonden werdende, cunnen werden bygevoucht", doch dat Beeckman lid is geweest, blijkt uit verschillende brieven van Hortensius, Diodati en Const. Huyghens. Zie J. H. van Swinden, *De uitvinder der slingeruurwerken* (*Verh. Kon. Inst. 1ᵉ kl. 1817*, 3ᵉ dl. pag. 28—43); A. Favaro, *La proposta della longitudine* etc. l. c. (pag. 394) en G. Monchamp, *Isaac Beeckman et Descartes à propos d'une lettre inédite de Descartes à Colvius (Bulletins de l'Acad. roy. de Belgique*, 3ᵉ série T. XXIX nº 1 1895 pag. 133 sqq.). Waarschijnlijk trad Beeckman in de plaats van Golius.

(²) Hij was oorspronkelijk predikant te Goes; zie over hem Montucla, *Histoire des Mathématiques* etc., *an VII* T. II pag. 334, D. Bierens de Haan, *Bouwstoffen* etc., nº 3 pag. 10—12, nº 9 pag. 6—9, nº 23 pag. 10 en over zijne kerkelijke twisten Dr. A. A. Fokker, *Philipppus Lansbergen en zijne zonen Pieter en Jacob (Archief* van het Zeeuwsch Genootschap der Wetenschappen, V 1862 pag. 52—100 en de toevoegsels l. c. VII 1867 pag. 203; 1903 pag. 143). De tafels van Lansbergen werden ook door Kepler benut; verder werd hij bekend door zijne twisten met Fromond te Leuven. — Hoewel Lansbergen in Zeeland juist in een tijd leefde, waarin hij belangrijke mededeelingen voor de uitvinding

stelsel van Copernicus, kunnen gevoegd worden; doch hij kende ook Gassendi persoonlijk, was bevriend met Mydorge en ontving te Dordrecht bezoek van pater Mersenne, den getrouwen vriend van Descartes. Het meest bekend is wel het verhaal van de wijze, waarop Beeckman in 1618 met Descartes zelf, toen nog als jong soldaat in het leger van prins Maurits te Breda in garnizoen, in kennis kwam en met hem warme vriendschap sloot, waarin wel in 1630 eenige verkoeling kwam, doch die spoedig weer hervat werd. (¹) — De aanleiding tot deze minder goede verstandhouding was een door Beeckman aangelegd journaal, waarin ook door Descartes en pater Mersenne is gebladerd, en het is juist aan dit boek te danken, dat ook omtrent het onderwerp, dat ons bezighoudt, nog iets naders kan vernomen worden, en wel op een tijdstip, dat ongeveer 25 jaren valt vóór dat, waarop Borel zijne onderzoekingen betreffende de uitvinding van den verrekijker publiceerde. (²) Als titel van het journaal fungeert het opschrift:

Loci comvnes ‖ L[oci] communes sunt formae omnium rerum agendarum, ‖ virtutum, vitiorum aliorumque communium, the ‖ matum communes, quae fere in usum va ‖ riasque rerum humanarum ac litte ‖ rarum causas incidere possunt. — ‖ *Qui destinavit per omne genus auctorum lectione grassari,* ‖ *primo sibi quam plurimos paret locos: eos sumat* ‖ *partim a generibus ac parte vitiorum vir* ‖ *tutumque, partim ab aliis quae sunt* ‖ *in rebus mortalium praecipia, di* ‖ *geratque juxta rationem af* ‖

---

van den kijker had kunnen doen, is in zijne werken (nog in 1663 uitgegeven als „Philippi Lansbergii *astronomi celeberrimi Opera omnia, Middelburgi Zelandiae apud* Zachariam Roman", fol.) geene enkele mededeeling daaromtrent gevonden; slechts eenige malen wordt als terloops bij waarnemingen vermeld „per tubum opticum" o. a. met Hortensius te Dordrecht.

(¹) Zie *Oeuvres de Descartes publiées par* Ch. Adam *et* P. Tannery — *Oeuvres* T. V 1906 Avertissement pag. 22 e.v.

(²) Behalve in de briefwisseling tusschen Beeckman, Descartes en Mersenne omstreeks 1630 (*Oeuvres de Descartes publiées par* Adam *et* Tannery, *Correspondance* T. I, *1897 pag. 160, 161, 171*) wordt ook van het journaal melding gemaakt in *Wisconstich Filosofisch Bedrijf van* Henric Stevin, *Leiden 1667*, 2ᵉ boek pag. 3. — Het HS. berust thans op de Provinciale Bibliotheek van Zeeland.

finitatis et repugnantiae. || *Nam et quae inter se cog* || *nata sunt* *ultra ad* || *monent quid con* || *sequatur et con* || *trariorum est* || *eadem* *me* || *moria.* || Anno 1604. — [fol.; het HS. loopt van circa 1612 tot 1635 en bevat 472 foliobladen, gepagineerd van 1 tot 394.]

BEECKMAN heeft zich al heel vroeg, zoowel theoretisch als praktisch, met de inrichting en het gebruik van den kijker vertrouwd gemaakt, las successievelijk de destijds gebruikelijke werken over optica in het algemeen en dat van SIRTURUS over de inrichting van den verrekijker in het bijzonder; met LANSBERGEN deed hij o. a. verschillende waarnemingen, en het was ook deze, die aan BEECKMAN het plan aan de hand deed om zelf een kijker te vervaardigen. Zoo verhaalt hij, toen nog te Rotterdam woonachtig, in eene notitie op 1624: (¹)

"Over twee jaer wiert ick seer ernstelick geraden van PHILIPS LANSBERGHE, dat ick mijn beste doen soude om eenen verrekijcker te maken, gelijck het schijndt, dat GALILEUS a GALILEO gehadt heeft in *Nuntio Sidereo*. So ginck ick dan met synen sone . JACOB, d(oct.) m(ed.), ende dede een glas slypen te Middelborgh van christalijn, dat heel groot was ende sijn vergaerpunt hadde seer verde achter het glas, twelck also geschiede; maer ick bevondt, dat dit vergaerpunt so groot was, dat het tot gheen perfectie en konde brenghen, want het was wel soveel grooter als de vergaerpunten van andere glasen, als het glas grooter was dan andere glasen; so dacht ick doen, dat dit quam by foute van de jonghen, die het geslepen hadde, niet hebbende een perfect en so groot cirkelstick, daer hy ons glas in slypen konde. Maer desen 24ᵉⁿ Juny (1624) in den Haghe een brandtglas koopende, dat verde achter het glas brande, sach ick, dat het in het pampier een groot gat maeckte, veel grooter dan de brandtglaeskens, die kleyn sijn ende dicht achter sich branden, wandt die sijn gelijck een spellenhooftken ende dese byna gelijck eenen naghel van mijn handt; so dan begeerde ick op den slyper, dat hy my een glas slypen soude, dat noch verder achter sich brande ende maer een gaetjen gelijck een spellenhooftken maeckte, hopende daerdoor tot mynen voorgenomenen verrekijcker te geraken, maer hy andtwoorde, dat het niet moghelick en was van yemant ter weerelt, twelck ick niet en geloofde, want perfecte sticken van groote stale concave sp(h)eren hebbende, meyne, datter wel goede handt-

---

(¹) Fol. 195 recto.

werckers sijn, die het doen souden konden. Doch die niet
vindende ende nochtans het daervoor houdende, dat de sake
daerin bestaet, : . . . ."

Niet onmogelijk is het, dat BEECKMAN in 1622 of 1623 te
Middelburg in de brillenslijperij, toen nog gehouden door
SACHARIAS JANSSEN, is geweest, en dat de "jongen", die toen de
lens voor hem sleep, onze JOHANNES SACHARIASSEN was, die toen
wel is waar slechts 12 jaren telde, doch die, zooals trouwens
toen ter tijd gebruikelijk was, het bedrijf van zijn vader al heel
spoedig aangeleerd moet hebben. (¹) Wel blijft nu het plan
van BEECKMAN om zelf zijne lenzen te gaan slijpen voorloopig
rusten; maar toch ontwaakt weldra weer de lust daartoe, en
vooral wanneer DESCARTES hem van zijne proefnemingen te
Parijs heeft verhaald, dan worden de zaken krachtig aan-
gevat. Zoo vinden we BEECKMAN omstreeks 1632 terug in de
slijperij, die thans door JOHANNES SACHARIASSEN alleen wordt
gedreven; in 1634 doet hij verschillende reizen van uit
Dordrecht naar den Engelschen slijper op den Dam te Amsterdam om zich in de kunst te bekwamen, naar den slijper
PAULUS RUYSCH te Utrecht; doch hij heeft zich volkomen
goed slechts op de hoogte kunnen stellen bij zijn oud-stadgenoot JOHANNES SACHARIASSEN, bij wien hij in dezen tijd geregeld les neemt. In vele foliobladzijden, met de kantteekening
"slypen" worden de raadgevingen van JOHANNES SACHARIASSEN,
op technisch gebied aan BEECKMAN gedaan, aangeteekend,
door dezen zeker telkens te boek gesteld, wanneer hij na
afloop van zijn verblijf te Middelburg te Dordrecht was teruggekeerd. Zeer menigvuldig zijn de gesprekken geweest over
alles, wat den verrekijker betrof, door beide mannen onder het
slijpen gehouden. Zoo vinden we eene aanteekening voor ons
van eenig gewicht, waaruit blijkt, dat JOHANNES SACHARIASSEN
natuurlijkerwijze de kunst van zijn vader heeft geleerd: (²)

(¹) LIPPERHEY was in 1619 gestorven en LOUWYS LOUWYSSEN reeds
eerder, zoodat SACHARIAS JANSSEN en zijn zoon destijds de eenige ons
bekende brillenslijpers te Middelburg waren.
(²) Fol. 449 recto.

Johannes Pasquino fogga daa für mora dy urgly heustzeben maabb gir
for laube laute auß 1604 maab wime bon ay ftabiag daa op Pona auß 190.

„Johannes Sacharias seyde, dat sijn vader hem leerde knaps afslypen, sonder onderentusschen daeraf te gaan, waervan hy reden gaf, om datter het een of het ander ongeluck van sant op raeckt. . . . ."

Maar van het allergrootste gewicht voor ons is de mededeeling, welke Johannes Sachariassen Beeckman reeds eene maand te voren onder de werkzaamheden had gedaan, en van wier opteekening door Beeckman hier een fac-simile gegeven wordt, omdat er zich eene kleine zwarigheid bij voordoet: (1)

De eenige moeielijkheid in deze aanteekening bevindt zich in de beide laatste woorden. Het zal wel geen breed betoog behoeven, dat hier eene schrijffout is ingeslopen: van kijkers uit het jaar 190 is nog nimmer gehoord, en het is geheel onaannemelijk, ook al mocht in dat jaar zulk een instrument bestaan hebben, dat het in de 17de eeuw dan blijkbaar voor het eerst als model zou hebben kunnen dienen voor de vervaardiging van andere. Men zou kunnen meenen, dat het woord „anno″ fout was, en kunnen denken, dat het „n°″ moet zijn; maar een kijker, gemerkt n°. 190, zou dan beteekenen: de 190ste, die uit eenige werkplaats te voorschijn was gekomen. Zóó ver was men echter in dezen tijd nog niet, dat deze instrumenten bij honderdtallen in fabrieken gemaakt werden. Er blijft niets anders over dan aan te nemen, dat uit het getal 190 een cijfer is weggevallen, en eene andere mogelijkheid dan dat dit cijfer eene 5 is geweest tusschen de 1 en de 9 bestaat o. i. niet. (2) We meenen dus gerechtigd te zijn om de aanteekening te lezen als volgt:

Johannes Sacharias seght, dat sijn vader den eersten verrekijcker maeckte hier te lande anno 1604 naer eene van eenen Italiaen, daerop stont: „anno 1590".

_____

(1) Fol. 443 verso lin. 1—2 (Juni 1634).

(2) Misschien heeft wel de omstandigheid, dat er zich geen inkt meer in de pen bevond (zooals men wellicht in het fac-simile aan de overschrijving van het cijfer 1 kan zien) storend op het geregeld schrijven gewerkt en is daardoor de 5 vergeten.

Dit deelt Johannes Sachariassen aan Beeckman mede in
1634, dus 20 jaren vóórdat hij zijne verklaringen aflegt voor
den magistraat van Middelburg. En welk een groot verschil is er
in de omstandigheden van beide tijdstippen. In 1655 wordt
door gezaghebbende autoriteiten een onderzoek naar den uitvinder der verrekijkers ingesteld om diens naam te vereeuwigen.
Meer dan 50 jaren zijn sedert het gedachte feit verloopen,
waaraan de herinnering nog maar bij enkelen bestaat; vak-
mannen vindt men er niet onder, en de verklaringen zijn
moeielijk te controleeren. Drie à vier personen, die er wel
wat, maar niet alles van weten, gaan getuigen, dat Johan
Lipperhey, wiens aanspraken in elk geval van lateren tijd
zijn dan die van Sacharias Janssen, de gezochte man is.
Dit laatste vooral is Johannes te machtig en .... hij verdraait
de feiten. In 1634 is er geen sprake van eer of ander voordeel;
personen, die de natuurkundige wetenschappen beoefenen, weten
niet precies, wie de eerste uitvinder was. Zulk een persoon was
Beeckman; met hem was Johannes bekend, zij spreken en
werken dikwijls samen en in een van die vertrouwelijke couver-
satiën doet hij Beeckman de mededeeling, hierboven afgedrukt.
In 1634 sprak Johannes Sachariassen de waarheid. (¹)

De mededeelingen van 1655 voerden, zooals we zagen, door
den datum, welke Johannes toen opgaf voor de uitvinding
van zijn vader, in verband met andere gegevens, tot onwaarschijnlijkheden en verloren aldus zeer in geloofwaardigheid;
bovendien gaf Johannes waarschijnlijk mondeling op, dat hij
52 jaren oud was, dus geboren zou zijn in 1603 — terwijl
dit inderdaad 1611 is — waardoor hij in een veel gunstiger
positie kwam voor het door hem opgegeven jaar 1618 van de
uitvinding van den astronomischen kijker. Zijne mededeeling
van 1634 evenwel sluit, wat het tijdstip betreft, waarop zijn
vader den eersten kijker hier te lande vervaardigde, geheel bij

(¹) Zij kan door Beeckman wel zijn medegedeeld aan Descartes, toen
hij enkele maanden later (Augustus 1634) dezen te Amsterdam bezocht;
deze zal dan des te liever zijne meening omtrent Metius (zie blz. 5
en Adam et Tannery *Oeuvres de Descartes — Oeuvres T. I* 1902 pag. 227,
aanteekening) hebben behouden.

de hiervoren gegeven data uit het leven van SACHARIAS JANSSEN aan; geboren omstreeks 1588, was hij in 1604 op een leeftijd, waarop de zoon van een brillenslijper gemakkelijk naar een model een instrument kon namaken, vooral bij de zeer eenvoudige gedaante, welke de eerste verrekijkers aanvankelijk gehad moeten hebben. De bovenstaande mededeeling van JOHANNES SACHARIASSEN, in 1634 aan BEECKMAN gedaan, daarin zelfs erkennende, dat zijn vader slechts "hier te lande" den eersten verrekijker vervaardigde, draagt dan ook zóó den stempel van in vertrouwen en zonder bijoogmerken door hem in zijne gesprekken met BEECKMAN te zijn gedaan, dat zij als ontwijfelbare waarheid mag worden aanvaard. SACHARIAS JANSSEN heeft dus in 1604 zijn eersten kijker nagemaakt naar een van een Italiaan, waarop geschreven stond "anno 1590", een feit, waarin we zagen, dat GUALTEROTTI hem reeds in 1598 was voorgegaan door met de hulp van een Italiaansch soldaat een instrument samen te stellen; GUALTEROTTI toonde toen reeds zijn instrument aan verschillende personen in Italië; waar trouwens in het algemeen het gebruik van lenzencombinaties in dat land o. a. bij sterrekundige waarnemingen wel werd toegepast, is in de omstandigheid, dat SACHARIAS JANSSEN zijn instrument in 1604 naar dat van een Italiaan namaakt, niets vreemds. Die Italiaan heeft met zijn kijker, reeds in 1590 vervaardigd, omstreeks 1604 korter of langer tijd te Middelburg vertoefd; misschien was hij wel dezelfde "cavaliero in giostra e in guerra", die in 1598 zijne hulp aan GUALTEROTTI had aangeboden, in ieder geval zal hij zich in 1604 hebben bevonden, hetzij onder de Italiaansche soldaten, die destijds te Middelburg in zulk een grooten getale aanwezig waren of — hetgeen wellicht, bij gemis aan eene anders toch voor de hand liggende aanduiding van dat beroep in de mededeeling van JOHANNES SACHARIASSEN, nog waarschijnlijker is — onder de vele Italianen, welke op de glasblazerij te Middelburg werkzaam waren. Het kost geene moeite om in gedachten zulk een glasbewerker vóór of in 1604 met den ongeveer zestienjarigen zoon van een in dezelfde stad wonenden brillenslijper bij de een of andere gelegenheid kennis te zien maken en dezen een in zijn bezit zijnden kijker te leenen om daarnaar er een voor eigen gebruik te vervaardigen. Wie was dan ook meer geschikt tot zulk een namaak van het instrument dan de man, die later in 1613 en 1618/9 zijne talenten aanwendde om op zulk eene handige wijze Spaansche quartillen na te maken, door hem ook al als middel aangegrepen om er voordeel uit te slaan?

De waarheid is dus, dat SACHARIAS JANSSEN in 1604 zijn instrument heeft nagemaakt naar dat van een Italiaan, waarop stond 1590. Wat heeft nu zijn zoon JOHANNES SACHARIASSEN van dit feit in 1655 gemaakt bij zijne verklaringen voor den magistraat van Middelburg, overgenomen in het boek van BOREL, een werk trouwens ongetwijfeld, wat de uitvinding van het instrument betreft, door JOHANNES SACHARIASSEN geïnspireerd? De onnauwkeurige opgave van zijn geboortejaar, die hem zooveel vóór geeft bij zijne beweerde inventie van den astronomischen kijker in 1618, is bekend. Vergelijkt men bovendien zijne getuigenis — bv. de schriftelijke van pag. 140 — betreffende de vroegere uitvinding van den gewonen verrekijker, met zijne mededeeling, zonder nevenbedoeling aan BEECKMAN gedaan, dan zien we wel tot onze verrassing in die verklaring hetzelfde jaartal 1590 optreden, als in het gesprek met BEECKMAN werd opgegeven, hetgeen wel een bewijs is voor de nauwkeurigheid, waarmede dit jaartal is overgeleverd; maar bij verdere vergelijking blijkt tevens, hoe JOHANNES SACHARIASSEN in 1655 op het Stadhuis ook ten opzichte van de uitvinding van den zg. Hollandschen verrekijker de oorspronkelijke toedracht der zaak op handige wijze heeft weten te verdraaien. Het begin zijner verklaring: „Anno 1590 is de eerste buyse gemaeckt en geïnventeert binnen Middelburch in Zeelant" zou nog wel ter goeder trouw en overeenkomstig de waarheid kunnen zijn neergeschreven; maar het tweede gedeelte, waarin de naam van SACHARIAS JANSSEN als uitvinder wordt genoemd in het aangegeven jaar, maakt den geheelen zin tot eene onwaarheid.

Het heeft er wel iets van, of burgemeesters en schepenen van Middelburg op de vreemde afkomst van den verrekijker zinspelen, wanneer zij in hun brief aan BOREEL schrijven, dat de verklaring van JOHANNES SACHARIASSEN is „mede astruerende alsdat d'in-

ventie uyt dese onse stadt is voortgekomen, waervan niet
meerder voor als noch″, en den gezant een verder onderzoek beloven. Wel blijkt echter duidelijk in verband met de
aanteekening van BEECKMAN en het jaartal 1590, hoe WILLEM
BOREEL en PIERRE BOREL op inspiratie van JOHANNES SACHA-
RIASSEN aan SACHARIAS JANSSEN eene eer hebben toegekend,
welke dezen niet toekwam, vooral wanneer BOREL in 1655,
wellicht tengevolge van de nadere gegevens van JOHANNES SACHA-
RIASSEN, o. a. neerschrijft: ″Telescopium ergo Artifex noster
rimando ex professo indagavit″. Blijkbaar heeft JOHANNES
SACHARIASSEN in 1655 de geheele eer der uitvinding voor zijne
familie willen bewaren, waarschijnlijk om het aanzien van zijn
eigen bedrijf te Middelburg als lenzenslijper te verhoogen, en
lettende op de slotwoorden zijner schriftelijke verklaring van 1655:
″Vorder en kan ik mijne Heeren geen naeder onderricht daervan
doen″, lijkt het wel in verband met de kennis van de zaak,
welke JOHANNES in 1634 heeft getoond te bezitten, alsof hij
zich al vooraf voor verdere navraag van den kant van burgemeesters, schepenen en raad, hoe zijn vader misschien aan de
″inventie″ is gekomen, heeft willen vrijwaren.

Er is nu veel, wat bij bovenstaande verklaring der
questie duidelijk wordt, waarmede men vroeger geen raad
wist. Het jaartal 1590 voor de ″uitvinding″ van SACHARIAS
JANSSEN is tot heden voor alle schrijvers over de zaak een
struikelblok geweest in den vorm, waarin het ons in het boek
van BOREL werd gegeven: men heeft steeds moeite gehad aan
SACHARIAS JANSSEN een zoodanigen leeftijd toe te kennen,
dat hij te gelijkertijd een speelmakker kon zijn van den in
1591 geboren WILLEM BOREEL en zelfs nog vóór de geboorte
van zijn vriend den verrekijker uitvinden. Nu het blijkt,
dat JANSSEN niet in 1590, doch pas in 1604 voor het
eerst een kijker bezat, is dit bezwaar opgeheven, terwijl
thans nog een groot verschil aan den dag komt omtrent de
wijze, waarop JANSSEN in het bezit van zijn kijker geraakte:
terwijl het zeer bezwaarlijk is den speelmakker van den in 1591
geboren BOREEL in 1590 een kijker te doen uitvinden, gaat
het met veel minder moeielijkheden gepaard een zestienjarigen

brillenmakers zoon zulk een instrument te doen namaken. Niet alleen geeft dus de vertrouwelijke verklaring van JOHANNES SACHARIASSEN van 1634 een datum voor JANSSEN's //uit-vinding//, welke veel beter past in de ons van elders bekende reeks gebeurtenissen uit zijn leven; doch zij gaat zelfs zoo ver ons eene aannemelijke reden te geven, hoe JOHANNES SACHARIASSEN in 1655 en door hem PIERRE BOREL in zijn boek aan het jaartal 1590 voor de uitvinding zijn gekomen.

Tevens is het uit het bovenstaande duidelijk, dat dit jaartal niet dat van de uitvinding van een microscoop betreft — zooals men heeft gemeend — en JOHANNES SACHARIASSEN met de //korte buysse// niet zulk een instrument heeft bedoeld; hij had met die uitdrukking wel degelijk een verrekijker op het oog, al gold in het door hem gegeven jaar het een kijker in handen van een Italiaan en niet de uitvinding er van door zijn vader. Er werd hem in 1655 bovendien niet naar microscopen gevraagd, en eene verwarring van microscoop en Hollandschen verrekijker zou op zich zelf al bij een bekwaam instrumentmaker, als JOHANNES SACHARIASSEN toch geweest moet zijn, onwaarschijnlijk wezen. (¹)

Uit het feit, dat JOHANNES met zijne //buysse// een Holland-schen verrekijker heeft bedoeld, volgt, dat de kijker van den Italiaan is samengesteld geweest uit een bol objectief en hol oculair, en van zelf dat dit ook het geval was met het door JANSSEN nagemaakte exemplaar; deze meening wordt bovendien bevestigd door het praktisch gebruik, dat van die eerste kijkers in de eerste plaats gemaakt werd; BOREL zegt dan ook nog uitdrukkelijk, dat JANSSEN's kijker was samengesteld uit eene holle en eene bolle lens.

Reeds in 1604 heeft dus SACHARIAS JANSSEN de hem eigen vaardigheid tot het namaken van voorwerpen met succes toe-gepast, eene gave, die hij ook later met goede uitkomsten zou weten te gebruiken, al begeeft hij zich dan daarbij ook

(¹) Wat ons van de uitvinding van het microscoop door JANSSEN over-blijft, is dus nu alles alleen besloten in hetgeen WILLEM BOREL in zijn brief aan PIERRE BOREL mededeelt, zonder eenige nauwkeurige opgave van het tijdstip.

op gevaarlijker terrein. Door zijn vernuft op dat gebied was
SACHARIAS als geknipt voor de rol, die hij in dit opzicht in
de "uitvinding" van den kijker speelt, maar ook in ander
opzicht was hij de aangewezen man om zich van een instrument, dat eene groote toekomst beloofde, meester te maken.
JANSSEN was iemand, die uit alles wat hem onder oogen
kwam, geld trachtte te slaan, en zoo heeft hij den kijker van
den Italiaan ook volstrekt niet voor persoonlijk genoegen
nagemaakt. Het instrument zou in den oorlog, welken de Vereenigde Provinciën voerden, van groot nut kunnen zijn, en
inderdaad leest men zoowel in de verklaringen van JOHANNES
SACHARIASSEN als in hetgeen BOREL ons omtrent de uitvinding
mededeelt, dat SACHARIAS JANSSEN twee zijner kijkers heeft
aangeboden, een aan prins MAURITS en een aan Aartshertog ALBERT. De schenking aan MAURITS deed JANSSEN wellicht in 1605, bij gelegenheid dat de prins zich in Zeeland
bevond, waar op last der Staten een vrijleger werd uitge-
schreven. (¹) MAURITS gaf JANSSEN eene zekere som gelds
en verzocht hem de uitvinding niet verder wereldkundig te
maken om zelf het instrument op zijne veldtochten te kunnen
gebruiken, en aldus bleef de "uitvinder" langen tijd verborgen. (²) — Op zichzelf is dit verhaal van BOREL niet
geheel onwaarschijnlijk. De kijker schijnt in den eersten tijd
van zijn bestaan meermalen beschouwd te zijn als eene geheime
zaak. MAURITS doet hier met den van JANSSEN ontvangen
kijker, wat anderen reeds vóór hem hebben gedaan en nog
later zullen doen; zooals BOREEL in zijn brief aan PIERRE
BOREL schrijft: "inter secreta custodivit", en dit verhaal heeft
dan zeer veel overeenkomst met hetgeen we later met LIP-
PERHEY zullen zien gebeuren: ook deze zal zich met zijn
instrument naar MAURITS begeven, door den prins met verzoek
om octrooi naar de Staten-Generaal verwezen worden, en ook
de Staten verlangen oorspronkelijk van LIPPERHEY, zooals

(¹) *Bijvoegsels en aanmerkingen op het IX⁰ deel van* WAGENAAR, *Vader-
landsche Historie* pag. 89.

(²) Zie blz. 19, 20.

thans Maurits van Janssen, ″dat hy syne inventie niemanden anders teenigen daegen en sal overgeven″. Wellicht, gelijk gezegd, deed Janssen zijne schenking in 1605, en er kunnen inderdaad omstandigheden hebben medegewerkt om de zaak geheim te doen blijven. In 1605 is de aanbieding meer van persoonlijken aard dan in 1608, wanneer Lipperhey bij verschillende regeeringscolleges komt en vooral te 's-Gravenhage veel ruchtbaarheid aan de zaak gegeven wordt. Nochtans heeft Johannes Sachariassen ons de juiste tijdsbepaling van die schenking niet overgeleverd en in aanmerking genomen, dat ook aan Albertus een kijker werd geschonken, met wien we vóór 1608 nog in een volkomen oorlogstoestand verkeerden, en dat prins Maurits in 1608, als Lipperhey bij hem komt, voor zoover men kan nagaan, van de vroegere schenking geen gewag heeft gemaakt, zijn wij meer geneigd te meenen, dat Janssen zijne kijkers eerst geschonken heeft na de aanbieding door Lipperhey. (¹)

In ieder geval heeft zich Sacharias aan die belofte om de zaak geheim te houden niet streng gehouden. Het lag trouwens voor de hand, dat iemand van zijn karakter uit het hem bekende werktuig op de een of andere wijze meer munt zou zoeken te slaan, en wat zou onze kramer anders doen dan te trachten van het nieuwe werktuig een handelsartikel te maken? Zulk een pogen was trouwens het kenmerk van den geest, welke de Hollanders destijds bezielde. Wanneer dus Sacharias, onze brillenman-kramer, tevens handelaar in ″Neurenburgerijen″ (zooals we hem ook naar het beroep van zijn zoon kunnen beschouwen) een bezoek aan de groote jaarmarkten gaat brengen, dan voegt hij het instrument bij zijne overige kramerijen en trekt er mede de wereld in. Dit schijnt te mogen worden aangenomen op grond van een bericht, dat we bezitten omtrent een kijker in

---

(¹) Daar er hier bij Janssen en later bij Lipperhey meermalen sprake is van eene aanbieding van verrekijkers aan Maurits, heeft prof. Krämer op verzoek van den rijksarchivaris in Zeeland omtrent deze zaak in het Huisarchief van H. M. de Koningin over de jaren 1590 tot 1608 een onderzoek ingesteld, dat echter hieromtrent niets aan het licht heeft gebracht.

handen van een „Belga", welke te koop werd aangeboden op
de najaarskermis te Frankfort, die in het laatst van Augustus 1608
werd gehouden en eene groote vermaardheid bezat ; het aanbod
werd gedaan aan den astronoom en overste Fuchs, waarschijnlijk
ook in Hollandschen dienst niet onbekend, en is tevens niet
onbelangrijk voor de kennis van de wijze, waarop de instrumenten in Duitschland werden verspreid. De gebeurtenis wordt
verhaald door zijn medewerker Simon Marius : (¹)

„Anno 1608 quando celebrabantur Nundinae Francofurtenses
Autumnales, versabatur etiam ibidem Nobilissimus, Fortis-
simus, maximeque strenuus vir, Iohannes Philippus Fuchsius
de Bimbach in Möhrn Dominus et Eques Auratus intrepidus
belli Dux, etc. Illustrissimorum meorum Principum Consiliarius
intimus (²), totius Matheseos, aliarumque similium scientiarum
non saltem fautor et amator, sed et cultor maximus. Inter
alia quae tunc ibi gerebantur, accidit, ut Mercator quidam
modo nominatum Nobilissimum Virum conveniret, cuius notitiam
ante habuerat, et referret quendam Belgam nunc Francofurti
esse in nundinis, qui excogitarit instrumentum quoddam,
quo mediante, remotissima quaeque obiecta, quasi proxima

(¹) *Mundus Iovialis anno M.DC.IX detectus ope perspicilli Belgici, Hoc
est, Quatuor Jovialium planetarum, cum theoria, tum tabulae, propriis
observationibus maxime fundatae, ex quibus situs illorum ad Iovem, ad
quodvis tempus datum promptissime et facilime supputari potest. Inventore
et Authore Simone Mario Guntzenhusano, Marchionum Brandenburgensium
in Franconia mathematico, puriorisque Medicinae studioso. Cum gratia et
privil. Sac. Caes. Majest. Sumptibus et Typis Iohannis Lauri Civis et
Bibliopolae Noribergensis, Anno M.DC.XIV. — Praefatio ad candidum
lectorem. Lin. 14—35.* — Simon Marius (Mayer) was geboren in 1572
te Guntzenhausen, studeerde op kosten van den markgraaf Friedrich
te Heilsbronn, om zich daarna geheel aan de astronomie te
wijden. Na verschillende praestaties op dat gebied begaf hij zich op
uitnoodiging van Tycho Brahe in Mei 1601 naar Praag doch verloor
aldaar weldra dezen gids ; nochtans had hij het voorrecht daar kennis
te maken met Kepler. Marius keerde hierop naar zijn vaderland terug,
van waar hij weldra, gesteund door eene jaarlijksche toelage van zijn
beschermer, vertrok om Venetië en Padua te bezoeken, in welke
laatste stad hij tot 1605 bleef en o. a. Galilei leerde kennen (zie pag.
92) ; na zijn terugkeer te Anspach in 1606 werd hij aldaar hofastronoom
en hield hij zich o. a. bezig met de samenstelling van Calendaria en
Prognostica. Hij overleed in 1624

(²) Nl. van de markgraven van Brandenburg—Anspach.

essent, intueri liceret. Quo cognito multum rogavit dictum
Mercatorem, ut belgam illum ad se adduceret, quod tandem
obtinuit. Multum igitur disputans cum Belga primo inventore,
et de inventi novi veritate nonnihil dubitans Nobilissimus
Vir, tandem belga producto instrumento, quod secum attulerat,
et cuius alterum vitrum rimam egerat, rei veritatem experiri
iussit. Accepto itaque instrumento in manus, et ad objecta
directo, ea aliquot vicibus ampliari et multiplicari vidit. Depre-
hensa itaque veritate instrumenti, quaesivit ex illo, pro quanta
pecuniae summa simile instrumentum parare vellet: Belga
magnam pecuniae summam poposcit: cum vero intellexerit,
quod primum habere non possit, ideo rebus infectis invicem
discessum est . . . ./

De naam van den Hollandschen koopman met den verrekijker
op de Frankforter najaarsmis wordt door MARIUS niet genoemd,
doch het is gemakkelijk na te gaan, wie die koopman geweest
moet zijn, die door hem als //primus inventor// wordt aangeduid.

Er komen maar drie inwoners der Geünieerde Gewesten in aanmerking, die als aanbieder van een kijker zouden kunnen optreden
nl. LIPPERHEY, METIUS en SACHARIAS JANSSEN. Het tijdstip,
waarop de mis te Frankfort werd gehouden, was dat tusschen
15 Augustus en 8 September (¹). Reeds hieruit volgt, dat de
daar aangeboden kijker niet van LIPPERHEY of METIUS afkomstig
kan zijn. Het zal later blijken, dat meer dan ééne omstandigheid LIPPERHEY, toen hij eenig meerder voordeel uit het instru-

(¹) VAN SWINDEN en HARTING, die van het verhaal van MARIUS melding
maken, meenen, dat de mis in September werd gehouden, en dat de daar
te koop aangeboden kijker van LIPPERHEY afkomstig was. Niet te verwonderen is het dan, dat men dat toch niet goed weet te verklaren.
BOSSCHA en OUDEMANS (Galilée et Marius — Archives Néerlandaises des
Sciences exactes et Naturelles, Serie II, T. VIII pag. 9) zeggen dan ook,
dat zij gehouden werd in November. Intusschen is bovenstaande de
juiste datum; zie Dr. H. GROTEFEND, Zeitrechnung des Deutschen mittelalters
und der Neuzeit, Erster Band, Hannover 1891, pag. 66, 67, 69, 122: „Messe,
für Markt, die anfangs ja meist mit den Kirchmessen verbunden
waren. Die alte messe in Frankfurt ist im Herbst, zwischen den
zwein unser Frauentagen assumptio und nativitatis". Zij
werd dus ingeluid 15 Augustus (Frauentag der Himmelvart) en uitgeluid
8 September „alse Frankenforder alde messe usget".

ment wilde trekken, heeft gedwongen te trachten dit op de snelst mogelijke wijze te verkrijgen, hetgeen wel het beste geschieden kon door zich tot de regeering te wenden met verzoek om octrooi. Zijne komst dateert evenwel eerst van de laatste dagen van September 1608. Bovendien zal iemand, die bij de landsregeering met een verzoek om octrooi voor de eene of andere uitvinding komt, zich wel wachten om de door hem vervaardigde instrumenten vooraf op eene wereldtentoonstelling, zooals men wel bijna mag zeggen dat destijds de najaarsmis te Frankfort was, te exposeeren (¹). Hierbij komt nog, dat LIPPERHEY, wanneer hij in October in den Haag geen beslissend antwoord op zijn verzoek krijgt, doch daarop, zooals we zullen zien, in December terugkomt, nog zoozeer vervuld is van de hoop alsnog zijn octrooi te zullen verwerven, dat hij weigert zelfs voor den Franschen gezant kijkers te maken. Hij zal dus zijne instrumenten vóór het einde van 1608 goed hebben bewaard en niemand in de gelegenheid gesteld zich te zijnen koste met het werktuig eenig voordeel te verwerven. Om dergelijke redenen is het nog minder aannemelijk, dat de bewuste koopman te Frankfort JACOB METIUS zou geweest zijn, op wiens request pas den 17ᵉⁿ October beslist wordt. LIPPERHEY en METIUS zijn bovendien blijkbaar lieden geweest, die niet dan bij hooge noodzakelijkheid hunne woonplaats verlieten. De levensbijzonderheden van SACHARIAS JANSSEN daarentegen maken hem alleszins geschikt voor den persoon, die zich tusschen

---

(¹) De mis was voor de geleerden van groot belang. Van de te koop aangeboden boeken verschenen catalogi, welke geregeld door velen voor de kennis van wetenschappelijk nieuws werden nageslagen. Uit verschillende brieven blijkt, dat GALILEI en andere leden der Accademia dei Lincei o. a. ook vorst CESI die gewoonte hadden, en KEPLER kreeg op deze wijze ook bericht van de ontdekkingen van JOH. FABRICIUS te Ostell in Oost-Friesland, gedaan sinds het einde van 1610 met betrekking tot de zonnevlekken. — De uitdrukkingen van KEPLER in de *Dissertatio cum Nuncio Sidereo* (gedagteekend 19 April 1610) *Postscripta* en van MARIUS, *Mundus Jovialis* in de allereerste regels der Praefatio (opdracht van 18 Februari 1614) zullen waarschijnlijk op de voorjaarsmis betrekking hebben.

dien 15^{en} Augustus en 8^{en} September 1608, wanneer van kijkers van LIPPERHEY of METIUS nog geen sprake is, met een kijker op de Frankforter kermis bevindt. Hij, wiens beroep ons juist als dat van *cramer* wordt aangeduid, wiens zoon het bedrijf van koopman in Neurenburgerijen voortzette, die geen gelegenheid liet voorbijgaan om in *zaken te doen*, geld te verdienen en zulk een ondernemend man was, hij is voor dien handel de aangewezen persoon. In SACHARIAS JANSSEN en in hem alleen, die reeds sinds 1604 in het bezit van een kijker was, meenen we dan ook den Hollander te mogen zien, die het instrument op de mis te Frankfort tracht te verkoopen, nog vóór LIPPERHEY of METIUS met hunne werktuigen voor den dag kwamen. De nauwkeurige aanduiding van MARIUS, dat het eene glas van den aangeboden kijker gebarsten was, is bovendien eene aanwijzing voor de veronderstelling, dat het instrument niet zoo kersversch uit de werkplaats kwam, wat bij LIPPERHEY of METIUS het geval geweest zou zijn. (^{1})

Er valt nog een ander getuigenis bij te brengen omtrent de werkzaamheden van SACHARIAS JANSSEN met zijn werktuig in Duitschland, ontleend aan een handschrift van 1616, speciaal over den verrekijker handelend, en waarschijnlijk vervaardigd

---

(^{1}) MARIUS noemt in zijn verhaal den koopman — of met name dan SACHARIAS JANSSEN — den eersten uitvinder („Multum igitur disputans cum Belga primo inventore . . ”); maar het is moeielijk te beslissen, of die bewering van JANSSEN afkomstig is of door MARIUS aan zijn verhaal is toegevoegd. Bij de beoordeeling dient niet vergeten te worden, dat in het byzonder de *Praefatio* van den *Mundus Iovialis* eene verdediging is van MARIUS tegen het in twijfel trekken van de oorspronkelijkheid zijner ontdekkingen door zijne tijdgenooten, speciaal tegen GALILEI. MARIUS kan met de bedoelde woorden slechts hebben willen releveeren, dat naar zijne meening de kijker van Nederlandschen afkomst was, zooals dan ook de volledige titel van zijn werk in dit opzicht eenigszins een pendant is van dien van het boek van GALILEI: *Sidereus nuncius, magna longeque admirabilia spectacula pandens, suspiciendaque proponens unicuique, praesertim vero philosophis atque astronomis, quae a* GALILEO GALILEO *patritio Florentino, Patavini Gymnasii publico mathematico, perspicilli nuper a se reperti beneficio sunt observata* . . ., zij het dan ook, dat GALILEI daarin verhaalt, dat hij van het instrument in Holland heeft gehoord.

door CHRISTOPH SCHEINER, een van de geleerde Jezuieten dier
dagen in Duitschland. In 1575 in Zwaben geboren, trad hij in
1595 in de orde, was op het oogenblik, dat we met hem kennis
maken, hoogleeraar aan het bekende college te Ingolstadt,
leerde ook Hebreeuwsch en wiskunde te Freiburg en Rome en
stierf in 1650 als rector van het Jezuietencollege te Neissen
in Silezië. (¹) In het Caput secundum van zijn manuscript
Tractatus de tubo optico, dat in het byzonder over den uitvinder
van het werktuig handelt, en tot titel heeft *De tubi optici
inventore*, leest men dienaangaande het volgende: (²)

"IOANNES CEPLERUS Mathematicus Caesareus in sua *cum
Nuncio Sidereo dissertatione*, huius machinae inventorem primum
arbitratur IOANNEM BAP. PORTAM Neapolitanum, cuius rei
luculentum affert testimonium ex ipsius PORTAE *Magia Naturali*. (³)
GALILEUS DE GALILEIS, Patricius et Mathematicus Florentinus,
in suo *Nuncio Sidereo*, quem MDCX evulgavit et in aliis non-
nullis suis opusculis, praesertim in *Historia macularum solarium*
contra APELLEM consignata, sibi ipsi huius inventionis gloriam
vindicare videtur. (⁴) Dicendum 1° si rem ipsam, quam tubus

(¹) Zie over hem A. VON BRAUNMÜHL, *Christoph Scheiner als Mathe-
matiker, Physiker und Astronom, Bamberg 1891*.

(²) Het handschrift berust met andere manuscripten van SCHEINER
en twee gedrukte, onder SCHEINER te Ingolstadt in 1614 en 1615 gehouden
dissertatiën, in één band op de bibliotheek van het Zwitsersch Poly-
technikum te Zürich. Ik dank het afschrift van deze plaats aan de
welwillendheid van de Heer bibliothecaris aldaar, wien ik hier daarvoor
mijn hartelijken dank breng. Eene vertaling van het stuk bevindt zich
bij R. WOLF, *Zeitgenössischer Beitrag zur Geschichte der Erfinder des
Fernrohrs (Vierteljahrsschrift der Naturforschenden Gesellschaft in Zürich,
Zürich, 21ᵉʳ Jahrgang 1876 pag. 290)*.

(³) Zie pag. 87.

(⁴) Die APELLES is later gebleken zonder twijfel SCHEINER zelf te zijn,
die zich toen meermalen als zoodanig heeft bekend gemaakt. Hij hield
zich met bovengenoemde onderzoekingen zeer grondig bezig en schreef
in 1626 daarover een zeer gewaardeerd werk. In 1611 schreef hij
drie brieven aan MARCO WELSER (zie pag. 10), later gedrukt als
*Tres Epistolae De Maculis Solaribus, Scriptae ad Marcum Velserum
Augustae Vind. II. Virum Praefect. Cum observationum iconismis. Augustae
Vindelicorum, Ad insigne pinus. Cum privilegio Caes. perpet. Anno M.DC.XII.
Non. Ian.* De brieven zijn van 12 November, 19 en 26 December 1611
en onderteekend *Tuus Apelles latens post tabulam.* Reeds in de eerste
dier brieven zegt SCHEINER voor zeven of acht maanden zwarte vlekken

opticus praestat, spectamus, eius inventor primus non immerito habetur Bap. Porta, qui ipse plane tale instrumentum, licet more suo obscuris verbis et aenigmaticis . . . . . . (¹), describit, quale tubus opticus est. Dicendum 2° si usum ipsius tubi expeditum et clarum (?) hominibus proditum et hoc tempore paulatim perfectum consideramus, primus illius inventor nec B. Porta nec Galileus fuit. **Tubus opticus hoc modo sumptus in Germania repertus apud Belgas, idque casu ab institore quodam qui perspicilla communia vendidit(²)** et cava convexis et convexa cavis vel casu tamquam nugando vel curiositate periculi faciendi . . . . . . (¹) ita et eo usque pernoscendi adaptavit, donec rem satis parvam et multum remotam magnam nihilominus et veluti coram aspexit per vitra utraque; quo eventu laetus aliquot eiusmodi vitrorum paria tubo inclusit virisque primoribus magno pretio obtulit; . . . ."

Op wien kan dit verhaal, door een Duitscher gedaan, anders betrekking hebben dan op Sacharias Janssen, van wiens omzwervingen in Duitschland met den kijker ook het verhaal van Simon Marius getuigd en wiens qualificatie van institor of kramer in dit bericht zoo duidelijk te voorschijn komt? Lipperhey was geen kramer, hij bleef zijn vak steeds te Middelburg in zijn winkel uitoefenen, maar Sacharias Janssen was de jonge man, die met zijne kraam de Duitsche jaarmarkten afreisde, daar zijne brilleglazen verkocht en ook den kijker, door hem in 1604 zoo snedig van den Italiaan afgezien, aan den man trachtte te brengen, nog lang voordat een Lipperhey of Galilei met het instrument in aanraking kwamen. Aan den jeugdigen leeftijd van Sacharias, waarop

op de zonneschijf te hebben waargenomen. Welser zond ze 6 Januari 1612 aan Galilei, die in zijn eerste brief over dat onderwerp van 4 Maart 1612 antwoordde die vlekken reeds 18 maanden geleden te hebben gezien. De waarnemingen van Fabricius in Oost-Friesland (zonder verrekijker geschied) waren trouwens nog van vroeger dagteekening dan die van Galilei of Scheiner. De quaestie werd nog lang bediscussieerd en wekte aan beide zijden veel wrevel. Merkwaardig is dan ook wel tegenover de verbitterde uitvallen van Scheiner, vooral van later tijd, tegen Galilei, de vrij zachte toon, die over het onderwerp hierboven is aangeslagen.

(¹) Dit woord was niet goed leesbaar.

(²) De spatieering is van mij.

hij in het bezit van een kijker is gekomen, zijn dan ook ongetwijfeld de telkens wederkeerende fabelen toe te schrijven, dat de uitvinding door hem al spelende zou geschied zijn. Uit het bovenstaande blijkt ons weder, dat Sacharias reeds vóór Lipperhey's uitvinding den verrekijker overal ter markt bracht. (¹)

(¹) Nadat dit opstel reeds voltooid was, verscheen van de hand van Dr. H. A. Naber eene verhandeling over Cornelis Jacobsz. Drebbel in aflevering 4, jaargang XII van *Oud-Holland*, die wel behoort tot jaargang 1904, doch pas in Augustus 1905 het licht zag. Zij mag hier niet geheel en al onbesproken blijven, omdat het daarin wordt voorgesteld, alsof Drebbel nog vóór Sacharias Janssen en vóór Lipperhey met de samenstelling van den verrekijker bekend ware geweest. De geachte schrijver houdt Drebbel nl. voor den man, die zich met een kijker op de Frankforter mis bevond, eene meening dus, die van de boven uiteengezette afwijkt. Ik stem gereedelijk toe, dat in gevallen als deze, waarin geene namen genoemd worden, volstrekte zekerheid wel nooit te geven of te krijgen is, en er altijd meer of minder ruimte voor verschil van meening kan overblijven; doch bijkomende omstandigheden betreffende zaken en personen, zoo volledig mogelijk, moeten hier eene overtuiging vestigen. De bijzonderheden, betreffende Sacharias Janssen voor den dag gekomen, maken hem aangewezen voor den Hollander op de Frankforter mis. Die van Drebbel echter geenszins. Drebbel was in 1608 reeds de vermaarde mathematicus van den Engelschen koning, zijn naam ware dus wel genoemd, en ons tweede bericht spreekt uitdrukkelijk van een kramer, hetgeen Sacharias Janssen zeer stellig, doch Drebbel zeker niet was. Zou verder de koninklijke mathematicus, die later schatrijk wordt genoemd en in 1608 stellig meer dan bemiddeld was, den koning in wiens dienst hij was, en wien het voor de hand lag zijn werktuig aan te bieden, zijn voorbijgegaan, en naar Frankfort zijn gereisd om daar zijn instrument te koop aan te bieden, een liefhebber nog verdrijvende door te overvragen? Bovendien is Drebbel noch door tijdgenooten noch later verdedigd of zelfs maar genoemd als deel hebbend aan de uitvinding der verrekijkers; alleen Borel noemt hem in zijn boek terloops: Drebbel's werkzaamheden vallen o. i. na de algemeene verspreiding van het instrument. En dan zou ik nog op eene misstelling in de studie van den heer Naber willen wijzen, op zichzelf gering, maar juist in verband met deze kwestie niet zonder gewicht: de Hollandsche vertaling, die Dr. Naber aan Van Swinden ontleent, zegt nl., dat te Frankfort tusschen Fuchs en den Hollander gesproken werd o v e r den eersten uitvinder, iets, wat reeds op eene verspreiding en van den kant van den eerste eene zekere kennis van de uitvinding zou doen veronderstellen; doch de origineele tekst zegt duidelijk: „Multa disputans cum Belga, primo inventore", over en weer sprekend met den Hollander, die er d e e e r s t e u i t v i n d e r v a n was (volgens

Maar — zal men tegenwerpen — dit zijn posthume getuigenissen en ook geen officiëele. Zien we dan echter, wat of
er te Middelburg gebeurt, wanneer Lipperhey met zijne ontdekking te voorschijn komt. — De verkoop van een kijker
door Sacharias Janssen aan Fuchs is te Frankfort niet geslaagd, en na afloop van de mis keert hij naar zijn vaderstad
terug. Gedurende zijne afwezigheid heeft echter zijn buurman
en vakgenoot Lipperhey het belang van het instrument leeren
inzien en wil nu op zijne beurt iets aan de zaak verdienen.
Hij vat daarbij het plan op te trachten een zijner instrumenten aan prins Maurits aan te bieden, die zich echter
nu in den Haag bevindt. Lipperhey is niet op eigen gezag
met zijn werktuig naar die stad getrokken. Aan de drie op
blz. 28—29 gegevene stukken, waaruit blijkt, dat hij den
2den October 1608 een request met verzoek om octrooi voor
zijne vinding aan de Staten-Generaal heeft aangeboden, en
dat eene commissie werd benoemd om zijn instrument te
onderzoeken, gaat een ander stuk vooraf, waaruit men zien kan,
wanneer Lipperhey eigenlijk met zijn kijker het eerst voor
den dag is gekomen. Om aan zijn wensch om prins Maurits
te spreken te krijgen te voldoen heeft hij zich nl., alvorens
zich naar den Haag te begeven, den 25sten September 1608
vervoegd bij de Gecommitteerde Raden van de Staten van
Zeeland te Middelburg en hunne hulp ingeroepen. Zij geven
hem dan den volgenden aanbevelingsbrief aan hunne Gedeputeerden in den Haag mede:

> Uittreksel uit de *Acten ende missiven van
> de Ed. Heeren die Gecommitteerde raden
> van de Staten van Zeelandt, beginnende
> met Januario 1608 ende eyndende den
> (31 December 1613).*

**Gedeputeer-
de(n)**

Edele, etc.

Den brenger van dese, die verclaert seeckere conste te
hebben, daermede men seer verre alle dingen can sien

Marius nl.) en geenszins de primo inventore. Sacharias Janssen is de
eenige Hollander, van wien we weten, dat hij vóór 1608 een
kijker bezat.

al oft die naerby waeren, by middel van gesichten van glasen, dewelcke hy pretendeert, dat een niewe inventie is, ende soude deselve gaerne eerst communiceren met Zyne Excellencie. UE. sal hem believen aen Zyne Excellentie te addresseren ende naer gelegenheyt, ende naerdat U.E. de conste bevinden, behulpich te wesen.

. . . .

Hiermede Edele etc.

den XXV^{sten} Septembris 1608.

Raden.

Dat LIPPERHEY de hier bedoelde persoon is, volgt hieruit, dat dit stuk, ook wat de verschillende data betreft, geheel aansluit aan de op blz. 28—29 gegevene stukken, welke ons de ontvangst en het onderzoek van den kijker van HANS LIPPERHEY, brillenmaker te Middelburg, bij de Staten-Generaal in den Haag sinds 2 October doen kennen. (¹) LIPPERHEY onderhandelt 2 tot 6 October over een octrooi met de Staten-Generaal in den Haag; de zaak wordt evenwel niet beslist en hij keert naar Middelburg terug, terwijl de Gecommitteerde Raden van hun Gedeputeerde MAGNUS uit den Haag bericht ontvangen, hoe de zaak is afgeloopen. Hetzij nu dat Gecommitteerde Raden door de ontvangst van dit schrijven, waarin hun Gedeputeerde wellicht mededeelde, dat de uitvinding althans MAURITS wel bekend was, worden herinnerd aan de omstandigheid, dat zich in de onmiddellijke nabijheid van de plaats, waar zij hunne vergaderingen houden, iemand moet wonen, die al sinds eenige jaren het instrument bezit, hetzij — wat ons het meest waarschijnlijk voorkomt — dat zij zelven bij de komst van LIPPERHEY op 25 September daarvan reeds eenig vermoeden hebben gehad, doch door de af-

---

(¹) Op METIUS kan het bovenstaande stuk geene betrekking hebben: hij woonde in Holland en zal zich met zijne belangen niet tot de Zeeuwsche regeering gewend hebben, op wier weg het ook niet lag om hem in eene zaak als deze te helpen. Waarschijnlijk heeft hij zijn request rechtstreeks aan de Staten-Generaal gepresenteerd. LIPPERHEY woonde evenwel te Middelburg, waar de regeering van Zeeland zetelde, en wier bemiddeling hij dus gemakkelijk kon inroepen.

wezigheid van JANSSEN zich daarvan op dat tijdstip niet met
zekerheid konden vergewissen — niet lang daarna verschijnt
op hun verzoek iemand in de vergadering, die hun terstond
laat zien, dat hij even goed in het bezit is van het besproken
instrument als LIPPERHEY, dien zij enkele weken geleden
met zijne beweerde nieuwe inventie naar den Haag hadden
gezonden :

> Uittreksel uit de *Notulen van Gecommitteerde*
> *Raden van Zeeland.*

Den XIIII^{en} Octobris 1608.

. . . . , ...
    Is binnen outboden ...., die men verstaet, dat
oock de conste soude hebben om instrumenten te maecken
om verre dingen naeby te sien; ende is geordonneert
dacrop te schryven aen de Heeren Gedeputeerde(n).

Wel is waar wordt in dit stuk de naam van den persoon,
die op dat oogenblik de kunst van het vervaardigen van
kijkers te Middelburg met LIPPERHEY deelt, verzwegen, doch de
gedachten gaan terstond naar SACHARIAS JANSSEN, als den eenigen
— buiten LIPPERHEY — in de stad wonenden persoon, van wien
we weten, dat hij reeds sinds geruimen tijd in het bezit van
een kijker is. Het niet invullen van den naam in het stuk
lijkt op het eerste gezicht bij de nabuurschap, welke er tusschen
JANSSEN's werkplaats en de vergaderzaal der Staten bestond,
wel vreemd, doch het is reeds vroeger gebleken, dat zulk
een open laten van namen voorkwam, zelfs wanneer het zeer
bekende personen als het hoofd van de glasblazerij te Middelburg
betrof. (¹) Verder vinden we in de omstandigheid, dat we in
JANSSEN den Hollander op de Frankforter mis moesten zien,
tevens de verklaring, dat hij eerst op 14 October kan verschijnen, wanneer hij juist van zijne reis uit Duitschland kan
zijn teruggekeerd. JANSSEN zal dus onkundig zijn gebleven
van de in zijne afwezigheid plaats gevonden hebbende ge-

(¹) Dat de bedoelde persoon een der te Middelburg vertoevende
Italianen, in het bezit van een kijker, zou geweest zijn, is om verschillende redenen zeer onwaarschijnlijk.

beurtenis, en wederom in overeenstemming hiermede schijnen we ook uit de bewoordingen van de resolutie te moeten afleiden, dat JANSSEN zich niet uit eigen beweging bij Gecommitteerde Raden heeft aangemeld, doch dat deze zelven hem hebben doen roepen, daartoe geleid door eene der boven aangegeven redenen. (¹) — Onmiddellijk na de inlichtingen, door SACHARIAS JANSSEN, omtrent zijn instrument verstrekt, schrijven Gecommitteerde Raden den volgenden brief aan hun Gedeputeerde in den Haag:

> Uittreksel uit de *Acten ende missiven van de Ed. Heeren die Gecommitteerde raden van de Staten van Zeelandt, beginnende met Januario 1608 ende eyndende den (31 December 1613).*

eer-

Edele, etc.

Wy hebben U.E. brieven ontfangen ende onder andere daeruut verstaen t'gene by Zyne Excellencie ende Heeren Staten-Generael is gedaen ten respecte van degene, die de conste gevonden heeft van verre saecken ende plaetsen als naerby te sien. (²) Wy en hebben daerop nyet willen naerlaten UE. te adverteren, dat alhier een jongman (is), die oock de conste segt te hebben, ende deselve oock met gelijcke instrument doet blijcken, ende beduchten datter noch meer zijn, ende dat oock andersints nyet en sal connen secreet blyven; want naerdien men weet, dat de conste in de warelt is, soo sal daernaer getracht worden, besunder naerdien men siet de forme van de buyse ende daeruut eenichsints de redenen soude connen

---

(¹) De woorden in de resolutie „Is binnen ontboden" zijn merkwaardig met het oog op den in de *Notulen* inderdaad gebruikelijken term: „Is (zijn) gecompareert" of „Is binnen gestaen". Komen deze laatste uitdrukkingen wel honderd maal voor, buiten en behalve het bovenstaande geval komen de woorden „Is binnen ontboden" in het deel, dat over twee jaren loopt, slechts eene maal of drie voor, en telkens blijkt dan in meerdere of mindere mate uit de resolutie zelf, dat de personen zijn geroepen, hetzij dan om eene bemerking over hunnen dienst te ontvangen of den Raden eenige voorlichting te geven (cf. de *Resolutien van 5 Maart, 6 en 28 Mei 1609).*

(²) De brief, waarvan hier sprake is, schijnt in het Zeeuwsche archief niet meer aanwezig te zijn.

verstaen om met de gesichten dacrtoe dienende de conste
te vinden, daeraff wy UE. wel hebben willen verwittigen
om Zyne Excellencie ende Heeren Staten-Generael daeraff
te adverteren, ten eynde wy terstont mogen verstaen t'gene
vorder daerin sal behooren gedaen te worden. (¹)

Hiermede Edele (etc.)

den XIIII^{en} Octobris 1608.

Raden.

De naam van LIPPERHEY's mededinger wordt ook in dit
stuk verzwegen; maar onze veronderstelling, dat de bedoelde
persoon SACHARIAS JANSSEN is geweest, wordt door de woorden "alhier" en "jongman" voldoende bevestigd, daar SACHA-
RIAS in 1608 ongeveer twintig jaren oud geweest moet zijn,
en eerst in 1610 is gehuwd. De bij Gecommitteerde Raden
ontboden persoon doet niet alleen eene bewering omtrent zijne
kunst, doch laat tegelijkertijd een door hem mede-
gebrachten kijker zien; dat die persoon zulk een instrument wel niet na 25 September, den datum van LIPPERHEY's
komst, heeft vervaardigd, maar sinds lang in zijn bezit had,
ligt voor de hand: LIPPERHEY zou zich, als hij de oorspronkelijke vinder was, bij zijn plan tot het aanvragen van
octrooi wel gewacht hebben iemand te Middelburg zijn instrument te toonen of in de gelegenheid te stellen het na te
maken. Nu we trouwens zeker weten, dat SACHARIAS JANSSEN
in 1608 sinds vier jaren in het bezit van zulk een kijker was
en daarmede zelfs op jaarmarkten was geweest, kon deze
gemakkelijk, tegelijk met het aan het plotseling opontbod
gegeven gevolg, zijne kunst "oock met gelijcke instrument
doen blijcken." — We meenen evenwel nog iets uit de bewoordingen van den brief te kunnen opmaken: Er wordt hier niet
meer van eene "inventie" gesproken, maar eenvoudig geconstateerd, dat de persoon in kwestie mede de kunst verstaat, en
bovendien wordt onmiddellijk na JANSSEN's verschijning en
mededeelingen de vrees geuit, "datter noch meer zijn", die de
kunst bezitten. Het ligt o. i. voor de hand die wetenschap

(¹) Ook het antwoord op dezen brief is niet teruggevonden.

van Gecommitteerde Raden toe te schrijven aan de omstandigheid, dat JANSSEN bij zijn opontbod niet alleen heeft verteld
de kunst even goed te verstaan als LIPPERHEY en zijn instrumenten getoond, maar aan de Raden tevens heeft
bekend, op welke wijze hij aan zijne werktuigen
was gekomen. Dit zal hun toen ook de onmiddellijk volgende woorden in de pen gegeven hebben. Hunne kennis van
de toestanden aan de Middelburgsche glasfabriek kan verder
hun het verhaal van SACHARIAS omtrent het oorspronkelijke
instrument van den Italiaan alleszins aannemelijk hebben gemaakt. — Was het nu wellicht bij deze gelegenheid dat JANSSEN
aan de Staten een kijker schonk, waardoor later het verhaal van
de aanbieding aan MAURITS is ontstaan? De omstandigheden
kunnen er hem hiertoe gebracht hebben.

Het was den Raden overtuigend gebleken, dat SACHARIAS
JANSSEN even goed de nieuwe kunst verstond als LIPPERHEY, en
zij achtten het billijk daarvan de Staten-Generaal in kennis te
stellen door bovenstaanden brief, waardoor tevens hunne aan
LIPPERHEY medegegevene aanbeveling werd ingetrokken;
hij zou daarom een grooten invloed uitoefenen op de beslissing,
die de Staten-Generaal ten slotte op LIPPERHEY's verzoek namen.
Blijkbaar is echter dit de eenige maal geweest, waarop SACHARIAS
met zijn werktuig bij de regeering is gekomen: hij was nu
eenmaal geen man van akkoorden, zooals zijn buurman LIPPERHEY
— en vooral niet met regeeringspersonen, met wie hij maar
liefst buiten aanraking bleef; hij was de man, die vol ondernemingsgeest op eigen wieken dreef en met zijne werktuigen
zonder hulp de wereld introk om er de voordeelen onmiddellijk
van te ontvangen.

Dit gelooven we ook weder te kunnen afleiden uit hetgeen
geschiedt, wanneer JANSSEN verneemt, dat zijn buurman nu
ook de kunst machtig is en de hulp van de hooge regeering
heeft ingeroepen. Hij zou SACHARIAS JANSSEN niet moeten zijn
om zich bij eene zaak, waarmede hij iets hoopte te verdienen,
door een ander te laten voorbijstreven. De zaken in Holland
waren voor JANSSEN verloren, Duitschland was reeds door
hem bereisd, — hij zal zich thans door Frankrijk naar Italië

spoeden om te trachten daar nog goede zaken te maken en zijne instrumenten te slijten

"Quae deinde — de verrekijkers nl., zoo gaat de schrijver van het vroeger vermeldde handschrift voort, na de vermelding van den verkoop der instrumenten door den kramer in Duitschland — vulgaribus paulatim oculis et manibus seri coeperunt et sic latius in alias oras atque regiones sensim inferri. Quemadmodum a quodam mercatore Belga duo primum in Italiam portati sunt, quorum alter Romae Collegio Societatis diu haesit, alter Venetias primum et postea Neapolim pervenit et hinc Itali atque praesertim GALILEUS matheseon illo tempore professor occasionem sumpserunt eundem perficiendi, ad usus Astronomicos accomodendi et latius per orbem divulgandi. Tubum itaque opticum ut hoc tempore habetur, Germania invenit, Italia extulit, totus nunc orbis acceptatum studiose percolit."

Voorloopig aanvaarden we van onzen schrijver, die zoo uitstekend ingelicht blijkt, dit verhaal van den tocht van den Hollandschen koopman naar Italië in de hoop later nadere aanwijzingen te krijgen en te hooren van het SACHARIAS JANSSEN wedervarene, in het bijzonder over de door hem overgebrachte instrumenten.

Niet onwaarschijnlijk komt het ons nu voor, dat in dezen tijd op zulk eene reis door SACHARIAS JANSSEN een instrument aan ALBERTUS zal zijn aangeboden. Na den 9en April 1611 aan GALILEI geschreven te hebben, dat "in queste parti non si ritrovano occhiali che crescano più che 5 volte in circa la linea", meldde DANIELLO ANTONINI, die zich veel met de studie der wis- en natuurkunde bezighield en zich destijds in het gevolg van ALBERTUS te Brussel bevond, den 2den September 1611 : (1)

"..... Ho veduti de' più esquisiti occhiali che si fabrichino in queste parti, ma non vagliono nulla a rispetto di quello di V. S. ch'io vidi a Padova, perchè non è niuno che multiplichi la linea in più che 10 .... N ho veduti di quegli del proprio primo inventore, dati poi a questi Ser.mi; ma son tutti dozinali ...."

(1) *Le Opere di* GALILEO GALILEI, *Edizione nazionale, vol. XI, Firenze 1901,* no 577.

Van zulk eene schenking door Lipperhey aan Albertus is niets bekend, doch voor eene zoodanige van Janssen pleiten de verzekeringen zoowel van Johannes Sachariassen als van Boreel.

Ten slotte nog eene mededeeling betreffende het gebruik, dat Sacharias, onmiddellijk na in het bezit van zijnen kijker geraakt te zijn, daarvan volgens Borel heeft gemaakt : (¹)

„Novus noster Dedalus Dioptricae non ignarus et ratiocinio eximio pollens, statim ad astra detegenda, aliaque nova se accinxit, septem in Ursa insignes novas stellas detegit, ut infra videre est, etc. Dedalus, inquam, hic novus, absque alis coelum petens, plus uno tubo oculoque quam Argus vel Lynceus vidit, nec astra recondita oculum ejus effugerunt. In Luna etiam maculas primus observavit, et deinde Galilaeus ejus exemplo eadem etiam observavit exactius."

Of Sacharias Janssen de eer, die Borel hem toeschrijft, moet toegekend worden, zou men op grond der stukken, waarop hij zich beroept, mogen betwijfelen. Het valt nl. op, dat de aan Sacharias toegeschrevene ontdekkingen dezelfde zijn als die, welke Johannes als door hem geschied in zijne brieven aan Borel vermeldt om de deugdelijkheid van zijne kijkers te bewijzen; wel kunnen de waarnemingen van den zoon ook door den vader gedaan zijn; doch Borel wil ons de mededeeling omtrent Sacharias juist bewijzen door de brieven van Johannes — „ut infra videre est" zegt hij, daarop doelende — en in die brieven staat omtrent Sacharias niets. (²) Intusschen zijn dergelijke waarnemingen voor iemand in het bezit van een kijker, vooral wanneer hij zelf als lenzen-slijper aan zijne lenzen de uiterste zorg kan besteden, niet zeer moeielijk, en wanneer het instrument meer verspreid raakt, vinden zulke waarnemingen door verschillende astronomen bijna zóó gelijktijdig plaats, dat het soms bezwaarlijk is de prioriteit

---

(¹) Borel, l. c. Lib. I pag. 26.

(²) Zie blz. 141 e. v. en ook *Observations respecting the Invention of the Telescope by* J. E. Drinkwater (*London and Edinburgh Philosophical Magazine, Third Series* vol. I, 1832, pag. 9 e. v.).

van den een boven den ander vast te stellen. Komt het ons
dan ook daarom niet onwaarschijntijk voor, dat JANSSEN uit
eene begrijpelijke nieuwsgierigheid zijn kijker eene enkele
maal op zulk een tot waarneming uitnoodigend hemellichaam
als de maan heeft gericht, wellicht zelfs de satellieten van
Jupiter heeft gezien, BOREL schijnt daaraan eene overdreven
waarde te hebben gehecht, en zeker kon dat in de verste
verte niet met de ontdekkingen en stelselmatige waarnemingen
van GALILEI in vergelijking komen. ([1])

Moet SACHARIAS JANSSEN, reeds vóórdat LIPPERHEY met
zijne werktuigen te voorschijn kwam, verschillende kijkers
hebben vervaardigd, blijkens zijne reizen op jaarmarkten met
een instrument en niet het minst blijkende uit de vaardigheid,
waarmede hij een zijner werktuigen te voorschijn brengt,
wanneer hij plotseling bij Gecommitteerde Raden wordt ontboden, JANSSEN is daarna met de vervaardiging voortgegaan:
de getuigenis van zijne zuster, dat zij hem "deselve verrekijckers
ontallijcke reysen heeft sien maecken", kan men bij den ijver
van SACHARIAS om uit eenige zaak geld te slaan zeer goed
aanvaarden; volgens die zuster geschiedde dit reeds toen
SACHARIAS nog in het huisje bij de Munt woonde, dus
nog zeer waarschijnlijk vóór 1610, toen SACHARIAS bij
zijn huwelijk naar het Koorkerkhof zal zijn verhuisd. Van
de door SACHARIAS JANSSEN en in het algemeen van de
destijds te Middelburg vervaardigde Hollandsche kijkers is
weinig meer bekend. Het blijkt nochtans, dat deze kijkers in
de eerste jaren nog geen diaphragma's bevatten, eene opmerking, die in verband met hunne aanwezigheid in de aan
SACHARIAS JANSSEN toegeschrevene en nog bewaard geblevene
astronomische kijkers niet van belang ontbloot is. Het is weder
BEECKMAN, welke ons door eene aanteekening, nog gedurende
zijn verblijf te Caen gemaakt, daaromtrent inlicht: ([2])

([1]) Ook de door BOREL vermelde vergelijking met LYNCEUS moet
opgevat worden als eene zinspeling op de Accademia dei Lincei, waarvan
GALILEI lid was.

([2]) Fol. 86 recto van het genoemde handschrift.

*"*13 Augusti 1618 aderam Cadomi in Gallia professori mathematico, in cujus libro aliquo pictum vidi tubum ocularem
qualem GALILEUS A GALILEO habebat ([1]) eratque longus duobus
tantum vitris videbatur, sed diversis diaphragmatis distinctus,
quae diaphragmata ideo interposita credo, quia lumen longitudine viae dispergitur in tubo; impactus enim aeri impingitur
paululum et aberrat a rectitudine viae, unde fit id ad alterum
vitrum dispersius nec satis coacte pervenire: at cum in medio
diaphragma positum est, in medio rotundo foramine perforatum,
omnes fere radii qui antea paululum dispersi erant, iterum
coguntur in illo foramine, non aliter quam aqua. . . . . .

Telescopii
diaphragmata
quid possint.

Middelburgi autem fecit aliquis tubum ocularem
absque talibus diaphragmatis, per quem res majores
quidem cernebantur, sed obscurae; his vero animadversis credo perspicuitatem posse conciliare interjectis diaphra-
matibus in modum predictum; tum enim lux dispersu magis
colligetur ob idque plures species oculum incidunt aquarum
multitudine claritas oritur.*"*

Zoowel uit de verklaringen van JOHANNES SACHARIASSEN in
1655 als uit den brief van WILLEM BOREEL aan PIERRE BOREL
blijkt verder, dat in 1620 ADRIAAN METIUS van Alkmaar, de
hoogleeraar te Franeker, te Middelburg bij JANSSEN een kijker
heeft gekocht, waaruit dan tevens zou volgen, dat, zoo het
jaartal nauwkeurig is opgegeven, JANSSEN zich na zijn vertrek
uit Arnemuiden reeds in dat jaar te Middelburg bevond en
het maken van verrekijkers niet verwaarloosde. Die kijkers, welke
ADRIAAN METIUS in 1620 bij JANSSEN kocht, zijn blijkbaar
zg. Hollandsche geweest. Men kan die meening gronden
op hetgeen BOREEL omtrent de komst van METIUS mededeelt, waarbij tevens gelegenheid is te wijzen op den
zonderlingen datum van 1610, waarop BOREEL de uitvinding van de verrekijkers juist in dat gedeelte van zijn brief
stelt. Vroeger, toen men alleen te beschikken had over het
onbetrouwbare jaartal 1590 als dat van de uitvinding van den

([1]) Misschien wordt hier de figuur met de daarbij behoorende beschrijving bedoeld, welke zich bevindt op pag. 67 in het werk van
SIRTURUS, *Telescopium sive ars perficiendi novum illud Galilaei visorium
instrumentum ad Sydera*, juist in 1618 te Frankfort verschenen.

Hollandschen kijker, en 1618, als het jaar van die van den astronomischen, heeft het door BOREEL genoemde 1610 aanleiding tot ernstige bespreking gegeven; thans kan dat niet meer het geval zijn, omdat het feit, dat JANSSEN in 1604 een Hollandschen kijker heeft vervaardigd naar het model van een Italiaan, waarop stond 1590, waardoor tevens de verdraaiing der feiten in de getuigenis van JOHANNES wordt verklaard, vast staat; bovendien zijn de verklaringen van den zoon van SACHARIAS voor de zaak beslissend en die van BOREEL, als geheel buiten de questie staande, van veel minder waarde. Onmiddellijk dan na de beschrijving van het door hem bij DREBBEL in Londen geziene microscoop, welks uitvinding BOREEL aan HANS (MARTENS) en zijn zoon SACHARIAS toeschrijft, zegt de gezant: (¹)

"Ast longe post, nempe anno 1610 inquirendo paulatim etiam ab illis inventa sunt Middelburgi Telescopia longa syderea, de quibus tibi res est, et unde Lunam et reliquos Planetas, stellas et sydera inspectamus, quorum specimen unum Principi MAURITIO etiam obtulit, qui illud inter secreta custodivit, usui futurum forte, in Expeditionibus Belgicis . . . . ."

waarop dan dadelijk het verhaal volgt, hoe ADRIAAN METIUS in 1620 niet naar LIPPERHEY, doch naar JANSSEN ging om kijkers te koopen. Nagenoeg alle vroegere schrijvers over het onderwerp hebben gemeend onder die "Telescopia longa syderea" astronomische kijkers te moeten verstaan. Nu is vroeger reeds opgemerkt, dat het woord "telescopium" geenszins eene bepaalde soort van kijkers aanwijst, doch zoowel op een astronomischen als Hollandschen kan doelen. Deze term bewijst dus niets, maar ook de woorden "longa syderea" behoeven niet af te schrikken van de veronderstelling, dat BOREEL hier het oog heeft op den Hollandschen verrekijker; ook deze kunnen een aanzienlijk lengte gehad hebben, en wat "syderea" betreft, de beroemde ontdekkingen van GALILEI — tot op het oogenblik, waarop BOREEL zijne onderzoekingen begon, nog door geene andere overtroffen — waren met den Hollandschen

---

(¹) BOREL, l. c. Lib I pag. 36. — Zie ook blz. 19 hiervoor.

kijker gedaan. Er wordt verder bij de meening, dat BOREEL
den astronomischen kijker zou hebben bedoeld, gewezen op
de woorden *de quibus tibi res est*, als zoude BOREL uitsluitend naar den oorsprong van dien astronomischen kijker
hebben gevraagd en daarom het door SACHARIASSEN gegeven
jaartal 1590 hebben genegeerd. Dit nu komt ons onjuist
voor: BOREL had wel degelijk naar de uitvinding der kijkers
in het algemeen gevraagd, gelijk ook trouwens a priori
niet is aan te nemen, dat hij een instrument, dat dan toch
de aanleiding gaf tot de uitvinding van den astronomischen
kijker, en waarmede GALILEI zijne geruchtmakende ontdekkingen
had gedaan, zou voorbijgaan; hij heeft daar dan ook niet
aan gedacht en zich bij zijne vraag niet over eenig soort van
kijkers uitgelaten. Die woorden *de quibus tibi res est* slaan
o. i. op de geschiedenis van het microscoop, waarover BOREEL
juist te voren zoo lang heeft gesproken om nu, zich
eenigzins excuseerend, over te gaan tot die van de verrekijkers
i n h e t a l g e m e e n, waarnaar PIERRE BOREL eigenlijk gevraagd had, en bij de vermelding van welk instrument WILLEM
BOREEL, wellicht in tegenstelling met het doel en uiterlijk
van het microscoop, nu de woorden *longa syderea* bezigt.
Dat BOREEL het oorspronkelijke instrument, den zg. Hollandschen kijker, op het oog had, wordt wel uitgemaakt door het onmiddellijk volgende; want kijkers, die MAURITS op zijne veldtochten medenam, zullen wel niet zoo lang geweest
zijn, als met astronomische in den regel het geval is, en daar
deze bovendien omgekeerde beelden geven, zou MAURITS op
die veldtochten wel niet zoo heel veel aan zulke instrumenten
gehad hebben. Bij de hier aangenomene veronderstelling
komt ook dan eerst het verhaal omtrent LIPPERHEY tot zijn recht,
hetwelk anders geen zin zou hebben. BOREEL heeft nl. willen
aantoonen door het verhaal van den onbekende, dat LIPPERHEY
den verrekijker niet oorspronkelijk en veel later dan JANSSEN
heeft leeren vervaardigen; had nu BOREEL astronomische kijkers
in zijn brief bedoeld, dan verloor zijn verhaal eigenlijk zijne
beteekenis, omdat, voor zoover we weten, LIPPERHEY alleen
Hollandsche kijkers vervaardigd heeft, en het dus voor de hand lag

voor BOREEL om hem de uitvinding van deze te doen over-
nemen. En waar BOREEL dus hier blijkbaar over Hollandsche
kijkers spreekt, zal hij ook deze soort bedoelen, als hij over
het bezoek van METIUS aan JANSSEN handelt.

JOHANNES SACHARIASSEN geeft bovendien voor de uitvinding
van den astronomischen kijker het jaartal 1618 op, en hij zal de
uitvinding zeer zeker eerder te vroeg dan te laat gesteld hebben,
zoodat ook daaruit blijkt, dat BOREEL met het jaartal 1610 die
kijkers niet op het oog heeft gehad. Misschien heeft BOREEL reeds
eenigszins getwijfeld aan het door JOHANNES gegeven jaartal
1590 voor de uitvinding van den Hollandschen kijker: men
behoeft geen diplomaat te zijn om te twijfelen aan de waarheid
eener bewering, als zoude een speelmakker uit onze jeugd reeds
een jaar voor onze eigene geboorte zulk eene ontdekking gedaan hebben. Daar het doel van zijn brief in ieder geval wel
geweest zal zijn om de berichten van JOHANNES SACHARIASSEN,
zooveel mogelijk onafhankelijk van deze, aan te vullen uit
eigene herinneringen, en BOREEL het tijdstip eenigszins diende
vast te stellen, gaf hij voor de uitvinding het eigenlijk geheel
uit de lucht gegrepene jaartal 1610, evenals trouwens ook
anderen. (¹) Te verwonderen is dit niet: BOREEL was nimmer in de
zaak persoonlijk betrokken geweest, noch behoorde hij tot de naaste
betrekkingen van JANSSEN, en waar men zelfs in de geschriften
van wis- en natuurkundigen uit de eerste helft der 17de eeuw zelden
den juisten datum aantreft, wanneer zij melding maken van
het in 1608 in den Haag gebeurde, is het niet vreemd, dat
BOREEL's brief, afkomstig van een niet-vakman, die wellicht
zelfs GALILEI's relaas niet kende en alleen op persoonlijke
herinneringen van bijna vijftig jaren afging, v o o r d e n
d a t u m van de uitvinding van zeer weinig waarde is.

Onze kennis omtrent de plaats, die SACHARIAS JANSSEN in
de uitvinding der verrekijkers inneemt, berust dus op de
mededeeling, door zijn zoon daaromtrent in 1634 aan BEECKMAN

(¹) Een of twee der getuigenissen, welke hij uit Middelburg ten
voordeele van LIPPERHEY had ontvangen, en wel merkwaardig ook
door den geschiedschrijver en tijdgenoot der uitvinding VAN METEREN
(zie blz. 3 noot 1).

gedaan, aangevuld door zijne getuigenis van 1655, de verhalen, door SIMON MARIUS en SCHEINER gedaan, en het medegedeelde in de *Resolutiën* en in het *Acten- en Missivenboek* van
Gecommitteerde Raden van Zeeland in 1608. Daaruit blijkt
hoe JANSSEN de eerste Nederlander is geweest, welke een
verrekijker vervaardigde, en wel in 1604 naar het model van
dien van een Italiaan; hoc hij in zijne hoedanigheid van
reizend koopman of kramer met zijne instrumenten de jaarmarkten placht te bezoeken en dan ook, wanneer LIPPERHEY
met zijne kijkers te Middelburg voor den dag komt, zijn instrumenten dadelijk aan Gecommitteerde Raden kan toonen.
— SACHARIAS JANSSEN moge al niet de uitvinder van
den verrekijker zijn, hem kan toch o.i. de verdienste niet
ontzegd worden, dat hij het groote nut van het instrument
heeft ingezien, als lenzenslijper bekwaam was het na te maken
en door zijne reizen in Europa de aandacht in ruimen kring
er op vestigde. Winstbejag was weliswaar de drijfveer zijner
handelingen, maar intusschen danken wij daaraan toch het
verspreidingsproces, dat den kijker uit zijn sluimerenden toestand, waarin hij in het begin der 17de eeuw nog verkeerde,
zou opwekken.

Van deze feiten was nog in 1655 eene herinnering
overgebleven en op haar berustten de gronden, waarop BOREL
in zijn werk de eer der uitvinding van de verrekijkers voor
SACHARIAS JANSSEN meende te kunnen opeischen, al weken de
door hem in zijn boek gepubliceerde data en feiten dan ook
zeer van de werkelijkheid af. Tevens is thans duidelijk, in
hoeverre zich zijn zoon JOHANNES in zijne verklaring van 1655
wel „abuseert en qualijck moet hebben onthouden".

VII. SIMON MARIUS.

Reeds is de verrekijker in verschillende handen gezien : zonder de instrumenten, waarvan FROMOND en PIERRE BOREL zoo vroeg gewag maken, mede te tellen, zien we een kijker, in het bezit van een Italiaansch soldaat die in 1598 wordt nagebootst door RAFFAEL GUALTEROTTI, een derde instrument, gemerkt anno 1590, in 1604 bij een Italiaan te Middelburg en een vierde bij SACHARIAS JANSSEN in 1604 naar het sub 3 bedoelde nage- maakt, na welk jaar en nog vóór 1608 waarschijnlijk ook andere instrumenten door hem zijn vervaardigd. Het is op- merkelijk, dat de twee personen, wier namen ons bekend zijn, als reeds zoo vroeg kijkers bezittende, hunne instrumenten juist hebben verkregen door ze te vervaardigen naar het model, dat hun door anderen ter beschikking werd gesteld. Dit over- wegende, komen ons dan van zelf de woorden van Gecommit- teerde Raden van Zeeland in herinnering, wanneer zij aan de Staten-Generaal hunne vrees te kennen geven, dat de kunst niet geheim zal kunnen blijven, ⁄⁄want naerdien men weet, dat de conste in de warelt is, soo sal daernaer getracht worden, besunder naerdien men siet de forme van de buyse ende daeruut eenichsints de redenen soude connen verstaen om met de ge- sichten daertoe dienende de conste te vinden⁄⁄.

Zoowel GUALTEROTTI als JANSSEN hebben zich de kunst eigen gemaakt, toen zij iemand leerden kennen, die in het bezit van een instrument was ; het is juist deze wijze, waarop JANSSEN de kunst heeft geleerd, en welke hij waarschijnlijk aan Gecommitteerde Raden heeft verhaald, die de regeering van Zeeland deze woorden aan de Staten-Generaal deed neer- schrijven. Voor den goeden grond hunner woorden hebben we nog eene andere illustratie en wel in de handeling van den overste FUCHS, die in het laatst van Augustus of begin September 1608 op de jaarmarkt te Frankfort SACHARIAS JANSSEN sprak en het door dezen te koop aangeboden instrument nauwkeurig beschouwde. Er vindt dan weder eene herhaling plaats van hetgeen JANSSEN vroeger zelf heeft gedaan, want zoodra FUCHS met het werktuig in kennis is gekomen, tracht ook hij het geheim van het instrument te doorgronden. MARIUS vervolgt nl. zijn verhaal aldus: ([1])

Rediens ergo Ouoltzbachium ([2]) dictus Nobilissimus Vir, mihi ad se vocato retulit, excogitatum esse instrumentum, quo remotissima quasi proxima cernerentur. Quae nova ego cum summa admiratione audivi. Cumque hac de re post coenam saepius mecum dissereret, tandem conclusit, necessum scilicet esse ut instrumentum tale duobus constaret vitris, quorum unum esset concavum, alterum vero convexum, et creta accepta propriis manibus in mensa, quae et qualia intelligeret vitra, delineavit. Accepimus post vitra duo è perspicillis communibus, concavum et convexum, et unum post alterum in conveniente distantia collocavimus, et rei veritatem aliquo modo deprehendimus. Verum cum convexitas vitri ampliantis nimis alta esset, ideo veram convexi vitri figuram gypso impressam Noribergam misit. ad artifices illos, qui perspicilla communia conficiunt, ut similia pararent vitra, at frustra, destituebantur enim instrumentis idoneis, et veram conficiendi rationem illis revelare noluit. Hac ratione nullis interim parcens sumptibus, elapsi sunt menses aliquot. Si modus poliendi vitra nobis cognitus fuisset, statim post reditum à Francofurto, perspicilla optima paravissemus . . . .

Blijkbaar was het niet zoo heel moeielijk, na een kijker van dien tijd slechts gezien te hebben, zulk een instrument zelf te vervaardigen. Er is in dit opzicht reeds gezegd, dat die eerste kijkers waarschijnlijk slechts bestonden uit eene buis, waarin de lenzen op vasten afstand van elkaar waren bevestigd. Het valt nu op, hoe FUCHS na zijne terugkomst bij MARIUS uit zich zelf tot het besluit komt, dat een werktuig als het hem door JANSSEN getoonde moet bestaan uit twee lenzen, de eene convex, de ander concaaf, hoe hij de figuur met krijt op een bord uitteekent, en hoe hij met MARIUS inderdaad door zulk eene

---

([1]) *Mundus Jovialis* etc., *Praefatio ad candidum Lectorem. lin. 35—52.*
([2]) Anspach.

combinatie van lenzen tot stand te brengen, de waarheid van het gehoorde bevestigd ziet. Ware het dan ook niet, dat MARIUS en FUCHS gedwongen waren geweest eenigen tijd op betere lenzen te wachten, dan hadden zij ongetwijfeld, blijkens hun woorden: "rei veritatem deprehendimus" en hunne bekentenis, dat alleen door gebrek aan kennis van het glasslijpen belet werd, dat zij onmiddellijk na FUCHS terugkeer een kijker samenstelden, reeds in 1608 een behoorlijk instrument geconstrueerd. De verrekijker van SACHARIAS JANSSEN, op de najaarsmis te Frankfort getoond, verschafte weer aan MARIUS de gelegenheid zich van de inrichting van het instrument op de hoogte te stellen. Zeer terecht schreven dus Gecommitteerde Raden, dat "naerdien men weet, dat de conste in de warelt is, soo sal daer naer getracht worden"; maar bovendien konden zij er gerust bijvoegen, nadat SACHARIAS had verhaald, dat ook hij zijn eerste instrument had nagemaakt en wellicht ook had verteld, hoe hij reeds met zijn werktuig op de jaarmarkten had gestaan en nog pas te Frankfort zijn kijker zoo nauwkeurig was bezien, dat zij "beduchten datter noch meer zijn ende dat oock andersints (de conste) nyet en sal connen secreet blyven".

Intusschen nemen de zaken nu, tengevolge van de aanmelding van LIPPERHEY bij de regeering en diens verder optreden, een zeer snel beloop en wordt de door FUCHS en MARIUS genomene moeite om zelf een kijker samen te stellen, onnoodig. MARIUS verhaalt daaromtrent weer: ([1])

"Interim divulgantur in belgio eiusmodi perspicilla, et transmittitur unum satis bonum, quo valde delectabamur, quod factum est aestate Anni 1609. Ab hoc tempore coepi cum hoc instrumento inspicere coelum et sidera; quando noctu apud saepius memoratum Nobilissimum Virum fui, interdum dabatur mihi potestas portandi domum, praesertim circa finem Novembris, ubi pro more in meo observatorio considerabam astra."

Dit uit de Nederlanden afkomstige werktuig moet van goede hoedanigheid geweest zijn en behoefde niet voor vele van de

---

([1]) *Mundus Jovialis*, *Praefatio* etc. lin. 52—58.

eenigen tijd later ook in Italië vervaardigde kijkers onder te doen. //Qua in re me plurimum juvit instrumentum Belgicum, perspicillum vulgo vocatum//, schrijft MARIUS in een brief, waarin hij zijne meening te kennen geeft, dat de hemellichamen niet zoo groot zijn, als men tot dusver geloofde(¹), en KEPLER meldt in Juli of Augustus 1611 aan NICOL.' WICKENS, sprekende o. a. over MARIUS' waarnemingen van de phasen van Venus: //Oportet MARIO esse perfectissimum ex Belgio instrumentum, quali quidem ego careo; nam Itali perfecta sua nimis aestimant// (²). MARIUS verhaalt dan in zijn werk van 1614 verder, hoe hij met het uit Holland ontvangen instrument voor het eerst Jupiter beschouwde, dicht in de nabijheid daarvan drie, later vier, sterretjes waarnam, welke spoedig bleken zich om de planeet te bewegen, zoodat MARIUS aanleiding vond om sinds 29 December 1609 O.S. = 8 Januari 1610 N.S. waarnemingen te gaan doen, welke geruimen tijd daarna nog werden voortgezet en door brieven, sinds 1611 in zijn *Prognostica Astrologica* en door zijn boven besproken werk van 1614 werden bekend gemaakt. MARIUS was de eerste ontdekker van een nevelvlek, die van Andromeda, van het buigingsverschijnsel in den kijker, bekend als de Discus spurius der sterren, en behoorde tot de eerste waarnemers der zonnevlekken. Omtrent zijne observatie schreef hij in 1611:(³) //Da denn vermittelst dess Niderländischen new erfundenen Instrumentes, ich von dem Ende dess December an dess MDCIX biss dato, so viel gesehen, dass galaxia oder via lactea nichts anderst ist, als ein Concursus radiorum stellarum numero incomprehensibilium und also die Mainung ARISTOTELIS de via lactea gantz unnd gar fället, und auffgehoben wird .... will geschweigen, was ich sonsten im Mond, und in den vier Newen Planeten circa Jovem vermercket. Auch dass die Venus warhafftig von der Sonnen erleuchtet werde, wie der Mond ..... // en verder (⁴):

(¹) Geciteerd door KEPLER in de „*Praefatio*" zijner *Dioptrica* van 1611.

(²) JOH. KEPPLERI *aliorumque Epistolae mutuae* ed. HANSCH *pag. 332;* JOANNIS KEPLERI *Opera omnia* ed. FRISCH *vol. II pag. 472.*

(³) *Prognosticon Astrologicum auf das Jahr 1612*, in Praefatione, gedagteekend 1/10 Maart 1611.

(⁴) Id. Blad B 7.

„♀ ist im 12 Hauss nahe bey der nebulosa cancri, so doch
ju warheit kein nüblicher Stern ist, sondern ein trippel oder
Hauff viler kleiner Fixstern, die mit iren stralen ein nüblicht
Klarheit machen, gleich einem Stern, so wie ein Nebel an-
zusehen, wie man denn durch das newe Niderländisch Instrument augenscheinlich sihet, also hab ich auch mit solchem Instrument, so von dem Edlen und G. Herrn Hanz Philip Fuchsen
von Bimbach, Obrist etc. mir zugestellet, vor dem End des
Decemb. des 1609 Jars an, biss inn das Mittel des Aprilln
dises 1610 Jars, ..."

De kijkers, welke Kepler bezat, schijnen minder waardig
geweest te zijn dan die van Marius; nog den 28 April 8 Mei
1613 schreef de eerste aan Moestlin: ([1])

„Tubos perspicillorum novorum opticos ego duos habeo satis
claros, sed per neutrum Jovis satellites sicut nec Saturni con-
spicari possum, nec hactenus mihi ejusmodi tubus obtigit, qui
hanc mihi apparitionem exhiberet; multo minus Venerem velut
Lunam corniculatam sicut Simon Marius videre possum. Verum
instrumenta illa sunt varia, visus quoque varius; nec cuivis
contigit, ex illis optima quaeque sibi parare. . . . . . ."

Dat de door Marius gebruikte kijkers beter waren dan de door
Galilei in Italië gebezigde, schijnt ook verder uit eene vergelijking van door dezen niet en den Anspacher astronoom
wel waargenomen verschijnselen te kunnen worden afgeleid. ([2])

([1]) Joanni Kepleri *Opera omnia* ed. Frisch vol. II pag. 784.

([2]) *Galilée et Marius* par J. A. C. Oudemans *et* J. Bosscha *(Archives
Neerlandaises des Sciences Exactes et Naturelles*, Serie II, Tome VIII
pag. 164, 165.). — Hierin vindt men uitvoerig betoogd, dat voor het
plagiaat aan den *Nuncius Sidereus*, waarvan Marius door Galilei na
het verschijnen van zijn werk vooral in diens *Saggiatore* van 1632 werd
beschuldigd, geen grond bestond. Het tegenschrift van Josef Klug,
*Simon Marius aus Gunzenhausen und Galileo Galilei. Ein Versuch zur
Entscheidung der Frage über den wahren Entdecker der Jupitertrabanten
und ihrer Perioden (Abhandlungen der Mathematisch-Physikalischen Klasse
der K. Bayerischen Akademie der Wissenschaften* XXII Bd 2e Abt. pag.
385 – 526) kwam te laat in onze handen om grondig benuttigd te kunnen
worden.

VIII. LIPPERHEY EN METIUS.

Behalve SACHARIAS JANSSEN wordt in verschillende geschriften ook HANS LIPPERHEY als eerste uitvinder van den verrekijker genoemd, evenals in andere de persoon van Jacob Metius als zoodanig wordt verdedigd. Na al hetgeen echter thans uit de oudste berichten over de aanwezigheid van het instrument is bekend geworden en in de vorige bladzijden neergelegd, zal het niet meer aan redelijken twijfel onderhevig zijn, dat alle aanspraken op die eer voor beiden beslist moeten worden afgewezen. Alleen schijnt het noodig, dat nog onderzocht wordt, of hunne werkzaamheden in de samenstelling van het werktuig als vrucht van langdurige onderzoekingen geheel op zich zelf staan, of dat de kijkers van SACHARIAS JANSSEN of anderen hen op het spoor van de combinatie van lenzen gebracht hebben. Ongetwijfeld zijn er in deze geschiedenis enkele omstandig-heden, die ons gunstig voor eene meening als de eerste stemmen. Herinneren we ons slechts alleen wat vroeger over het gebruik van lenzen is opgemerkt, en hoe rijp deze vrucht der praktijk in het laatst der 16de eeuw was, het kan ons dan niet verwonderen, dat zij op meer dan eene plaats van den boom is gevallen. Voor brillenslijpers was de uitvinding van het instrument haast wel aangewezen, en KEPLER schreef dan ook reeds in April 1610, na gewezen te hebben op de vroeger vermelde woorden van PORTA en tevens de meening uitsprekende, dat de uitvinder wellicht op het denkbeeld van zijn instrument is gekomen door zich die uitdrukkingen te herinneren bij de beschouwing eener figuur uit een van KEPLER's werken, waar de gang der lichtstralen is afgebeeld door eene convexe en eene concave lens, verbonden door eene gemeen-schappelijke as, doch overigens niet met elkaar in verband

staande (¹): »Non est tamen incredibile, sollertes sculptores in-
gente industria, qui perspicillis ad sculpturae minutias videndas
utuntur, casu etiam in fabricam hanc incidisse, dum lentes
convexas cavis varie associant, ut quae combinatio melius
serviat oculis, eam eligant. Non ista dico ad deprimendam
inventoris mechanici laudem, quisquis fuit: scio quantum
intersit inter rationales coniecturas et ocularem experientiam,
inter PTOLEMÆI disputationem de Antipodibus et COLUMBI
detectionem novi orbis: adeoque et inter ipsos vulgo circum-
latos tubos bilentes et inter tuam, GALILAEE, machinam, qua
coelum ipsum terebrasti; sed nitor hic fidem incredulis facere
instrumenti tui." De uitvinding moest destijds wel van de
zijde der praktische ervaring komen, van de zijde der industrie
en geenszins als gevolg van wetenschappelijk nadenken, hetgeen
bij den toenmaligen stand der optica wel tot de onmogelijkheden
behoorde.

Gaan we thans de aanspraken van LIPPERHEY en METIUS
op de uitvinding van den verrekijker nauwkeuriger na.

Daarvoor moeten we ons allereerst den toestand te Middelburg omstreeks 1608 voor oogen stellen. Er is reeds op gewezen,
in welk een grooten bloei die stad in het begin der 17ᵉ eeuw
verkeerde, en welk een druk verkeer van vreemdelingen, zoowel
uit het naburige Holland als uit omliggende vreemde rijken,
binnen hare muren plaats vond. We hebben gezien, hoe de
ouders van SACHARIAS JANSSEN en vele anderen zich van elders
te Middelburg vestigden. Ook LIPPERHEY is van de door die stad
uitgeoefende aantrekking een voorbeeld: hij was geboren te Wezel,
vertrok vandaar naar Middelburg, waar hij in 1594 huwde en in

---

(¹) *Dissertatio cum Nuncio Sidereo* etc. pag. 8. — De bedoelde figuur
bevindt zich in KEPLER's *Ad Vitellionem, Paralipomena quibus astronomiae pars optica traditur, potissimum de artificiosa observatione et aesti-
matione diametrorum deliquiorumque solis et lunae. Cum exemplis insignium
eclipsium. Habes hoc libro, Lector, inter alia multa nova, Tractatum
luculentum de modo visionis et humorum oculi usu, contra Opticos et
Anatomicos, Authore* JOANNE KEPLERO *S. C. M. Mathematico, Francofurti,
Apud* CLAUDIUM MARNIUM *et Haeredes* JOANNIS AUBRII *Anno M.DC.IV.
Cum Privilegio S. C. Majestatis cap. V, 3, Propositio XXVIII* (J. KEPLERI
Opera omnia, ed. FRISCH, vol. II pag. 256).

1602 poorter werd, in welk jaar hij ons tevens als brillenmaker wordt genoemd. ([1]) Hij woonde in de Kapoenstraat in een huis, dat later door hem *„De dry vare gesighten„* genoemd werd, en stierf aldaar in September 1619. ([2]) LIPPERHEY was echter volstrekt niet de eenige brillenmaker in die stad; we hebben reeds als zoodanig SACHARIAS JANSSEN en zijn vader leeren kennen, en er bestond, zooals we weten, nog een derde, minder bekend, vakgenoot. Waarschijnlijk stond dat betrekkelijk groot aantal lenzenslijpers wel in verband met de verplaatsing van een deel der bevolking van Antwerpen en van elders naar Middelburg en met de glasindustrie, die hier niet onbeteekenend moet geweest zijn; de laatste maakte het mogelijk op gemak- kelijke wijze de voor het beroep benoodigde ingrediënten te verkrijgen. — Het zou niet te verwonderen zijn, indien ook LIPPERHEY, die evenzeer connecties met die fabriek gehad moet hebben, op dezelfde wijze als JANSSEN met een bezitter van een verrekijker, op die fabriek werkzaam, in aanraking was gekomen; hij heeft aldus zulk een instrument kunnen zien en namaken, al schijnt LIPPERHEY niet zoovele relaties gehad te hebben als SACHARIAS JANSSEN. Maar afgescheiden van de mogelijkheid, dat LIPPERHEY op ongeveer dezelfde wijze als JANSSEN het instrument heeft leeren kennen, moet de omstandig- heid, dat een zijner naaste buren, zijn vakgenoot SACHARIAS JANSSEN, sinds 1604 kijkers bezit, reeds eenige uit handen heeft gegeven en andere opnieuw vervaardigd, bij het ontbreken

---

([1]) Blijkens het *Poorterboek*: 1 October 1602, JAN LIPPERHEY van Westel, brillemaker (niet „van Bristol", zooals de heer FREDERIKS, l. c. pag 2 en 21, leest). Zie ook H. M. KESTELOO, *De Stadsrekeningen van Middelburg*, V 1600—1625 (*Archief van het Zeeuwsch Genootschap der Wetenschappen*, dl. VIII 1^e stuk pag. 112). — In hoeverre het geheugen van ABRAHAM DE JONGE, LIPPERHEY's buurman, (zie blz. 13) dezen in 1655 niet bedroog, toen hij verklaarde, LIPPERHEY ettelijke jaren, eer deze nog brillen maakte, gekend te hebben als metselaarsknecht, heb ik niet kunnen nagaan.

([2]) Zie zijn testament van 26 September 1619, waarvan afschrift berust in de collectie stukken betreffende de uitvinding van de verre- kijkers op de Provinciale Bibliotheek in Zeeland (blz. 27). Blijkens het *Doodboek* van Middelburg werd hij op 29 September 1619 op het Oude Kerkhof begraven.

van afdoende bewijzen, op onze beoordeeling omtrent de aanspraken van LIPPERHEY als zelfstandig uitvinder van grooten invloed zijn.

Intusschen geven de verhalen, waarover we te beschikken hebben, eene andere beschrijving van de omstandigheden, waaronder LIPPERHEY's aandacht op het instrument valt, dan wij geneigd zijn aan te nemen. Zoo verhaalt SIRTURUS in een speciaal over den Hollandschen kijker geschreven werk: (¹)

_{Origo et author Telescopii unde et quis.} *"Prodiit anno 1609 seu Genius, seu alter, vir adhuc ignotus Hollandi specie, qui Midelburgi in Zelandia convenit* IOANNEM LIPPERSEIN, *is est vir solo aspectu insigne aliquod praeferens, et perspicillorum artifex; Nemo alter est in ea urbe, et iussit perspicilla plura tam cava quam convexa confici. Condicto die rediit absolutum opus cupiens, atque ut statim habuit prae manibus, bina suspiciens, cavum scilicet et convexum, unum et alterum oculo admovebat et sensim dimovebat, sive ut punctum concursus, sive ut artificis opus probaret, postea soluto artifice abiit. Artifex ingenii minime expers, et novitatis curiosus, coepit idem facere et imitari, nec tarde natura suggessit tubo haec perspicilla condenda, ubi unum absolvit, advolavit in Aulam Principis* MAURITIJ *et adinventum obtulit. Princeps habuerit prius, nec ne, suspicandum erat, rem militiae utilem, et pernecessariam inter arcana custodiri. Verum ut casu senserit evulgatam, dissimulaverit, industriam, et benevolentiam artificis gratificans* . . . ."*

In zijne laatste helft bevat dit verhaal nauwkeurig de geschiedenis van LIPPERHEY met het door hem in den Haag gevraagde octrooi. Wat de eerste helft betreft, moet wel het jaartal in 1608 veranderd worden, doch bij de beoordeeling

---

(¹) HIERONYMI SIRTURI *Mediolanensis Telescopium: sive ars perficiendi novum illud Galilaei visorium instrumentum ad Sydera, in tres partes divisa. Quarum prima exactissimam perspicillorum artem tradit, Secunda telescopii Galilaei absolutam constructionem et artem aperte docet. Tertia alterius Telescopii faciliorem usum et admirandi sui Adinventi arcanum patefacit. Ad Serenissimum* COSIMUM II *Magnum Etruriae Ducem. Francofurti Typis* PAULI JACOBI, *Impensis* LUCAE JENNIS *M.DC.XVIII* (4° 81 pag.) pag. 24. SIRTURUS had zijn werk reeds veel vroeger gereed, „ut in Catalogo librorum anni 1612 curiosi depraehenderunt", en CESI sprak zelfs in een brief van 28 October 1612 aan GALILEI het vermoeden uit, dat SCHEINER er uit geput had. — Uit belangstelling in de kunst om verrekijkers te maken deed SIRTURUS o. a. reizen naar Venetië, Spanje, Rome, in 1611 naar Inspruck en ten slotte naar Weenen. Hij kende GALILEI persoonlijk.

van het verhaal omtrent de wijze, waarop de aandacht van
LIPPERHEY op het instrument wordt gevestigd, is dit van
minder belang. Uit het geheele bericht blijkt, dat SIRTURUS
zich goed op de hoogte heeft gesteld, zooals trouwens te
verwachten is van iemand, die blijken heeft gegeven zich
zeer sterk voor alles, wat den kijker betrof, te interesseeren;
niet onwaarschijnlijk is dan ook, dat SIRTURUS te Middelburg
is geweest en daar LIPPERHEY heeft gesproken. Wel is waar,
is het nu moeielijk aan te nemen bij de aanwezigheid van
verrekijkers bij LIPPERHEY's buurman, SACHARIAS JANSSEN,
dat de verklaring, welke SIRTURUS geeft van den oorsprong
der kennis bij het werktuig van LIPPERHEY, de juiste is; doch
wel aannemelijk lijkt het ons toe, dat door de komst, handelwijze en gesprekken van den vreemdeling LIPPERHEY's aandacht
meer op de belangrijkheid van den kijker is gevestigd, dan tot
dusver het geval was geweest.

Wie de Hollander is, welke zich naar Middelburg begeeft,
is slechts bij waarschijnlijkheid uit te maken; doch er is alle
reden aan te nemen, dat hij JACOB METIUS is geweest, hetgeen trouwens reeds in 1627 FROMOND meende te mogen
opmaken uit de vergelijking van de geschriften van ADRIAAN
METIUS met het verhaal van SIRTURUS. (¹)

Overigens kan men eene dergelijke bekendheid met het instrument in Holland, als het verhaal van SIRTURUS veronderstelt,

___

(¹) „Hollandum tamen, aut Genium Hollandi specie (fratrem suum
JACOBUM METIUM fuisse, contendit ADRIANUS METIUS Franekerensis Ma-
thematicus) qui a JOANNE LIPPERSEIM, Middelburgensi opifice cavum et
convexum specillum fieri curaverat, repertorem scribit HIERONYMUS
SIRTURIUS, anno 1609." (*Meteorologicorum Libri sex*, pag. 112). — De heer
NABER (zie blz. 169, noot) gist, dat de onbekende ook hier CORNELIS
DREBBEL is geweest. Behalve het vroeger t. o. van dezen opgemerkte zij
hiertegen aangevoerd, dat het onmogelijk is een en denzelfden persoon
te zien in den Hollander op den Frankforter mis en den vreemdeling bij
LIPPERHEY te Middelburg: beide gebeurtenissen vallen gelijktijdig voor. Verder was DREBBEL te Middelburg in 1608 een beken²
man: hij was daar in 1600 aan een publiek werk werkzaam geweest, en
LIPPERHEY (in 1594 te Middelburg gehuwd) kan hem zelf gekend hebben.
Ten slotte wordt nogmaals opgemerkt, dat DREBBEL's naam aan de uitvinding der verrekijkers nimmer ernstig verbonden is geweest.

wel aannemen, omdat er verschillende omstandigheden zijn aan te wijzen, waardoor de wetenschap van het instrument verbreid is kunnen worden. In METIUS' request heeft men kunnen lezen, dat hij reeds twee jaren arbeidde om ten slotte in October 1608 een werktuig den Staten te kunnen aanbieden; het Italiaansche krijgsvolk en de werklieden van de glasfabriek kunnen hunne instrumenten aan verschillende personen hebben getoond; maar vooral is het waarschijnlijk, dat de door SACHARIAS JANSSEN vervaardigde kijkers ook in Holland zijn bekend geworden. Vermoedelijk was het doel van den onbekende (of JACOB METIUS) dan ook om zich inlichtingen te verschaffen bij SACHARIAS JANSSEN, en bij deze veronderstelling sluit dan zeer goed aan een verhaal, dat ons WILLEM BOREEL doet in zijn brief aan PIERRE BOREL, waarvan reeds vroeger in het kort is melding gemaakt. Wel is waar, doet hij dit onmiddellijk volgen op het door hem verkeerd opgegeven jaartal 1610 voor JANSSEN's »uitvinding», maar indien we dat herstellen in het juiste 1604, dan is er geene reden om aan de door BOREEL gegeven feiten — en deze kunnen toch ook juister worden onthouden of overgebracht dan jaartallen — te twijfelen, te meer, daar zijne mededeeling geheel overeenstemt met het verhaal van SIRTURUS [1]. Onmiddellijk op de vermelding van het feit, dat JANSSEN een kijker aanbood aan prins MAURITS, »qui illud inter secreta custodivit, usui futurum forte, in Expeditionibus Belgicis», laat BOREEL volgen: [2]

---

[1] Of BOREEL zijn verhaal geheel onafhankelijk van dat van SIRTURUS heeft gedaan, is moeielijk te beslissen. In ieder geval onderschrijft hij het, wat wel niet het geval geweest zou zijn, indien BOREEL had vermoed, dat het onjuist was, en geeft hij er zelfs nieuwe bijzonderheden bij. BOREEL zal als oud-Middelburger in die stad nog vele connecties gehad hebben, én in elk geval stelde hij of BOREL zich in verbinding met JOHANNES SACHARIASSEN, wien hij omtrent het verhaal van SIRTURUS om inlichtingen kan hebben gevraagd. Deze zal niet onkundig geweest zijn van het kramerschap van zijn vader. — Een dergelijk verhaal als dat van SIRTURUS en BOREEL geeft ook GASPAR SCHOTT in zijne *Magia Universalis naturae et artis Herbipoli 1657—1659*, pag. 491.

[2] BOREL, Lib. I l. c. pag. 36.

*„*Ut tamen rumor tam mirandi novi inventi increbuit, et jam in Hollandia et alibi de authore loquerentur homines curiosi, Vir quidam hactenus ignotus, ex Hollandia Middelburgum venit apud authorem, inquisiturus super secreto isto, qui cum quaereret conspiciliorum Confectorem in dicta civitate degentem, in aedibus parvis innixis templo novo, casu incidit in Joannem Lapreyum etiam Conspicillificem in vico Caponario etiam aediculas templo novo innitentes inhabitantem; credens esse se apud verum Inventorem, qui exigua tantum distantia ab illo Lapreyo, in altero latere templi dicti et angulo satis obscuro morabatur. Et cum Lapreyo sermones de secreto Telescopii habuit. Qui homo ingeniosus et observator anxius omnium quae vir ille aperuit, etiam quaestiones et lunularum sive lentium comparationes jam longas, jam proximas, post dictum Zachariam Joannidem, egregia industria ac cura eadem Telescopia longa (¹) invenit, et confecit ad placitum istius viri peregrini. Quare merito hic Ioannes Lapreius, etiam pro Inventore secundo audiri potest, cum ingenii sui acumine rem non monstratam detexit ex eventu quod dixi, fecitque illa Telescopia sua publici juris, et primus divulgavit."*

Boreel's verhaal omtrent de omstandigheden, waaronder Lipperhey's aandacht op het instrument wordt gevestigd, komt dus in hoofdzaak overeen met dat van Sirturus. Van de omstandigheid, dat Sacharias Janssen door zijne kramerijen de verrekijkers zoowel in Holland als o o k e l d e r s reeds vóór 1608 had bekend doen worden, werd ons door het gebeurde op de Frankforter mis eene fraaie illustratie geleverd, terwijl het ook niet te verwonderen is, zooals Boreel zegt, dat daar, door op nieuws beluste lieden, over het instrument werd gesproken, zooals dán ook Fuchs en Marius, onmiddellijk na de aanschouwing van het te Frankfort beschouwde instrument, de zaak met elkaar bespreken. — In één onderdeel verschillen echter de berichten van Sirturus en Boreel, nl. in de opgave van de reden, waarom de onbekende ten slotte toch niet bij Sacharias Janssen, doch bij Lipperhey terecht kwam. Volgens Boreel zou de onbekende het huisje van Sacharias Janssen door eenige omstandigheid zijn voorbij geloopen : *„*casu incidit

---

(¹) Ook hier worden met „telescopia longa" z.g. Hollandsche kijkers bedoeld — eene bevestiging van het op blz. 180 en 181 gezegde.

in JOANNEM LAPREYUM etiam conspicillificem ... credens esse
se apud verum Inventorem" — volgens den Milanees "nemo alter
(perspicillorum artifex) est in ea urbe". Deze bewering van SIR-
TURUS, dat LIPPERHEY de eenige brillenslijper in de stad was, werd
vroeger onverklaarbaar geacht en als geheel onjuist verworpen,
met een beroep op de omstandigheid, dat SACHARIAS JANSSEN
zijn bedrijf in de onmiddellijke nabijheid van de woning van
LIPPERHEY uitoefende. Wij gelooven niet, dat deze omstandigheid SIRTURUS, die waarschijnlijk te Middelburg vertoefd
heeft, onbekend geweest zal zijn. O. i. is de uitdrukking
altijd verkeerd opgevat: de toevoeging van enkele woorden,
nl. deze, dat LIPPERHEY op het oogenblik dat de gebeurtenissen, die de schrijver gaat verhalen, voorvallen, de eenige
in de stad aanwezige brillenslijper was, verduidelijkt niet alleen
zijne bedoeling, doch kenschetst ook zeer juist den toestand.
Immers LIPPERHEY, die in de komst van METIUS aanleiding
vond om met zijn instrument voor den dag te komen en blijkens al
zijne handelingen thans spoed maakte om zijne ontdekking aan de
regeering kenbaar te maken, komt den 25sten September bij Gecommitteerde Raden van Zeeland en we kunnen dus de samenkomst
tusschen hem en den onbekende stellen op korten tijd vóór dien
datum. En wat is dan het geval? We weten, dat SACHARIAS
JANSSEN dan juist met zijn instrument op reis is en
speciaal tusschen 15 Augustus en 8 September met
zijne kijkers op de Frankforter najaarsmis staat,
van waar hij eerst den 14^{den} October blijkt te zijn
teruggekeerd. Het was dus geenzins eene min of meer
toevallige omstandigheid, zooals BOREEL zegt, dat de onbekende
bij LIPPERHEY kwam. METIUS vond JANSSEN niet thuis,
hij maakte van den nood eene deugd en was wel verplicht
zich bij een anderen brillenslijper in de stad te vervoegen.
Niet alleen maakt dit het verhaal van BOREEL, wat betreft de
geruchten in Holland en elders en de daarop, ook door SIR-
TURUS, medegedeelde komst van METIUS te Middelburg, waarschijnlijk, maar omgekeerd is de mededeeling van SIRTURUS
in den zin, dien wij er aan meenen te moeten hechten, en
BOREEL's verhaal, dat METIUS eigenlijk tegen zijn wil bij

LIPPERHEY terecht kwam, ook een nader bewijs voor het reizend kramerschap van SACHARIAS JANSSEN.

Door de komst van METIUS, meenden wij, wordt de aandacht van LIPPERHEY meer op de belangrijkheid van het nieuwe instrument gevestigd, dan tot dusver het geval was. De ontdekking, die hij daarbij doet, is naar onze meening niet geweest de samenstelling van den verrekijker, maar wel de wetenschap, dat buiten hem of liever buiten JANSSEN en hem, ook deze Hollander tot op zekere hoogte daarmede bekend is. Dit is hem een prikkel geweest tot de spoedige uitvoering zijner plannen, die hem de voordeelen der kennis van het instrument zouden verzekeren. Het is uiterst moeielijk de rechten van METIUS en LIPPERHEY met volkomen zekerheid vast te stellen; afdoende bewijzen zijn daarvoor niet voor-handen, en het is inderdaad te vreezen, dat het volle licht over hunne handelingen wel nooit zal opgaan. In dien stand van zaken wordt onze opinie, naast bekende feiten, gevormd door verschillende bijkomende omstandigheden. Overheerschend is het feit, dat de verrekijker hier te lande, met name te Middelburg in de onmiddellijke nabijheid van LIPPERHEY's woning, zoowel als in Italië, reeds bestond, vóórdat LIPPERHEY en METIUS van hunne verrichtingen deden blijken, en wij kunnen ons niet onttrekken aan den invloed, dien deze waarheid uitoefent op ons oordeel. De bewoordingen van den brief van Gecommitteerde Raden aan de Zeeuwsche Gedeputeerden in den Haag van 14 October 1608, waaruit in het vorige hoofdstuk de groote waarschijnlijkheid is afgeleid, dat door JANSSEN omtrent den waren oorsprong van zijn kijker aan de regeering te Middelburg mededeeling is verstrekt, zijn verder ook tot vaststelling van de verdiensten van LIPPERHEY van belang. „Ende deselve oock met gelijcke instrument doet blijcken". JANSSEN beweerde niet alleen, dat hij de kunst verstond om verrekijkers te maken, maar hij bewees dat ook door zulk een instrument te toonen. Dit en niets meer kan de zin der woorden van de Raden geweest zijn. Maar als men op de daarop onmiddellijk volgende woorden „ende beduchten datter nog meer zijn" en „naerdien men siet de forme van de buyse" let, dan kunnen de woorden „gelijcke instrument"

ous ook onderrichten, dat het instrument, door JANSSEN vertoond, wat inrichting en vorm betreft, er even zoo uitzag, als
het eenige weken te voren door de Raden beschouwde instrument van LIPPERHEY, of liever de kijker, dien LIPPERHEY op
25 September presenteert, is, wat inrichting en vorm betreft,
gelijk aan de kijkers, die JANSSEN reeds vroeger vervaardigde.
De gelijkheid van kijkers, voor ons zoo verklaarbaar, is voor
de aanspraken van LIPPERHEY op eene zelfstandige vinding
bedenkelijk. Ons oordeel kan voorshands geen ander zijn,
dan dat de //uitvinding// van LIPPERHEY heeft plaats gehad
naar aanleiding van het bestaan der kijkers van JANSSEN
of — om verder terug te gaan — van het werktuig van 1590,
in handen van den Italiaan.

De tijdelijke afwezigheid van SACHARIAS JANSSEN maakt
bovendien, dat LIPPERHEY aanvankelijk van zijn succes kan
profiteeren : eerst den 14^{den} October kan JANSSEN zich bij Gecommitteerde Raden vervoegen. Zij vooral begunstigt LIPPERHEY's
plan om zich met een instrument bij de regeering van Zeeland
aan te melden. Dit geschiedt, zooals uit het op blz. 170 en 171
afgedrukte stuk blijkt, den 25sten September 1608, wanneer hij
een door hem vervaardigden kijker toont aan Gecommitteerde
Raden //dewelcke hy pretendeert, dat een niewe inventie is//.
Niet onwaarschijnlijk hoopte LIPPERHEY, dat de onbekende uit
Holland nog niet het einddoel van zijn streven had bereikt
en een kijker had samengesteld; maar toch zal LIPPERHEY's
wetenschap omtrent de nasporingen, althans door dien vreemdeling in het werk gesteld, hem eene aansporing zijn geweest
om niet langer met de aanbieding van zijn kijker te wachten; de
samenstelling van een zoo goed mogelijk instrument dient dus
kort vóór 25 September gesteld te worden. Aanvankelijk bepaalt
zich LIPPERHEY tot het verzoek //eerst te communiceren met
Zyne Excellencie//. Gecommitteerde Raden moeten hem daarbij
behulpzaam zijn, misschien wel, omdat er in 1608 met het oog
op het te sluiten bestand op een bezoek van den prins aan
Zeeland weinig kans bestaat en LIPPERHEY reden heeft zich
te haasten zijne //vinding// aan den man te brengen. Hij
wordt door de Raden naar den Haag gedirigeerd met een

schriftelijk verzoek aan de Gedeputeerden van Zeeland aldaar
om hem den prins voor te stellen en verder behulpzaam te zijn.

Het springt in het oog, hoe bij deze onderneming toevallige
— of wel van te voren door hem berekende — omstandigheden LIPPERHEY's succes aanvankelijk begunstigen. Immers,
indien Gecommitteerde Raden eens niet na LIPPERHEY's terugkomst uit den Haag, maar vóór den dag zijner aanmelding
de wetenschap hadden verkregen, hoe het te Middelburg met
de bekendheid van het instrument geschapen stond, zooals die
uit de op blz. 172 en 173 afgedrukte stukken blijkt, doch die door
afwezigheid van SACHARIAS JANSSEN tot 14 October bij de
Raden onbekend bleef, dan zou het zeer de vraag geweest
zijn, of zij LIPPERHEY met zijne beweerde *nieuwe inventie*
wel zoo ter wille geweest zouden zijn, als thans het geval
was, en hadden de gebeurtenissen ten opzichte van die vinding
wellicht een geheel anderen keer genomen in plaats van hem
nu kans te geven om zich als eersten uitvinder van zulk een
belangrijk instrument te kunnen laten gelden.

LIPPERHEY begeeft zich dan naar den Haag, waar hij zijn
onderhoud met de Zeeuwsche Gedeputeerden en daarna het
verlangde gehoor bij prins MAURITS heeft, wien hij bij die
gelegenheid een kijker aanbiedt. Naar hetgeen we omtrent de
bekwaamheden van LIPPERHEY mogen aannemen, zal dit een
uitstekend instrument zijn geweest, en SIRTURUS zegt dan ook
onmiddellijk na zijn verhaal, hoe LIPPERHEY zich naar MAURITS
begaf en dezen een werktuig schonk : ([1])

*Inde tantae rei novitas per totum effunditur orbem, et plura
alia confinguntur spicilla, sed nullum illi contigit melius aut
aptius priore (ego vidi et tractavi) adeo ut dicas non Artes
solum, sed ipsam Naturam omnia conferre, ut magnis Principibus inserviant.*

In deze dagen neemt ook SPINOLA, nog juist voor zijn
vertrek uit den Haag — de Spaansche gezanten verlieten die
stad op 30 September bij het afbreken der onderhandelingen

([1]) SIRTURUS, l. c. pag. 24.

over het bestand (¹) — van het werktuig van LIPPERHEY kennis.
Dat hij, zooals RHEITA zegt (²), zulk een instrument kocht
en aan ALBERTUS bracht, wordt niet van elders bevestigd, al is
het zeker, dat deze laatste spoedig te Brussel ook kijkers deed
vervaardigen.

De ingenomenheid van MAURITS met het werktuig schijnt ook
verder te blijken uit de omstandigheid, dat het waarschijnlijk
zijne goedkeuring wegdroeg, dat LIPPERHEY zich bij request
tot de Staten-Generaal wendde en MAURITS er ook zelf den Staten-
Generaal mededeeling van deed. Op LIPPERHEY's request wordt
2 October de hiervoren op blz. 28 gegeven resolutie genomen.
Er blijkt uit, dat LIPPERHEY vraagt een octrooi voor 30 jaren
of eene jaarlijksche toelage om het werk alleen te maken ten
dienste van den lande (³). De Staten-Generaal, waarschijnlijk
nog niets van andere vervaardigers van dergelijke instrumenten
vermoedende noch de mogelijkheid van eene reeds grootere
publiciteit van den kijker veronderstellende, zijn aanvankelijk
de zaak van LIPPERHEY genegen; de onderhandelingen aangaande het bestand waren ook juist eenige dagen geleden
afgesprongen, en een werktuig, dat zulke goede diensten in
den krijg kon bewijzen, dat zelf ongezien, den vijand kon doen
bespieden, en dat trouwens ook voor de zich steeds uitbreidende
vaart naar vreemde wereldzeeën van groot nut kon zijn, moest
wel bij het bestuur der Vereenigde Provinciën op hoogen prijs
worden gesteld. Er wordt dan ook eene Commissie benoemd
om met den *//inventeur//* te onderhandelen en het instrument
op den toren van het Stadhouderskwartier te onderzoeken.
Reeds bij dezelfde resolutie wordt aan LIPPERHEY eene verbetering van zijn werktuig opgelegd, waarvan de wenschelijk-
heid door prins MAURITS bij de Staten-Generaal betoogd zal
zijn: het viel blijkbaar moeielijk het eene oog gesloten te

(¹) VAN METEREN, editie van 1647, fol. 608.

(²) Cf. pag. 4.

(³) Gesteld ook al dat de *Bijlagen tot de Notulen van de Staten-Generaal*
in hoofdzaak bewaard zijn gebleven, is er toch weinig kans, dat dit
stuk nog aanwezig is, daar requesten meestal geappostilleerd aan de
verzoekers werden teruggegeven.

houden, zoodat aan LIPPERHEY de opdracht gegeven wordt zijn instrument als binoculus in te richten, bij welks gebruik het gezicht niet zoo vermoeid wordt en de voorwerpen duidelijker en fraaier schijnen dan door een enkelen kijker, eene opdracht, welke LIPPERHEY inderdaad tot tevredenheid van Hunne Hoog Mogenden zal volbrengen. Blijkens de volgende resolutie van 4 October heeft de commissie tevens gevraagd de lenzen van zijne kijkers niet van glas, maar van rotskristal te maken ([1]), eene verbetering, die hun wellicht door LIPPERHEY zelf was voorgesteld, en waarvoor hij te Middelburg bij de daar aanwezige kristalfabriek gemakkelijk de benoodigde ingrediënten kon bekomen. ([2]) De Commissie was dus in opdracht van de Staten-Generaal of liever op initiatief van prins MAURITS niet met weinig tevreden.

Het verzoek van LIPPERHEY om octrooi aan de Staten-Generaal wordt ook aanhangig gemaakt bij de Staten van Holland, waarvan ons bewijs is nagelaten door den afgevaardigde van Medemblik, die den magistraat van zijne stad in notulenvorm van het in de Staten van Holland verhandelde op de hoogte heeft gehouden: ([3])

"1608 den IIII Octobris voor noen.

Item oock van een brilman, die een Instrument geïnventeert ende gemaakt heeft, daermede zeer verde gesien konde worden,

([1]) De moeielijkheid zit vooral in de groote bezwaren van het slijpen hiervan boven dat van glas. Het refractievermogen van bergkristal is veel grooter dan van glas, zoodat bij gelijke gedaante der lenzen een kijker van kristal meer dan een van glas vergroot. Om verschillende redenen zijn echter die kijkers met lenzen van rotskristal verlaten, o. a. wegens de mindere scherpte en duidelijkheid der beelden en de grootere chromatische aberratie van rotskristal.

([2]) Aanvankelijk werden ook de brillen niet of niet altijd van glas gemaakt; want het woord bril (barill, béricles, besicles, baricoles) komt van beryll, waarmede waarschijnlijk verschillende gesteenten werden aangeduid. Tot in de 16e eeuw werd die stof tot dat doel aangewend; later werden de brillen voorzien van lenzen uit bergkristal, eindelijk van dergelijke uit glas. Niet alleen wordt dus de kijker in den eersten tijd van zijn bestaan met denzelfden naam van bril aangeduid (zie blz. 2), doch men wil er bij het instrument van LIPPERHEY dezelfde soort lenzen in brengen.

([3]) *De Navorscher dl. IV 1854*, blz. 101. — Op blz. 378 wordt het er voor

versoeckende octroy om alleen soodanig instrument te maecken,
met verbot van alle anderen, worde goet gevonden eenige te
committeren, die dit instrument noch naerder souden beproeven
ende voorts metten inventeur comen in gespreck, waertoe gedeputeert sijn eenen van Dordrecht, van Amsterdam, Rotterdam,
Alcmaer, Hoorn ende Enghuysen."

Denzelfden dag besluiten de Staten-Generaal van hunne
'zijde aan de eerste door hen benoemde Commissie nog een
lid uit elke provincie toe te voegen, welke evenzeer de door
LIPPERHEY medegebrachte instrumenten zal beproeven en wel
op den toren van het Stadhouderskwartier, om, indien het
werktuig bevonden zal worden den lande dienstig te zijn, met
den uitvinder te onderhandelen over het maken van zes verrekijkers, onder belofte, "dat hy zyne inventie niemanden anders
teenigen dagen en sal overgeven". Van een verleenen van octrooi
schijnt in deze resolutie geen sprake meer te zijn, en zelfs wordt
getracht LIPPERHEY zijn eisch van f 1000 per instrument te doen
verminderen. De onderhandelingen op den toren van het Stadhouderskwartier worden voortgezet, en het is wellicht juist
door de van alle zijden ondervonden belangstelling, dat LIPPERHEY
pas nu het gewicht van de ontdekking geheel gaat beseffen.
De prijs voor ieder instrument wordt ten slotte bepaald of
900.—, waarvan f 300.— terstond en de overige f 600.— bij
de levering.

---

gehouden, dat DREBBEL deze „brilman" is geweest, en in een opstel van
AB UTRECHT DRESSELHUIS (Bijblad XC), dat JACOB METIUS er mede bedoeld zou zijn. De eerste meening is geheel en al te verwerpen; wat de
laatste betreft, daarvoor zou wel aanleiding kunnen bestaan. METIUS
was echter geen brillenman, LIPPERHEY wel, en een mogelijk bezwaar
tegen de omstandigheid, dat de zaak van iemand uit Zeeland bij de
Staten van Holland aanhangig wordt gemaakt, wordt opgeheven door
de voorlichting, die ik van den heer Rijksarchivaris in Zeeland mocht
ontvangen: het was de gewoonte van de Staten van Holland om belangrijke zaken, die bij de Staten-Generaal dienden, ook in hunne Staten
te behandelen en te onderzoeken om daarna des te beter in de Staten-
Generaal te kunnen adviseeren en helpen beslissen. De Staten van
Holland konden dit doen, omdat zij evenals de Staten-Generaal in den
Haag resideerden, en dit is eene der omstandigheden, waardoor zij in
de Staten-Generaal zulk een overwegenden invloed uitoefenden.

Uittreksel uit het *Ordonnantieboek der*
Staten-Generaal.

5 October 1608.

Aen HANS LIPPERHEY, inventeur van seecker instrument
omme verre te sien, de somme van dryehondert ponden van
veertich grooten 't pont, ter goeder rekeninge van tgene, dat
hem by de Heeren, daertoe gedeputeert, voor het maken van
een sulck instrument ten dienste vant lant toegeleet is.

Uitvoeriger blijkt dit uit het rapport der ingestelde Commissie, den 6den October uitgebracht; zij heeft LIPPERHEY's
werktuig bevonden ″den Lande dienstelijcke te sullen vallen″
en stelt eene betaling per instrument voor in den boven weergegeven zin; de Commissie wordt geautoriseerd nu definitief met
den uitvinder te onderhandelen en een tijdstip tot aflevering
der instrumenten te bepalen. Hiermede moet LIPPERHEY zich
voorloopig tevreden stellen: de Staten schijnen eenigszins te
aarzelen en willen op dit oogenblik niet op zijne aanvrage
om octrooi of eene jaarlijksche toelage beslissen; zij stellen
dit uit tot het tijdstip, waarop de bestelde binoculi zullen
geleverd zijn, hetgeen wellicht is gedaan om naar aanleiding van door MAURITS of anderen gedane mededeelingen
informaties bij de Staten van Zeeland te kunnen inwinnen.
In ieder geval schrijven de Gedeputeerden van Zeeland in
den Haag nu aan hunne regeering, waarop Gecommitteerde
Raden berichten, hetgeen hun door SACHARIAS JANSSEN na
zijne terugkomst uit Frankfort is getoond en medegedeeld
omtrent de herkomst van het instrument.

Ondanks het feit echter, dat de Staten de vinding geheim
hebben willen houden, zijn er nu reeds verschillende personen,
die van de aanwezigheid van het werktuig hebben kennis genomen en het bericht daarvan verspreiden. JACOB METIUS
gewaagt in zijn request van de beproeving en heeft dus van
de zaak gehoord. De kijker was onderzocht door talrijke com-
missieleden, zoowel vanwege de Staten-Generaal als de provincie Holland daartoe aangewezen. Het is ook denkbaar, dat
verschillende officieren van MAURITS' gevolg bij de onderzoekingen op den toren van het Stadhouderlijk paleis tegen-

woordig waren. Vast staat zelfs, dat SPINOLA bij de beproeving tegenwoordig was en van het instrument kennis nam. Geen wonder, dat zich snel geruchten omtrent de gebeurtenis verspreidden; ja zelfs werden zij al zeer spoedig ook door den druk vermenigvuldigd en aldus het nieuws aangaande het in den Haag met het pas gevonden instrument voorgevallene ook in het buitenland wereldkundig gemaakt. (¹) De schrijver

(¹) Weldra verscheen nl.: *Ambassades du Roy de Siam envoyé à l'Excellence du Prince Maurice, arrivé à la Haye le 10 Septemb. 1608. — l'an de grâce 1608* [12°, 12 pag's. pag. 1 titel, pag. 2 wit]. Op de derde bladzijde het opschrift: *De la Haye*, waarna: „Le 10 Septembre sur le soir arrivèrent ici deux des principaux...."; grootendeels behelst het vlugschrift een verslag van de terugkomst van de vloot van MATELIEF met details om te eindigen met het nieuws uit den Haag betreffende de verrekijkers. — LIBRI, welke van dit stuk melding maakt in de „*Introduction*" van de „*Catalogue of the mathematical, historical and miscellaneous Portion of the celebrated Library of M.* GUGLIELMO LIBRI, *Part I, Lond. 1861*", naar aanleiding van een exemplaar, dat zou berusten op het British Museum, noemt als drukker JEAN GAZEAU te Lyon en als datum van uitgifte 12 November 1608. Men heeft echter later te vergeefs naar het stuk gezocht. Op een door mij gebruikt exemplaar, berustende op de Universiteitsbibliotheek te Gent en afkomstig uit de verzameling van ISAÄC MEULMAN te Amsterdam, heb ik geene aanwijzingen van drukker, plaats en nauwkeurigen datum van uitgifte kunnen vinden. — Een geschreven stuk van denzelfden inhoud als ons imprimé berust in de *Archives du Ministère des Affaires etrangères*, — *Correspondance politique* (bevattende de correspondentie der gezanten) — *Hollande*, *III*, fol. 278 (zie P. J. BLOK, *Verslag aangaande een voorloopig onderzoek te Parijs naar archivalia* etc. 1897 blz. 22; G. BUSKEN HUET, *Tweede verslag van onderzoekingen naar archivalia te Parijs* etc. 1900 blz. 97, waar ook als plaats van herkomst wordt opgegeven: „*De la Haye*"). Blijkens eene collatie, welke de heer HUET zoo vriendelijk was voor ons te willen doen, stemmen imprimé en manuscript — althans wat ons bericht betreffende de verrekijkers aangaat — van woord tot woord overeen. Nochtans zou men verkeerd doen hieruit te besluiten, waartoe aanleiding bestaat, dat het geschreven stuk het origineel is en speciaal, dat het bericht afkomstig zou zijn van den Franschen gezant JEANNIN in Den Haag. Het geschreven stuk is evenmin gedateerd en ook zonder opgave van herkomst, de geheele inhoud anders ingericht dan zulks in de gewone diplomatieke bescheiden van dien tijd gewoon was, terwijl — zooals de heer HUET ons meldde — de oudste bundels der „*Correspondance: Hollande*" oorspronkelijk bijeengebracht zijn door particuliere verzamelaars, die alles opnamen wat hen interesseerde, ook afschriften van gedrukte stukken, pamfletten e. d. Men kan hieruit veilig besluiten, dat het geschreven stuk juist

van het in vorenstaande noot genoemde vlugschrift — zóó goed
op de hoogte, dat zijn bericht den indruk maakt, dat hij bij de
beproeving van het werktuig tegenwoordig is geweest — bericht:

. . . .

„Peu de iours devant le despart de SPINOLA de la Haye,
un faiseur de lunettes de Mildebourg (¹) pauvre homme, fort
religieux et craignant Dieu (²), fist present à son Excellence
de certaines lunettes, moyennant lesquelles on peut decouvrir
et voir distinctement les choses esloignées de nous de trois
et quatre lieux, comme si nous les voions à cent pas pres de
nous : Estans sur la tour de la Haye on voit par lesdictes
lunettes clairement l'horloge de Delft, et les fenestres de
l'Eglise de Leyden, nonobstant que lesdites villes soyent
esloignées l'une d'une heure et demie, l'autre de trois heures
et demi de chemin de la Haye. Messieurs les Estats l'ayant
sçeu, envoyerent vers son Excellence pour les voir, qui les
leur envoya, disant que par ces lunettes ils verroyent les
tromperies de l'ennemi. SPINOLA aussi les vid avec grand
estōnement, et dit à Monsieur le Prince HENRY, à c e s t e
h e u r e i e n e s c a u r o i s p l u s e s t r e e n s e u r t é, c a r
v o u s m e v e r r e z d e l o i n g. A quoy le dit Sieur Prince
respondit, n o u s d e f f e n d r o n s à n o s g e n s (³) d e n e
t i r e r p o i n t à v o u s. Le maistre faiseur desdites lunettes
a eu trois cens escus, et en aura plus en faisant d'avan-
tage, à la charge de n'apprendre ledit mestier à personne du
monde, ce qu'il a promis tresvolontiers, ne voulant point
que les ennemis, s'en peussent prevaloir contre nous, lesdites
lunettes servent fort en des sieges, et en semblables occasions,
car d'une lieuë ˜loing et plus, on peut aussi distinctemēt
remarquer toutes choses, comme si elles estoyent tout aupres
de nous : et mesmes les estoilles ·qui ordinairement ne paroissent à nostre veuë et à nos yeux pour leur petitesse et foi-
blesse de nostre veuë, se peuvent voir par le moyen de cest
instrumēt. Le iour que SPINOLA partist d'ici, il disna avec son
Excell. qui le conduisist demi lieu, et le Prince HENRI son

---

eene copie is van het imprimé, al is het eene zeer oude, daar het
schrift uit de eerste helft der 17ᵈᵉ eeuw dagteekent en zeer wel gelijktijdig kan zijn met de brochure.

(¹) Het in de vorige noot bedoelde manuscript heeft „Midelbourg".

(²) De Heer HUET merkt hierbij op, dat deze woorden z. i. bewijzen,
dat de schrijver Protestant was en gelooft niet, dat Katholieken van
dien tijd de uitdrukking „craignant Dieu" bezigden.

(³) Het manuscript had hier oorspronkelijk „canoniers", hetgeen is
doorgeslagen en veranderd in „gens".

frere les accompagna iusques aux navires, ou ils s'embarquerent pour aller à Anvers."

We hebben vroeger in GUALTEROTTI de eerste gezien, welke den kijker naar den hemel richtte; behalve wellicht door SACHARIAS JANSSEN is dit ook in Holland geschied, kort nadat LIPPERHEY met zijne uitvinding in den Haag was gekomen, zonder dat evenwel, naar het schijnt, daarbij eenig noemenswaardig resultaat is verkregen. Met de kijkers van LIPPERHEY konden intusschen vele vaste sterren, die met het bloote oog niet zichtbaar zijn, gezien worden, verwijderde voorwerpen op drie en vier mijlen afstand alsof ze zich slechts op honderd schreden afstand bevonden, terwijl men van den toren van het Stadhouderskwartier de wijzerplaat op den toren van Delft en de vensters van de kerk te Leiden kon waarnemen, ofschoon de eerstgenoemde stad van den Haag op een afstand ligt van 8,6 K.M., de laatste op een van 17,6 K.M. (¹)

Door de groote ruchtbaarheid, die het bezoek van LIPPERHEY zoo spoedig kreeg, werd thans de grondslag gelegd voor eene meer algemeene verspreiding van den verrekijker. In December 1608 liep het gerucht van de aanbieding door LIPPERHEY reeds te Venetië, het middelpunt van de glasindustrie in Italië, en schreef Fra PAOLO SARPI (²) den 5den Januari 1609 van uit die stad : (³)

(¹) Er schijnen ons hier geene voldoende gegevens voorhanden om het vergrootend vermogen van LIPPERHEY's kijkers te bepalen. Vooral welke afstand met het woord „lieu" is bedoeld, is onzeker; ik zou geneigd zijn hier de Fransche mijl te veronderstellen, die een uur gaans of ongeveer 4¼ K.M. bedraagt, in welk geval de opgave van 3 of 4 mijlen ook overeenkomt ongeveer met den afstand van den Haag tot Leiden. De Hollandsche mijl schijnt 2000 schreden of 1¼ K.M. te hebben bedragen.

(²) SARPI (1552—1623) was een man van beteekenis in de staatkundige geschiedenis van de Republiek van Venetië, wier rechtsgeleerde raadsman hij was, voornamelijk bij de geschillen tusschen haar en paus PAUL V. Hij is ook bekend geworden door zijne geschiedenis van het Concilie van Trente. Hij was GALILEI zeer genegen, stond in verbinding met de meeste geleerden in Europa en was om zijne groote geleerdheid vermaard. Men schrijft hem soms de ontdekking toe van den bloedsomloop (c. 1580); PORTA houdt in zijne *Magia Naturalis* (pag. 127 ed. 1589) eene fraaie lofrede op hem.

(³) *Lettere di Fra* PAOLO SARPI, *ed.* POLIDORI, *Firenze 1863* vol. I pag. 181,

*"L'avviso degli occhiali l'ho havuto già più di un mese e
lo credo per quanto basta e non cercar più oltre per non
filosofare sopra le esperienze non vedute da sè proprio"*,

en laat daarop eenige woorden volgen, die er weer op wijzen,
hoezeer het vraagstuk op het eind der 16ᵈᵉ eeuw aan de orde
was, al werd hier de oplossing in andere richting gezocht:

*"Quando io era giovane pensai ad un tal cosa e mi passò
per la mente che un occhiale fatto di figura di parabola
potesse fare tale effetto; et ci rinuntiai . . ."*

Tegen het einde van April 1609 was het in den Haag
voorgevallene ook te Rome bekend. (¹)

Intusschen heeft de Gedeputeerde van Zeeland in den Haag
naar Gecommiteerde Raden te Middelburg geschreven, en het
is gemakkelijk na te gaan, dat hun antwoord van den 14ᵈᵉⁿ
October voor LIPPERHEY bij zijne terugkomst in den Haag
weinig goeds belooft. Waarschijnlijk was dit nog niet ontvangen
op 17 October, toen op METIUS' request eene beslissing werd
genomen; voor hem was echter de vroegere komst van LIPPERHEY
op zich zelf een nadeel.

Met JACOB METIUS hebben we weder met eene nieuwe persoonlijkheid te doen, welke we in dezen tijd in het bezit van
een kijker zien. Reeds leerden we uit het request, dat zijn
vader ADRIAAN ANTHONISZOON was; deze bekleedde gedurende
het beleg van Alkmaar in 1573 het ambt van President-Schepen
en bewees gedurende dien tijd ook als ingenieur zijne vaderstad
belangrijke diensten: prins WILLEM en prins MAURITS schatten
zijne verdiensten zeer hoog, zoodat hij door den eerste werd aangesteld tot Ingenieur en Raad der Fortificatiën, in welke qualiteit hij vele sterkten ontwierp, in dien tijd aangelegd; het is
ook aan hem dat men de z.g. *"Verhouding van METIUS"* $\frac{1\,1\,3}{3\,5\,5}$
van de middellijn tot den omtrek van den cirkel te danken

geciteerd bij D. BERTI, *La venuta di Galileo Galilei a Padova e la invenzione del Telescopio (Atti del Regio Instituto Veneto, Tomo XVI, serie III
(1870—1871) pag. 1789).*

(¹) B. ODESCALCHI, *Memorie istorico-critiche dell' Academia dei Lincei e
del Principe Federico Cesi, Roma 1806* pag. 88.

heeft. (¹) — ADRIAAN ANTHONISZ. had vier zonen, die natuurlijk allen den achternaam ADRIAANSZ. voeren ; we noemen van
hen hier slechts twee : ADRIAAN (1571—1635), den lateren
hoogleeraar in de wis- en sterrekunde te Franeker, met wien
we reeds vroeger o. a. bij zijn bezoek in 1620 aan SACHARIAS
JANSSEN kennis maakten, en den uitvinder van een verrekijker
JACOB, met wien we nu hoofdzakelijk te doen hebben, den
jongsten der vier broeders. ADRIAAN studeerde te Franeker en te
Leiden, in welken tijd hij den bijnaam van METIUS verkreeg,
hetzij naar zijn ijver voor de wiskunde, hetzij omdat zijn geslacht afkomstig was van Metz, een naam, die hem niet tijdelijk
bijbleef doch ook later op zijne broeders, ja zelfs op zijn
vader werd overgebracht en aldus de familienaam werd ; hij
voltooide zijne studiën o. a. bij TYCHO BRAHE op Uranienburg
en werd in 1600 hoogleeraar te Franeker, waar door hem
verschillende astronomische werken werden vervaardigd, welke
een groote vermaardheid verwierven. Geloofde ADRIAAN niet
aan astrologie, hij was een voorstander van alchemie, geloofde
aan de transmutatie der metalen en besteedde om dat doel te
bereiken groote sommen. — Omtrent het karakter van JACOB, om
wien het ons vooral te doen is, heeft ons DESCARTES (hiervoor
blz. 5) reeds eenige inlichtingen verstrekt. Ook uit andere bronnen
blijkt, dat JACOB METIUS een zonderling mensch geweest moet
zijn, afkeerig van alle gezelschappen en geheel aan zijne eigene
studiën overgegeven. Er worden allerlei vreemde dingen van hem
verhaald ; zoo had hij eens een brandglas of brandspiegel op de
wallen der stad opgesteld en daarbij voorspeld, dat hierdoor
den volgenden dag een boom aan de overzijde van het water in
brand zou vliegen, hetgeen dan ook werkelijk gebeurde; maar
aangezocht dit geheim te openbaren, weigerde METIUS beslist :

(¹) Zeer uitvoerig over het geslacht der METIUSSEN is VAN SWINDEN
in de besproken verhandeling. Behalve daarnaar zij ook verwezen naar
BIERENS DE HAAN, *Notice sur quelques quadrateurs du cercle dans les Pays-
Bas* (*Bulletino di Bibliografia et di Storia delle sciense matematiche e fisiche*
T. VII Roma 1874 pag. 121 e. v.); Id. *Bouwstoffen voor de gesch. der wis-
en natuurk. wetenschappen in de Nederlanden*, n° 12, 1878; Mr. W. B. S.
BOELES, *Frieslands Hoogeschool en het Rijks Athenauum te Franeker*, *Dl. II*,
Leeuwarden 1879 blz. 70—75.

prins MAURITS, die de zaak voor oorlogsdoeleinden wel nuttig oordeelde, verzocht hem dringend opening der vinding; zijn vader, broeder en zuster smeekten hem er om en eindelijk gebruikte een predikant bij den ziek geworden METIUS allen mogelijken drang om hem zijn geheim te doen openbaren, doch alles te vergeefs: JACOB bleef standvastig weigeren. (¹) Ook andere uitvindingen werden door hem gedaan, doch evenals zijn overige onderzoekingen voór ieder verborgen gehouden.

Anders is dit geloopen met den door hem vervaardigden verrekijker, al is het moeilijk na te gaan, welke redenen METIUS hier tot openbaarmaking van zijn instrument hebben geleid. Zelf verhaalt hij in zijn request eenigszins de wijze, waarop hij tot de uitvinding is geraakt, welk geheel past bij hetgeen we van zijn karakter weten, zeggende, dat hij:

//omtrent die tijd van twee jaren bezig geweest zijnde, om die tyden, die hem van zijn handwerk ende principale bezigheeden mogten overig zijn, te employeeren in 't naarzoeken van eenige verborgene konsten, die met het ghebruik ende apropriatie van 't glas by eenighe andere zo moght gebracht zijn geweest, gekomen is in ondervindinghe, dat by middel van seeker instrument, 't welck hy suppliant tot een ander eynde ofte intentie onderhanden was hebbende, 't gesichte van dengheene die 'tselve was gebruyckende, konde uitstrekken//.

In verband met zijne vinding gewaagt METIUS tevens van de //fundamenten, die hij met sijn vernuft, groote arbeid en hooftbrekinge geleyt heeft//. Die woorden moeten echter niet opgevat worden, als zou METIUS eenige wetenschappelijke basis voor zijne ontdekking gehad hebben. Het is vroeger gebleken, dat eene dergelijke manier om destijds tot de uitvinding te komen wel tot de onmogelijkheden behoorde, maar dat eene door voortdurend afslijpen gelukkig voortgezette vergrooting van den brandpuntsafstand der toen bekende lenzen voor het grootste deel tot zulk eene ontdekking leiden moest. Men zou intusschen wel op grond dier woorden geneigd kunnen zijn een iets gunstiger oordeel over de oorspronkelijkheid van METIUS' instrumenten te vormen dan over die van LIPPERHEY — eene directe imitatie

---

(¹) VAN SWINDEN l. c. pag. 127.

14

ligt hier althans niet zóó voor de hand; maar toch hebben zij
naar onze meening zoowel hier als later bij Marius en Fuchs
aanleiding gevonden in geruchten betreffende het bestaan van
het werktuig, hetzij in eenige kennis, opgedaan bij het Italiaansche krijgsvolk of de Italianen, op de glasblazerij te Middelburg
werkzaam, van welke gebleken is, dat zij in grooten getale
door voordeelige aanbiedingen naar Amsterdam gelokt werden,
hetzij in de *rumor tam mirandi novi inventi* en overgewaaide
gesprekken van naar nieuws begeerige lieden, die *in Hollandia
et alibi de authore loquerentur*, waarvan Boreel ten opzichte
van de door Sacharias Janssen vervaardigde kijkers, waarschijnlijk in verband met diens reizen met het instrument
ontstaan, verhaalt. *Naerdien men weet, dat de conste in de
warelt is, soo sal daernaer getracht worden*, en gelijk Boreel
in zijn brief wil doen uitkomen, is deze laatste wel de meest
waarschijnlijke reden, die ook Metius tot proefnemingen heeft
aangespoord. Waarom begeeft de onbekende Hollander, in wien
we Metius meenen te zien, zich naar Middelburg en niet
naar het nabijgelegen Amsterdam, waar toch ook eene uitgebreide glasindustrie bestond, als het niet was, dat Metius
zooals ook Boreel verhaalt, op de eene of andere wijze van
het instrument van Janssen heeft gehoord? Metius wordt ons
geschilderd als zelf in het leuzen slijpen ervaren te zijn. Had
hij kunnen verwachten alleen in het volle bezit van het geheim
te zijn, hij zou geene hoop gehad hebben zich te Middelburg
spoedig lenzen met zulk een destijds ongewoon grooten
brandpuntsafstand te kunnen verschaffen, een man als hij zou
de onderdeelen van zijn instrument niet door een ander
hebben doen vervaardigen, maar die tijdroovende bezigheid
als alleen voor hem weggelegd hebben beschouwd. Het komt
ons voor, dat het voor de hand ligt te veronderstellen, dat
er nog iets aan het instrument van Metius was blijven haperen
en hij hoopte te Middelburg van Sacharias Janssen eenige
nadere inlichtingen te verwerven.

Eene bevestiging levert ons het vervolg van zijne geschiedenis.
Metius, die bij zijn bezoek aan Middelburg Janssen niet
thuis vindt, zijne gezochte lenzen al heel spoedig bij Lipperhey

schijnt gevonden te hebben, maar tevens ervaart, dat deze
nog geen groote publiciteit aan het instrument heeft gegeven,
doet nu spoedig daarna ook van zijne constructie hooren,
hoewel het hem juist bekend is geworden, dat LIPPERHEY
toch nog inmiddels vóór hem een werktuig heeft gepresenteerd.
Den 17^{den} October wordt op het vroeger medegedeelde request
van METIUS, waarin van de vroegere komst van LIPPERHEY
in den Haag wordt gewaagd, beschikt:

Uittreksel uit de Notulen der Staten-Generaal.
Veneris XVII^{en} Octobris 1608.

„Is JACOB ADRIAENSZOON, soon van mr. ADRIAEN ANTHONISSEN,
oudt-borgemeestere der stadt van Alckemaer, versoeckende octroy
tot zyne inventie omme het gesichte verre te doen uuyt-
strecken, in sulcker voegen, dat men daermede seer beschey-
dentlijck dingen sal sien, die men anders mits de distantie,
niet oft gansch duysterlijck soude kunnen gesien, toegeleet
hondert guldens, ende goetgevonden, dat men den suppliant
sal vermanen voorders noch te arbeyden omme zyne inventie
tot meerder perfectie te brengen, als wanneer op sijn versochte
octroy gedisponeert sal worddon na behooren."

en verder

Uittreksel uit het Ordonnantieboek der
Staten-Generaal.

XVII October 1608.

„Aen JACOB ADRIAANSZ. de somme van hondert ponden tot
XL grooten 't pont, die hem om eenige consideratiën ende
namentlijck tot voerderinge van zijn inventie om verre te sien,
om deselve in perfectie te brengen toegeleet sijn."

De beslissing van de Staten-Generaal is voor METIUS niet
gunstig en verschilt veel van die, welke naar aanleiding van
het verzoek van den Middelburgschen brillenman was genomen,
bij wien terstond instrumenten besteld waren, al was ook
diens octrooiaanvrage aangehouden. Het is waar, METIUS kwam
enkele dagen later dan LIPPERHEY, en wellicht reeds daarom
kon men zich niet zoo ver met hem inlaten. Niet alleen echter
METIUS' komst te Middelburg geeft blijk van het bewustzijn, dat
zijn instrument nog niet goed was, en van een zoeken naar

verbetering; hij zelf erkende in zijn request, dat zijn werktuig was gemaakt van slechte stof en slechts eene proef was. Volkomen in overeenstemming met dit gevoelen zijn ook de woorden van de Staten-Generaal //noch te arbeyden omme zyne inventie tot meerder perfectie te brengen//. — Waarschijnlijk hebben intusschen de Staten de door METIUS aangewende moeite niet geheel en al onbeloond willen laten en wellicht zich ook de diensten, door zijn vader en zijn broeder ADRIAAN de publieke zaak bewezen, herinnerd; bovendien werd METIUS door de toelage in de gelegenheid gesteld zijn instrument nu afdoende te verbeteren. Men wees hem dus niet geheel af, doch trachtte hem daarmede voorloopig tevreden te stellen.

Ook op zijne octrooiaanvrage zal later beslist worden. Waren de brieven uit Middelburg van Gecommitteerde Raden op 17 October nog niet ontvangen of bekend, hetgeen wij stellig mogen aannemen, dan kan men dit gedrag der Staten-Generaal ook verklaren, doordat zij in afwachting dier verzochte medeelingen eenigen tijd zochten te winnen om op de beide aangevraagde octrooien na bekomen inlichtingen definitief te besluiten; doch de royale behandeling der Staten-Generaal is toch te bewonderen, daar in ieder geval de Staten zelf zich kort te voren met LIPPERHEY ver hadden ingelaten, hem geld hadden geboden en werktuigen besteld.

Ondanks die van de zijde der Staten-Generaal overigens zoo gulle behandeling heeft METIUS zich ongetwijfeld door de genomen beslissing verongelijkt gevoeld: nimmer heeft hij meer iets van zich doen hooren, en het is niet gewaagd om te veronderstellen, dat hij zich daarop vast heeft voorgenomen met niemand ooit meer over zijne ontdekking te spreken; hij heeft prins MAURITS slechts eenmaal en voorts zijn broeder ANTHONY, doch nooit zijn broeder ADRIAAN METIUS, den hoogleeraar, door zijn kijker willen laten zien.[1] Het is dan ook niet te verwonderen, dat deze zich in 1620 bij het aanschaffen van een instrument naar Middelburg begeeft in plaats van zich tot zijn broeder JACOB te wenden. Deze laatste overleed tusschen 1624

---

[1] VAN SWINDEN l. c. pag. 188.

en 1631; want in een werk van ADRIAAN, gedrukt in 1631, spreekt hij van wijlen mijn broeder JACOB; hij stierf zonder iets omtrent den kijker geopenbaard te hebben; vóór zijn dood had hij zelf zijne slijpbakken, glazen en verder gereedschap weggedaan. JACOB METIUS schijut dan ook bij het zich bezighouden met het " nazoeken van verborgen konsten " tot die persoonlijkheden behoord te hebben, waaraan in dezen tijd geen gebrek is, een geestverwant van PORTA' en DREBBEL, met dit verschil echter, dat METIUS behoort tot die lieden, welke er behagen in scheppen hunne ontdekkingen geheim te houden, PORTA en DREBBEL juist omgekeerd door velerlei uitlatingen, zich als groote kenners van occulte zaken trachten voor te doen en optreden als in het bezit te zijn van allerlei magische wetenschappen. METIUS heeft dan ook in de verbreiding der kijkers over Europa geene rol gespeeld en hield na het afslaan van zijn verzoek om octrooi zijn kijker alleen voor persoonlijk vermaak; het is zelfs de vraag, of METIUS wel zijne vinding aan de Staten-Generaal bekend gemaakt zou hebben, indien hij daartoe niet door de publicatie van LIPPERHEY was gedwongen geworden.

Er is reeds vroeger op gewezen, dat de kijkers, waarvan tot nu sprake was, zg. Hollandsche kijkers zijn geweest, samengesteld uit een bol objectief en een hol oculair. Zoodanig moet men aannemen, dat de kijkers waren, vervaardigd door GUALTEROTTI en door JANSSEN, van welke laatste het zeer positief blijkt uit de benaming van "korte buysen", door zijn zoon JOHANNES daaraan gegeven, terwijl daaruit ook volgt, dat het model van 1590, waarnaar JANSSEN's instrumenten werden vervaardigd, de bovengenoemde samenstelling heeft gehad. Deze veronderstelling wordt verder gesteund door het doel, waartoe de kijkers in de Nederlanden allereerst werden aangewend, nl. om in den krijg dienst te doen: zij zullen dus rechtopstaande beelden hebben gegeven en geene bovenmatige lengte hebben gehad. Om dezelfde reden moeten ook de door LIPPERHEY en METIUS aan de Staten-Generaal getoonde kijkers van die samenstelling zijn geweest; ware het oculair bol geweest, dan zouden prins MAURITS en de Gedeputeerden, die de werktuigen onderzochten, wel de opmerking hebben gemaakt, dat zij de voorwerpen niet rechtop maar omgekeerd zagen, wat voor het gebruik in den oorlog, een groot ongerief zou geweest zijn; de Staten-Generaal stelden bovendien hunne eischen ten opzichte van LIPPERHEY vrij hoog: zij verlangden, dat hij de kijkers als binoculi zou inrichten en tevens van lenzen van rotskristal voorzien en zouden stellig ook nog wel geeischt hebben, dat de waargenomen voorwerpen in hun natuurlijken stand werden gezien, indien tot dat verlangen aanleiding had bestaan. Bovendien beklommen prins MAURITS en de Gedeputeerden met den kijker van LIP-PERHEY den toren van het Stadhouderskwartier, hetgeen ook niet wijst op bovenmatige afmetingen, zooals een astronomische kijker zou gehad kunnen hebben. Overeenkomstig deze meening zegt ook DESCARTES in zijn verhaal omtrent de vondst van METIUS uitdrukkelijk, dat zijn instrument was samengesteld uit eene biconvexe en eene biconcave lens.

Zooals vroeger ten opzichte van de kijkers van LIPPERHEY, kunnen we ook iets te weten komen omtrent hetgeen met die van METIUS gezien kon worden. Wel heeft JACOB METIUS na de afwijzing van zijn verzoek niemand verdere opening willen doen van hetgeen al of niet met het door hem uitgedachte instrument is geschied, en zelfs zijn broeder ADRIAAN niet door zijn werktuig willen laten zien, doch hij heeft dezen toch, naar het schijnt, eenige losse mededeelingen gedaan, wat hij zelf zoo al met zijn kijker zag, althans in verschillende werken van den hoogleeraar komen mededeelingen van dien aard voor, waaruit we dan tevens iets met betrekking tot het optisch vermogen van de door METIUS aangeboden kijkers kunnen afleiden. Zoo leest men in een zijner geschriften: (¹)

(¹) *Nieuwe Geographische onderwysinghe, waer in ghehandelt wordt die beschryvinghe ende afmetinghe des Aertsche Globe, ende van zijn ghebruyck mitsgaders een grondelijcke onderwijsinge van de principale puncten der Zeevaert: Inhoudende sonderlinghe nieuwe ghepracticeerde Instrumenten, Constighe practijcken, diversche noodtlijcke Regulen, die alle Pilooten ende Stuerluyden behooren te verstaen. Beschreven door* ADRIANUM METIUS *Alc-mariensem, Professorem in de Academie van Vrieslant. Tot Franeker, By* THOMAS LAMBERTS SALWARDA *1614* (De opdracht aan de Heeren Volmachten van Vrieslandt is gedateerd: Franeker 14 Martij 1614) pag. 15.

"Soo wanneer mijn Broeder ghelieven sal zijne ghevondene perspicillen (die bij hem alsnoch rusten) aen den dach te brenghen, soo sal men op dese manier de longitudines der landē perfectelicker connen afmeten, want men door dieselve perspicillen in de Mane zekere hoochten eñ dalen kan aenschouwen, die onbeweechlijck altijt hare plaetse houden, van welcke men de distantie der sterren tot op een secunde door behulp derselver perspicillen connen afmeten. Om sulcx de loop der manen veel precijser alsmen alsnoch becomen heeft, beschreven can werden."

ADRIAAN METIUS heeft hier waarschijnlijk de toepassing van den kijker op meetinstrumenten op het oog, een denkbeeld dat men ook reeds vroeger dan 1614 terugvindt o. a. in een brief van GIO BATTISTA MANSO te Napels aan PAOLO BENI in Padua van Maart 1610, waarin de inhoud van den pas door GALILEI gepubliceerden *Nuncius Sidereus* wordt behandeld (¹). — Zoowel daarover als over hetgeen met de kijkers van zijn broeder nog meer gezien kon worden, spreekt ADRIAAN METIUS ook in een ander werk van hem, in hetzelfde jaar 1614 als het bovengenoemde verschenen: (²)

(¹) „Ma per me potrebbe accrescere anche questa difficultà la malagevolezza con che si possono a questi nuovi occhiali accomodar gli astrolabii e gli altri strumenti di misura, co' quali potessimo vedere l'altezza loro; . . . ." *(Le Opere di* GALILEO GALILEI, *Edizione Nazionale vol X Firenze 1900* n° 274 lin. 134).

(²) *Institutiones Astronomicae et Geographicae, Fondamentale ende grondelijcke onderwysinge van de sterrekonst, ende beschryvinghe der Aerden, door het ghebruyck van de Hemelsche ende Aerdtsche Globen. Item hoe men op alderleye vlacke superfitien, de principale Circulen des Hemels beschryven ende verscheyden Sonnewysers bereyden sal. Mitsgaders een korte ende klare onderrechtinghe van de noodelijcke konst der Zeevaert: Inhoudende nieuwe ghepractiseerde instrumenten, konstighe practijcken ende regulen daer toe dienende. Alles niet min dienstigh voor Schippers ende Stuerluyden, als vermakelijck voor alle liefhebbers der selver konste. Beschreven door* D. ADRIANUM METIUM *Alcmariensem, Matheseos Professorem in de Universiteyt van Vrieslandt. Ghedruct tot Franeker, by* THOMAS LAMBERTS SALWARDA. *Voor* WILLEM JANSZ. *tot Amsterdam in de Sonnewyser 1614. Met privilegie voor ses jaren* [met portret van ADRIAAN METIUS; de opdracht aan de Staten-Generaal is gedagteekend: Franeker, 2/12 April 1614] pag. 3—4. — Men vindt dit en het volgende citaat in het Latijn in ADRIANI METII *Alcmar. Prof. Mathes. in Acad. Frisiorum, De genuino usu utriusque Globi Tractatus.*

*"*Noch openbaren hen des daghes nevens de sonne veel andere verscheydene planeten, dewelcke by ghene Autoren zijn bekent gheweest, dan werden alleene ghesien door de verre ghesichten, die by mijn Broeder Jacob Adriaenz. over ontrent 6 jaren ghevonden zijn geweest. Deze planeten openbaren haer eerst in het oost-eynde van de son, passeren ende gaen voorby de son westwaerts ontrent in 10 daghen tyts, ghelyck ick ver- scheyden mael hebbe gheobserveert, besonder des morghens in het opgaen van de son, ende des avondts tegen den onder- ganck. Oock werden door denselven perspectiven ofte verre ghesichten ghesien eenighe dwalende sterren ofte planeten, die haer ganck ontrent Iupiter hebben. Doch hier van can niet sekers gheleert werden, voor aleer mijn broeder sal ghelieven zijn verre ghesichten aen den dach te brenghen, waerdoor men veel ongheloofijcke ende oughehoorde vreemdicheden (soo in de mane als andersins) sal wijs werden, jae die observatie der sterren sullen veel seeckerder aen den dach comen, want men door die selvighe ghesichten niet alleen op een minute, maer tot secunden connen intreffen."*

In de eerste plaats spreekt Adriaan Metius van het zichtbaar zijn van zonnevlekken met den kijker van zijn broeder, die hij zelf verkeerd voor planeten hield, een gevoelen trouwens dat destijds meer voorkwam. ([1]) Veel bewijst die waarneming echter niet, want onder gunstige omstandigheden kunnen wel vlekken zelfs met het bloote oog gezien worden; evenzeer geldt dit voor de satellieten van Jupiter, waarvan verschillende per- sonen beweren althans twee met het ongewapend oog te kunnen onderscheiden. ([2]) Evenwel kon men ook nog andere zaken met Jacob's kijker waarnemen; van die sterren zegt Adriaan: ([3])

*"*Ende die daer beneven noch in cleynder graet zijn, werden Nebulosae ofte wolckachtich ghenaemt, ghelijck men siet aen den witten breden rinck, die rontsom het Firmament hem ver-

---

Als eerste druk geeft men op eene van 1611 te Franeker; in die, welke tot onze beschikking was, *Apud* Guiljelmum Janssonium Caesium *Anno 1626* vindt men ze op pag. 2 en 3—4.

([1]) Zie blz. 4 noot 3; het blijkt overigens niet, of Adriaans eigen waarnemingen omtrent die vlekken wel met een verrekijker zijn ge- schied, en niet zooals zij ook b. v. door Johann Fabricius gezien werden.

([2]) Zie blz. 54, noot 3.

([3]) *Fondamentale ende grondelycke onderwijsinghe van de Sterrekonst*, pag. 7.

breydet, werdt Via lactea, den melckwech ghenoemt: welcke
sommighe onwetende schrijvers den Combinatie, t'sudeersel ofte
de t'samenvoeghe des firmaments waenden te zijn: Dan is
niet anders als een groot ghetal der cleyner sterren, die haer
in alsoodanighe witte wolckachtighe rinck verthoonen, ghelijck
men door de verre ghesichten ofte brillen seer wel ende perfectelijck can bemercken.″

en in 1631 schreef hij over de vaste sterren : (¹)

″PTOLOMEUS qui totum hunc stellarum numerum suo situ
et ordine disposuit, in censu tamen plurimas infimae sortis
stellas praeteriit quarum pars maxima aciem oculorum fugit,
quae beneficio tubi optici à Fratre meo IACOBO METIO ante
aliquot annos invento deteguntur, et distincte annumerari
possunt, ac circulus ille, à veteribus Lacteus dictus, depre-
hensus est constare infinita stellarum quasi micantium in
tenebris multitudine, quarum splendore candicare videtur latus
iste coeli cingulus.

Per tubum eundem deteguntur varii Planetae infra Solem
vagantes, qui 10 dierum spacio corpus Solis transgrediuntur;
et reperiuntur planetae veteribus incogniti celeri cursu cis et
ultra Iovem pererrantes.

Saepe ex Fratre, piae memoriae, intellexi ipsum generali
suo tubo, quem pro oblectamento sibi reservabat, ad trium
milliarium distantiam literas distincte legisse, ac in corpore
Lunae conspexisse montes ex opposito Solis umbram de se
spargentes, itemque valles et instar jugerum et marium
planities.″

De bewering van JACOB METIUS tegen zijn broeder, dat hij
met zijn kijker letters op drie mijlen afstand kon lezen (om
het woord milliaris hier maar door mijl te vertalen) komt
vrijwel overeen met hetgeen van de instrumenten van LIPPERHEY
werd gezegd, dat men voorwerpen op drie en vier mijlen
afstand kon zien als op honderd pas; blijkbaar moet dan
evenwel JACOB met die letters ook cijfers op de klok van een ver-

---

(¹) ADRIANI METII Alcmar. D. M. & Matheseos Professoris ordin. in Acad.
Frisiorum Primum Mobile, Astronomice, Sciographice, Geometrice, et Hydro-
graphice. Nova methodo explicatum etc. Amstelod. Jo. JANSZ. 1631 4°. —
Editio nova etc. Amsterdami apud GULIELMUM BLAEU 1633. Tomus primus de
doctrina sphaerica in Quinque Libros distributa, cap. I pag. 3. — Zie ook
ADRIANI METII, Alcmar. Prof. Matheseos etc. De genuino usu utriusque
Globi Tractatus, Amstelodami 1626 pag. 10.

wijderden toren hebben bedoeld. Dat verder JACOB niet alleen de satellieten van Jupiter, zooals ons ook hier nogmaals door ADRIAAN wordt verzekerd, met zijn instrument kon zien, maar ook de bergen in de maan, die door den tegenoverstand der zon schaduw achter zich wierpen, valleien en vlakten, die zich als zeeën voordeden, is wel aan te nemen en bewijst zijn nauwkeurige opgave. Ongetwijfeld zullen dan ook al deze zaken met de instrumenten van LIPPERHEY waar te nemen geweest zijn; want behoudens de overeenkomst in de uitdrukking van den afstand, waarop men zien kan, zooeven aangehaald, blijkt uit verschillende gegevens, dat het instrument van LIPPERHEY dat van METIUS overtroffen moet hebben.

JACOB METIUS heeft verder zijn kijker voor zich gehouden en niemand opening van zijn geheim gedaan; aan de verspreiding van het instrument neemt hij op geenerlei wijze deel, en het is dan ook waarschijnlijk vooral aan de uitlatingen in de geschriften van zijn broeder, den hoogleeraar, en de meening, uitgesproken door DESCARTES, te danken, dat zijn naam in verband met de uitvinding der verrekijkers nog elders is genoemd. (¹)

(¹) Wanneer KEPLER spreekt van den Hollandschen uitvinder (zie bv. blz. 190) heeft hij LIPPERHEY op het oog, eene enkele maal noemt hij METIUS als uitvinder; hij schrijft in de *Praefatio* van de *Ephemerides* van het jaar 1617: Quod METIUS inventor telescopii pollicetur „instrumentum, quo literas ex intervallo trium milliarum legere possis", id pulchrum ausu, impossibile factu puto. Non vidit homo aut non percepit demonstrationes a me proditas. Unicales literas repraesento facile, quae sunt scriptae communi magnitudine, sed illàs, quae non distant multo plus a vitro quam vitrum ab oculo. Datur appositio ad speciem in infinitum, at divisione infinita incrementi primi, non repetitione incrementi ejusdem. Quanto majus apparet quod vides, tanto minor est incrementi auctio. Quid quod et quanto se ipso majus apparet quod vides, tanto pars de toto, quae in uno perspicilli situ videtur, minor est? Lego tamen et ipse literas ex intervallo trium milliarium, sed inscriptas horologii circulo, pedales et cubitales existentes, nec nisi diis faventibus Junone et Phoebo." (JOANNIS KEPLERI *Opera omnia ed* FRISCH *vol. II pag. 484).* — Met LIPPERHEY wordt METIUS als uitvinder vermeld bij GASPAR SCHOTT, *Magia universalis naturae et artis* pag. 491, die zich daarbij beroept op de autoriteit van ADRIAAN METIUS en den Neurenberger Patricier HARSTORFFER.

Grooter is het aandeel, dat LIPPERHEY in die verspreiding neemt, zij het dan ook, dat hij daarbij rustig thuis blijft, aan zijne vinding eigenlijk door andere personen in den Haag de noodige ruchtbaarheid wordt gegeven en LIPPERHEY allerminst, zooals zijn buurman SACHARIAS JANSEN, zijne instrumenten persoonlijk in vreemde streken onder de liefhebbers, in het bijzonder astronomen, brengt. Met LIPPERHEY's terugkomst in den Haag, voorzien van de door de Staten-Generaal bij hem bestelde kijkers, begint het tweede gedeelte van zijn bedrijf in de uitvinding van het instrument. Hij heeft de hem opgelegde moeielijke taak volbracht en brengt inderdaad althans één der gevraagde instrumenten van christael de roche, tevens geschikt om met twee oogen te zien, met zich mede. Hoogstwaarschijnlijk onbewust van hetgeen na zijn terugkeer in October uit den Haag was geschied, hoopt hij ongetwijfeld nog het gevraagde octrooi te zullen verwerven en heeft hij in dien zin weder aan de Staten-Generaal een réquest gepresenteerd; het is echter niet te verwonderen, dat men daarop niet direct weet te antwoorden, doch eerst het werktuig wil onderzoeken en tevens LIPPERHEY op de hoogte stellen van den stand van zaken:

Uittreksel uit de *Notulen der Staten-Generaal.*
Jovis den XI^{en} Decembris 1608.

*"*Is gelesen de requeste van HANS LIPPERHAY, brilmaker ende inventeur van seker instrument om verde te sien, maer niet eyntelijcke daerop geresolveert, dan dat eenige zijn gecommitteert om naerder opte voorschreven inventie metten suppliant te spreecken, te weeten die Heeren VAN DORTH, MAGNUS (¹) ende VAN DER AA.*"*

Het instrument is nu blijkbaar uitstekend bevallen; maar na het gedane verzoek om octrooi van METIUS en vooral na de ontvangst der brieven uit Middelburg kan LIPPERHEY's aanvrage om uitsluitend verrekijkers te maken onmogelijk worden ingewilligd. Die invloed van het door Gecommitteerde Raden aan de Staten-Generaal medegedeelde is duidelijk waar te nemen in de bewoordingen, waarin nu vier dagen later de

---

(¹) MAGNUS was Gedeputeerde van Zeeland in den Haag.

defiuitieve beslissiug wordt genomen op het feitelijk reeds van
2 October bij de Staten-Generaal hangende verzoek:

Uittreksel uit de *Notulen der Staten-Generaal.*
Lunae XV^{en} Decembris 1608.

"De Heeren Magnus ende Oenema iu abseutie des Heeren
Van der Aa ende Boeleszoon rapporteren, dat sy gevisiteert
hebbende het instrument by den brilleman Lipperhey geïnventeert omme met twee oogen verde te sien, tselve goet
hebben gevonden, ende mitsdien geproponeert zijnde oft men
deu voorschreven Lipperhey sal accorderen sijn versocht octroy
omme voor sekeren tijt tvoorschreven instrument alleene te
moegen maecken ende hem betalen de resterende sesshondert
guldens, die hem voor tvoorschreven instrument belooft zijn;
is verstaen ende geresolveert, uademael het blijct, dat verscheyden anderen wetentschap hebben van de inventie om verde
te sien, dat men het voorschreven versochte octroye des suppliants sal affslaen, maer dat men hem sal lasten binueu sekeren
cortteu tijt, noch twee iustrumenten van sijn inventie, omme
met twee oogen te sien te maecken, ende de Heeren Staten
te leveren voor denselven prijs, die hem toegeseet is, ende
dat men hem daervooren alsnoch sal geven ordonnantie van
dryehondert guldeus, ende van de drye resterende hondert
guldens als de voorschreven twee instrumenten als vooren gemaect ende gelevert sulleu sijn".

Niet alleen ten gevolge van het verzoek van Metius wordt de
aanvrage om octrooi·door Lipperhey afgeslagen; maar vooral de
brief van Gecommitteerde Raden van Zeeland van 14 October,
waarvan de strekking was eene onbillijkheid tegenover Sacharias
Janssen te voorkomen, blijkt op het besluit van de Staten-
Generaal van beslissenden invloed te zijn geweest eu vindt
zijn, weerklaak iu hunne woorden "uademael het blijct,
dat verscheyden anderen wetentschap hebben
van de inventie". "Verscheyden anderen". Uit de regee-
riugsstukken kennen we er drie, alleu uit de Nederlanden,
behalve Lipperhey en Metius, ook Sacharias Janssen; en
de Gecommitteerde Raden van Zeeland, waarschijnlijk onder
den indruk van het hun door den laatste medegedeelde omtrent
de wijze, waarop hij aan een kijker is gekomen, "beduchten

datter noch meer zijn". Ook van deze zijn er ons stellig twee bekend: GUALTEROTTI en de Italiaan in 1604 te Middelburg. Met deze feiten zijn de woorden van het hoogste Staatscollege in volkomen overeenstemming en met het besluit van de Staten-Generaal worden de aanspraken van LIPPERHEY als eersten uitvinder op besliste wijze afgewezen. — Deze ondervindt nog meer nadeel van de door de Staten-Generaal tusschentijds opgedane kennis: hij ziet zich gedeeltelijk zelfs beroofd van het voordeel, dat hem de afwezigheid van JANSSEN in September en October reeds had doen verwerven: in plaats van f 900 voor elk der drie bestelde instrumenten te ontvangen, wordt hem nu gelast voor diezelfde som in haar geheel de beide nog te leveren werktuigen aan het eerste toe te voegen — toch nog eene ruime betaling; de Staten hadden trouwens, zooals zal blijken, twee kijkers aan den Franschen gezant voor HENDRIK IV, hunnen bondgenoot, beloofd, en METIUS had niets meer van zich doen hooren.

Uittreksel uit het Ordonnantieboek der Staten-Generaal.

15 December 1608.

"Aen HANS LIPPERHEY de somme van dryehondert ponden, tot XL grooten het stuck op affcortinge van de resterende seshondert gulden van de negenhondert guldens, die hem voor 't maecken van seecker instrument om verre te sien toegeleecht sijn."

De twee nog resteerende instrumenten worden door LIPPERHEY in Februari 1609 afgeleverd, waarmede dan zijne connecties met de Staten-Generaal tot het verleden behooren.

Uittreksel uit de Notulen der Staten-Generaal.
Veneris den XIII^{en} February 1609.

"HANS LIPPERHEY, brilmaker, heeft gelevert de twee instrumenten omme verre te sien, die hem gelast sijn te maecken. Ende is mitsdien geaccordeert, dat men hem sal depescheren ordonnantie van de driehondert guldens, die hem alnoch resteren van de negenhondert guldens, die hem voor drie van de voorschreven instrumenten belooft zijn."

Uittreksel uit het *Ordonnantieboek der Staten-Generaal.*

13 Februari 1609.

"Aen HANS LIPPERHEY, brilmaker, de somma van drye-hondert pondeu van XL grooten te pont, hem resterende van de negenhondert gelijcke ponden, hem toegeleet voor het maecken van drye instrumenten om verre te sien."

Aangemoedigd door de telkens bij zijn verblijf in den Haag van staatslieden en officieren uit MAURITS' omgeving onder-vondene belangstelling in het instrument, houdt LIPPERHEY zich na de beslissing der Staten-Generaal in meerdere mate bezig met de vervaardiging van verrekijkers om die publiek te verkoopen, waardoor de gelegenheid tot verspreiding van het instrument nog vermeerdert. En thans is de aandacht op het nieuwe instrument gevestigd op wellicht meer doeltreffende wijze, dan door de handelsreizen van SACHARIAS JANSSEN kon ge-schieden. Wel is waar nam LIPPERHEY niet als deze persoonlijk aan de verspreiding van het instrument deel; maar in het gerucht van zijn komst in den Haag, waar MAURITS met een kring van officieren vereenigd was, zich de zetel der regeering bevindt en bovenal juist in deze dagen het oog van vele vreemde gezanten en staatslieden, in verband met de onderhandelingen van de Spaansche afgevaardigden over het bestand, op alles wat in de regeeringscolleges voorviel, was gericht — in die omstandigheden is de reden te zoeken, dat zich van uit den Haag weldra het nieuws naar elders verbreidde en het instrument in nog ruimer kring bekend raakte. — Waarschijnlijk was dan ook het instrument, dat MARIUS in den zomer van 1609 uit Zeeland ontving, afkomstig van LIPPERHEY. Zijne zaken schijnen uitstekend gegaan te zijn: hij had reeds in Januari 1609 de woning gekocht, welke hij vroeger in huur had. ([1]) Zooals we reeds zagen, stierf hij in het laatst der maand September 1619; zijne vrouw overleefde hem. ([2])

([1]) *Oude Register van Waranden ende Transporten van huizen binnen de stad Middelburg*, Lt. A. vol 5 fol. 155 recto, Lt. E, fol. 155 verso.

([2]) *Eerste Register van Weezerekeningen*, vol. K. fol. 220 verso.

Hoewel geenszins uitvinder van den gewonen kijker, kan men LIPPERHEY wel beschouwen als die van den binoculus, al is dan ook het denkbeeld voor zulk eene inrichting opgerezen hetzij bij prins MAURITS of in den boezem van het College van gecommitteerden, dat LIPPERHEY's kijkers op den Haagschen toren onderzocht. Dikwijls wordt die uitvinding van den binoculus toegeschreven aan RHEITA, die in 1645 ook zulk een door hem uitgedacht werktuig beschreef. (¹) Behalve de onmiddellijk na het bekend worden der uitvinding van den gewonen kijker volbrachte constructie door LIPPERHEY, komen dergelijke werktuigen reeds veel vroeger voor, en zien we het denkbeeld van den binoculus meermalen in de eerste helft der 17de eeuw oprijzen. In 1625 bood D. CHOREZ, vervaardiger van verrekijkers te Parijs, twee dergelijke door hem vervaardigde binoculi aan den koning van Frankrijk aan en verkondigde tevens zijne vinding door een gedrukt stuk met verklaringen en teekeningen. (²) „Lesdites Lunettes — eindigt zijne aankondiging — avec leur vray usage et figures se vendent chez l'Autheur à Paris, en la ruë de Perigueur aux Marais du Temple, à l'enseigne du Compas." (³) Reeds eerder nog schreef OCTAVIO PISANI, een Italiaan in 1575 geboren te

(¹) *Oculus Enoch et Eliae seu Radius Syderco-mysticus* etc. *Antverp. 1645,* in het eerste deel, dat eene verhandeling bevat onder den titel: „*Oculus astrospicus binoculus, sive praxis dioptricus".* — Pater CHERUBIN LE GENTIL paste in zijn werk *De visione perfecta, sive de amborum visionis axium concursu in eodem objecti puncto, Paris 1678* pag. 77—100 eene zoodanige inrichting ook op microscopen toe.

(²) *Les admirables lunettes d'approche reduite* (sic) *en petit volume avec leur vray usage, et leur* (sic) *utilitez preferable* (sic) *aux grandes, et le moyen de les accomoder à l'endroit des deux yeux, le tout mis en pratique, ainsi qu'elles sont representees par ces figures suivantes, et dedié au Roy, l'an 1625. Par D.* CHOREZ.

(³) Op èen exemplaar, afkomstig uit de bibliotheek van PEIRESC, vermeld bij G. GOVI, *Sur l'inventeur des lunettes binoculaires (Comptes rendus hebdomadaires des séances de l'Academie des Sciences. T. XCI.* 27 Septembre 1880, pag. 547) en bij G. GOVI, *Nuovo documento relativo alla invenzione dei cannochiali binoculi (Bulletino di Bibliografia e di Storia delle scienze matematiche e fisiche T. XIII* pag. 471—480) zijn de boven gespatieerde woorden met de pen doorgehaald en is er boven gezet: Lisle nostre Dame.

Napels, die zich echter reeds vroeg te Antwerpen had gevestigd en daar zelfs een werk uitgaf (¹), aan KEPLER den 7ᵈᵉⁿ October 1613: (²)

"Multis te volo circa hypotheses astronomicas et praecipue circa phaenomena novi perspicilli. Alio autem modo perspicillum construere molior, nempe duobus oculis aptatum. Multos enim scio, qui cum diutius uno oculo inspicere commorantur, fere inquam, altero oculo caligant. Tu vero, qui optime in tua *Optica (Dioptrica)* perspicilli rationem doces, quaeso responde quid sentis. Symmetriam enim seu praxin construendi non invenio a te traditam."

Het antwoord daarop van KEPLER, gedateerd 16 December 1613 van uit Linz luidde: (³)

"Perspicillum optas aptum duobus oculis et a me fabricatum. Difficile puto; tentare coepi ante biennium. Postquam enim capsulam exhibuit arcularius qualem praescripseram, visa est muscipulae figuram nacta esse; fecisti igitur ne essem deridiculo. Ac etsi faciamus qualem optas, non erit apta promiscue omnibus nec semper eidem. Crescunt homines in latitudinem usque ad provectam aetatem. Tum autèm difficultas maxima, ut duos tubos ejusdem effectus in colore, copia luminis et quantitate speciei comparemus. Si minima discrepantia, quanta incommoditas in usu! Credo tamen, si diligentia accedat, aliquousque promoveri opus posse usu unius convexi in arundine admodum longa duorumque cavorum; nec multum nocituram obliquitatem convexi tantulam ad cava."

Behalve die door KEPLER opgeworpen bezwaren is ook de behandeling van den binoculus bij sterke vergrootingen zeer lastig en wordt er geoefendheid vereischt om de optische assen evenwijdig van elkaar te plaatsen. PISANI was dan ook wel eenigszins ontmoedigd en schreef terug: (⁴)

"De perspicillo duobus oculis aptato nihil audeo dicere, eo

(¹) OCTAVII PISANI *Astrologia, seu motus et loca Siderum. Ad Sereniss. D. Cosmum Medicen II. Antverpiae, 1613.* — Cf. over PISANI: A. FAVARO, *Amici e Corrispondenti di Galileo Galilei,* II Ottavio Pisani (*Atti del Reale Istituto Veneto T. V. Serie VII 1895—96* pag. 411—440).

(²) JOANNIS KEPLERI *Opera omnia ed.* FRISCH vol. II pag. 481.

(³) JOANNIS KEPLERI *Opera omnia ed.* FRISCH vol. II pag. 482.

(⁴) JOANNIS KEPLERI *Opera omnia en.* FRISCH vol. II pag. 482.

quod exanimasti me. Si tu tantus Dux fugis, quid facient milites? O quid audeam! Imo superaddis: quod, quamvis inveniretur, tamen opus inutile esset. Sane territus obstupui, sed non funditus ejeci spem, nam mihi videtur aliquando bene succedere . . . ."

Later schijnt Pisani er toch in geslaagd te zijn zijn binoculus samen te stellen. Ook Lipperhey laat niet geheel die door hem gedane uitvinding in den steek; hij blijkt er later nog te bezitten. Zoowel zijn denkbeeld als dat van Pisani zullen dan weder tot eene nieuwe constructie aanleiding geven.

Voorloopig wenden we ons echter weder tot den gewonen kijker.

IX. DE VERSPREIDING DER VERREKIJKERS.

Zooals gebleken is, trachtte reeds in den herfst van 1608 SIMON MARIUS in Duitschland zelf een kijker te vervaardigen naar hetgeen hem door FUCHS aangaande het instrument van SACHARIAS JANSSEN op de Frankforter najaarsmis was mede-gedeeld; inmiddels kon hij evenwel gemakkelijk, in den zomer van 1609, een instrument uit de Nederlanden bekomen, waar — zooals hij zegt — de uitvinding toen algemeen bekend was geworden. Ook naar andere streken zijn daarop van Zeeland uit kijkers verzonden. Maar wat intusschen vooral veel tot de verspreiding van het werktuig moet hebben bijgedragen, is de groote publiciteit, die reeds tijdens het eerste verblijf van LIPPERHEY in den Haag aan het gebeurde is gegeven. Deze geeft ook aanleiding tot het optreden van iemand, van wien ons niet veel bekend is, doch die wellicht met evenveel of zelfs nog met meer recht dan JANSSEN of LIPPERHEY als uitvinder van den kijker genoemd had kunnen worden. Aan de algemeene verspreiding van de verrekijkers wordt nl. een groote stoot toegebracht door den Franschen gezant in den Haag JEANNIN, voor wien het verblijf van LIPPERHEY met zijne instrumenten in die stad niet geheim is kunnen blijven. Begeerig om ook zijn land in het voordeel der uitvinding te doen deelen, spreekt hij er eerst met LIPPERHEY zelf over, wanneer deze zich tus-schen 11 en 15 December weder in den Haag bevindt, die dan nog in de hoop verkeert, dat hem, na voldaan te hebben aan den gestelden eisch, het verlangde octrooi zal worden verleend. In verband met de nog hangende beslissing weigert LIPPERHEY echter hem een kijker af te staan, en de Fransche gezant wendt zich dan tot de Staten-Generaal zelven; deze, thans vooral door den brief van Gecommitteerde Raden van Zeeland wetende, dat er behalve SACHARIAS JANSSEN „noch meer zijn" en van een geheim eigenlijk geen sprake is, verder gaarne

den gezant van een land, dat met de Republiek door vriend-
schapsbanden nauw was verbonden, eene beleefdheid willende
bewijzen, beloven hem twee van de bij LIPPERHEY bestelde kijkers
te zullen schenken, die JEANNIN inderdaad ontvangt, als LIP-
PERHEY er mede in den Haag aankomt. Dit geschiedt 13 Februari
1609. Inmiddels heeft JEANNIN echter ook van zijn kant een
dier *meerderen* kunnen opsporen en ontdekt, dat een Fransch
soldaat van de garde van prins MAURITS evenzeer de kunst
verstaat om kijkers te maken, iets wat hem nog meer waard
was, dan het bezit van een kijker zelf: het groote belang der
zaak inziende, wil JEANNIN de kunst in Frankrijk verbreiden,
en hij zendt daarom den soldaat zelf naar HENDRIK IV en zijn
Minister SULLY. Hij schrijft dus den 28sten December 1608 in
een brief aan den koning: ([1])

. . . .

*Ce Porteur qui s'en retourne en France est un soldat de
Sedan, lequel a servy quelque temps en la compagnie de Monsieur le Prince MAURICE. Il a plusieurs inventions pour la
guerre, et sçait faire cette forme de lunettes, trouvée de nouveau
en ce païs par un Lunetier de Mildebourg, avec lesquelles
on voit de fort loing. Les Estats en ont commandé deux pour
vostre Majesté à l'ouvrier qui en est l'inventeur. Nous n'eussiōs
emprunté leur faveur pour en avoir, si l'ouvrier en eust voulu
faire à nostre priere, mais il l'a refusé, nous disant avoir receu
commandement exprés des Estats de n'en faire pour qui que
ce soit; nous les luy envoirons à la premiere commodité: et
neantmoins ce soldat les fait aussi bien que l'autre, ainsi qu'on
le connoist, par l'essay qu'il a fait, aussi n'y a-t-il pas grande
difficulté à imiter cette premiere invention. Nous prions Dieu,
Sire etc.
De la Haye ce vingt-huictiéme de Decembre 1608.
Vos, etc.
P. IEANNIN, et RUSSY.* ([2])

([1]) *Les Negociations du président Jeannin, Amsterdam 1645* T. III pag. 214;
*Les Negotiations de Monsieur le President Ieannin Iouxte là copie de Paris
Chez Pierre le Petit, 1659*, T. II pag. 201; — *Les Negociations du Président
Jeannin (Collection des Mémoires relatifs à l'histoire de France, depuis
l'avènement de Henri IV jusqu'à la paix de Paris conclue en 1763*, etc.
par M. PETITOT, 2ᵉ Série T. XV) Paris 1822, pag. 44.

([2]) Het antwoord van HENDRIK IV is van 8 Januari 1609.... „Au
reste, j'auray plaisir de voir les Lunettes dont vostre lettre fait men-

en aan Sully denzelfden dag : (¹)

"Le porteur de cette lettre est un soldat de Sedan, lequel est de la compagnie de Monsieur le Prince Maurice, tenu fort ingenieux en plusieurs inventiōs et artifices pour la guerre. Il a aussi depuis peu de iours fait un engin à l'imitation de celuy qui a esté inventé par un Lunetier de Mildebourg pour voir de fort loing. Il vous le fera voir, et vous en fera à l'usage de vostre veuë. J'avois prié le premier inventeur de m'en faire deux, un pour le Roy, et l'autre pour vous : mais les Estats luy ont defendu d'en faire pour qui que ce soit, et les luy ont commandé eux-mêsmes pour me les donner, afin que ie vous les envoye, comme ie feray au premier iour, vous supliant tres-humblement que vous me teniez pour ce que ie vous seray perpetuellement, Monsieur,

A la Haye ce vingt-huictiéme Decembre 1608.

Vostre, etc.

P. Ieannin.*"*

Er zijn in deze beide brieven van Jeannin verschillende uitdrukkingen, die de aandacht vragen. Er is reeds vroeger verondersteld, dat de eerste kijkers slechts bestonden uit twee lenzen op vasten afstand van elkander bevestigd, naar aanleiding der uitdrukking van Rheita, dat de lenzen in den kijker van Lipperhey waren aangebracht *"debita proportione"*. Eene plaats, die deze meening bevestigt, komt ook voor in den brief aan Sully: de soldaat zal kijkers maken voor het gezicht van dezen geschikt: *"il vous en fera à l'usage de votre veuë"*. Waar de kijkers, in 1608 in den Haag aanwezig, deze eenvoudige constructie hadden, kan men die samenstelling ook toepasselijk achten op de vóór dien tijd in omloop zijnde werktuigen. In verband met die eenvoudige constructie der kijkers staat dan ook wel de uitdrukking van Jeannin in zijn brief aan den koning: *"aussi n'y-a-t-il pas grande difficulté à imiter cette première invention"*, eene getuigenis overeenkomende met hetgeen

---

tion, encore que j'aye à present plus grand besoin de celles qui aident à voir de prés que de loin" *(Negociat. ed. 1645, T. III pag. 246; — ed. 1659, pag. 230; — ed. 1822, pag. 82).* Zooals bekend, werd de koning het volgend jaar vermoord.

(¹) *Negociations* etc. *1645, T. III pag. 222; — 1659, T. II pag. 208; — 1822, pag. 53.*

de Gecommitteerde Raden van Zeeland den 14^{den} October naar den Haag schreven: *want naerdien men weet, dat de conste in de warelt is, soo sal daarnaer getracht worden, besunder naerdien men siet de forme van de buyse ende daeruut eenichsints de redenen soude connen verstaen om met de gesichten daertoe dienende de conste te vinden*. Al deze uitlatingen wijzen op eene eenvoudige samenstelling van het instrument.

Eene andere merkwaardige uitdrukking komt in den brief aan den koning voor, wanneer JEANNIN spreekt over *cette forme de lunettes, trouvée de nouveau en ce païs,* die doet denken aan de verklaring van JOHANNES SACHARIASSEN in 1634, dat zijn vader *hier te lande* den eersten verrekijker maakte. We meenen uit JEANNIN's woorden, in verband met de wetenschap, dat het instrument inderdaad reeds elders bestond, te mogen opmaken, dat de bewuste Sedansche soldaat zelf hem heeft medegedeeld, dat zijne kennis omtrent het vervaardigen van kijkers in het buitenland was verworven. Wel dagteekent het instrument zelf van den Franschen soldaat daat slechts *depuis peu de jours*; maar het is niet onwaarschijnlijk, dat hij reeds eerder de vroeger door hem opgedane ervaringen zich door de gebeurtenissen in den Haag heeft herinnerd en op verzoek van JEANNIN speciaal voor den ambassadeur een kijker heeft samengesteld. *Ce soldat les fait aussi bien que l'autre* getuigt deze in zijn brief aan den koning, hetgeen althans op eene waarschijnlijk van veel vroeger dagteekenende ervaring van den soldaat wijst. Uit deze passages uit JEANNIN's brieven zou dan alweer blijken, dat er in de allereerste jaren der 17de eeuw, waarin de openbaarmaking van het geheim wordt voorbereid, genoeg gelegenheid bestond om zich ook onder de vreemde hulptroepen van MAURITS' leger van de inrichting van den kijker op de hoogte te stellen, en in het optreden van den Sedanner vinden we weer een nieuw bewijs van de gegrondheid der meening, dat in 1608 *verscheyden anderen wetenschap hebben van de inventie*.

De soldaat vertrekt dan in December 1608 met den door hem zelf, wederom onafhankelijk van LIPPERHEY, vervaardigden kijker naar het hof van HENDRIK IV, waar hij zijn instrument den koning aanbiedt en SULLY wellicht een kijker met uitschuifbaar oculair zal hebben gegeven. Blijkbaar is het dezelfde door JEANNIN gezonden soldaat, dien PIERRE BOREL in zijn werk bedoelt, wanneer hij zegt: (¹)

//nec desunt qui viro Sedanensi, CREPII vocato, artifici eximio, hanc concedant: sed a nullo publici juris facta cum non fuerint, jure de hoc dubitare possumus//.

De bijvoeging //artifici eximio// wijst weer op een niet van korten tijd dagteekenende ervaring van den Sedanner op het gebied der glasslijperij. Of CREPI verder geen aandeel neemt in de verbreiding van kijkers in Frankrijk, zooals BOREL schijnt te meenen, is moeilijk te beslissen, omdat de instrumenten weldra overal te koop waren. Te Brussel werden er in de lente van 1609 twee geleverd door een zilversmid, bij wien ze door het gouvernement, wellicht op initiatief van SPINOLA, besteld waren, blijkens de volgende ordonnantie: (²)

//Les archiducqz, etc.

JOACHIM DESENHEAR surintendant et administrateur général des confiscations et JEHAN VANDERSTEGHEN adjoinct, Nous vous ordonnons de faire compter promptement des deniers de vostre entremise à ROBERT STAES nostre orfevre la somme de trois cent nonante florins de nostre monnoye de Brabant, ascavoir les trois cens à bon compte de quelques ouvrages qu'il faict pour nostre service, et les nonante florins pour payer d e u x t u y a u x a r t i f i c i e l s p o u r v e o i r d e l o i n g. Et en rapportant ceste, avecq quictance pertinente dudit STAES sur ce servante, vous sera ladicte somme de 390 florins passée et allouée en vos comptes là et ainsy qu'il appartiendra.

Faict à Bruxelles le cincquiesme may 1609.

(*Signé*) ALBERT.

Par ordonnance de leurs altesses,

(*Signé*) PRATS.//

(¹) BOREL, l. c. pag. 19.

(²) *Archives du royaume. — Papiers d'Etat et de l'Audience, correspondance, liasse 444.* — Het stuk werd gepubliceerd door J. C. H[OUZEAU], *Le telescope à Bruxelles, au printemps de 1609 (Ciel et Terre, Revue populaire d'astronomie et de météorologie. Troisième année, Bruxelles 1883* pag. 25—28).

Te Parijs zelf werden weldra, tegen het einde van April 1609, blijkbaar in grooten getale kijkers vervaardigd, waarvan echter de herkomst niet wordt opgegeven. Zoo vindt men op den 30sten van die maand de volgende aanteekening in het dagboek van een tijdgenoot: ([1])

"Le jeudi, ayant passé sur le pont Marchand ([2]), je me suis arrêté chez un Lunetier qui montrait à plusieurs personnes des Lunettes d'une nouvelle invention et usage; ces lunettes sont composées d'un tuyau long d'environ un pied, à chaque bout il y a un verre, mais différent l'un de l'autre, elles servent pour voir distinctement les objets eloignés, qu'on ne voit que très confusement ([3]), on approche cette lunette d'un œil et on ferme l'autre, et regardant l'objet qu'on veut connaître, il paraît s'approcher et on le voit distinctement, en sorte qu'on reconnaît une personne de demie-lieue. On m'a dit qu'on en devait l'invention à un Lunetier de Middelbourg en Zélande et que l'année dernière il en avait fait présent de deux au Prince MAURICE, avec lesquelles on voyait clairement les objets éloignés de trois ou quatre lieues: ce Prince les envoya au Conseil des Provinces Unies, qui en recompense donna à l'inventeur trois cent écus, à condition, qu'il n'apprendrait à personne la manière d'en faire des semblables."

De vinding van den binoculus als kijker is dus voorloopig verlaten, waarschijnlijk om de grootere kosten en moeielijker bewerking, en men is tot de eerste inrichting der kijkers teruggekeerd. Ook de wellicht bij den kijker van SULLY reeds aangebrachte verbetering, dat het oculair kan in- en uitschuiven, is nog niet voor goed bij de in April 1609 te Parijs verzochte kijkers tot stand gekomen. In overeenstemming met het bovenstaande relaas vindt men ook nog het volgende bericht: ([4])

([1]) *Journal du Règne de Henri IV Roi de France et de Navarre. Par* PIERRE DE L'ETOILE, *Grand-Audiencier en la Chancellerie de Paris. Avec des Remarques Historiques et Politiques du Chevalier* C. B. A. *Et plusieurs Pièces Historiques du même temps. Tome III, A la Haye 1761*, pag. 513—514.

([2]) Later Pont-au-Change.

([3]) Nl. met het bloote oog.

([4]) *Le Mercure François, etc. a Paris.* M.DC.IX in 8°, pag. 244 verso en 245 recto.

"En ce mesme mois d'Avril (1609) à Paris, il se vid aux boutiques des Lunetiers une nouvelle façon de Lunettes. Aux deux bouts d'un tuyau de fer blanc rond et long d'un pied, il y a deux verrieres, toutes deux dissemblables: Pour regarder ce que l'on veut voir on ferme un œil, et à l'autre on en approche la Lunette, avec laquelle on recognoit une personne de demie lieuë: il y a des ouvriers qui en font de meilleures les unes que les autres. Ils disent que ceste invention est venue de Middelbourg en Zelande, où un Lunetier pauvre homme fit présent d'une paire de Lunettes qu'il avoit faites au Prince MAURICE, environ le mois de Septembre de l'an dernier passé, avec lesquelles on voyoit distinctement iusques à trois et quatre lieuës loing, comme si on eust esté à cent pas pres. Le Prince envoya ces Lunettes au Conseil des Estats, durant que l'on traictoit de la Trefve à longues annees avec l'Espagnol et les Archiducs: la lettre qui les accompagnoit portoit, Par ces Lunettes vous verrez les tromperies de nôtre ennemi. Le prince HENRI frere du Prince MAURICE les monstra au Marquis SPINOLA, lequel les ayant esprouvées, lui dit, Je ne sçaurois plus estre en seureté, car vous me verrez de loing; et le Prince lui respondit, Nous defendrons à nos gens de ne point tirer sur vous. Le conseil des Estats donna trois cents escus à l'inventeur de ces Lunettes, à la charge de n'aprendre à personne du monde son invention, aussi ie pense que celles que l'on vend à Paris, avec lesquelles on ne sçauroit voir une demie lieuë au plus, ne sont comme celles-la de l'ouvrier de Middelbourg: car de la Haye on voyoit clairement l'horloge de Delft, et les fenestres de l'Eglise de Leiden, bien que l'une desdites villes soit esloignée d'une heure et demie de chemin de la Haye, et l'autre de trois. ROGER BACON Anglois, en son *Traicté de la merveilleuse puissance de l'art et de la Nature*, dit, que CESAR, du rivage de la Gaule Belgique, front à front de l'Angleterre, avec certains grands Miroirs ardents, recoñut l'assiette et disposition du camp des Anglois, et de toute la coste de la mer où ils l'attendoyent en armes (1). Beaucoup de belles inventions se sont perdues, mais ce n'est le sujet de notre Histoire de les rapporter ici.

IV. Il eust falu avoir en ceste année beaucoup de ces Lunettes pour voir toutes les fraudes des Banqueroutiers et de leurs banqueroutes. Une pour toute en ceste Histoire, et la punition qui en fut faite . . . . " (2)

---

(1) Zie blz. 62 noot 1.

(2) Hier volgt de geschiedenis van het bankroet van PINGRÉ.

Tevens blijkt hier, dat het reeds het vorige jaar uit den Haag gezonden en gedrukte vlugschrift niet ongelezen bleef.

Spoedig werden de verrekijkers overgebracht naar Italië. SIRTURUS verhaalt daaromtrent: ([1])

*»*Mediolanum mense Maio advolavit Gallus qui huiusmodi Telescopium obtulit Comiti DE FUENTES, is se socium Hollandi authoris aiebat, Comes cum dedisset Argentario ut tubo argenteo includeret, incidit in manus meas, tractavi, examinavi, et similia confeci . . . . *»*

Het blijkt niet uit dit bericht, wie de persoon is, die te Milaan een kijker aan den graaf DE FUENTES komt aanbieden, en die zegt in verbinding te staan met den Hollandschen uitvinder. Twee personen zouden hiervoor in aanmerking kunnen komen, nl. CREPI en de wellicht na zijne komst bij Gecommitteerde Raden uit Middelburg vertrokkene SACHARIAS JANSSEN. Dat het CREPI geweest zou zijn, die zich, na zijne opdracht bij HENDRIK IV en SULLY te hebben volbracht, naar Italië zou hebben begeven, komt ons niet waarschijnlijk voor: JEANNIN schrijft, dat hij, vroeger gediend hebbende in de garde van MAURITS, nu naar huis terugkeert; hij zal dus niet zoo direct naar Italië zijn getrokken. Daarentegen wordt door SCHEINER verzekerd, dat een Hollandsche koopman de eerste instrumenten naar Italië overbracht, waarvan het eene lang in het Collegium te Rome bleef, het andere eerst naar Venetië, daarop naar Napels geraakte. Reeds hier zij opgemerkt, dat ook in andere berichten daaromtrent sprake is van een *»*Belga, per Galliam in hasce partes profectus*»*, die zulke kijkers overbrengt en niet onwaarschijnlijk dezelfde is als de *»*Gallus*»*, door SIRTURUS aangewezen; heel vreemd is die betiteling door SIRTURUS niet, omdat JANSSEN wel den indruk van een Franschman gemaakt kan hebben, waar toch van elders blijkt, dat hij door zijne omzwervingen in binnen- en buitenland iemand geweest moet zijn, die zich overal gemakkelijk kon bewegen ,en omgaan met allerlei menschen, getuige zijne connecties met de Italianen te Middelburg. Het zal trouwens later blijken, dat

---

([1]) HIERONYMI SIRTURI *Telescopium* etc. pag. 24.

een Hollander als ADRIAAN JUNIUS van Hoorn ook met den naam van Gallo-Belga wordt aangeduid. Het praatje van den koopman omtrent het compagnonschap met den Hollandschen uitvinder schijnt verder in verband met de reeds overal verbreide geruchten van de door zijn buurman LIPPERHEY gedane aanbieding in den Haag, niets meer dan eene goedkoope reclame voor zijn handel. Alles bijeengenomen meenen we, dat het niet geheel en al onmogelijk is, dat de vreemdeling in Italië de reeds weder uit Middelburg vertrokkene SACHARIAS JANSSEN is, die de hoffelijkheid, wellicht vroeger door hem en later door LIPPERHEY aan prins MAURITS gedaan, thans den graaf DE FUENTES bewijst. (¹)

Volgens SCHEINER geraakte een der kijkers van den Hollandschen koopman naar Napels, en het blijkt dan ook uit een ander stuk, dat een dergelijke als de door den graaf DE FUENTES van eene zilveren buis voorziene verrekijker spoedig in die stad te zien was; PORTA bericht in een zijner brieven uit Napels, den 28sten Augustus 1609 aan vorst CESI te Rome, den stichter van de *Accademia dei Lincei:* (²)

. . . .

*„*Del secreto dell' occhiale l'ho visto, et è una coglionaria (³), et è presa dal mio libro 9 *De Refractione* (⁴); e la scriverò chè volendola far, V.E. ne harà pur piacere. È un cannelo di stagno di argento, lungo un palmo *ad*, grosso di tre diti di diametro, che

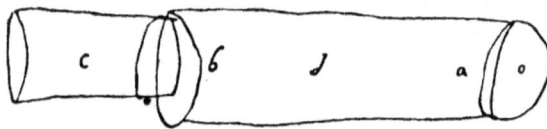

(¹) Hoe belangrijk de handelsbetrekkingen tusschen ons land en Italië waren, kan men nalezen in J. C. DE JONGE, *Nederland en Venetie.* *'s-Gravenhage 1852.* — Op politiek gebied bereidde men zelfs juist in dezen tijd eene alliantie tusschen de beide Republieken voor.

(²) *Le Opere di* GALILEO GALILEI, *Edizione Nazionale vol. X Firenze 1900* n° 230.

(³) BERTI (zie blz. 207) geeft „minchioneria", hetgeen hetzelfde beteekent.

(⁴) In dit werk (zie blz. 86) — teekenen de uitgevers der brieven van GALILEI aan — wordt noch in het 9e boek *(De coloribus ex refractione* etc.) noch in het 8e *(De specillis)* iets gevonden, wat op het in dezen brief aangeduide betrekking heeft.

ha nel capo *a* un occhiale convesso : vi è un altro canal del medesimo, di 4 diti lungo, che entra nel primo, et ha un concavo nella cima, saldato *b*, come il primo. Mirando con quel solo primo, se vedranno le cose lontane, vicine ; ma perchè la vista non si fa nel catheto, paiono oscure et indistinte. Ponendovi dentro l'altro canal concavo, che fa il contrario effetto, se vedranno le cose chiare e dritte : e si entra e cava fuori, come un trombone, sinchè si aggiusti alla vista del riguardante, che tutte son varie . . . . *"*

Blijkbaar was aan den ~~den~~ graaf DE FUENTES geschonken kijker dus de verbetering aangebracht, die wellicht ook bij den door CREPI voor SULLY vervaardigden kijker was tot stand gekomen, en heeft men dus al spoedig het nut ingezien van den kijker op verschillende afstanden scherp te kunnen instellen en tevens voor elke gezichtsscherpte geschikt te maken. De koopman blijft evenwel niet lang te Milaan, doch heeft zijne reis voortgezet, zoodat hij in het eind van Juli te Padua was; immers, den 1sten Augustus 1609 berichtte LORENZO PIGNORIA uit die stad aan PAOLO GUALDO in Rome : ([1])

*"*Uno degl' occhiali in canna, di che ella mi scrisse già, è comparso qui in mano d'un Oltamontano . . . .*"*

Waarschijnlijk heeft deze zich van Milaan over Padua naar Venetië, het middelpunt van de glasindustrie in Italië begeven. Dit wordt bevestigd door een van 22 Augustus 1609 gedateerden brief, van den Toscaanschen gezant te Venetië, GIOVANNI BARTOLI, aan BELISARIO VINTA, den Secretaris van den Groothertog te Florence ([2]):

. . . .

*"*È capitato qua un tale che vuol dare in Signoria un secreto d'un occhiale o cannone o altro istrumento, col quale si vede lontano sino a 25 et 30 miglia tanto chiaro, che dicono che pare presente; et molto l'hanno visto et provato dal Campanile di San Marco. Ma dicesi che in Francia et altrove sia hormai volgare questo secreto, et che per pochi soldi si compra; et molti dicono haverne havuti et visti . . . . *"*

([1]) *Le Opere di* GALILEO GALILEI, *Edizione Nazionale vol. X* n° 226.
([2]) *Le Opere di* GALILEO GALILEI, *Edizione Nazionale vol. X* n° 227.

Het doel van Janssen — indien we in hem althans de bedoelde persoon mogen zien — was dus oorspronkelijk den
Senaat een kijker aan te bieden, zooals dat pas te voren door
zijn buurman Lipperhey in Holland was gedaan; het blijkt
verder, dat vóór 22 Augustus reeds vele personen zijn instrument hadden gezien, van de zaak kennis genomen en het
werktuig zelfs eigenhandig op den toren van San Marco te
Venetië beproefd hadden; men had bovendien reeds gehoord,
dat in Frankrijk en elders het werktuig voor eene geringe
som te koop was; al welke feiten zullen moeten dienen bij
het nagaan van de verdiensten van Galilei ten opzichte van
de uitvinding van den verrekijker. Blijkens een later te vermelden brief heeft onze kramer echter spoedig gehoord (naar
men zeide van Fra Paolo Sarpi), dat eene aanbieding van een
instrument aan den Senaat met verzoek om eene vereering niet
veel kans op succes zou hebben, hetgeen Sacharias verder
van zulk een pogen heeft doen afzien. Hij schijnt toen Venetië
weder verlaten te hebben om naar Middelburg terug te keeren.

Naar Venetië begaf zich ook Sirturus, nadat hij te Milaan
eenige kijkers, naar het model van den aan den graaf de Fuentes
geschonkenen, had vervaardigd, waarbij de te Milaan ver-
krijgbare lenzen hem evenwel niet voldeden: (¹)

*„*in quibus cum observassem multa ex vitro accidere incom-
moda contuli me Venetias ut ex opificibus copiam compararem
et adhuc artis omnino rudis cuidam tradito spicillo undequaque
absoluto ut similia conficeret, nonnihil pecuniae inutiliter
prodegi, ac spicillum ammisi nil praeterea edoctus, quam sorte,
et laborioso spicillorum delectu rem perficiendam esse. Forte
cum unum parassem, imprudens conscenderam Divi Marci
Turrim ut eminus experimentum caperem; aliquis è foro novitate
prospecta, alios monuit, inde nobilis iuventutis turba tanta
curiositate sursum deferebatur, ut parum abfuerit quin me
obrueret, modeste tamen, atque humaniter rogato Telescopio
coeperunt prospicere, alter alteri tradens: duabus ferme horis
hac mora, et inexpectato casu fatigatus, tandem ieiunus sto-
machus unumquemque domum suam revocans, coepit multitudo
rarescere, et ego respirare. Sequenti die memor pridiani periculi,

---

(¹) Hieronymi Sirturi *Telescopium* etc. pag. 25.

et timens idem futurum si rescirent diversorium de quo abeuntes sollicite percontabantur, Valedixi".

Aan SIRTURUS is dus iets dergelijks overkomen als vroeger aan den koopman, toen ook deze zijn instrument op den toren van San Marco deed beproeven, ofschoon SIRTURUS' proefnemingen waarschijnlijk later vallen, misschien zelfs nog wel na den dag, waarop het gerucht van de nieuwe vinding door de komst van GALILEI nog grooter omvang had genomen. (¹) Te Venetië, van ouds beroemd om zijne uitgebreide glasindustrie, werd de kunst om lenzen voor kijkers te slijpen weldra algemeen bekend; de stad werd eene gezochte plaats voor het bekomen van geschikte lenzen. Het was dan ook van daar, dat SIMON MARIUS, na reeds in den zomer van 1609 een instrument uit Holland zelf ontvangen te hebben, nog datzelfde jaar een kijker ontving. Na de vermelding van het met het eerste werktuig door hem waargenomene verhaalt hij: (²)

"Interim etiam mittebantur e Venetijs duo vitra egregie polita, convexum et concavum, a clarissimo et prudentissimo viro Domino IOHANNE BAPTISTA LENCCIO, qui e Belgio post factam pacem reversus Venetias concesserat, et cui instrumentum hoc jam notissimum fuerat. Haec vitra tubo ligneo coaptata fuerunt, et a prius nominato Nobilissimo maximeque strenuo viro (³) mihi tradita, ut quid in astris, stellisque prope Iovem praestarent experirer. Ab hoc itaque tempore usque in 12 Ianua. diligentius attendebam his Iovialibus sideribus, et deprehendi aliquo• modo quatuor eiusmodi corpora esse, quae Iovem sua circuitione spectarent. Tandem circa finem Februarij et initium Martij de certo numero horum siderum omnino confirmatus sum. A decimo tertio Ianuarij usque in 8 Februarij fui Halae Suaevorum (⁴), et instrumentum domi reliqui, veritus ne in itinere damnum aliquod acciperet. Postquam igitur domum

---

(¹) Dat SIRTURUS niet bedoeld wordt in den brief van BARTOLI aan VINTA, volgt wel hieruit, dat de in dien brief aangewezen persoon later genoemd wordt een „forestiero". SIRTURUS was wel een Milanees, maar zal toch in de Venetiaansche Republiek niet voor een vreemdeling zijn uitgemaakt.

(²) *Mundus Jovialis* etc. *Praefatio ad candidum Lectorem.* Lin. 73—90.

(³) PHILIPPUS FUCHS van Bimbach.

(⁴) Hall in Zwaben.

redij, ad consuetas observationes me accommodavi, et ut
exactius et diligentius sidera Iovialia observare possem, ex
singulari affectione erga haec studia Mathematica saepius citatus
Celeberrimus et Nobilissimus Vir, mihi plenam instrumenti
copiam fecit."

Wie deze JOHAN BAPTIST LENCCIUS is geweest, die na het
in April 1609 gesloten bestand uit de Nederlanden was gekomen, blijkt uit de mededeeling niet precies; en in den winter
van 1609 worden reeds op zeer vele plaatsen in Italië kijkers
vervaardigd en te koop aangeboden. (¹) Het werktuig was
hem echter reeds vóór zijne komst in Italië bekend geweest
(instrumentum hoc jam notissimum fuerat), zoodat
men hier zou kunnen gelooven aan een dergelijk geval van
kennis van ouden datum, als waarvan bij den door JEANNIN
afgezonden soldaat bleek, te meer indien men meent, dat de
naam een later aangenomene is naar het zoo in de gunst ge-
komene beroep, en men stilzwijgend uit den tekst opmaakt, dat
de zender ook wel de maker van het instrument zal geweest
zijn. (²) Het blijkt echter van elders, dat zich destijds te
Venetië een gezant ophield niet alleen van een dergelijken
weinig algemeenen naam, doch ook op ongeveer denzelfden tijd
in die stad aangekomen als de door MARIUS vermelde persoon. (³)
Het komt ons voor, dat deze gezant de bedoelde persoon is,
dat hij te Venetië slechts de tusschenpersoon was om een
instrument uit Italië te verzenden, en zijne vroegere kennis

(¹) Zoo is reeds kennis gemaakt met de kijkers van GIAMBATTISTA
MILANESE in den brief van GUALTEROTTI aan GALILEI van 24 April 1610
(zie blz. 101).

(²) MOLL en VAN SWINDEN l. c. pag. 163, 175; HARTING, *De twee ge-*
wichtigste Nederlandsche uitvindingen etc. l. c. pag. 349. De laatste ziet
zelfs in den soldaat van JEANNIN en LENCCIUS dezelfde persoon.

(³) Den 3ᵉⁿ October 1609 schreef de bekende Hugenoot DU PLESSIS,
destijds gouverneur van Saumur, aan VAN DER MIJLE, die zich toen
onder weg aan het hoofd van een door de Staten-Generaal naar Venetie
afgevaardigd gezantschap bevond: . . . . „Vous y avez aussi depuis
quelque mois Monsieur LENSIUS, qui y reside pour Monsieur l'Electeur
Palatin et les Princes Confederez, touteffois sans manifester sa qualité..."
(J. C. DE JONGE, *Nederland en Venetie, 1852*, pag. 459). — Op een gezant
passen ook wel de epitheta: clarissimus et prudentissimus.

van het werktuig slechts berustte op eene aanschouwing van kijkers van SACHARIAS JANSSEN of LIPPERHEY, korter of langer tijd vóór zijne aankomst te Venetië. In dat geval heeft LENCCIUS met de vóórgeschiedenis der kijkers weinig te maken. De door LENCCIUS gezondene bolle en holle lenzen zijn bevestigd in eene houten buis, blijkbaar om de hinderlijke werking van herhaalde terugkaatsing op een gladden binnenwand te ontgaan. De kijker werd aldus aan FUCHS opgezonden, en met dezen zet MARIUS dan in de eerste maanden van 1610 zijne waarnemingen omtrent de wachters van Jupiter voort, die hij den naam gaf van Sidera Brandenburgica, ter eere van de markgraven FRIEDRICH, CHRISTIAN en JOACHIM ERNST, die MARIUS als mathematicus in dienst hadden, en wien hij zeer veel verplicht was.

Den 9den Maart 1611 werden het eerst de zonnenvlekken waargenomen door JOHANN FABRICIUS te Osteel in Oost-Friesland en in den zomer van dat jaar werd die ontdekking gepubliceerd ([1]). Een der verrekijkers, die oorspronkelijk bij die waarnemingen gebezigd werden, was reeds in 1609 in het bezit van hem en zijn vader geraakt; deze was waarschijnlijk uit de Nederlanden overgebracht. ([2])

---

[1] JOH. FABRICII *Phrysii De Maculis in Sole observatis, et apparente earum cum Sole conversione, Narratio, Witebergae 1611.*

[2] G. BERTHOLD, *Der Magister Johann Fabricius und die Sonnenflecken nebst einem Excurse über David Fabricius, Leipzig 1894* pag. 6, 31 vlg., 58. — DAVID FABRICIUS noemt het instrument o. a. Kunstbrill, Holländischen Brill, Niederländischen Kunst- oder Wunderbrill.

X. GALILEO GALILEI.

Nadat te voren reeds allerlei geruchten o. a. naar Rome en Venetië omtrent het in den Haag voorgevallene hun weg hadden gevonden en door JEANNIN's bemoeiingen de kunst naar Frankrijk was overgebracht, werden ook in Italië de kijkers spoedig publiek eigendom. Het is SIRTURUS, die wederom, nog vóór hij zijn verhaal doet omtrent den te Milaan aangekomen vreemdeling, daaromtrent inlichting geeft: (¹)

"Ferebatur etiam nil praeterea esse hoc adinventum, quam duo spicilla tubo apposita: Et cum PORTA in sua Magia de hac re, licet obscure, verba fecisset, et ore tenus etiam cum multis me praesente, videbatur pluribus inesse hanc conceptionem, adeo ut re audita quilibet ingeniosus coeperit sine exemplo pertentare opus. Alij lucri cupiditate Belgae, Galli, Itali quocunque procurrebant, nemo erat qui authorem se non faceret."

Eene nauwkeurige tijdsbepaling van deze in Italië loopende geruchten, dat het instrument was samengesteld uit twee in een koker gesloten lenzen, wordt niet gegeven. In elk geval waren reeds instrumenten zelven in Italië aanwezig. Door den vreemdeling, die in Mei 1609 te Milaan komt, en dien wij voor SACHARIAS JANSSEN houden, wordt een instrument den graaf de FUENTES aangeboden; SIRTURUS maakt daarnaar verschillende andere werktuigen, PORTA getuigt den 28sten Augustus een instrument te Napels te hebben gezien, en zooals zal blijken, werd ook reeds lang vóór dat tijdstip een kijker rechtstreeks uit Vlaanderen of Zeeland aan den kardinaal BORGHESE gezonden. Verder bestaat de getuigenis in een brief van 22 Augustus van den Toscaanschen agent te Venetië, dat in die plaats velen den kijker, dien de vreemdeling den Senaat wilde aanbieden, in handen hebben gehad en er door hebben gezien,

(¹) *Telescopium*, etc. pag. 24.

terwijl tevens in die stad bekend is, dat in Frankrijk en elders
het geheim publiek is geworden, en men het werktuig daar
voor eene geringe som kan koopen.

Onder deze omstandigheden ziet de koopman af van zijn
voornemen om den Venetiaanschen Senaat een kijker aan te
bieden (waarvoor hij gehoopt had duizend zecchinen te verwerven).
Er is dan evenwel een ander, die in zijne plaats treedt, nl.
GALILEI. Deze heeft — in de maand Juni 1609 — van het
bestaan van den kijker gehoord, begon, evenals anderen
vóór hem bij het vernemen van de zaak, over het instrument
na te denken, en had dan ook weldra zelf een kijker geconstrueerd : *"ut re audita quilibet ingeniosus coeperit sine exemplo
pertentare opus"*. GALILEI zelf verhaalt de toedracht van de
zaak in zijn werk, waarin hij voor het eerst zijne verschillende
ontdekkingen beschrijft, en waarvan de opdracht is van 12
Maart 1610 : (¹)

*"Mensibus abhinc decem fere (²), rumor ad aures nostras
increpuit, fuisse a quodam Belga Perspicillum elaboratum (³),
cuius beneficio obiecta visibilia, licet ab oculo inspicientis
longe dissita, veluti propinqua distincte cernebantur: ac huius
profecto admirabilis effectus nonnullae experientiae circumfere-
bantur, quibus fidem alii praebebant, negabant alii. Idem paucos
post dies mihi per literas a nobili Gallo IACOBO BADOVERE*

(¹) *Sidereus Nuncius magna, longeque admirabilia Spectacula pandens,
suspiciendaque proponens unicuique, praesertim vero philosophis atque astronomis, quae a* GALILEO GALILEO, *Patritio Florentino Patavini gymnasij
Publico Mathematico, perspicilli nuper a se reperti beneficio sunt observata
in lunae facie, fixis innumeris, lacteo circulo, stellis nebulosis, apprimè
vero in quatuor planetis circa Iovis stellam disparibus intervallis atque
periodis, celeritate mirabili circumvolutis; quos, nemini in hanc usque diem
cognitos, novissime Author depraehendit primus atque Medicea Sidera nuncu-
pandos decrevit. Venetiis, Apud Thomam Baglionum 1610. Superiorum
Permissu, et Privilegio* en in hetzelfde jaar ook te Frankfort *in Paltheniano*.

(²) In het hs. — waarvan men eene reproductie vindt in *Le Opere di*
GALILEO GALILEI *vol. III parte prima, Firenze 1892* — stond oorspronkelijk
„octo fere". Het verschil wordt hierdoor verklaard, dat het hs. den
30sten Januari 1610 gereed was, doch daar de vergunning tot drukken
niet vóór 1 Maart werd gegeven, eerst na 12 Maart kon verschijnen. Beide
lezingen voeren echter tot Juni 1609 terug.

(³) Ac Comiti MAURITIO dono datum — voegt het hs. toe.

16

ex Lutetia confirmatum est; quod tandem in causa fuit, ut (¹) ad
rationes inquirendas, necnon media excogitanda, per quae
ad consimilis Organi inventionem devenirem, me totum con-
verterem; quam paulo post (²), doctrinae de refractionibus innixus
assequutus sum: ac tubum primo plumbeum mihi paravi, in
cuius extremitatibus vitrea duo Perspicilla, ambo ex altera parte
plana, ex altera vero unum sphaerice convexum, alterum vero
cavum, aptavi; oculum deinde ad cavum admovens obiecta
satis magna et propinqua intuitus sum; triplo enim viciniora,
nonuplo vero maiora apparebant, quam dum sola naturali acie
spectarentur. Alium postmodum exactiorem mihi elaboravi, qui
obiecta plusquam sexagesies maiora repraesentabat. Tandem, labori
nullo nullisque sumptibus parcens, eo a me deventum est, ut
Organum mihi construxerim adeo excellens, ut res per ipsum
visae millies fere majores appareant, ac plusquam in terdecupla
ratione viciniores, quam si naturali tantum facultate spectentur.″

GALILEI heeft van het in den Haag voorgevallene gehoord
en blijkens de woorden ″nonnullae experientiae circumfere-
bantur, quibus fidem alii praebebant, negabant alii″ de reeds
door SIRTURUS medegedeelde, in Italië loopende geruchten,
wellicht ook die betreffende de door den vreemdeling overgebrachte kijkers, vernomen. Bovendien ontving hij eene mededeeling van zijn oud-leerling JACOB BADOUÈRE uit Parijs (³)
in een brief, die thans verloren schijnt; hoewel het dus niet
met zekerheid is uit te maken, welke kennis omtrent de
samenstelling van het werktuig deze GALILEI nog verschaft heeft
voor den aanvang van zijn arbeid, is het niet ondenkbaar, dat
hij eenige nadere bijzonderheden omtrent de te Parijs verkochte
kijkers zal hebben ingehouden. In ieder geval vindt men in zijne
volgende handelingen alweder eene bevestiging der woorden van
de Gecommitteerde Raden van Zeeland: ″naerdien men weet, dat
de conste in de warelt is, soo sal daernaer getracht worden″. Want
onmiddellijk na het nieuws vernomen te hebben zette GALILEI

(¹) De veritate conclusionis certior ita factus, eiusque pulchritudinis
cupidine captus — liet het hs. hierop volgen.

(²) Statim — was de oorspronkelijke lezing.

(³) Zie over hem: A. FAVARO, *Amici e Corrispondenti di Galileo Galilei*,
*XIV. Giacomo Badouère (Atti del Reale Instituto Veneto. T. LXV. Parte
seconda 1906* pag. 193—201).

zich in de maand Augustus 1609 aan het werk, daarbij gesteund door zijne kennis der dioptrica, door hem aangeduid als
de *doctrina de refractionibus*. Geenszins was dit echter eene
juiste wetenschappelijke theorie. Welke begrippen GALILEI had
over de brekingsverschijnselen en de wijze, waarop door enkel-
voudige lenzen beelden gevormd worden, blijkt uit het betoog,
waarmede hij wil aantoonen, dat het gezichtsveld ongeveer in
dezelfde verhouding toeneemt, als de opening van het objectief. (¹)
Volgens hem worden de gezichtsstralen ECF en EDG, die, uit

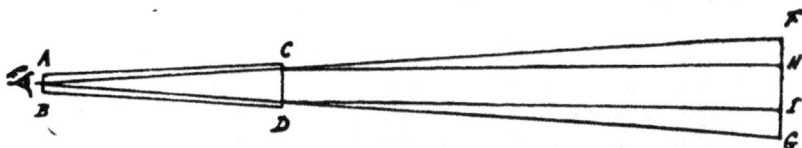

het oog gaande, zonder de aanwezigheid der lenzen AB en CD
het voorwerp zouden treffen, gebroken volgens ECH en EDI,
zoodat zij slechts den afstand HI omvatten. GALILEI, volgens
de oude leer van het zien meenende, dat dit geschiedt, doordat
de stralen het oog verlaten, gelooft verder, dat de stralen,
die door verschillende punten van het objectief gaan, in verschillende punten van het geziene voorwerp eindigen, wier
onderlinge afstand dan op de aangegeven wijze zou afhangen
van die der punten van het objectief. Ten slotte verricht het oculair
in de teekening en uiteenzetting van GALILEI geene enkele functie:
de stralen gaan er zonder breking door, zoodat men het door een
niet gebogen glas zou kunnen vervangen of geheel weglaten. (²)

(¹) *Nuncius Sidereus* etc. in de *Opere di* GALILEO GALILEI, *Edizione
Nazionale vol III, Parte prima, Firenze 1892* pag. 61—62.

(²) Bovenstaande opmerking wordt gevonden bij J. A. C. OUDEMANS
et J. BOSSCHA, *Galilée et Marius (Archives Néerlandaises* etc. *Serie II T.
VIII* pag. 128). — Even gebrekkig als de verklaring van GALILEI is wel
die, gegeven door ANTONIUS DE DOMINIS, den ongelukkigen bisschop van
Spalatro, in zijn werk *De radiis visus et lucis, Venetiis 1611* cap. IX:
„Instrumenti perspectivi ad videnda longa dissita conficiendi ratio et usus",
opgesteld in 1610 of 1611. „Ex hactenus — laat hij aan zijne uiteenzetting
voorafgaan — a nobis dictis et explicatis de vitreis perspicillijs, facilli-
mum negotium redditur in conficiendo instrumento illo quod nuper videtur

Bij eene dergelijke uiteenzetting der theorie, waaruit GALILEI de constructie van het werktuig zou heeft willen afleiden, is het niet ondenkbaar, dat wellicht bij zijn pogen eenig gerucht omtrent de samenstelling van den kijker hem bereikt had, maar in ieder geval de praktische kennis van de werking van lenzen eene grootere plaats bij zijne redeneering heeft ingenomen, dan uit zijn verhaal blijkt. Die meening schijnt wel bevestigd te worden, door de nadere toelichting van de gedachten, die zijne werkzaamheden van 1609 leidden, gegeven in een werk, dat in 1623 verscheen: (¹)

"Qual parte io abbia nel ritrovamento di questo strumento, e s'io lo possa ragionevolmente nominar mio parto, l'ho gran tempo fa manifestato nel mio *Avviso Sidereo*, scrivendo come in Vinezia, dove allora mi ritrovavo, giunsero nuove che al Sig. Conte MAURIZIO era stato presentato da un Olandese

---

inventum, aut saltem praesertim in Italia publicatum. Id enim quemadmodum maxima admiratione affecit, et afficit plurimos ita mihi certe, qui in perspectivis ante multos, sed per multos etiam annos delectationis causa mentem exercui, nulli prorsus fuit admirationi, sed cum primum illud vidi (erat autem valde imperfectum) effectum duorum vitrorum aperte cognovi: utinam qui primi instrumentum hoc protulerunt, etiam demonstrationes cum ipso exhibuissent: expectabam enim avidissime ut occasione earum demonstrationum quas effectus huius instrumenti requirunt, non paucae, neque exiguae difficultates, nunquam adhuc a quoquam quod sciam, tractatae, mihi circa visum et res opticas ad vitra perspectivas spectantes, solverentur...." Ook SIRTURUS (l. c. pag. 67 en ad pag. 81) tracht eene verklaring en teekening van de werking van het instrument te geven; intusschen zegt deze wel eerlijk, als hij uiteenzet, hoe een kijker uit meerdere lenzen samen te stellen, hetgeen hij tevens den lezer als een groot geheim voorstelt (l. c. pag. 75): "Ego non ex demonstrationibus opticis, non ex scientia, sed ex innumeris experimentis hausisse fateor, sumptu, labore, et sanitatis detrimento."

(¹) *Il Saggiatore nel quale con bilancia esquisita e giusta si ponderano le cose contenute nella Libra Astronomica e filosofica di Lotario Sarsi Sigensano, scritta in forma di lettera*, etc. dal Sig. GALILEO GALILEI (*Le Opere di* GALILEO GALILEI, *Edizione nazionale, vol. VI, Firenze* pag. 257). — De *Saggiatore* was een polemisch geschrift, naar aanleiding van de drie kometen van 1618, voornamelijk gericht tegen de kometentheorie, gegeven door pater GRASSI, die in GALILEI's verhandeling den naam van SARSI voert.

un occhiale, col quale le cose lontane se vedevano così perfettamente come se fussero state molto vicine; nè più fu
aggiunto. Su questa relazione io tornai a Padova, dove
allora stanziavo, e mi posi a pensar sopra tal problema, e
la prima notte dopo il mio ritorno lo ritrovai, ed il giorno
seguente fabbricai lo strumento, e ne diedi conto a Vinezia
a i medesimi amici co' quali il giorno precendente ero stato
a ragionamento sopra questa materia. M' applicai poi subito
a fabbricarne un altro più perfetto, il quale sei giorni dopo
condussi a Vinezia, dove con gran meraviglia fu veduto quasi
da tutti principali gentiluomini di quella republica, ma con
mia grandissima fatica, per più d'un mese continuo. . . . .

. . . .

Fu dunque tal il mio discorso. Questo artificio o costa d'un
vetro solo, o di più d'uno. D'un solo non può essere, perchè
la sua figura o è convessa, cioè più grossa nel mezo che verso
gli estremi, o è concava, cioè più sottile nel mezo, o è
compresa tra superficie parallele: ma questa non altera punto
gli oggetti visibile col crescergli o diminuirgli; la concava gli
diminuisce, e la convessa gli accresce bene, ma gli mostra
assai indistinti ed abbagliati; adunque un vetro solo non
basta per produr l'effetto. Passando poi a due, e sapendo ch'l
vetro di superficie parallele non altera niente, come si è detto,
conclusi che l'effetto non poteva nè anco seguir dall' accoppi-
amento di questo con alcuno degli altri due. Onde mi ristrinsi
a volere esperimentare quello che facesse la composizion degli
altri due, cioè del convesso e del concavo, e vidi come questa
mi dava l'intento: e tale fu il progresso del mio ritrovamento,
nel quale di niuno aiuto mi fu la concepita opinione della
verità della conclusione."

De redeneering, waardoor GALILEI volgens dit relaas is
geleid, gelijkt zeer veel op hetgeen PORTA twintig jaar geleden
had geschreven: "Concavo longe parva vides, sed perspicua,
convexo propinqua majora sed turbida, si utrumque recte
componere noveris, et longinqua et proxima maiora et clara
videbis", en komt neer op de aan de ervaring ontleende
wetenschap, dat eene concave lens verkleint, eene convexe
lens vergroot, doch het beeld onscherp maakt. PORTA schreef
die woorden in 1589, misschien zonder te vermoeden, dat hij
daardoor zoo dicht bij de samenstelling van den kijker kwam;

doch in 1609 was het GALILEI bekend, dat er kijkers bestonden
en zijne pogingen bij ernstige proefneming kans van slagen
moesten hebben. Eene dergelijke wetenschap als van PORTA kan
dan wel a posteriori binnen vierentwintig uur een vermoeden van
de inrichting van het instrument geven, zooals ook MARIUS en
FUCHS in 1608 reeds vrij spoedig na de beschouwing van
JANSSEN's kijker te Frankfort daartoe besluiten; maar van
proefnemingen met holle en bolle lenzen bleef nog zeer veel
afhangen om tot een goed instrument te geraken. Nog in
1637 wees DESCARTES er op, dat de geleerden nog steeds
niet afdoende de werking van den kijker hadden kunnen verklaren; ja zelfs nog in het laatst der 17de eeuw beklaagde
HUYGHENS er zich over en gaf als zijne meening te kennen:
*»Si quis tanta industria exstitisset, ut ex naturae et geometriae
principibus Telescopium eruere potuisset, eum ego supra
mortalium sortem ingenio valuisse dicendum crederem.»* Er is
dan ook wel terecht twijfel gerezen aan de waarde der dioptrische
gronden, die GALILEI in 1609 tot zijne ontdekking zouden
geleid hebben. ([1])

Zoo wij uitsluitend afgaan op GALILEI's eigene mededeelingen,
zou hij dus, naar aanleiding van de loopende geruchten omtrent
de uitvoerbaarheid, zonder meer, er in geslaagd zijn om zelfstandig een kijker samen te stellen. De mogelijkheid hiervan
geheel toestemmende — Gecommitteerde Raden van Zeeland
hadden het geprofeteerd — blijft er toch eenige twijfel bestaan,
of GALILEI inderdaad van de inrichting zelve der bestaande
kijkers geheel onkundig is gebleven, vóór hij zijne werkzaamheden aanving. In welke bijzonderheden de verloren brief van
BADOUÈRE hem wellicht inlichtte, is niet te beslissen, bezwaarlijk
ook hetgeen de *»nonnullae experientiae»*, die omtrent LIPPER-
HEY's aanbieding door Italië liepen, hem hebben medegedeeld:
»nè più fu aggiunto», zegt GALILEI zelf. Tegenover zijne verklaring staat het feit, dat in de maanden Juni, Juli en
Augustus 1609 er niet alleen geruchten over de samenstelling
van het instrument rondgingen, doch er ook in Italië zelf werk-

---

([1]) MONTUCLA, *Histoire des Mathématiques, nouvelle édition* T. II, pag.
238; ARAGO, *Oeuvres complètes* T. III pag. 266.

tuigen verspreid waren, in het bijzonder door den Hollandschen koopman (JANSSEN) te Venetië getoond en uit handen gegeven. De mogelijkheid is dus niet uitgesloten, dat de geruchten, die GALILEI ter oore kwamen, nadere bijzonderheden hebben ingehouden; ja zelfs zijn er personen, die wisten mede te deelen, dat hij zijn kijker met behulp van een der werktuigen, in Venetië voorhanden, had samengesteld. Hunne berichten mogen hier voornamelijk eene plaats vinden, omdat zij iets mededeelen omtrent den Hollandschen koopman. Zoo schreef de keizerlijke gezant GEORGE FUGGER den 16^{den} April 1610 uit Venetië aan KEPLER, die hem om inlichtingen betreffende den in Maart verschenen *Nuncius Sidereus* had gevraagd: [1]

"...... Novit et solet homo ille aliorum pennis hinc inde collectis, uti corvus apud AESOPUM, se decorare; quemadmodum et artificiosi illius perspicilli inventor haberi vult, cum tamen quidam Belga, per Galliam in hasce partes profectus, primum huc attulerit, quod ipsum mihi et aliis ostentum fuit, et ut GALILAEUS vidit, alia ad imitationem confecit, atque aliquid forsan, quod facile est, inventis addidit.*"*

en het is wellicht dezelfde FUGGER, die GLORIOSI, kort daarna opvolger van GALILEI te Padua, omtrent dit punt te Venetië had ingelicht, toen GLORIOSI in Mei 1610 aan GIOVANNI TERRENZIO (SCHRECK) te Rome schreef: [2]

"Nuncius Sidereus GALILAEI DE GALILAEIS, de quo quid sentio scire cupis, multa nunciat, quae neque nova sunt, neque ipsum agnoscunt auctorem. Credo te non latere, inventorem perspicilli quendam Belgam fuisse, et biennium fere elapsum est, quod huius ocularis rumor omnium aures penetravit, et verum non est, ut ait, quod doctrina de refractionibus innixus ipsum adinvenerit, inmo pro certo mihi relatum est, se proprium instrumentum vidisse, repenteque perspicillum fabricasse et ut suum excogitatum Venetiarum Principi sine mora obtulisse, cum tunc temporis Venetiis praesens esset

---

[1] JOANNIS KEPLERI, *Opera omnia* ed. FRISCH vol. *II* pag. 452; *Le Opere di* GALILEO GALILEI, *Edizione nazionale, vol. X, Firenze 1900* n° 292.

[2] A. FAVARO, *Amici e Corrispondenti di Galileo Galilei. IX Giovanni Camillo Gloriosi (Atti del Reale Istituto Veneto T. LXIII 1903—1904)* pag. 8.

Belga qui tale instrumentum adportaverat, ne inventionis origo detegeretur et ipse primus auctor non crederetur . . . . "

Allereerst zij er hier op gewezen, dat degene, die te Venetië met zijne instrumenten zulk eene opschudding verwekt — geheel overeenkomstig het door Scheiner medegedeelde, dat een Hollandsche koopman het eerst twee kijkers naar Italië bracht, waarvan er een eerst naar Venetie, later naar Napels geraakte — ook hier wordt aangeduid als een "Belga qui tale instrumentum adportaverat" of een "Belga per Galliam in hasce partes profectus", die "primum hoc attulerit", en het werktuig aan den gezant en Galilei heeft getoond. Dit is thans de derde maal, dat een Hollandsche kramer met verrekijkers in het buitenland gesignaleerd wordt. Er rijst hierbij weder dezelfde vraag als vroeger: wie van de Hollandsche kooplieden, reeds zoo spoedig met den kijker bekend, zou daarvoor meer in aanmerking kunnen komen dan Sacharias Janssen, wiens beroep juist als dat van kramer wordt opgegeven? Metius behield zijne kijkers altijd voor zich en Lipperhey is de thuis zittende gehuwde burger, die zijn instrument op andere wijze exploiteert en zich in Februari 1609 nog in den Haag bevindt om de resteerende binoculi af te leveren. Sacharias Janssen, die reeds vroeger in Duitschland met zijne kijkers op jaarmarkten stond, is wel de aangewezen persoon om zich, na zijn opontbod bij Gecommitteerde Raden, waar hij aller aandacht op het instrument gericht zag, naar Italië, in het bijzonder Venetië, te begeven en te trachten daar geld uit het instrument te slaan, beginnende met een kijker aan hooggeplaatste personen of lichamen aan te bieden. Wij meenen, dat er indicaties zijn om in dien Hollandschen koopman te Venetie denzelfden reizenden brillenman van vroeger — weer onzen Sacharias Janssen — te zien.

In hoeverre het bericht juist is in de bijzonderheid, dat Galilei de te Venetie aangebrachte kijkers zou hebben gezien, alvorens zijne eigene te construeeren, is moeielijk te beslissen. Men moet hier op berichten van anderen dan Galilei zelf afgaan, en inderdaad heeft Galilei, zoo goed als vele anderen, de instrumenten van Janssen te Venetie kunnen zien; ander-

zijds mag echter niet vergeten worden, dat GALILEI toen reeds
in Italië vele tegenstanders had. Dit werd weldra in nog
grooter mate het geval, ook door GALILEI's strijdlust en sar-
casme, en vooral sinds 1623 maakte hij zich een machtigen
vijand in SCHEINER door in zijn *Saggiatore* ook de oorspronkelijkheid van diens ontdekking der zonnevlekken in twijfel te trekken:
aan SCHEINER's invloed op paus URBANUS VIII schrijft men
voor een groot deel GALILEI's veroordeeling in 1633 toe.
Wat intusschen de uitvinding van den z. g. Hollandschen
kijker betreft, maakt SCHEINER in zijn hoofdwerk van 1626
de niet onjuiste opmerking, dat indien GALILEI werkelijk eene
juiste theorie der dioptrica had toegepast, hij even goed den
astronomischen kijker had kunnen uitvinden: ([1])

„Videlicet discursum illum, quem Trutinator in suo libro,
pro Tubi Optici Inventione sibi stabilienda, affert, esse fal-
lacem et nullum. Ait, enim, se audita Tubi fama, conclusisse,
ad res optice amplificandas, necessario requiri duo vitra, quorum alterum sit convexum, alterum concavum: cum duo
convexa id exellentius praestent, quam convexum cum cavo.
Cum igitur falsus sit discursus, de veritate arrogatae inventionis
ex hoc etiam capite multi dubitant.

Quod si de erecto situ quis velit movere scrupulum: habes
per duo convexa situm erectum in charta; per tria convexa,
ritè collocata, situm erectum in oculo transpiciente. Igitur
vanus discursus, inventionem inanem et suspectam reddit: ut
alia taceam."

Neemt men echter aan, dat GALILEI's kennis van de dioptrica de in die dagen gangbare niet overschreed, dan heeft
de tegenwerping weinig kracht: zooals de geschiedenis bewijst,
lag het voor de hand eerst den Hollandschen kijker samen te
stellen, waartoe wellicht meer dan één persoon vóór GALILEI

([1]) *Rosa Ursina sive sol ex admirando facularum et Macularum suarum
Phoenomẽno Varius, nec non Circa centrum suum et axem fixum ab occasu
in ortum annua, circaque alium axem mobilem ab ortu in occasum conver-
sione quasi menstrua, super polos proprios, Libris quatuor Mobilis ostensus,
a* CHRISTOPHORO SCHEINER *Germano Suevo, e Societate Jesu. Ad Paulum
Iordanum II. Ursinum Bracciani ducem. Bracciani, Apud Andream Phaeum
Typographum Ducalem. Impressio coepta Anno 1626, finita vero 1630 Id.
Iunii. Cum licentia Superiorum.* pag. 130 recto Corollarium.

was gekomen, zonder de mogelijkheid van den astronomischen kijker te vermoeden.

Na binnen vierentwintig uren het geheim doorgrond te hebben, construeert GALILEI drie kijkers, respectievelijk ongeveer drie, acht en twee en dertig maal in middellijn vergrootend. Hij begeeft zich daarmede omstreeks 20 Augustus naar Venetië — Padua behoorde destijds tot die Republiek — om het instrument te toonen aan sommige vrienden en beschermers, die hij als hoogleeraar te Padua bezat, en wellicht ook om te trachten in Venetië lenzen te verkrijgen, beter voor den kijker geschikt. Den 21sten beklimt GALILEI met eenige Venetiaansche patriciërs, met wie hij op vertrouwelijken voet staat, den Campanile van San Marco, waar zich nu hetzelfde schouwspel herhaalt, dat bijna een jaar geleden op den toren van het Stadhouderskwartier geschied en zelfs kort te voren nog op denzelfden toren te Venetië met den Hollandschen koopman voorgevallen was. Omtrent de proeven met GALILEI's instrument bestaat een bericht van den patriciër ANTONIO DI GIROLAMO PRIULI, Procurator en later Doge van de Republiek, in eene kroniek, waarin de gebeurtenissen uit het begin der 17de eeuw worden verhaald: (1)

"21 Agosto (1609). Adai io (ANTONIO q. m) GERON.° PRIULI P.r in Campanil di S. M. con l'Ecc.te GALLILEO, et S. Z. CONT.ni q.m BERT.cci e S. LODOVICO FALIER q.m M. A. et SEB. VEN.r q.m GASP.° et ZACC.a SAGREDO de S. Nicolo, S. PIERO CONTARINI de S. M. S. LOR. SORANZO de S. Fran. et l'Ecc.te D.r CAVALLI a veder le meraviglie et effetti singolari del Can. di d° GALLILEO, che era di banda fodrato al di fuori di rassa gottonada Cremesina di longhezza tre q.te ½ inc.a et larghezza di un scudo, con due veri uno . . . . . (sic) cavo l'altro nò per parte, con il quale posto a un ochio, e serando l'altro ciasched' uno di noi vide distintamente oltre Liza Fusina e Marghera, anco Chioza, Treviso et sino Conegliano, et il Campaniel et Cubbe con la facciata della Chiesa de Santa Giust.a de Pad.a,

---

(1) *LIII Cronica Veneta dal M.DC.VII al M.DC.XVI vol. II 53* fol. 393 verso en 394 recto, een handschrift op de Keizerlijke bibliotheek te Weenen; de plaats is geciteerd naar A. FAVARO, *Galileo Galilei e la presentazione del Cannocchiale alla Repubblica Veneta (Nuovo Archivio Veneto, Tomo I parte 1, Venezia 1891)* pag. 14.

si discernivano quelli che entravano et uscivano di Chiesa di S. Giac.° di Muran si vedevano le persone a montar, et dismontar de gondola al traghetto alla Collona del principio del Rio de' Verieri, con molti altri particolari nella laguna, et nella Città veramente amirabili, e poi da lui presentato in Coll° li 24 del med° moltiplicando con quello la vista 9 volte più."

Waarschijnlijk deed GALILEI ook de volgende dagen nog met anderen zulke beklimmingen. Bij zulk eene gelegenheid wellicht zal ook het belang voor het land ter sprake zijn gekomen en wordt aan GALILEI, wellicht door zijn vriend Fra PAOLO SARPI, den raad gegeven een kijker aan de regeering aan te bieden, al heeft nog pas geleden de vreemdeling, wegens de bekendheid van het instrument, daarvan moeten afzien.

"Finalmente — schreef GALILEI zelf in 1623 ([1]) — per consiglio d'alcun mio affezzionato padrone, lo pretensai al Principe in pieno Collegio, dal quale quanto ei fusse stimato e recivuto con ammirazione, testificano le lettere ducali, che ancora sono appresso di me, contenenti la magnificenza di quel Serenissimo Principe iu ricondurmi, per ricompensa della presentata invenzione. . . . ."

Die aanbieding — niet aan den Doge LEONARDO zelf, die juist in deze dagen ernstig ziek was, — had den 24sten Augustus plaats in het Collegio, waar de Senaat was verzameld, zonder eenige andere formaliteit dan de overlegging van een kijker en het volgende aan den Doge gerichte schrijven: ([2])

Ser. mo Principe,

"GALILEO GALILEI, humilissimo servo della Ser.ᵃ V.ᵃ, invigilando assiduamente et con ogni spirito per potere non solamente satisfare al carico che tiene delle lettura di Matematica nello Studio di Padova, ma con qualche utile et segnalato trovato apportare straordinario benefizio alla S.ᵗᵃ V.ᵃ, compare al presente avanti di quella con un nuovo artifizio di un occhiale cavato dalle più recondite speculazioni di prospettiva, il quale conduce gl'oggetti visibili così vicini all'

([1]) *Il Saggiatore* etc. — *Opere di* GALILEO GALILEI, *Edizione Nazionale Firenze, vol. VI* pag. 258.

([2]) *Le Opere di* GALILEO GALILEI, *Edizione Nazionale, vol. X Firenze 1900.* n° 228.

occhio, et così grandi et distinti gli rappresenta, che quello
che è distante, v. g., nove miglia, ci apparisce come se fusse
lontano un miglio solo: cosa che per ogni negozio et impresa
marittima o terrestre può esser di giovamento inestimabile;
potendosi in mare in assai maggior lontananza del consueto
scoprire legni et vele dell' inimico, sì che per due hore et
più di tempo possiamo prima scoprir lui che egli scuopra noi,
et distinguendo il numero et la qualità de i vasselli, giudi-
care le sue forze, per allestirsi alla caccia, al combattimento
o alla fuga; et parimente potendosi in terra scoprire dentro
alle piazze, alloggiamenti et ripari dell' inimico da qualche
eminenza benchè lontana, o pure anco nella campagna aperta
vedere et particolarmente distinguere, con nostro grandissimo
vantaggio, ogni suo moto et preparamento; oltre a molte altre
utilità, chiaramente note ad ogni persona giudiziosa. Et per-
tanto, giudicandolo degno di essere dalle S. V. ricevuto et
come utilissimo stimato, ha determinato di presentarguielo et
sotto l'arbitrio suo rimettere il determinare circa questo ritrovamento, ordinando et provedendo che, secondo che parerà
oportuno alla sua prudenza, ne siano o non siano fabricati.

Et questo presenta con ogni affetto il detto GALILEI alla
S. V., come uno de i frutti della scienza che esso, già 17 anni
compiti, professa nello Studio di Padova, con speranza di
essere alla giornata per presentargliene de i maggiori, se pi-
acerà al S. Dio et alla S. V. che egli, secondo il suo desiderio,
passi il resto della vita sua al servizio di V. S. Alla quale
humilmente si inchina, et da Sua Divina Maestà gli prega il
colmo di tutte le felicità."

GALILEI volgt hier dus geheel denzelfden weg, als anderen
vóór hem gegaan zijn door een instrument aan een invloedrijk
persoon aan te bieden. En hoewel bij zijne aanbieding de kijker in
Italië reeds vrij verspreid is, wordt nu ook hier door den
Venetiaanschen Senaat met meerderheid van stemmen aan
GALILEI eene belooning toegekend. In de vermelde kroniek
leest men: (¹)

"Havendo Il. D.ʳ GALLILEO GALLILEI Fiorentino lettor delle
mattematiche nel studio di Padoa presentato in Signoria il
giorno d'heri un Instrum.ᵗᵒ che è un cannon di grossezza d'un
scudo d'arg.º poco più, e longhezza di manco d'un braccio

(¹) Fol. 388 verso: A. FAVARO, *Galileo Galilei e la presentazione del
cannocchiale* etc. pag. 17.

con due veri, l'uno per capo che presentato all' occhio mul-
tiplica la vista nove volte di più dell' ordinario, che non era
più stato veduto in It.ª poi che altri dicono non esser sua
Inventione, ma esser stato ritrovato in Fiandra et che parve
miracolo dell' arte se ben poi doppo se ne sono fatti infiniti,
et sono venuti a prezzo bassissimo, et nelle mani d'ogn' uno:
fu perciò
25 Agosto deliberato in Senato di ricondurlo in vita sua
alla predetta lettura delle mattematiche, con stipendio de
mille fiorini l'anno, se bene egli o disgustato dal premio, o
allettato da maggior speranze partì pocca doppo dal servitio."

Omtrent die aanbieding door GALILEI van den verrekijker
aan den Venetiaanschen Senaat bestaat ook een brief, enkele
dagen later — 29 Augustus 1609 — uit Venetië gericht aan
BENEDETTO LANDUCCI, en aan GALILEI toegeschreven. Daarin
leest men o. a. : (¹)

"Dovete dunque sapere, come sono circa a 2 mesi che qua
fu sparsa fama che in Fiandra era stato presentato al Conte
MAURITIO un occhiale, fabbricato con tale artifitio che le cose
molto lontane le faceva vedere come vicinissime, sì che huomo
per la distantia di 2 miglia si poteva distintamente vedere.
Questo mi parve affetto tanto maraviglioso, che mi dette occasione
di pensarvi sopra; e parendomi che dovessi havere fondamento
su la scientia di prospettiva, mi messi a pensare sopra la sua
fabbrica: la quale finalmente ritrovai, e così perfettamente, che
uno che ne ho fabbricato, supera di assai la fama di quello
di Fiandra. Et essendo arrivato a Venetia voce che ne havevo
fabbricato uno, sono 6 giorni che sono stato chiamato dalla
Ser.ᵐᵃ Signioria alla quale mi è convenuto mostrarlo et insieme
a tutto il Senato con infinito stupore di tutti; e sono stati
moltissimi i gentil'huomini, e senatori li quali, benchè vecchi,
hanno più d'una volta fatte le scale de' più alti Campanili di
Venetia per scoprire in mare. . . . ."

Evenals in den *Nuntius Sidereus* wordt ook hier verzekerd,
zooals GALILEI trouwens ook zelf aan de senatoren had gedaan,
dat hij door nadenken op eenig wetenschappelijk fundament
tot de uitvinding is geraakt, hetgeen ook door METIUS in zijn
request schijnt bedoeld te zijn, en wellicht GALILEI's aanzien

(¹) *Le opere di* GALILEO GALILEI. *Edizione Nazionale vol. X* n° 231; de
brief wordt door de uitgevers op verschillende gronden als onecht
beschouwd.

en kans op belooniug kon verhoogen. Nochtans wordt ook in dezen particulieren brief erkend, dat GALILEI geenszins de eerste uitvinder is, doch van de aanbieding van LIPPERHEY in Holland gehoord heeft, iets wat GALILEI ook in den *Nuntius Sidereus* van 1610, den *Saggiatore* van 1623, en evenzeer in 1636 erkend heeft bij zijne briefwisseling met de Staten-Generaal betreffende het bepalen der lengten en breedten op zee, wanneer hij schrijft, dat het thans mogelijk zal zijn het lang gezochte probleem op te lossen:

  ⁄⁄per industria di due ingegni, uno Olandese et l'altro Italiano, Toscano et Fiorentino: quello, come primo Inventore del Telescopio, o Tubo Ollandico; et l'altro, come primo scopritore, et osservatore delle stelle Medicee. così da esso nominate dalla casa del suo Principe et Signore.⁄⁄ (¹)

Na de aanbieding door GALILEI van zijn instrument gaan weder verschillende stemmen op, die mededeelen, dat hij hier met eene uitvinding is gekomen, die al tamelijk verspreid was, eene zaak, die hem van verschillende kanten zeer kwalijk wordt genomen. Onder deze is ook BARTOLI, Toscaansch gezant te Venetië, die daarover reeds den 29sten Augustus schrijft aan BELISARIO VINTA, vriend en beschermer van GALILEI aan het hof te Florence, en thans tevens weer iets mededeelt omtrent het gedrag en doel van den Hollandschen koopman, die zoo spoedig met zijn werktuig uit Holland naar Venetië was gekomen: (²)

  ⁄⁄..... Più di tutto quasi ha dato da discorrere questa setti-mana il S.^{ro} GALILEO GALILEI, Matematico di Padova, con l'inventione dell' occhiale o cannone da veder da lontano. Et si racconta che quel tale forestiero che venne qua col secreto, havendo inteso da non so chi (dicesi da Fra PAOLO teologo servita) che non farebbe qui frutto alcuno, pretendendo 1000 zecchini, se ne partì senza tentare altro; sì che, essendo amici insieme Fra PAOLO et il GALILEI, et datogli conto del secreto veduto, dicono che esso GALLILEI, con la mente et con l'aiuto d'un altro simile instrumento, ma non di tanto

---

(¹) A. FAVARO, *La proposta della longitudine fatta da* GALILEO GALILEI *alle confederate provincie Belgiche* etc. l. c. pag. 382.

(²) *Le opere di* GALILEO GALILEI, *Edizione nazionale vol. X* n⁰ 233.

buona qualità, venuto di Francia, habbia investigato et trovato il secreto; et messolo in atto, con l'aura et favore d'alcuni senatori si sia acquistato da questi SS.^{ri} augumento alle sue provisioni sino a 1000 fiorini l'anno, con obligo però, parmi, di servir nella sua lettura perpetuamente . . . ."

Op eene dergelijke beschuldiging, als door FUGGER en BARTOLI ingebracht, schijnt ook te worden gezinspeeld door GRIENBERGER, die met CLAVIUS (SCHLÜSSEL), PAOLO LEMBO en OTTO VAN MAELCOTE behoorde tot de vier Jesuiten, onder wier leiding de astronomie aan het Collegium Romanum werd beoefend. In het begin van 1611 schreef hij uit Rome, waar in April 1609 het gerucht van de aanbieding in den Haag had geloopen : (¹)

. "... Romam vero ut appuli, inveni ex nostris unum JOANNEM PAULUM LEMBUM, qui, antequam quicquam intellexisset de tuis, perspicillis quibusdam, non tam ad imitationem alterius sed potius vi coniecturae factis, tum lunae inaequalitatem, tum stellas in Pleiadibus, Orione et aliis plurimas, observavit; Planetas tamen novos non vidit . . . ."

Dat het instrument van LEMBO dat geweest is, waarover GUALDO te Rome reeds in Juni 1609, dus twee maanden vóórdat GALILEI zijne instrumenten toont, aan PIGNORIA moet geschreven hebben (²), lijkt ons niet waarschijnlijk: deze had den naam van LEMBO dan allicht genoemd, en het is ook de vraag, of diens instrument van zoo vroeg dagteekent. Liever zouden we in GUALDO's schrijven eene aanduiding zien van een kijker van den Hollandschen koopman, wiens tweede instrument, volgens SCHEINER, reeds zeer vroeg naar Rome geraakte en lang in het Collegium bleef. SCHEINER's bericht sluit niet uit, dat het te Rome eerst in andere handen kwam, zoodat het werktuig van den koopman ook wel dat geweest kan zijn, waarvan PIGNORIA in zijn antwoord van 31 Augustus 1609 aan GUALDO melding maakte: (³)

(¹) *Le opere di* GALILEO GALILEI, *Edizione nazionale vol. XI* n° 466.
(²) Zie blz. 235.
(³) *Le Opere di* GALILEO GALILEI, *Edizione nazionale vol. X* n° 234.

"..... Di nuovo non habbiamo altro, se non la reincidenza di S. Serenità, e ricondotte di Lettori: fra' quali il Sig. GALILEO ha buscato mille fiorini in vita, e si dice co'l benefizio d'un occhiale simile a quello che di Fiandra fu mandato al Card. BORGHESE. Se ne sono veduti di qua, et veramente fanno buona riuscita . . . ."

Tot de verbreiding der kijkers in Italië zal ook voor een groot deel zijn bijgedragen door een Franschman, van wien BARTOLI voor het eerst den 5den September melding maakt, na in zijn vorigen brief het vertrek van den Hollander uitdrukkelijk te hebben medegedeeld: ([1])

"....Il secreto o cannone dalla lunga vista del S.ro GALILEI vien hora venduto publicamente da un tal Franzese, che gli fabrica qui come secreto di Francia, non del GALILEI; et forse deve non esser il medesimo, et questo veramente vale pochi zecchini . . . ."

Er komen trouwens al heel spoedig verschillende personen het geheim aanbieden en den 26sten September schreef de gezant uit Venetië: ([2])

"..... Del secreto o cannone della vista lunga devo dire che veramente si vende in più luoghi, et ogni occhialaro pretende d'haverlo trovato, et ne fanno et vendono; et un Franzese in particolare, che gli fa secretamente, gli vende 3 et 4 zecchini et 2 ancora, et credo manco, secondo di che perfettione, essendovene di cristallo di montagna, che costano molto, 10 e 12. scudi i vetri soli, di cristallo di Murano, et di vetro ordinario: et questo pretende che il suo sia il vero secreto, et simile o migliore di quel del GALILEI . . . ."

Den 3den, 17den en 24sten October schrijft de Toscaansche gezant bij den Franschen verrekijkermaker geweest te zijn, die hem twee instrumenten heeft laten zien, waarvan er een bestemd was voor den Franschen gezant te Venetië; de instrumenten vertoonen hem echter niet zulke wonderlijkheden, als er van verteld worden. Den 31sten meldde hij aan den secretaris: ([3])

([1]) *Le Opere di* GALILEO GALILEI, *Edisione nazionale vol. X* n° 237.
([2]) *Le Opere di* GALILEO GALILEI, *Edisione nazionale vol. X* n° 241.
([3]) *Le Opere di* GALILEO GALILEI, *Edisione Nazionale vol. X* n° 248.

"..... Inviai con le passate uno delli cannoni, tenuti qua per tanto buoni, quanto che sono fabrica del Franzese, nè so come riuscirà, perchè i buoni sento che vengono di Fiandra, o sono fatti dal GALILEI; nè io l'havrei preso, se la S. V. Illma non me lo havesse espressamente commandato con più lettere. Et di questi altri che fanno diversi maestri, se ne trovano, et forse migliori di cotesto . . . .*"*

Behalve de vroeger gemelde instrumenten kan onder die uit de Nederlanden ingevoerde kijkers nog aangewezen worden een kijker, waaromtrent GREGORIUS A ST. VINCENT van Brugge, die destijds aan het Collegium te Rome studeerde, den 4^{den} October 1659 aan CHRISTIAAN HUYGHENS schreef, hem dankzeggend voor de toezending van diens *Systema Saturnium:* ([1])

*"*renovavit antiquas similium phasium species quarum aspectibus ut fruerer noctes integras centenas jmo plures insumpsi ante annos pene quinquaginta dum e Belgio Venetias Venetijs deinde Romam a Domino SCHOLIERS delatum telescopium magistro quondam suo Antuerpiae Patri ODONI MALCOTIO professori tum Matheseos oblatum fuit. Vix crediderim aliquem ante nos qui Patris CLAVIJ Academicj dicebamur astrum hoc detexisse.*"*

En in April 1610 schreef ALFONSO FONTANELLI te Florence aan ATTILIO RUGGERI in Modena: ([2])

"..... Tuttavia non vo' restar, ad ogni buon fine, di dire a V. S. Illma, che havendomi detto il Sig. PAOLO GIORDANO ORSINO, tornato hora dal suo viaggio, d'haverne portato alcuni di Fiandra, caso che coteste Altezze n'havessero desiderio, non sarebbe forse difficile d'haverne uno da S. Ecc.^{za} . . . .*"*

Lettende op het feit, dat vóór GALILEI's komst met zijn eerste instrument de uitvinding in Frankrijk publiek verkocht, zij in Italie zelf, vooral door den Hollandschen koopman, zeer vroeg in grooten kring bekend gemaakt, verder zeer snel en algemeen verspreid wordt, dan is niet onaannemelijk de mededeeling, welke de Toscaansche gezant doet, korten tijd nadat GALILEI's *Nuncius Sidereus* verschenen is, waardoor hij aanleiding vindt nog eens op GALILEI's aanbieding terug te komen: ([3])

([1]) *Oeuvres Complètes de* CHRISTIAAN HUYGENS, *publiées par la Société hollandaise des Sciences T. II La Haye 1889* no 673.

([2]) *Le Opere di* GALILEO GALILEI, *Edizione nazionale vol. X* no 304.

([3]) *Le Opere di* GALILEO GALILEI, *Edizione nazionale vol. X* n° 283.

".... Non posso già restar di dire, che da molti di questi siguori vien stimato hora ch'egli li habbia burlati, quando diede per secreto quel caunone che era molto vulgare, et che nelle piazze si è venduto sino a 4 o 5 lire, della medesima qualità, come si dice; et molti poi se ne ridono, chiamaudoli corrivi, mentre egli ha cercato di fare il fatto suo, come ha fatto, et gli è riuscito con un augumento di 500 fiorini alla sua provisione ordinaria per la sua lettura . . . . *"*

Het meest voor de hand liggende veld tot waarneming met den kijker werd door de maan geboden. GALILEI kon op hare oppervlakte het bestaan van bergen en dalen vaststellen en berekende zelfs de hoogte van zulk een berg op 4 mijlen ($\pm$ 6000 M.). De planeten deden zich voor als ronde kogels, de vaste sterren vertoonden zich door den kijker slechts helderder en grooter. Daarenboven vond GALILEI nog vele nieuwe sterren en kon vaststellen, dat de melkweg uit een groot aantal sterren bestond. Het meest verrassende was wel datgene, wat de waarneming van Jupiter leerde, waarop GALILEI's aandacht zich toevallig den 7^{den} Januari vestigde. Hij bemerkte daarbij oorspronkelijk drie zeer heldere hemellichamen, die bij verdere waarneming hunne hoofdplaneet in banen van verschillenden omtrek en in verschillende tijden rondliepen. Den 13^{den} Januari zag hij vier zulke trawanten. Die nieuwe sterren noemde hij ter eere van COSIMO II en het geslacht der Medici *"Astra Medicea".* — Kan GALILEI wel geen aanspraken doen gelden op de uitvinding van den verrekijker, zijn roem blijft hierin bestaan, dat hij terstond het groote nut van het instrument tot wetenschappelijke waarneming heeft ingezien en, zelfs binnen enkele maanden nadat hij zijn eerste werktuig had samengesteld, eene reeks waarnemingen verzamelde, die eene nieuwe aera openden in de astronomie. *"Ce n'était pas en tournant par hasard la nouvelle lunette vers le ciel —* zegt LIBRI ([1]) *— mais en saisissant, en devinaut même, avec une promptitude d'esprit incomparable les merveilles que le nouvel instrument faisait à peine apercevoir, c'est en par-*

([1]) *Catalogue of the mathematical* etc. *portion of the celebrated Library of M. Guglielmo Libri*, Introduction.

venant d'emblée aux résultats les plus brillants, c'est en appliquant non seulement son oeil mais son génie au télescope, que GALILÉE a pu en quelques jours faire les découvertes étonnantes que renferme son *Nuncius Sidereus.*" (¹) De vrij beknopte uiteenzetting, die GALILEI van zijne waarnemingen in zijn in Maart 1610 verschenen werk gaf, verbaasde geheel Europa en verbreidde zich wonderbaarlijk snel; nooit had wel de aankondiging van een nieuw feit eene zoo groote en algemeene verbazing gewekt. Intusschen waren er ook hier, die meenden, dat GALILEI niet de oorspronkelijke vinder was. Zoo schreef zijn latere opvolger te Padua, GLORIOSI, in Mei 1610 aan TERRENZIO te Rome in den reeds vroeger aangehaalden brief:

*"*Sed admirationem omnem atque novitatem ad quatuor planetas circa Iovis stellam motibus disparibus cursitantes revocari, magis consentaneum arbitror; quorum binos a quibusdam aliis perspicilli beneficio prius detectos fuisse, rumor est. Publice fatetur AUGUSTINUS a MULA, patritius Venetus, se huiusmodi stellas prius conspexisse, GALILAEOque, de his nullam notitiam habenti, communicasse; rettulit quoque mihi Ill.ᵐᵘˢ FUGGERUS se audivisse, apud Batavos, ubi perspicilli adinventio ortum habuit, observatas etiam fuisse; a quibus forte excitus GALILAEUS, ut gloriae et pecuniae lucrum faceret, et si primus non fuerit observator, primus tamen scriptor haberi voluit; . . . ."*

Op zichzelf is FUGGER's bewering, dat de satellieten reeds in Holland gezien zouden zijn, niet onwaarschijnlijk, en onwillekeurig brengt men zijne mededeeling in verband met het ook uit een zijner eigene brieven blijkende feit, dat hij te

---

(¹) Te Florence worden in de Tribuna di GALILEI nog twee kijkers van dezen bewaard, die 15- en 20 maal vergrooten, en waarvan vooral de eerste eene groote helderheid bezit. Men vindt er eene afbeelding van bij A. FAVARO, *Intorno ai cannocchiali construiti ed usati da Galileo Galilei (Atti del Reale Istituto Veneto Tomo LX Parte Seconda 1900—1901).* Een model van een der kijkers van GALILEI bezit ook het Conservatoire des Arts et Métiers te Parijs, geconstrueerd naar eene teekening uit Florence. De teekening draagt tot opschrift: "Cannochiale adoprato da GALILEO l'anno 1610 par le osservazione descritte nelle *Nuncius Sidereus.* Distanze focale piedi Par. 3 poll. 10 pari a met. 1,245 (Scala Naturale)". Links is het objectief afgebeeld, rechts het oculair.

Venetië heeft gesproken met den Hollandschen koopman (¹),
dien we voor SACHARIAS JANSSEN hielden, en aan wien door
BOREL verschillende astronomische waarnemingen met zijne
kijkers zijn toegeschreven. (²) Die satellieten met een kijker te
zien, was trouwens niet moeielijk en is allicht in Holland
geschied; echter is dat nog geheel iets anders dan als GALILEI
eene reeks van waarnemingen daaromtrent te verzamelen en
— te publiceeren. Ditzelfde geldt ook van eene bewering,
dat de satellieten vroeger ontdekt zouden zijn door den beroemden
HADRIANUS JUNIUS van Hoorn, die reeds in 1579 te Middelburg
werd begraven, waaromtrent FRANCESCO MARIA VIALARDI den
17ᵈᵉⁿ Februari 1612 van uit Rome aan kardinaal FERDINAND
GONZAGA te Parijs schreef:

„..... Morì CLAVIO Matematico insigne tra Gesuiti, tra'
quali è gloria, cavando di qua di là, far libracci senza ingegno e senza invenzione. Si è stampato un libro contro le
Stelle Medicee del GALILEI, monstrandosi che GIUNIO Ornano
Gallo Belga le trovò prima che il GALILEI se le sognasse,
onde si tiene che di detto luoco le ha cavate . . . . . ."

Men heeft echter het bedoelde boek niet kunnen terug
vinden. (³) — Zelfs zij, die GALILEI niet ongenegen waren,
ontvingen het bericht met argwaan. Hoe konden zoovele vaste
sterren meer bestaan dan PTOLOMAEUS en TYCHO BRAHE geteld
hadden, en hoe moest die omstandigheid, dat het hemelgewelf
lichamen bevatte, die zulk eene snelle plaatsverandering ver-

---

(¹) Zie blz. 247.

(²) Zie blz. 178.

(³) A. FAVARO, *Serie Ottava di scampoli Galileiani: LII Per la ricerca
d'una scrittura contro i Pianeti Medicei (Atti e Memorie della R. Accademia
di Scienze* etc. *in Padova, Nuova Serie vol. IX 1893).* — Ook een jongere
ADRIAAN JUNIUS, afkomstig uit Dordrecht en geboren in de tweede helft
der 16ᵉ eeuw, heeft zich in Italië opgehouden. Het is bekend, dat er
toen zeer vele Nederlandsche studenten in Italië waren: te Padua
werden zij zelfs in een afzonderlijk boek ingeschreven. In dezen tijd
was wel de meest bekende Nederlander JOHANNES HECK (GIOVANNI ECKIO)
van Deventer, het beroemde lid van de Accademia dei Lincei. Vermelding verdient voorts, dat een der voorgangers van GALILEI in de wiskunde aan de hoogeschool te Padua zelfs een Middelburger was —
PAULUS MIDDELBURGENSIS, bisschop van Fossombrone, al liet hij zich
minder vleiend over zijne voormalige stadgenooten uit.

toonden, in overeenstemming gebracht worden met het stelsel van PTOLOMAEUS? (¹) De met GALILEI bevriende MARCO WELSER schreef den 12ᵈᵉⁿ Maart 1610 aan CLAVIUS te Rome: (²).

"..... Con questa occasione non posso mancare di ricordarle, che da Padova mi viene scritto per cosa certa e sicura, che il Sᵒʳ GALILEO GALILEI, Mathematico di quello Studio, ha ritrovato coll' istrumento novo, da molti nominato v i s o r i o, del quale egli si fa autore, quatro pianeti, novi quanto a noi, non essendo mai stati visti, per quanto si habbia notizia, da huomo mortale, con di più molte stelle fisse, non conosciute nè viste prima, e circa la Via Lattea m i r a b i l i a. Io so molto bene che t a r d e c r e d e r e e s t n e r v u s s a p i e n t i a e: però non mi risolvo a nulla, ma prego V. R.ᶻᵃ che me ne dica in confidenza liberamente la sua opinione intorno questo fatto. . . .*"*

Een grooten steun zou GALILEI hebben in de verdediging van KEPLER, die de eerste berichten omtrent de ontdekkingen ontving in het begin van Maart door den keizerlijken raad WACKENFELS, met wien hij zich gaarne over de verschillende wereldstelsels onderhield. KEPLER schildert zijn indruk omtrent die eerste berichten in den aanhef van een in April vervaardigd geschrift als volgt:

*"*Jam pridem domi meae consederam ociosus, nihil nisi te cogitans, GALILAEE praestantissime, tuasque literas .... Ecce verò tibi ex inopinato circa Idus Martias, Celerum opera nunciatum in Germaniam, GALILAEI mei, pro lectione alieni libri occupationem propriam insolentissimi argumenti, de quatuor Planetis antea incognitis (ut caetera libelli capita praeteream) usu perspicilli duplicati inventis: quod cum Illustris S. C. Mᵗⁱˢ Consiliarius et Sacri Imperialis Consistorii Referendarius D. JOAN. MATTHAEUS WACKHERI' à WACKHEN-FELSZ de curru mihi ante habitationem meam nunciasset, tanta me incessit admiratio, absurdissimi acroamatis consideratione, tanti orti animorum motus (quippe ex inexopinato decisā antiquā inter nos liticula) ut ille gaudio, ego rubore,

---

(¹) Hiermede in verband staan de verschillende pogingen om ook reeds aan PTOLOMEUS het gebruik van den kijker toe te schrijven (zie blz. 54 noot 3).

(²) *Le Opere di* GALILEO GALILEI, *Edizione Nazionale vol. X Firenze 1900* nᵒ 270.

risu uterque ob novitatem confusi, ille narrando ego audiendo vix sufficeremus. Augebat stuporem meum, WACKHERIJ adseveratio, viros esse clarissimos, doctrina, gravitate, constantia, supra popularem vanitatem longissime avectos, qui haec de GALILAEO perscribant, adeoque iam librum sub proelo versari, proximisque cursibus affuturum.»

. Het eerste exemplaar van GALILEI's werk, dat overkwam, outving keizer RUDOLF, die het aan KEPLER gaf om zijn oordeel over den inhoud te vernemen. Intusschen kwam een brief van GALILEI aan den Toscaanschen gezant bij het keizerlijk hof, GIOVANNI MEDICI met een tweede exemplaar; bij eene samenkomst met den gezant beloofde KEPLER een antwoord aan GALILEI met de volgende post; het werd den 19den April verzonden, en daar ook verschillende anderen zijn gevoelen gevraagd hadden, deed KEPLER dezen brief kort daarop in druk verschijnen. (¹) Wel is waar kon hij slechts op waarschijnlijkheidsgronden de mogelijkheid der ontdekking bepleiten — de verrekijker ontbrak hem nog — en houdt zijn brief eenige bedenkingen in; doch overigens stelde hij gaarne het volste vertrouwen in GALILEI's waarnemingen. — Minder aangenaam voor KEPLER was dan ook het optreden van MARTINUS HOKY, een Bohemer, die te Praag met KEPLER had verkeerd, en thans een leerling van MAGINI te Bologna was. Na reeds eerder het oordeel van KEPLER gevraagd en den wensch uitgesproken te hebben om tegen de vier »gefingeerde planeten« te schrijven, verhaalt hij in een brief van 27 April, hoe GALILEI zelf van 24—26 April te Bologna ten huize van MAGINI is geweest om de nieuwe sterren te toonen: (²)

».... Ego 24 et 25 Aprilis die et nocte nunquam dormivi, sed instrumentum hoc GALILAEI millies mille modis probavi, tam in his inferioribus, quam in superioribus. In inferioribus facit mirabilia, in coelo fallit, quia aliae stellae fixae duplicatae videntur. Sic observavi nocte sequente cum GALILAEI

(¹) IOANNIS KEPLERI, *Mathematici Caesarei, Dissertatio cum Nuncio Sidereo nuper ad mortales misso a Galilaeo Galilaeo, Mathematico Patavino Pragae, Typis Danielis Sedessani Anno Domini 1610.*

(²) JOANNIS KEPLERI *Opera omnia ed.* FRISCH *vol. II* pag. 453.

perspicillo stellulam, quae super mediam trium in cauda Ursae maioris visitur, et aeque quatuor minutissimas stellulas vicinas vidi, uti GALILAEUS in Iove observavit. Habeo testes excellentissimos viros et nobilissimos doctores, ANTONIUM ROFFENI, et in Bononiensi Academia mathematicum eruditissimum, aliosque plurimos, qui una mecum praesepe in caelo eadem nocte 25 Aprilis, praesente ipso GALILAEO, observarunt; sed omnes instrumentum fallere sunt confessi. At GALILAEUS obmutuit, et die 26, die ☽ᵃᵒ, tristis ab Illustrissimo D. MAGINO discessit summo mane; et pro beneficiis, cogitationibus infinitis, quia fabulam vendidit, repletus, gratias non egit. D. MAGINUS honoratum convivium, et lautum et delicatum, GALILAEO paravit. Sic miser GALILAEUS Bononia cum suo perspicillo 26 die discessit. Ego, quamdiu Bononiae fuerat, nunquam dormivi, sed instrumentum hoc semper infinitis modis probavi. In altera occasione plure dabo de his. Vale. (¹)

Ich hab das Perspicillum als in Wachss abgestochen, das niemandt weiss, undt wen mir Gott wieder zue Hauss hilft, will ich fiel ein pessers Perspicillum machen als der GALILEUS.″

den 24ᵉⁿ Mei : (²)

″..... Aber ich will dem wellischen Gsellen zue Padua die 4 neue Planeten in seinem *Nuncio* nicht lassen, wenss mir meinen Kopf undt mein Leib undt Leben khosten sollt; den diss Perspitzill, das er geschmitt hatt, betrieget hie undt droben : hie khan ich ein Liecht bei der Nacht firfach zeigen;
. . . ' . . . .″

Reeds in 1610 verscheen dan ook een geschrift van HORKY tegen den *Nuncius Sidereus*, (³) waarin hij zich beroept op de

---

(¹) Iets dergelijks meldde MAGINI zelf den 26ˢᵗᵉⁿ Mei aan KEPLER: „24, 25 Aprilis mea in domo suo cum perspicillo pernoctavit (GALILAEUS), novos hos Joviales circulatores ostendere cupiens; nihil fecit. Nam magis quam 20 viri doctissimi aderant, nemo tamen planetas novos perfecte vidit...."

(²) *Le Opere di* GALILEO GALILEI, *Edizione Nazionale vol. X* n⁰ 314.

(³) MARTINI HORKY A LOCHOVIC *brevissima Peregrinatio contra Nuncium Sidereum nuper ad omnes philosophos et mathematicos emissum, Excusum Mutinae 1610*. — ROFFENI zelf, hoogleeraar in de philosophie te Bologna, gaf hiertegen een werk uit: *Epistola apologetica contra caecam peregrinationem cuiusdam furiosi Martini, cognomine Horky, editam adversus Nuntium Sidereum, Bononiae 1611*, waarin ROFFENI, intieme vriend van MAGINI en vereerder van GALILEI, o. a. zegt, dat bij de bovenbedoelde samenkomst ook diegene, in het bezit van goede oogen, volkomen bevredigd waren, en HORKY zelf moest bekennen, den 24ˢᵗᵉⁿ April twee en den 25ˢᵗᵉⁿ alle vier de globulos aut maculas minutissimas gezien te hebben.

autoriteit van Tycho Brahe, die toch de nieuwe planeten bij
de scherpte zijner oogen en met zijne uitstekende instrumenten had
moeten zien, de Heilige Schrift aanvoert, die slechts zeven planeten
kent, verder verschillende astrologische gronden te berde brengt,
en ten slotte beweert, dat het geheele verschijnsel gezichts-
bedrog is. Tevergeefs had Magini gepoogd het drukken van
dit felle geschrift te beletten. Daar bovendien Horky verschillende citaten uit Keplers werk gebruikt had om schijnbaar
zijne meening te steunen, kreeg hij van deze den raad zoo
spoedig mogelijk naar zijn vaderland terug te keeren. — Weldra
verscheen ook nog een geschrift van een vriend van Horky,
den Florentijnschen edelman Sizi (¹), dat wel vrij is van
hatelijke aanvallen, maar typisch voor de wijze, waarop
destijds natuurkundige vraagstukken door de aanhangers van
de Aristotelische school behandeld werden. Hoe vreemd verder
de ontdekkingen het gewone publiek voorkwamen, blijkt wel
uit het feit, dat men Jupiter en zijne satellieten onder de
groepen in de mascarades dier dagen terugvond.

In Juli 1610 was Galilei door den groothertog van Toscane,
aan wien hij zijn werk had opgedragen, tot hoogleeraar benoemd.

De kijker is van nu af aan gemeen goed. Niet alleen
werden de instrumenten, dikwijls minderwaardig, in de
winkels verkocht, Galilei schonk ook verschillende werktuigen aan bevriende en bekende personen, die de in den
Nuncius Sidereus vermelde feiten zelf wilden zien. Den
19^{den} Maart 1610 schreef Galilei aan Belisario Vinta : (²)

" ..... Et in quanto appartiene a questo particolare, io mi
rítrovo ancora 10 occhiali, che soli, tra cento e più che ne
ho fabricati con grande spesa et fatica, sono idonei a scoprir

---

(¹) *Διανοία astronomica, optica, physica, qua Siderei Nuntij rumor de
quatuor planetis a G. Galilaeo Mathematico Celeberrimo recens perspicilli
cuiusdam ope conspectis, vanus redditur. Auctore* Francisco Sitio *Florentino,
Venetiis 1611*, opgedragen aan Joh. Medici, een vijand van Galilei. — Sizi
stierf in 1618 met zijn broeder onder beulshanden te Parijs, beschuldigd van hoogverraad.

(²) *Le Opere di* Galileo Galilei, *Edizione Nazionale vol. X* no 277.

le osservazioni ne i nuovi pianeti et nelle stelle fisse; li quali saria mio pensiero mandare a parenti et amici del Ser.ᵐᵒ G. D., et di già me n'hanno fatti domandare il Ser.ᵐᵒ di Baviera, et il Ser.ᵐᵒ Elettor di Colonia, et l'Ill.ᵐᵒ et Rev. ᵐᵒ S. Card. DAL MONTE: domandar, dico, l'occhiale insieme col trattato, essendosi sparso prima assai il grido che l'opera. Gli altri 5 gl' haverei volentieri mandati in Spagna, Francia, Pollonia, Austria et Urbino. . . . ."

GALILEI zond drie zulke kijkers naar München, waar zijn broeder MICHELANGELO gezant was; MAXIMILIAAN I ontving zulk een instrument den 25ˢᵗᵉⁿ Mei (¹); een tweede ontving de vader van deze; het derde verkocht de gezant voor honderd gulden aan ERNST, oom van MAXIMILIAAN, bisschop van Luik en keurvorst van Keulen. (²) Door bemiddeling van ZUGMESSER, mathematicus van den keurvorst, werd eene teekening van de verhoudigen der door GALILEI gebezigde lenzen aan hertog MAXIMILIAAN van Oostenrijk overgebracht. (³) KEPLER kreeg het instrument zelf van den keurvorst in het eind van Augustus eenigen tijd te leen (⁴), en men verhaalt, dat hij bij het aanschouwen der vier satellieten, thans geheel over- tuigd, zinspelend zou hebben uitgeroepen ″GALILAEE, vicisti″ (⁵). Waarschijnlijk droeg tot de grootc snelheid, waarmede het gerucht der nieuwe ontdekkingen te Praag doordrong, niet weinig bij, dat daar juist in 1610 een congres plaats vond, waar behalve de keurvorst van Keulen ook vele andere vorsten vereenigd waren. (⁶) AMMORALE TAXIS ontving er daar een in het einde van Juni 1610 van zijn neef uit Venetië,

---

(¹) *Le Opere di* GALILEO GALILEI, *Edizione Nazionale vol. X* n° 354.

(²) *Le Opere di* GALILEO GALILEI, *Edizione Nazionale vol. XI* n° 522.

(³) HIERONYMI SIRTURI *Telescopium* etc. pag. 28; *Le Opere di* GALILEO GALILEI *vol. X* n° 360.

(⁴) JOANNIS KEPLERI *Narratio de observatis a se quatuor de Jovis satelli- tibus erronibus*, gedateerd 11 September 1610, uitgegeven *Francofurti 1611.* — In September 1610 werd het instrument teruggezonden.

(⁵) Epigramma VI van THOMAS SEGETT in het in noot 4 geciteerde werk; *Le Opere di* GALILEO GALILEI, *Edizione nazionale vol. X* n° 398.

(⁶) A. GINDELY, *Rudolf II und seine Zeit 1600—1612 Bd. II Prag 1865* pag. 110 e. v.

iets waarover de keizer zeer tevreden was; de volgende maand kwamen er nog twee, waarvan het laatste gezonden was door FUGGER, die reeds den 28sten Mei aan KEPLER had geschreven, dat aan dit voor den keizer bestemden instrument de grootste zorg werd besteed (¹); het was het beste van de drie en vervaardigd door denzelfden slijper, die GALILEI bediende. (²) KEPLER schijnt intusschen weinig met deze instrumenten ingenomen te zijn geweest, zoomin als met het instrument, dat kardinaal BORGHESE den keizer te Praag toonde. (³) Nog in Augustus liet de keizer GALILEI om een zijner uitstekende instrumenten schrijven (⁴), en den 28sten schreef de gezant GIUL. MEDICI aan GALILEI om een goed instrument te zenden om de ongeloovigen tot zwijgen te brengen. (⁵) De laatste had reeds den 9^{den} Augustus aan KEPLER gemeld : (⁶)

„Verum excellentissimum quod apud me est quodve spectra plusquam millies multiplicat, meum amplius non est: ipsum enim a me petiit Serenissimus Hetruriae Magnus Dux, ut in tribuna sua coudat, ibique inter insigniora ac preciosora, in perennum facti memoriam custodiat." (⁷)

De moeielijkheden, die GALILEI zelf had om de gevraagde instrumenten te leveren, blijken wel uit verschillende brieven van SAGREDO te Venetië, die GALILEI's opdrachten overbracht aan den slijper BACCI, en die hem ook nog den even goeden meester „ANTONIO all' insegna di S. Lorenzo in Frezzaria" aan de

---

(¹) JOANNIS KEPLERI *Opera omnia ed.* FRISCH *vol. II* pag. 452; *Le opere di* GALILEO GALILEI, *Edizione nazionale vol. X* n° 360.

(²) *Le Opere di* GALILEO GALILEI, *Edizione nazionale, vol. X* n° 360, 375.

(³) *Le Opere di* GALILEO GALILEI, *Edizione nazionale vol. X* n° 374; JOANNIS KEPLERI *Narratio* etc.

(⁴) *Le Opere di* GALILEO GALILEI, *Edizione nazionale vol. X* n°s 378, 385.

(⁵) *Le Opere di* GALILEO GALILEI, *Edizione nazionale vol X* n° 384.

(⁶) JOANNIS KEPLERI *Opera Omnia ed.* FRISCH *vol. II* pag. 457.

(⁷) Waarschijnlijk is het ook van dezen kijker, dat op het Conservatoire des Arts et Métiers te Parijs eene teekening berust; zij draagt het opschrift: „Secondo cannocchiale di GALILEO regalatogli dal Granduca (Scala naturale)"; onbekend en ook niet waarschijnlijk is evenwel, dat een dergelijk geschenk van de zijde van den groothertog zou zijn gedaan, wèl is het omgekeerde het geval geweest.

hand deed. (¹) — Naar Spanje schijnt de uitvinding, waarschijnlijk
onafhankelijk van GALILEI, uit Frankrijk overgebracht te zijn ;
SIRTURUS deed ook daarheen al heel spoedig eene reis en vond
daar de kunst beoefend door ROGETUS en diens zonen. Na
zijn verhaal omtrent het op den toren van San Marco te
Venetië ondervondene gaat hij nl. voort : (²)

„Impatienter tamen hoc unum ferebam artem adhuc in in-
certo habere et tanto labore parandam, et cogitabam qua ratione
possem assequi. Interim fama in maius credebatur et circum-
ferebantur mendacia plura, quae desiderium augerent, in
Belgio, in Hispania huiusmodi Telescopia reperiri, quae ad
tria milliaria dignoscerent hominem, mercatores literis testari.
Ego in Hispaniam iter suscepi (³) ratus singularia quaeque
certius et citius ibi adfutura. Gerundam cum pervenissem ex-
ploravit aliquis me huiusmodi spicillum habere quale per
omnium ora ferebatur. Mox adfuit architectus quidam curiosus
rogans si posset meum videre Telescopium. Ego aversatus
hominis importunitatem, coepi renuere : ille rursus urgere,
nec secedere a latere, ita ut in suspicionem venirem hominem
utique arti deditum esse, nec fefellit, nam cum arborem remotam ad satietatem diu esset conspicatus, iterum rogavit ut
permitterem scrutari, educere et tractare spicilla, annui, gnarus
illum impar aetati onus subire si vellet imitari. Posteaquam
vitra tractasset et diligenter considerasset, duxit me in illius
hospitium et recluso conclavi, reseravit ferramenta artis rubi-
gine consumpta. Is fuerat aliquando perspicillorum artifex et
tota ars ibi latitabat. Ut me sensi Genij artis favore eo perductum, totum me dedi in illius amicitiam et in illum liberius
secretum effudi; Ipse praeterea formas artis libro delineatas
ostendit, et roganti permisit ut proportiones tribus tantum
punctis exscriberem. Non fuit mihi postea difficile integras
assumere et deinde re diligenter examinata, et cottidie experimentis, labore, sumptibus aucta et confirmata, perficere, et in
eam redigere Tabulam, quam tibi patefacio. (⁴) Noster architectus, ut postea intellexi frater erat ROGETI Burgundi Bar-
cinonae quondam accolae magnae industriae viri qui artem in
Hispaniam primus induxit et stabilivit. Is tres filios suscepit

---

¹ Le Opere di GALILEO GALILEI, Edizione nazionale vol. XI nᵒ 915.

(²) HIERONYMI SIRTURI Telescopium etc. pag. 25 en 26.

(³) Deze reis viel waarschijnlijk tusschen het einde van 1609 en den
herfst van 1610.

(⁴) Op de uitslaande plaat tegenover pag. 18.

quorum unus literis et Religioni deditus Divi Dominici coetui se addixit: artem ipse monachus delineaverat. Nullibi haec ars exactior quam apud istos fratres Rogetos.»

In Frankrijk hadden de kijkers, sinds April 1609 te Parijs te koop, zich inmiddels ook over de provincie verspreid: Peiresc, raad in het parlement te Aix, (¹) liet na de lezing van Galilei's *Nuncius Sidereus* verschillende kijkers komen »tam ex Italia, quam ex Hollandia ac etiam Parisiis, ex quo primum tempore elaborari illeic coeperunt» (²); hiermede nam ook hij in November 1610 de satellieten van Jupiter waar; hij vatte zelfs het plan op hunne telkenmale terugkeerende verduistering te benutten tot de bepaling der lengten op zee. »Heinc ea de re» — zegt zijn vriend en levensbeschrijver (³) — »Amsterodamum ad Jodocum Hondium dedit literas, quibus etiam rogavit illum, ut indicaret nomen et patriam inventoris primi Telescopii.» (⁴) Peiresc was verheugd te hooren, dat ook Galilei zich met die methode bezighield. Verder observeerde ook Joseph Gaultier of Gualterius, Gassendi's leer-

(¹) Peiresc is bekend geworden door zijne reusachtige collectie zeldzame manuscripten en boeken, welke hij voortdurend ook ter beschikking van anderen stelde. (Bayle gaf hem den eerenaam van „procureur général des sciences".) Peiresc was evenwel niet alleen verzamelaar, doch ook iemand van uitgebreide kennis; hij stond met bijna alle geleerden van Europa in verbinding o. a. met Porta, en maakte ook den tocht in Simon Stevin's zeilwagen mede. Tevergeefs trad hij in 1634 op bij paus Urbanus VIII ten behoeve van Galilei bij diens moeilijkheden met het Vaticaan. De dood van Peiresc veroorzaakte een algemeenen rouw.

(²) *Viri illustris Nicolai Claudii Fabricii de Peiresc, Senatoris Aquisextiensis Vita, per* Petrum Gassendum *Parisiis 1641. — Ed. tertia, Hagae Comitum Ex Typopraphia* Adrian Vlacq *1655* pag. 78.

(³) A. w. pag. 79.

(⁴) Het is ons onbekend, wat de beroemde Amsterdamsche geograaf op dit laatste punt heeft geantwoord, daar zijn antwoord verloren is gegaan; althans in de tot op heden verschenen zeven deelen van de uitgave der correspondentie van Peiresc door M. Tamizey de Larroque is niets omtrent Hondius te vinden. Men zou kunnen vermoeden, dat hij als uitvinder Jacobus Metius heeft genoemd, ten minste Gassendi laat op de in den tekst gegeven woorden volgen: „scilicet ignorabat (Peireskius) adhuc eum fuisse, quem jam diximus", nadat hij zelf een weinig tevoren Metius als uitvinder heeft aangewezen.

meester, de satellieten te Aix sinds 24 November 1610 en kort
daarop bij vollen dag. ([1]) De koningin MARIA DEI MEDICI had
reeds in Juli 1610 een kijker aan GALILEI doen vragen: te
Parijs hield men de gewone kijkers reeds voor een groot ding
en de winkels waren er vol van ([2]); na den 13den September
zulk een instrument ontvangen te hebben ([3]), verkreeg zij in
Augustus 1611 nog een beter. Men had de koningin — schreef
de markies MATTEO BOTTI ([4]) — geen grooter genoegen kunnen
doen, als men haar *mattoui* met diamanten, robijnen en
smaragden had gezonden; zij knielde voor het venster om de
maan te kunnen beschouwen; *opstaande liep zij met mij het
kabinet op en neer, en dit zette zij, ofschoon de koning en
vele heeren kwamen, een uur lang voort*. — Ook in Engeland
werden heel spoedig kijkers gevonden. Sir CHRISTOPH HEYDON
deed reeds in den zomer van 1610 waarnemingen omtrent
de Plejaden en schreef den 6den Juli aan CAMDEN, den rector
van Westminsterschool: ([5])

*.....I have read GALILEUS and, to be short, do concur
with him in opinion. For his reasons are demonstrative: and
of my own experience, with one of our ordinary Trunks
I have told eleven stars in the Pleiades, whereas no age ever
remembers above seven, and one of these, as VIRGIL testifieth,
not always to be seen . . . .*

De astronoom HARRIOT ([6]), verbonden aan HENRY PERCY,
graaf van Northumberland, begon zijne waarnemingen omtrent
de satellieten van Jupiter den 17den October 1610, vervaardigde
er teekeningen van en gaf eene berekening van hunne om-
wenteling; den 8sten December van dat jaar ving hij die aan-

([1]) Zijn handschrift, berustende te Carpentras, draagt als opschrift:
„*Observationes satellitum Jovis* Jos. GUALTERII", — daarna: „*A 24 novembre
1610 M.* GAULTIER *a commencé à voir les planètes médicées.*" — Cf. Correspondance astronomique etc. du Baron de ZACH, T. III, Gênes 1819 pag. 332,336.

([2]) *Le Opere di* GALILEO GALILEI, *Edizione nazionale* vol. X n° 353.

([3]) Id. n° 389, 394.

([4]) *Le Opere di* GALILEO GALILEI, *Edizione nazionale* vol. XI, n° 570, 571.

([5]) *V. Cl.* GULIELMI CAMDENI *et illustrium virorum ad G. Camdenum
Epistolae, Londini 1691*, pag. 129.

([6]) Zie blz. 76.

gaande de zonnevlekken aan. (¹). In een der brieven van den
graaf, uit zijne gevangenis te Londen aan HARRIOT geschreven,
leest men o.a.: (²)

„I have received the perspective Cylinder that you pro-
mised me and am sorrie, that my man gave you not more warning,
that I might have had also the 2 or 3 more that you mentioned to chuse for me. Hence forward he shall have order
to attend you better and to defray the charge of this an
others, for he confesseth to me, that he forgot to pay the
worke man. According as you wished I have observed the
Mone in all his changes. In the new I discover manifestlie the
earthshine . . . .”

In deze woorden schijnt eene aanwijzing, dat men destijds
ook reeds te Londen zelf kijkers vervaardigde.

De ontdekkingen van GALILEI, in zijn *Nuncius Sidereus* gepubliceerd, werden gevolgd door die van de elliptische gedaante
van Saturnus, later herkend als Saturnus tricomponens, de
phasen van Venus en Mars en die van de zonnevlekken.
In 1611 toonde GALILEI deze ontdekkingen aan de Jesuiten
van het Collegium Romanum en in de Accademia dei Lincei
te Rome, in welke stad hij van 29 Maart tot 4 Juni vertoefde. De laatste benoemde hem den 25sten April tot haar
medelid. (³) Enkele dagen te voren, den 19den, had kardinaal

(¹) BODE's *Astronom. Jahrbuch 1788, pag. 152, Erster Supplementband
pag. 1—41; VON ZACH, Etwas von Hevelius und Harriot's Handschriften*
(*Monatliche Correspondenz zur Beförderung der Erd- und Himmelskunde
Bd. VIII* pag. 43 vlg.); *Correspondance astronomique du baron* DE ZACH.
T. III pag. 333; DE ZACH, *Sur les manuscrits de Th. Harriot (Correspon-
dance astronom. T. VII* pag. 104 e. v.). De bovengenoemde data zijn niet
die, welke VON ZACH geeft, doch zijn ontleend aan het *London and
Edinburgh Philosophical Magazine November 1832 pag. 378; Journal of the
Royal Institution 1831 vol. II pag. 267.* — Zie ook R. WOLF, *Mitth. über
Sonnenflecken (Zürch. Vierteljahrsschr. 1858).*

(²) VON ZACH, *Monathliche Correspondenz Bd. VIII pag. 47; Correspondance
astronom. T. VII pag. 111.*

(³) Men vindt een verslag van deze samenkomst bij SIRTURUS, *Telescopium* etc. pag. 27. Deze had zich na zijn terugkeer uit Spanje naar
Rome begeven en trof daar juist GALILEI met zijn instrument, dat door
allen onderzocht en door SIRTURUS uit elkaar genomen werd. Een

ROBERT BELLARMINO een verzoek tot de mathematici van het college gericht omtrent hunne meening aangaande GALILEI's ontdekkingen en waarschijnlijk noodigden deze toen GALILEI tot eene samenkomst uit. Ofschoon nl. reeds vroegtijdig in het Collegium waarnemingen met kijkers gedaan moeten zijn, waartoe vooral een instrument had bijgedragen, in het eind van 1610 door SANTINI uit Venetië gezonden, en ofschoon GREGORIUS A ST. VINCENT den 4den October 1659 aan HUYGHENS schreef — onmiddellijk na het reeds vroeger gemelde —:

*»*Supervenit postmodum GALILAEUS cuius instrumentum satis luridum aspectu cum nostris minime inferioribus contulimus et nova phaenomena illo spectante toti Universitatj in nostro Collegio Gregoriano exposuimus . . . . *»*

schijnt men daar toch de verschijnselen niet zoo scherp gezien te hebben, als door GALILEI was aangewezen. In elk geval gaf men den 24sten April den kardinaal van zijne instemming kennis. In Mei werd over de nieuwe ontdekkingen eene voordracht in het Collegium gehouden. ([1]) GREGORIUS A ST. VINCENT schreef daaromtrent den 23sten Juli 1611 van uit Rome aan JACOB VAN DER MAETEN te Brugge: ([2])

» ... Nescio, utrum in Belgio tantus rumor de novis sideribus quantus hic est Romae, inventis beneficio specilli cnjusdam oblongi. Hic in Collegio Romano P. ODO MALCOT hac de re problema exhibuit, coram authore huius novitatis, GALILAEO GALILAEI nomine; maximo certo applausu et concursu virorum doctorum et nobilium, ita ut, praeter plurimos nobilissimos viros, Comites et Duces, praeter Praelatorum magnum numerum, tres ad minimum ex Purpuratis Patribus sua praesentia et auribus cohonestare et gratificari voluerint . . . . . *»*

---

dergelijk relaas geeft ook LAGALLA, *De Phoenomenis in orbe Lunae* etc. *Venetiis 1612* cap. V: De Telescopii veritate. Waarschijnlijk was het bij deze samenkomst dat de benaming „telescopium" voor het instrument werd voorgeslagen.

([1]) *Nuntius Sidereus Collegii Romani.* Zie G. GOVI, *Galilei e i Matematici del Collegio Romano nel 1611 (Atti della R. Accademia dei Lincei, Serie II, vol. II, 1873—1874 Roma 1875* pag. 235).

([2]) *Le Opere di* GALILEO GALILEI, *Edizione nazionale vol. XI* no 562.

Het is ons niet bekend, dat, behalve door ADRIAAN
METIUS, vroeg in de Vereenigde Provinciën van de satellieten
is melding gemaakt. Wel is dit het geval geweest met de
zonnevlekken, naar aanleiding van de publicatie van SCHEINER,
gedrukt in Juui 1612. Hetzelfde jaar verscheen daarover eene
verhandeling te Leiden door een ongenoemde(¹), waarop den
29sten September door CESI de aandacht van GALILEI gevestigd
werd.(²) En wanneer SCHEINER in een tweede, spoedig na
het eerste verschenen geschrift, om elken twijfel aangaande het
werkelijk bestaan der vlekken te vernietigen, eene lijst geeft
van hen, die de vlekken waargenomen hebben, noemt hij
daaronder ook *in Belgio, doctissimus vir SIMON STEVI-
NIUS*.(³)

In 1617 construeerde GALILEI ook een binoculus, een instrument, dat hij Testiera of Celatone noemde (het
laatste omdat het aan de muts — celata — werd bevestigd)
voor de zorgvuldige vaststelling van den tijd der bedekking
van een Jupiter-satelliet met de hoofdplaneet (die om de twee
dagen plaats vindt) in verband met het vraagstuk van het
bepalen der lengte op zee, waarvoor men vroeger veelal
maansverduisteringen had gebezigd, een vraagstuk waarvan
hij de oplossing reeds vroeger aan Spanje had aangeboden.(⁴) Het denkbeeld tot de constructie is hem wellicht

---

(¹) *De maculis in sole animadversis et tamquam ab Apelle in tabula
spectandum in publica luce expositis. Batavi dissertatiuncula ad Amplissimum
Nobilissimumque Virum Cornelium van der Millium, Academiae Lugodi-
nensis Curatorem vigilantissimum. Ex officina Plantiniana Raphelengii
MDCXII.*

(²) „È poca cosa" — schreef hij — e non v'è quasi niente di fisico,
niente di matematico, e portasi malissima, non nominando V. S. e
gloriandosi che col Telescopio (che egli chiama Batavica Dioptra)
si siano da nationi estere fatte gram cose nel cielo".

(³) *De Maculis Solaribus et Stellis circa Iovem errantibus, accuratior
disquisitio ad Marcum Velserum Augustae Vind. II virum perscripta etc
Augustae Vindelicorum Anno 1612, Idib. Septembr.*

(⁴) A. FAVARO, *Sulla invenzione dei cannocchiali binoculari (Atti della
R. Accademia delle Scienze di Torino, vol. decimosesto 1880—81 Torino 1880*
pag 585—594).

aan de haud gedaan door de berichten van zulke binoculi, gecou-
strueerd door Pisani te Antwerpen en Lipperhey te Middelburg. Over zijne vinding schreef de eerste den 15^{den} September
1613 aan Galilei: (¹)

„...De pespicillo autem dicam meam opinionem. Ego paro
librum de tota Perspectiva et habeo multa circa construxionem
huius pespicilli, et symmetriam vitrorum, quanta debet esse
longitudo, quis modus formandi. Verum ego non facio hunc
pespicillum uno oculo apponendum, sed duobus oculis, et
ambos oculos volvo iu unum. Si placet tibi scribam pluribus
omnia . . . ."

In November van hetzelfde jaar ontving Galilei een bericht
van Filippo Salviati uit Verona omtrent het bezoek van
een van diens kennissen bij Lipperhey: (²)

„Lasciai di dir a V. S. per la mia ultima di Venezia, che
mi fu detto da uu dottor di medicina, amicissimo del Sig.^{r}
Alfonso Strozzi, che quel medesimo Olandese che fece
l'occhiale già al conte Marizio, ha trovato invenzione di
multiplicare il vedere quattro volte più che il primo, con due
occhiali da portar al naso come gl' ordinarii, con facilità grandis-
simà, senza haver a cercare il punto cou fatica . . . . . ."

Ook Pisani komt na zijn eersten brief over dat onderwerp,
waarschijulijk op uitnoodiging van Galilei, op de zaak terug
en schrijft hem den 18^{den} Juli 1614 uit Antwerpen:

„Io ho fatto uno di quelli occhiali che V. S. quasi nuovo e
celeste Americo ave rivolto al cielo, ho fatto uno telescopio a
due occhi, come li altri sono ad uno, il corpo è poco e di
figura ovale, quando piacesse a S. A. Serenissima farmi carità,
io mandaria queste cose, ed intitolaria al suo Serenissimo
nome."

Het hier gemelde kan Galilei tot zijne constructie aanleiding gegeven hebben.

(¹) *Le Opere di* Galileo Galilei, *Edizione nazionale vol. XI nᵒ* 924;
zie ook A. Favaro, *Amici e corrispondenti di Galileo Galilei, II Ottavio*
Pisani (Atti del R. Istituto Veneto Tomo VII Serie VII 1896 pag. 422—424).

(²) *Le Opere di* Galileo Galilei, *Edizione nazionale vol. XI*, nᵒ 946.

XI. GIO. BATISTA DELLA PORTA
EN CORNELIS DREBBEL.

PORTA had in 1589 op zulk eene levendige wijze de werking van den kijker geschilderd, dat KEPLER hem later de uitvinding van het instrument toeschreef, eene meening, die ook elders ingang vond; onder verwijzing naar KEPLER's opinie werd zij o. a. aangenomen door FRANCESCO STELLUTI([1]), evenals GALILEI en PORTA lid van de Accademia dei Lincei en bekend geworden in de geschiedenis van het microscoop, verder door LAGALLA. ([2]) — Van meer belang is het echter na te gaan, hoe zich PORTA zelf uitlaat, wanneer het instrument algemeen in Italië is bekend geworden. Hij eigent zich dan herhaaldelijk en beslist de uitvinding toe, zooals reeds vroeger uit zijn brief van Augustus 1610 aan vorst CESI bleek. ([3]) Aan denzelfde schreef hij hetzelfde jaar uit Napels naar Rome: ([4])

"..... e mi doglio che l'inventione dell' occhiale in quel tubo è stata una mia inventione; e GALILEO, Lettor di Padua, l'have accomodato, co 'l quale ha trovato 4 altri pianeti in cielo, e numero di migliaia di stella fisse, e nel circolo latteo altrettante non viste ancora, e gran cose nel globo della luna, ch'empiscono il mondo di stupore. . . . ."

([1]) „... sono più di trent anni che lo scrive GIO. BATTISTA DELLA PORTA nella sua *Magia Naturale* et l'accenna anco nel libro *De refractione optices*..." (*Le Opere di* GALILEO GALILEI, *Edizione nazionale vol. X* n° 390).

([2]) „Fuit autem eius inveniendi primus author, omnium consensu, et testimonio clarissimi viri KEPLERI Caesarei Mathematici, IOANNES BAPTISTA A PORTA Neapolitanus, vir nobilis et doctissimus, ac naturae arcanorum solertissimus indagator, qui decimoseptimo suae *Naturalis Magiae* libro, capite decimo et undecimo, inventionem huius admirabilis instrumenti distincte et ex arte prodidit." *(De phoenomenis in orbe lunae etc. Venetiis 1612,* cap. V: De Telescopii veritate.)

([3]) Zie blz. 234.

([4]) *Le Opere di* GALILEO GALILEI, *Edizione nazionale, vol. X* n° 450.

Zelfs heeft Porta omstreeks 1610 een werk over den kijker samengesteld. Van zijn manuscript wordt gewag gemaakt in een prospectus van den drukker Zanetti te Rome (¹), waarin alle werken van Porta worden opgesomd en de rubriek der nog niet verschenen werken besluit met de mededeeling:

"..... Ab amicis eiusdem Doctissimi Portae monitus, et illud subijcio habere ipsum prae manibus, de Lyncaeo Telescopio opusculum. Quod praeclarum hoc Perspicillum, iam pridem ante triginta annos, ab ipso inventum in praenumeratis operibus, non uno in loco pateat, indeque ab eo plurimi uberiorem eius doctrinam efflagitaverint. Vale. Romae Kal. Septembris MDCXI."

Blijkbaar worden ook hier bedoeld de uitlatingen, welke zich bevinden in Porta's *Magia naturalis* van 1589. Omtrent de voorgenomene uitgave wordt verdere inlichting gegeven in een brief door den Linceër Stelliola den 10den April 1615, kort na Porta's overlijden, aan Cesi geschreven: (²)

"....... non uoglio in questo luogo tacere quel che mi è occorso, con la bona memoria del fratello Accademico Gio. Battista della Porta, et è che uisitandolo due giorni inanzi che si mettesse a letto in questa vltima sua infermità: mi disse che l'impresa del Telescopio l' haueua ammazzato: essendo come egli diceua, la più difficile impresa, et la più ardua di quante mai hauesse pigliato . . . ."

Behalve in verschillende brieven (³) eischt Porta de eer van de uitvinding van den kijker ook op in een door Libri op de bibliotheek der Ecole de médecine te Montpellier gevonden manuscript getiteld: *Opere diverse non stampate de* Giovan Batista della Porta, waarin zich een gedeelte zijner *Tau-*

(¹) G. Libri, *Histoire des sciences mathématiques en Italie, depuis la renaissance des lettres* T. IV, Paris 1841, note VIII pag. 405.

(²) G. Govi, *Il Microscopio composto inventato da Galileo (Atti della R. Accademia delle scienze fisiche e matematiche di Napoli. Serie II, vol. II* pag. 30.)

(³) Men vindt ze bijeen in Venturi, *Memorie e Lettere inedite di* Galileo, *part. I, Modena 1818,* pag. 82—86, 103.

matologia, de *Criptologia*, *Delle Calamitate* en de *Naturalis chironomia* bevinden. Zijne zaak wordt tot eenige meerdere klaarheid gebracht, door een zijner brieven van 1613, waarin hij het volgende zegt : (¹)

"Tuas litteras accepi, in quibus amoris in me tui argumenta luculenta renident. Scribis, te magnopere admirari, Anglos, Belgas, Francos, Italos et Germanos sibi telescopii inventum arrogare, me solum, qui inventor extiterim, inter tantos rumores conticescere. Meae negligentiae et supinitatis rationes afferam. Primo, quod insignis S. C. M. Mathematicus KEPLERUS, sua qua pollet animi ingenuitate, e Germania, me tacente, respondet, ostenditque, *XVII Naturalis* meae *Magiae* libro, *capite X* fabricam, mathematicas autem demonstrationes libro *De refractione VIII* (²), quos ante 25 abhinc annis typis excusos publicavi, clarissime contineri. Praeterea, eiusmodi inventum perfeci, toediosae sane et fastidiosae operationis, cum per arctum foramen spectro petenda via sit, nec clare et aperte contueri possis; cum paulo post specillum invenissem, quod oculis appositum, per decem milearia pp. hominem discernere possim, quod canone conditum, longe mirabiliora opera visuntur et maiora quam scribi possunt, quae *Taumatologiae* nostro libro conduntur; quod specillum demonstrasse memini Principi nostro Lynceo FEDERICO CAESIO Montis Coelii Marchioni, iuveni stemmatum splendore, virtute, moribus et eruditione, tota Urbe et Orbe spectabili.

Sed cur dissitis tam regionibus viri consurgant, qui sibi hoc inventum arrogent, scito. Literatiores omnes, qui a diversis mundi partibus Neapolim confluunt, semper me conveniunt, secreta multa a me discunt, multa me docent, amice nundinamur, datis acceptisque arcanis convenimus. Telescopium multis ostendi (lubet hoc uti nomine, a meo Principe reperto (³)), qui in suas regiones reversi, inventionem sibi adscribunt. Fateor ingenue, non tam affabre expolitum comptumque : valde tamen gratulor, tam rude et exile meum inventum ad tam ingentes utilitates exaltatum; cum nuper, ope et ingenio doc-

---

(¹) D. BALDASSARE ODESCALCHI, *Memorie istorico-critiche dell' Accademia de' Lincei e del principe Federico Cesi, Roma 1806* pag. 92.

(²) Zie blz. 86—88 en 234 noot 4; wat de bewering betreft, die PORTA KEPLER omtrent het laatstgenoemde werk toeschrijft, blijkt uit noot 4 pag. 96, dat KEPLER het althans in 1604 niet had kunnen bekomen.

(³) Zie blz. 2 en 270 noot 3.

tissimi mathematici GALILAEI GALILAEI (non enim simplici,
sed duplicibus et doctissimis GALILAEIS, ad tam arduum et
excellens facinus reperiendum, opus erat), tot planetae coelo
oberrent, tot nova sydera firmamento renideant, quae tot
saeculis delituerant, ut opera maximi et divini conditoris
locupletiora conspiciantur. O p e r a m a n u u m T u a r u m
a n n u n c i a t f i r m a m e n t u m. Magnum profecto et invidendum
inventum, quod non parvam aliis ansam praebebit maiora
inveniendi.

Perspexeram ante in lunae orbita cavitates et eminentias
. . . . pleiadum et aliarum imaginum minora sydera; sed
errantium circa Iovis stellam, instrumenti imperfectio et mor-
bosa senectus vetuit. Retulit tamen P. PAULUS LEMBUS Iesuita, (¹)
de mathematica (cum quo mihi cara intercessit necessitudo)
et mechanica benemeritus, eorum motus observasse, non a
GALILAEO absonos; quae mihi facile persuadeo . . , . ."

Het schijnt ons niet onaannemelijk, dat PORTA na de bewerking zijner *Magia Naturalis* van 1589, waarin de uitvinding zoo stellig werd geprofeteerd, en die van zijn werk
De Refractione van 1593, tot nadere studie en verder onderzoek is geleid, en hij er ten slotte in is geslaagd zelfstandig
een kijker samen te stellen. Zijn beroep op vorst CESI maakt
zijn verhaal ook wel aannemelijk, en de mogelijkheid zijner
verzekering, dat hij zijn instrument aan velen heeft getoond,
die zich, in hun land teruggekeerd, de uitvinding toeschreven,
zou bevestigd kunnen worden door de aanwezigheid van verschillende personen elders, die reeds vroeg het werktuig bezitten. Dat PORTA bij de samenstelling van zijn werk over
den kijker in 1610 geene juiste theorie zou hebben bezeten
en vele zwarigheden ondervond, het lijkt ons niet ver-
wonderlijk, getuige de inspanning, die SIRTURUS zich moest
getroosten, en geeft geene reden om PORTA eene uitvinding van
den kijker te ontzeggen. Waarom zijne constructie dan zoo weinig
ruchtbaarheid verkreeg, is moeielijk te zeggen, tenzij men de door
hem hierboven aangegevene reden geheel wil aanvaarden; eene
aanwijzing zou men daaromtrent echter kunnen ontleenen aan
zijn brief aan CESI van 28 Augustus 1609, waarin hij het

(¹) Zie blz. 255.

door den Hollandschen koopman in Italië gebrachte instrument wel onmiddellijk als zijne vinding herkent, doch tevens het bewijs levert, dat hij — gelijk trouwens anderen, die vóór of tegelijk met hem in het bezit van een instrument waren — het gewicht der uitvinding toen nog niet ten volle besefte.

Ligt het tijdstip der kennis van PORTA van den kijker in het duister, dat van de wijze, waarop zij CORNELIS DREBBEL : bereikte, is gemakkelijker na te gaan. Zij vond hare aanleiding in de ruchtbaarheid, die aan het bezoek aan den Haag van zijn oud-stadgenoot JACOB METIUS met diens uitvinding werd gegeven, zooals zulks met LIPPERHEY in nog veel grootere mate het geval was. Het is nl. na de openbaarmaking van METIUS' geheim in October 1608, dat o. i. de brief geacht moet worden geschreven te zijn, dien DREBBEL, van uit Westminster aan zijn oud-stadgenoot YSBRAND VAN RIETWIJCK te Alkmaar zond: (¹)

Gunstige vrundt Mr. YSBRANT RIETWIJCK,

U. L. heeft my voor desen geschwegen t' verresien, gevonden by den zoon van Mr. ADRIAEN THONISSZ. Ick bidde laet my weten, wat daaerin gedaen heeft. Ick hebbe oock vele excellente dingen daerin gevonden, soo ongelooflijck schynen ende als Toovery geëstimeert werden, waervan U. L. hier een wey-nigh wil gedencken . . . . „(²)

(¹) Een afschrift van dit stuk berust op het Trippenhuis te Amster-dam onder de manuscripten van CONSTANTIJN HUYGHENS (Handschriften XLVII); er boven staat: „Copie uijt een brieff van CORNELIS JACOBSZ. DREBBEL". Zij werd teruggevonden door Dr. H. A. NABER (zie zijn COR-NELIS JACOBSZ. DREBBEL l. c. blz. 21 noot 1; blz. 34 noot 4).

(²) Het volgende gedeelte van den brief was reeds lang bekend. VAN CAPPELLE, Bijdragen tot de Geschiedenis der Wetenschappen en letteren in Neder-land, Amsterdam 1821, het citeerende, vermeldt (blz. 79) als datum van den brief 1625 (wanneer DREBBEL zich wederom in Engeland bevindt); doch de hierboven gegeven en tot dusver onbekende aanhef van den brief doet vermoeden dat hij tijdens DREBBEL's eerste verblijf in Engeland werd geschreven, omstreeks 1609. — Ik meen uit het door den heer NABER gezegde te mogen opmaken, dat deze den brief vóór October 1608

Na de wellicht bekomen inlichtingen valt DREBBEL's werkzaamheid op het gebied der fabricatie van verrekijkers. Nadat de Toscaansche gezant GIULIANO DE MEDICI aan GALILEI den 18^{den} October 1610 van uit Praag de aankomst van DREBBEL aan het hof van keizer RUDOLF had bericht ([1]), schreef dezelfde den 14^{den} November 1611 uit Praag aan den meergenoemden secretaris VINTA van den groothertog van Toscane een verzoek om lenzen voor DREBBEL: ([2])

"...... è venuto qui un Fiammingo alchimista, molto favorito di Sua Maestà Cesarea, a dirmi per parte sua che io scrivesse al Gran Duca nostro Signore, pregandolo in nome suo a volergli mandare due di quei vetri da fare occhiali del GALILEO et del vetro appresso; il quale egli farà poi lavorare qui, conforme a due vetri lavorati che desidera, cosa nelle quale preme Sua Maestà più che in nessun' altra . . . . ."

Ware DREBBEL onder de uitvinders van den kijker te tellen, dan had hij wel niet inlichtingen omtrent het instrument van METIUS en lenzen, van GALILEI afkomstig, behoeven te vragen.

---

stelt, om dan DREBBEL op de Frankforter mis en tevens te Middelburg te kunnen brengen, in welke laatste stad hij dan LIPPERHEY tot zijne uitvinding zou gebracht hebben. Het ligt echter m. i. meer voor de hand den brief na de openbaarmaking door METIUS te stellen: vóór October 1608 is diens vinding een geheim en DREBBELS vraag aan een ander dan JACOB METIUS zelve, is eene aanwijzing, dat het bezit van het geheim toen bekend was, zooals DREBBEL zelf van de gebeurtenis in Engeland blijkt gehoord te hebben. Het blijkt trouwens uit de volgende vermelding van allerlei metamorphosen en optische effecten, die ons aan het gebruik van den tooverlantaarn doen denken, en die DREBBEL meent, dat in verband met het verr-sien van METIUS staan, dat deze alleen de uitvinding bij gerucht kende en niet precies wist, wat een kijker was, toen hij te Alkmaar om inlichtingen vroeg. — Met het dateeren van DREBBEL's brief na October 1608 vervalt dan van zelve de mogelijkheid om DREBBEL òf te Frankfort òf te Middelburg te doen optreden (zie blz. 169 noot 1, blz. 193 noot 1).

([1]) „.... Non voglio restare di dirle ancora, che qui ci è un Fiammingho che viene d'Inghilterra, che pretende havere trovato il moto perpetuo; et havendone solo prima dato un instrumento al Re d'Inghilterra, ne ha adesso dato un altro a. S. M.^{tà} Cesarea, che mostra di pregiarsene molto e ha caro che non lo comunichi con altri...." (Le Opere di GALILEO GALILEI, Edizione nazionale. vol. X n° 412; zie ook n° 432 en n° 439 lin. 44—46.

([2]) Le Opere di GALILEO GALILEI, Edizione nazionale vol. XI n° 607.

Zijne aandacht is pas nà de komst van METIUS in den Haag op het werktuig gevallen en later waarschijnlijk nog meer opgewekt door de gesprekken met den keizer, bij wien DREBBEL's uitvindingen zeer in de smaak vielen, en die ook eene levendige belangstelling omtrent den verrekijker aan den dag legde. De aanspraken op de uitvinding van den verrekijker, DREBBEL later toegekend, berusten blijkbaar op den ijver, waarmede hij zich later met het instrument heeft beziggehouden in verband met den roep, die van hem als vervaardiger van andere wonderlijke zaken uitging. Zoo schreef PEIRESC den 21sten December 1622 uit Parijs aan CAMDEN : (¹)

„Je voudrois bien sçavoir au vray, ce qui est des inventions du sieur CORNELIUS DRUBELSIUS, qu'on dit avoir inventé en vos quartiers un globe, qui represente le flux et réflux de la mer, et un batteau couvert, qui va entre deux eaux (²): avec des longues lunettes, qui font lire de l'escriture d'une lieue loin, ce que l'on ne croit pas legerement dez deça."

Geruchten omtrent een dergelijk vermogen van kijkers deden destijds meer de rondte (³); BEECKMAN, die zich o. a. naar aan-

---

(¹) *V. cl.* GULIFLMI CAMDENI, *et illustrium virorum ad G. Camdenum Epistolae, Londini 1691,* pag. 333, postcriptum.

(²) Hieraan zou nog toegevoegd kunnen worden een instrument, dat zoodra de zon er op scheen, een liefelijke muziek deed hooren. Wat de onderzeesche boot betreft schijnt DREBBEL daarmede in 1618 of 1619 voor den dag te zijn gekomen. Het was in die dagen ook een geliefkoosd vraagstuk en reeds vermeld door NAPIER (zie pag. 113); de proeven van LEEGHWATER voor prins MAURITS in 1605, later te Amsterdam herhaald, waren van eene dergelijke soort; MERSENNE bespreekt het vraagstuk in een zijner werken van 1644, en het wordt evenzeer genoemd in de *Century of Inventions* van den Markies van WORCESTER. Men weet van de onderzeesche boot van DREBBEL te verhalen, dat koning JACOBUS zelf een tocht medemaakte; voor de verlichting en ademhaling was op behoorlijke wijze gezorgd, het laatste door middel van eene vloeistof, wier samenstelling DREBBEL slechts aan één persoon heeft willen openbaren, en deze vertelde later aan BOYLE, waaruit zij bestaan had (*Nova Experimenta Physicomechanica de vi aeris elastica et ejusdem effectibus ab Honoratissimo* ROBERTO BOYLE *Genevae 1680* pag. 140 (in de ROBERTI BOYLE, *nobilissimi Angli et societatis Regiae dignissimi socii, Opera Varia, Genevae 1714).*

(³) Ten onrechte meent men, dat PEIRESC in 1622 de werking der verrekijkers i n h e t a l g e m e e n betwijfelde en gelooft zelfs in verband daarmede VON ZACH, *Correspondance astronomique vol. III Gênes 1819* pag. 332, dat de brief van 1609 zou zijn.

leiding der *Dioptrica* van Kepler bezighield met theoretische beschouwingen der combinaties van twee en meer lenzen, schreef in datzelfde jaar bij eene figuur betreffende zulk een kijker, uit meerdere lenzen samengesteld, aangaande het objectief: ([1])

"..... Vix mihi verisimile videtur talem lentem convexam posse praeparari cujus auxilio litterae vulgares legi possent in distantia unius miliaris, non dico, trium aut plurium uti nonnulli affirmant se posse. Verum si quid spei foret eas legendi id potius fieret modo superius depicto . . . . . "

Een dergelijke afstand als de opgegevene is dan ook wel alleen denkbaar in het geval, dat de letters of cijfers van eene toren-klok b. v. bedoeld zouden zijn, zooals dat bij de opgave van het vermogen van Lipperhey's instrumenten werd gezegd en bij die van Metius ook moest verondersteld worden. ([2]) In dezen zin of anders als overdreven zullen de woorden op te vatten zijn, die Drebbel betreffende zijne kijkers, onder aan-prijzing van verschillende andere uitvindingen, aan den koning van Engeland schreef, wiens mathematicus hij toen was: ([3])

"Secundo conficere possum instrumentum quo litterae per miliare Anglicum legi poterunt, nec ambigo, quin, si V. M. velit mihi sumpti succurrere (uti spero) fore ut tantum prae-stando sim, quo litterae legi possint plus minus 5, 6 aut 7 miliaribus, nec litterarum caracteres vulgo majores sunt, cujus quoque instrumenti V. M. ea videre poterit quae circiter per 8 aut 10 miliaria fiunt, aeque bene ac si in proprio V. M.^{tis} cubiculo acciderent: nec sunt haec mea instrumenta similia vulgeribus vitreis opticis: non possunt enim multiplicari...."

en Beeckman teekende, kort na Drebbel's overlijden in 1634 aan: ([4])

([1]) Fol. 167 verso van het op blz. 151 vermelde handschrift.

([2]) Zie blz. 206, 217 en 218 noot 1.

([3]) Eene copie van dezen brief van Drebbel bevindt zich in het meer-genoemde handschrift van Isaac Beeckman (fol. 294 verso-fol. 296 verso). Hij heeft veel overeenkomst met dien, welke door latere schrijvers wordt aangemerkt als door Drebbel van uit de gevangenis te Praag aan Rudolf II te zijn geschreven.

([4]) Fol. 458 verso.

„Sibertus Cuffler, Drebbel's schwagher (¹), seyde my, dat sijn schoonvader op sijn dootbedde seyde, dat hy perfecte telescopia maken koude, waermede sijn kinderen allen rijck souden konnen worden, doch stierf eer hy dat schreef."

(¹) D. i. zijn schoonzoon. Waarschijnlijk is hij dezelfde, die te Leiden eene lakenfabriek had en naar wien eene bepaalde kleurstof den naam van „color Kuflerianus" verkreeg; Drebbel was bij de inrichting van thermometers op de uitvinding dezer scharlaken verf gekomen door de toevallige vermenging der tinctuur van cochenille met salpeterzuur, en heeft zijn bloedverwant dit geheim toen medegedeeld. Een Jacobus Cufler nam deel aan de verspreiding van microscopen door Drebbel vervaardigd.

XII. DE ASTRONOMISCHE KIJKER.

Uitspraken, welke de uitvinding van dit instrument reeds zeer vroeg stellen en wel in hetzelfde jaar 1608, dat ook in de geschiedenis van de uitvinding van den Hollandsche kijker van belang is, komen merkwaardigerwijze weder van Italiaansche zijde, in welk land, gelijk gebleken is, in het laatst der 16ᵉ en in het begin der 17ᵉ eeuw door verschillende personen van combinaties van lenzen wordt gebruik gemaakt. De aanspraken, welke de uitvinding het vroegst stellen, zijn vervat in een in 1646 uitgekomen werk van den Jesuit FRANCISCUS FONTANA, in 1580 geboren in de buurt van Napels en in die stad overleden in 1656. Hij laat zich als volgt uit: (¹)

„Tubi quadam Optici à me anno 1608 duobus lentibus convexis compositi inventione reperta, qua mirum in modum, obiectum spatiosius, seù in maiori cāpo, clariùs, atque distinctius cōsueto Telescopio cernitur (quod ad astra deprehendenda, creditu difficile est, quantum admirationis afferat) et cum huiusmodi Telescopio, Planetas varijs formis (nusquā ab alijs observatos) viderim; proptereà oratus, ac pluries cōpulsus, etiā ab amicis, praeter votum, haec communē omniū utilitatē prodere coactus sū, eoque me vehementiùs persuaserunt, quo undique lunares novae elucubrationes essent vulgatae; . . . ."

Volgens FONTANA's verklaring zou hij dus als uitvinder van den astronomische kijker moeten beschouwd worden in 1608; de mogelijkheid van eene dergelijke vinding door FONTANA in dat jaar wordt door geen enkel ons bekend feit

---

(¹) *Novae coelestium, terrestrivmque rerum observationes, et fortasse hactenus non vulgatae a* FRANCISCO FONTANA, *specillis à se inventis, et ad summam perfectionem perductis, editae. Neapoli, Superiorum Permissu, apud* GAFFARUM *mense Februarii 1646* 4°, pag. 7: Praefatio ad Lectorem lin. 1—14.

weersproken, en waar de tijdsomstandigheden voor zulk eene
ontdekking geheel en al geschikt waren, zien we geene reden
FONTANA's gezegde in twijfel te trekken. Een bezwaar is, dat
FONTANA zijne mededeeling pas in 1646 bij het verschijnen
zijner waarnemingen doet, wanneer de kijker reeds verbreid is.
Hij schijnt dit bezwaar ook zelf gevoeld te hebben, althans,
voor zoover dit mogelijk was heeft hij zijne bovenstaande
verklaring door getuigenissen van verschillende zijner vrienden,
die later bij hem kwamen, trachten te staven: ([1])

"Ego HIERONYMUS SIRSALIS *Societatis Iesu S. T. P. in
Collegio Neapolitano omnibus testatū volo me circiter annum
1625 in domo Perillustris viri, ac patrij soli Parthenopaei
decoris,* FRANCISCI FONTANAE *vidisse microscopiū, et non
multo post temporis intervallo Teloscopiū è duobos convexis
ab ipso mira arte compositū, ut merito divino eius ingenio
tam praeclara inventa accepta referenda sint. Teloscopium
vero è convexo, et concavo compactum fateor eo perfectionis
ab eodem perductum, ut licet multa ac ferè omnia, quae
Neapolim ex varijs partibus illata sunt perpexerim, ut sum
hac in re percuriosus, nullum tamen viderim, quod confe-
rendum, nedum praeferendum sit ijs, quae* FONTANA *elabo-
raverit. Quare multum quidē debent, tam posteri nostro
saeculo, quam exteri nostrae Urbi, quod virum dederint,
qui tantum benemereretur de omni aetate, de toto Orbe."*

en ten tweede: ([2])

"Ego Io. BAPTISTA ZUPUS *è Societate Iesu in almo Neapolitano Collegio Mathematicarum disciplinarum professor assero
multa, etsi non omnia, phoenomena, quae à Dño* FRANCISCO
FONTANA *Neapolitano typis impressa publici iuris fiunt, esse
à me pariter, atque ab alijs è nostra societate nō semel aut
bis, sed pluries observata, tubis quidem opticis ab eodem
D.* PONTANA *(sic) elaboratis; quos ad eam excellentiam, atque
praestantiam multorum annorum pertinaci labore, ac industria
singulari perduxit, ut absolutiores, ac superiores hactenus
viderim nunquam. Aio etiam usum duarum lentium cōvexarum
in tubus opticis ab illo usurpatum ab anno huius saeculi 14
quando tùm P. Io.* IACOBO STASERIO *meo Magistro, tum mihi*

([1]) L. c. pag. 3.
([2]) L. c. pag. 5.

talibus vitris armatum tubum spectādum proposuit non sine utriusque admiratione, et delectatione.″

Idem qui supra.

Io. BAPTISTA ZUPUS è Societate Iesu.

Aangaande zijne vinding zegt FONTANA verder zelf nog : (¹)

″Verùm ad perfectam praxim, an ab alijs deducta fuerit nescio, unum tantum scio, teloscopia à me confecta ita pro-· fessoribus Astronomiae extolli, ut fateantur nulla alia ijs conferenda, nedum praeferenda sint, vide supra fol. 3 et 5 in attestationibus admodum RR. Patrum HIERONYMI SIRSALIS, en IOANNIS BAPTISTAE ZUPI Societatis Iesu. Aliorum testimonia non affero, nam teloscopia ipsa multis in partibus distracta, veritatem proclamant.

Insuper anno 1608 alium tubum opticum armatum scilicet duplici lente convexa construxi; quà inventione, quamvis videatur obiectum inversum, cæteris tamen paribus cum teloscopio ordinario, conflato videlicet ex lente concava, et convexa, comparatus, videre facit obiectum secundum plures partes, seu in maiori campo, proximius, lucidius, et maiori cum distinctione, et ad astra deprehendenda, exprimi non potest, quantum sit mirabilis.

Adaptatur autem hoc modo, lens convexa interior (diametri duorum vel ad summum trium digitorum) situari debet distans ab oculo toto diametro ipsius lentis, (plus minusvè iuxta intuentium qualitatem visus) à parte verò tubi, ubi poneretur lens concava, (ad videndum modo ordinario) distare debet aliquid plus suo diametro, usque ad specierum inversionem.″

Behalve dat STASERIUS en ZUPUS instrumenten van hem zagen in 1614, SIRSALIS kort na 1625, bracht GLORIOSI de kennis daarvan over naar Milaan (²) en vermeldde FABIO COLONNA ze in een brief van November 1629 aan CESI (³).

(¹) L. c.: Tractatus primus: De Tubo optico, caput VII: De optico Tubo Astronomico ab Authore invento.

(²) A. FAVARO, *Serie decimaterza di Scampoli Galileiani*, Padova 1903 pag. 10. — ID. *Amici e Corrispondenti di Galileo Galilei*, IX Giovanni Camillo Gloriosi, Venezia 1904 pag. 32 noot 1.

(³) *Giornale de Letterati per l'anno M.DCC.XLIX Roma 1749* pag. 254, geciteerd bij L. M. REZZI, *Sulla invenzione del Microscopio (Atti dell' Accademia Pontificia de' Nuovi Lincei Roma 1852)* aanteekening 46.

Waarschijnlijk nog vóórdat Fontana zijne instrumenten aan
iemand toonde, werd de mogelijkheid van de constructie theoretisch aangetoond door Kepler, welke zich na het bekend worden
van de door Galilei en anderen met den Hollandschen kijker
gedane ontdekkingen, aangezet gevoelde tot eene wetenschappelijke uiteenzetting van de werking van het instrument
en in 1611 zijne *Dioptrica* in het licht gaf. (¹) Van hoe
groot belang Kepler's *Dioptrica* ook is, ten opzichte van
eene wetenschappelijke verklaring is zijne theorie nog gebrekkig.
Zoo verklaart hij het ontstaan der beelden in den bedoelden
kijker, welke wel naar hem de Kepler'sche genoemd wordt,
als volgt: (²) „Het objectiefglas zij op zulk een afstand,
dat het daardoor gevormde omgekeerde beeld van verwijderde
voorwerpen, wegens de te groote divergentie der uit ieder
punt daarvan komende stralen, onduidelijk is. Wordt nu
tusschen dit beeld en het oog eene tweede convexe lens
dicht hierbij geplaatst, dan wordt die te groote divergentie
door de groote convergentie, waarmede de stralen door de
oculair-lens in het oog komen, opgeheven en het beeld daardoor
duidelijk. De dichtst bij den waarnemer aanwezige lens maakt
het grooter dan zij het van de méer verwijderde lens ontvangt, zonder zijne omgekeerde ligging te veranderen." (³)

(¹) Quamvis modus iste — zegt Fontana, l. c. pag. 20 — á Ioanne
Keplero in libello *dioptricae* problema 86 fol. 42, typis excusso anno
1611, insinuari videatur, tamen re vera dicti libelli, non antea, quàm
nùnc quo praesentem tractatum edo, notitiam, ipsumque mutuò accepi
à citato P. Io. Baptista Zupo. Imò anno 1614 huiusmodi tubum talibus
lentibus armatum, spectādum proposui, tùm dicto Patri Zupo, tùm
Patri Ioanni Iacobo Staserio, non sine eorum magna admiratione, et
delectatione, lege attestationem dicti Patris Zupi loco citato.
„Mirum autèm non est recensitum Keplerum Germaniae, meque
Neapoli talis inventionis authores existere: enimverò omnes duobus
talentis, intellectu videlicet, et operatione ditati sumus."
(²) Ioannis Kepleri *Sae. Cae. Mtis. Mathematici Dioptrice* etc. pag. 42.
XXCVI. Problema: „Duobus convexis majora et distincta praestare visibilia, sed everso situ". — Wegens de telkens aangehaalde voorgaande
stellingen en figuren was het eenigszins bezwaàrlijk hier den oorspronkelijken tekst te geven.
(³) Cf. ook: *XXCVII. Problema:* „Duobus convexis distincta praestare
visibilia et erecta, sed minora"; *XXCIIX. Propositio Problema:* „Duobus con-

KEPLER heeft echter dien door hem aangegeven verrekijker uit eigene ervaring niet gekend; hij spreekt nergens van in het werk gestelde onderzoekingen, doch geeft deze gewichtige ontdekking in den vorm van de dioptrische opgave, welke pas in het einde van zijn werk wordt behandeld, wanneer hij de theorie van den Hollandschen verrekijker ontwikkelt; zijne onmiddellijke opvolgers bevestigen dan ook deze meening. Het schijnt, dat het groote voordeel van den astronomischen kijker boven den Hollandschen — o. a. het groote gezichtsveld — KEPLER ontgaan is, en hij verder door gemis aan praktische bekwaamheid, gereedschappen en financieële hulpmiddelen in gebreke is moeten blijven het aangeduide instrument zelf samen te stellen.

Na FONTANA is de eerste buitenlander, die beide soorten van verrekijkers uit eigene ervaring kent, CHRISTOPH SCHEINER. Hij beschrijft in zijn meest bekend werk o. a. den Hollandschen verrekijker en vervolgt den weg der lichtstralen door de lenzen daarvan; van hetgeen hij dan verder zegt, is voor ons doel dit het voornaamste: (*) (¹)

„Quam convenientiam oculus Praesbytae praefixo specillo concavo cum lentibus duabus artificiosè inter sese compositis habeat, satis est indicatum in superioribus, nunc ad usum et praxin nostram subiungo rem, à multis quidem hactenus, quaesitam et desideratam, sed à nemine ante me quod sciam inventam; quamnunc tibi hic libens volensque apertè communico. Tametsi id in *Oculo* meo, à cap. XX ad cap. XXVI (²) satis,

---

vexis pingere visibilia super papyro situ erecto (Problema diu quaesitum)" en *CXL*: „Tubum praeparare, cuius vitrum utrumque sit convexum, et quod ad oculum, et quod ad visibile vergit, ut nihilominus effectus sequatur".

(¹) *Rosa Ursina sive sol* etc. Fol. 129 verso: „Usus, et praxis Figurae tertiae", C. 1 et C. 2. — „Rosa" is een symbolische naam der zon, „Ursina" heeft betrekking op den hertog ORSINI, die SCHEINER bij zijne onderzoekingen steunde, en wien deze zijn arbeid opdroeg. In dit werk, dat nog van groote waarde is, zijn SCHEINER's onderzoekingen en met groote zorg gedurende vele jaren, ten getale van 2000, gedane waarnemingen van zonnevlekken neergelegd.

(²) *Oculus hoc est: Fundamentum Opticum, in quo ex accurata Oculo anatome, abstrusarum experientiarum sedula pervestigatione, ex invisus spe-*

clare praestiterim. Sed quia multi illum librum, aut non habent, aut inibi dicta fortasse non satis perpendunt, hic placet rem illam sine ambagibus proferre.

Primò. Si post concursum ordinatum seu locum imaginis, quam

Per duas len- tes convexas specierum in chartam erectio. convexa lens ab obiecto haurit, applicaveris lentem aliam convexam; haec suo concursu ordinato in obversam chartam situ erecto speciem proijciet: et respondebunt dextra imaginis dextris obiecti; sinistra sinistris, supera superis, infera inferis, eo prorsus modo, quo evenire solet, iu speculis planis, quas tamen imagines si in chartam lineamentis seu coloribus transferas, fient iterum ad obtutum tuum dextra sinistra, sinistra dextra; quod evitabis iu nostra praxi, si perfossa charta, in aversam superficiem, picturam convertas.

Hac arte secundarias Solis Maculas, et Faculas illustrare, atque visui subijcere soleo.

Hac arte species rerum intromissarum ante annos tredecim Serenissimo Maximiliano Archid. Austr. et postmodum Sac. Caes. Maiestati etc. erexi; de qua re proprio Opusculo ex instituto, si Deus dederit, aliquid dicam, vide *Oculum* meum locis citatis.

Secundò. Si similes duas lentes eodem modo aptaveris iu Tubum, oculumque debitè applicaveris, videbis everso quidem situ, sed magnitudine, claritate, et amplitudine incredibili obiecta quaecunque terrea: sed et astra quaelibet in obsequium visus coges: nam cum ea ommia rotunda sint, eversio situs totius aspectum, quoad configurationem visualem non turbat, id quod secus est in obiectis terreis: quemadmodum in luna quoque idem animadverti potest, cum neque rotunda semper, neque homogenea existat.

Tertiò. Si pari ratione lentes duas convexas coloratas tubo .

---

cierum visibilium tam everso quam erecto situ spectaculis, nec non solidis rationum momentis Radius Visualis eruitur; sua visioni in Oculo sedes decernitur; anguli visorii ingenium aperitur, difficultates veteres, novae, innumerae expediuntur, abstrusa, obscura, curiosa plurima in medium proferuntur; plura depromendi occasio harum rerum studiosis datur: Opus multorum votis diu expetitum; Philosophis omnibus, praesertim qui naturae vim in Medicina, Physica aut Mathesi addiscenda rumantur, neque inutile neque ingratum, imo necessarium futurum. Auctore Christophoro Scheiner. Soc. Jesu. etc. — Oeniponti, Apud Danielem Agricolam 1619. 4°. — Lib. III Pars I pag. 176—191. — Er verschenen ook nog volgende drukken: Friburgi Brisg. 1621 en London 1652.

oculoque accommodaveris, habebis Helioscopium mirificum, et protrahes quidquid in Sole absconsum fuerit.

Quartò. Eadem arte natum est illud admirabile Microscopium, quo musca in Elephantum, et pulex in Camelum amplificatur, et ea quae alias parvitate oculi aciem effugiunt, magna comparent, de qua re, dante Deo, suo loco ex professo.″

Dertien jaren geleden, zegt SCHEINER, heeft hij de zonnevlekken op een wit scherm getoond aan den Aartshertog MAXIMILIAAN, met wien hij in 1614 en 1615 samenwerkte. (¹) Of de bedoeling zijner boven weergegeven woorden verder is, dat reeds in dezen tijd door hem een kijker, uit twee bolle lenzen bestaande, werd gebruikt, zooals men gewoonlijk aanneemt, kan betwijfeld worden. (²) Op eene andere plaats zegt hij niet meer dan dat zij toen geschiedden door een van gekleurde glazen voorzienen Hollandschen kijker. (³) Bij de in zijn aangehaald werk van 1619 beschreven waarnemingsmethode wordt, zoowel als in zijn hoofdwerk, steeds de Hollandsche kijker gebezigd. (⁴) Wellicht heeft dus SCHEINER eerst van den astronomischen kijker gehoord omstreeks 1625 bij zijn verblijf in Italië, toen hij daar o. a. te Napels met STASERIUS, den vriend van FONTANA, waarnemingen deed. (⁵) Op die wijze kon hij eerst in zijn

(¹) Repertum videtur hoc compendium eodem fere tempore in diversis provinciis, ab huius rei studiosis atque peritis pluribus. Nam illo usus sum diu ante, quam WELSERO id GALILAEUS communicavit, nactus post assiduam et diligentem eiusdem indagationem (*Rosa ursina* fol. 75).

(²) Tenzij het door A. VON BRAUNMÜHL, *Christoph Scheiner* etc. *Bamberg 1891* pag. 47 vermelde en aan SCHMIDL, *Historia S. J. Provinciae Bohemiae* ontleende, dat nl. MAXIMILIAAN in dien tijd een astronomischen kijker had gekocht, die door SCHEINER tot terrestrischen werd gemaakt, ontwijfelbaar vaststaat.

(³) „Talem ego tubum ab initio composui e fragmentis caeruleis laminarum vitrearum, quo et Maculas in *Apelle* meo editas observavi, sed et faculas optime discrevit qui tandem tubus virtutis sane non vulgaris Sereniss. Arch. MAXIMILIANO, pient. meo Tyrolis Domino atque Ord. Teut. Magn. Magistro cessit eidemque Maculas et Faculas Solares saepe ostendit" (*Rosa Ursina* fol. 70. — Zie ook fol. 110).

(⁴) G. GOVI. *Della invenzione del micrometro per gli strumenti astronomici (Bulletino di Bibliografia e di Storia delle scienze matematiche e fisiche Tomo XX Roma 1887* pag. 616 en 622).

(⁵) *Rosa Ursina*, fol. 168.

19

hoofdwerk over de uitvinding spreken, die hij trouwens niet aan zichzelf toeschrijft.

Aan SACHARIAS JANSSEN wordt door zijn zoon JOHANNES in 1655 ook een aandeel in de uitvinding van den astronomischen kijker toegekend. De Hollandsche kijkers, door JANSSEN vervaardigd, hadden eene lengte van 15 à 16 duim, en kijkers van die lengte bleven in gebruik tot het jaar 1618 incluis. "Doen hebbe ick met mijn vader de lange buysen geïnventeert, die men gebruyckt om by nachte te siën in de sterren en de maenne." Men kan hieruit niet opmaken, tot hoever het aandeel van JOHANNES SACHARIASSEN in de uitvinding van den astronomischen kijker zich heeft uitgestrekt; maar overwegende, dat hij niet in 1603, zooals hij wellicht met opzet onjuist opgaf om zijne getuigenis aannemelijk te maken, maar feitelijk eerst in 1611 is geboren, dan kan men aan dat aandeel, hoe vroeg JOHANNES ook het slijpen van lenzen van zijn vader geleerd moge hebben, en hoe hij later daarin hebbe uitgeblonken, wel geene groote beteekenis hechten, en zou eene uitvinding als de bedoelde in 1618 wel het werk van SACHARIAS JANSSEN alleen moeten geweest zijn. Intusschen zou men geneigd kunnen zijn den datum der uitvinding later te stellen, niet alleen omdat JOHANNES SACHARIASSEN in zijne verklaring van 1655 dien van de kennis van den z. g. Hollandschen kijker zoo behendig heeft weten te vervroegen, maar ook omdat anderzijds een aandeel van hem zelf in de vervaardiging van den astronomischen kijker niet is uitgesloten, en hij in zijne zelfde verklaring enkele regels verder zich zelfs de geheele uitvinding daarvan toekent: "Waerre REYNNIER DUCARTES en CORNELIS DRIBBEL en JOHANNES LOOF int leven, die souden getuygen daervan konnen wesen, dat ick de eerste lange buysen hebbe geïnventeert." Voor den datum der uitvinding is uit de levensomstandigheden der aangehaalde getuigen weinig te putten. De komst van DREBBEL was niet onwaarschijnlijk dezelfde, waarvan BOREEL in zijn brief melding maakt in verband met den aankoop van Hollandsche kijkers; zij zou volgens deze gesteld moeten worden na 1620, toen ADRIAAN METIUS zulke instrumenten kwam koopen en van zelf vóór 1634. De praktische werkzaamheden op optisch gebied van Descartes in ons land dagteekenen eerst van 1628; te Middelburg vertoefde hij o.a. in de eerste dagen van October van dat jaar. Waarschijnlijk valt echter de kennismaking van Descartes met de astronomische kijkers te Middelburg nog later; want als hij in 1638 door Mersenne kennis krijgt van de instrumenten van Fontana, dan komt de werking hem ongeloofelijk voor en raadt hij naar de samenstelling er van geheel mis. (¹) De omstandigheid, dat Johannes den naam van zijn bezoeker onthield, schijnt evenzeer er op te wijzen, dat de faam van Descartes toen reeds buiten zijn vriendenkring was verbreid. — Ook de beide bewaard gebleven astronomische kijkers, wier vervaardiging aan den eersten uitvinder wordt toegeschreven, leeren in dat opzicht niet veel: uit het op de lenzen, den brandpuntsafstand vermeldende, aanwezige schrift ' is het tijdstip der vervaardiging op geen tien of twintig jaar meer voor ons vast te stellen. Wel blijkt, dat de inrichting dan vroeger is ontwikkeld: zij bezitten diaphragma's, en volgens Beeckman's mededeeling (zie blz. 179) werden vóór of in 1618 te Middelburg nog geene (Hollandsche) kijkers, die daarvan waren voorzien, vervaardigd. (²)

Heeft dus inderdaad Johannes in de uitvinding van den astronomischen kijker het hoofdaandeel gehad, waarop hij zoo den nadruk legt, dan zal de uitvinding wel later dan 1618 geschied zijn, wellicht eerst omstreeks 1626, wanneer men de

---

(¹) *Oeuvres de* Descartes, *publiées par* Ch. Adam *et* P. Tannery. — *Correspondance Tome II Paris 1898*, pag. 445, 457, 493, 513, 534. — Over de kijkers van Fontana bestaat verder nog een uitvoerige brief van Galilei van 15 Januari 1639.

(²) Deze kijkers bevinden zich in het Museum van het Zeeuwsch Genootschap der Wetenschappen te Middelburg, waaraan zij werden geschonken in 1867. Met het oog op de mogelijkheid, dat zij indertijd door den uitvinder aan de Staten van Zeeland waren aangeboden, doch in den Franschen tijd met zoovele andere voorwerpen in handen van particulieren waren gekomen, zijn tot 1630 nagezien de verschillende rekeningen van den ontvanger-generaal van Zeeland, waarin eene door Gecommitteerde Raden mogelijk gegeven belooning geboekt zou moeten staan. Echter zonder resultaat.

laatste sporen van SACHARÏAS JANSSEN's werkzaamheid op optisch gebied te Middelburg waarneemt en JOHANNES juist den leeftijd heeft, welken hij in 1618 zou hebben bezeten, indien zijn ouderdom de door hem opgegevene was geweest. Na de vervaardiging van verschillende z.g. Hollandsche kijkers, waarmede de JANSSEN's zich naar onze meening langer dan iemand anders hebben beziggehouden, en waarin zij groote vaardigheid hadden verkregen, was die sprong niet zoo groot. Wat betreft den astronomischen kijker, zou men dan ook beter kunnen spreken van eene, wel is waar zeer groote ver- betering van den Hollanschen kijker dan van eene afzon- derlijke utivinding.

XIII. HET MICROSCOOP.

In een laatste hoofdstuk kunnen de berichten, die omtrent het in het gebruik komen van het microscoop zijn bekend geworden, medegedeeld worden, om ook op grond daarvan nog eens te wijzen op de groote onwaarschijnlijkheid van de meening, volgens welke de uitvinding van dit instrument door SACHARIAS JANSSEN, met zijn vader of alleen, in 1590 geschied zou zijn, zooals door verschillende schrijvers tot dusver werd aangenomen en vooral door prof. HARTING is verdedigd. [1]

Die berichten vervallen in twee groepen: zooals die betreffende den verrekijker te splitsen zijn in berichten over de uitvinding van den z.g. Hollandschen of Galileischen kijker en over de latere van den astronomischen kijker, zijn de mededeelingen betreffende het microscoop te verdeelen in die, welke betrekking hebben op dat werktuig, samengesteld uit eene holle en eene bolle lens en dezulke betreffende het microscoop, bestaande uit twee bolle lenzen.

Vóór de verspreiding van den verrekijker vindt men van het microscoop geene melding gemaakt. [2] Toen echter de

[1] MOLL en VAN SWINDEN, *Geschiedkundig onderzoek naar de eerste uitvinders der verrekijkers*, l. c. pag. 171; lid. *On the first invention of Telescopes* (*Journal of the Royal Institution 1830—1831* pag. 496). P. HARTING, *Bijdragen tot de geschiedenis der microscopen in ons vaderland. Utrecht 1846* pag. 10, 42 e. v.; Id. *Het Microscoop dl. III* pag. 32, 33 (*Das Mikroskop* etc. *Dritter Band: Geschichte und gegenwärtiger Zustand des Mikroskopes, 2° Auflage, Braunschweig 1866* pag. 28 sqq.); Id. *Verslagen en Mededeelingen der Koninklijke Academie van Wetenschappen. Afd. Natuurkunde dl. I 1853* pag. 72. Id. *De twee gewichtigste Nederlandsche uitvindingen op natuurkundig gebied*, l. c. pag. 358.

[2] Wel is waar noemt PHILIPPUS BON NNUS, *Observationes circa viventia quae in rebus non viventibus reperiuntur, cum Micrographia curiosa, Roma 1691* pag. 7, in zijne lijst van hen, die tot op zijn tijd hunne waarnemingen hebben beschreven, als eerste GEORG HUFNAGEL, die in 1592 te Frankfort een werk over insecten met 50 kopergravuren zou hebben uitgegeven; doch indien deze opgave juist is, zijn die waarnemingen waarschijnlijk met enkelvondige lenzen of op nog andere wijze geschied.

inrichting van den Hollandschen kijker bekend was geworden,
gelukte het weldra door den afstand tusschen de beide lenzen
te vergrooten en de oculairbuis uit te trekken dat instrument
zoodanig in te richten, dat het gebruikt kon worden voor de
beschouwing van zeer kleine dichtbij zijnde voorwerpen. (¹)
Aldus schijnt GALILEI het reeds in 1610 te hebben aangewend
voor de waarneming van bijzonderheden van diertjes van zeer
geringe afmeting. JOHANNES WODDERBORN, een Schot en leerling
·van GALILEI te Padua, zegt in een geschrift, waarin hij de
ontdekkingen, door deze met den verrekijker gedaan, verdedigt,
en waarvan de opdracht aan den Britschen gezant te Venetië,
WOTON, gedateerd is van 16 October 1610 : (²)

  *„*Audiveram paucis ante diebus authorem ipsum (GALILAEUM)
Excellentissimo D. CREMONINO Purpurato Philosopho varia nar-
rantem, scitu dignissima, et inter cetera, quomodo ille mini-
morum animantium organa motus, et sensus ex perspicillo ad
unguem distinguat, in particulari autem de quodam insecto,
quod utrumque habet oculum membrana crassiuscula vestitum,
quae tamen, septem foraminibus ad instar larvae ferreae militis
cataphracti terebrata, viam praebet speciebus visibilium.*„* (³)

(¹) In het opstel *Sulla invenzione del Microscopio, lettera del professore
D. LUIGI MARIA REZZI al Ch. Sig. D. Baldassare de' principe Boncompagni (Atti del Accademia Pontificia dei nuovi Lincei, anno V Roma 1852*
pag 17) wordt een schrijven vermeld van MAGINI van 28 September
1610 aan GALILEI: „... Alungando il canone alla doppia distanza di quello
che porta, et levando via il traguardo o lente concava, si vedono tutte
le cose alla riverscia et molto distincte, se bene piccole." Dat hier
echter van een ander verschijnsel sprake is, vindt men betoogd bij
G. GOVI, *Il microscopio composto inventato da Galileo (Atti della Reale
Accademia delle scienze fisiche e matematiche di Napoli Serie seconda vol. II
Napoli 1888* pag. 7).

(²) *Quatuor problematum quae Martinus Horkey contra Nuncium Sidereum
de quatuor planetis novis disputanda proposuit, Confutatio per* Io. WODDER-
BORNIUM *Scotobritannum, Patavii 1610.* — Confutatio primi problematis.

(³) In de *Ragguagli di Parnaso di* TRAJANO BOCCALINI, *Venezia 1612,*
Cent. I, Ragg. I pag. 4 vindt men deze uitlating: „Ma mirabilissimi
sono quegli occhiali fabbricati con maestria tale, che altrui fanno parer
le pulci elefanti, i pigmei giganti, questi avidamente sono comperati
da alcuni soggetti grandi, i quali, ponendoli poi al naso de i loro
sfortunati Cortigiani, tanto alterano la vista di quei miseri, che rimu-

In 1614 werden door Galilei uit den z. g. Hollandschen kijker geconstrueerde microscopen gezien door Jean du Pont van Tarde, die, na een bezoek te Florence, in zijn reisverhaal schreef: (¹)

„que le canon du télescope pour voir les estoiles n'est pas long plus de deux pieds, mais pour voir les objets qui nous sont fort proches et que nous ne pouvons voir à cause de leur petitesse, il faut que le canon aye deux ou trois brasses de longueur. Avec ce long canon il me dict avoir vu des mouches qui paroissent grandes comme un agneau et avoit appris qu'elles sont toutes couvertes de poils et ont des ongles fort pointues, par le moyen desquelles elles se soustiennent et cheminent sur le verre, quoique pendues à plomb, mettant la pointe de leur ongle dans les pores du verre."

Eenige jaren later (1619—1622) spreekt Galilei zelf in den *Saggiatore* over den kijker, ingericht om nabij zijnde voorwerpen veel beter dan met het bloote oog te zien: (²)

' „Direi al Sarsi cosa forse nuova, se cosa nuova se gli potesse dire. Prenda egli qualsiuoglia materia, o sia pietra, o sia leguo, o sia metallo, e tenendola al Sole, attentissimamente la rimiri, ch'egli vi vederà tutti i colori compartiti in minutissime particelle, e s'ei si seruirà per riguardargli d'un Telescopio accomodato per veder gli oggetti viciuissimi, assai più distintamente vederà quant' io dico. . . . . "

Waarschijnlijk waren het ook zulke uit den z. g. Hollandschen verrekijker ontstane microscopen, welke de vroeger genoemde Chorez in 1625 te Parijs verkocht; na gezegd te hebben, dat

---

neratione di cinquecento scudi di rendita stimano il vil favoruccio, che dal Padrone venga loro posta la mano nella spalla, ò l'esser da lui rimirati con un ghigno, ancor che artificioso, e fatto per forza.' Zie over deze veel betwistte plaats o. a. Tiraboschi, *Storia della lettera-tura italiana dall' anno MDC fino all'anno MDCC*, Lib II, cap. 2 § 9; Libri, *Histoire des sciences mathématiques en Italie T. IV Paris 1841* pag. 223; Rezzi l. c. pag. 5 en Govi l. c. pag. 14.

(¹) A. Favaro, *Di Giovanni Tarde e di una sua visita a Galileo dal 12 al 15 novembre 1614 (Bulletino di Bibliografia e di Storia delle scienze ma-tematiche e fisiche Tomo XX Roma 1887* pag. 349). — Zie blz. 4 noot 3.

(²) *Il Saggiatore* etc. *Roma 1623* pag. 105.

zijne instrumenten bestonden uit eene holle en eene bolle lens,
gaat hij voort: (¹)

„Mais pour voir les objects proche, il faut allonger le
tuyau jusqu'à ce qu'on rencontre la longueur qui est requise
pour y voir le mieux: Si c'est pour voir de dix pas loing,
il faut allonger d'environ l'espaisseur d'un teston (²), et pour
voir loing de six pas, il faut allonger de l'espaisseur de trois
testons, et ainsi tant plus l'object est proche, tant plus
faut-il allonger le tuyaux, et aussi l'object apparoist tant
plus gros. De sorte qu'un ciron apparoist aussi gros qu'un
poids. Tellement qu'on discerne sa teste, et ses pieds, et son
poil, chose qui sembloit fabuleuse à plusieurs, iusqu'à ce
qu'ils l'ont veuë, avec admiration, et l'experience n'en est
pas beaucoup difficile à faire à qui voudra prendre le loisir."

Echter zijn zulke telescoop-microscopen niet de eigenlijke
samengestelde microscopen, die uit een objectief en een oculair
van korten brandpuntsafstand bestaan, bij welker combinatie
het werktuig slechts eene middelmatige lengte behoudt en
bovendien de vergrooting grootendeels door het objectief en
slechts voor een klein deel door het oculair wordt verkregen.
Het is moeilijk te beslissen, of het zulke uit twee convexe lenzen
bestaande microscopen waren, die JANSSEN had vervaardigd,
en waarvan hij volgens BOREEL er een aan MAURITS aanbood,
later een aan ALBERTUS, die het aan DREBBEL schonk — wellicht
tijdens diens verblijf te Praag — bij welken laatste het in
1619 door BOREEL in Londen werd gezien. Even onzeker
is het, welke samenstelling de instrumenten hadden, waarvan
men reeds in 1620 vindt gewag gemaakt in de Nederlanden
en wel op eene wijze, die doet vermoeden, dat zij toen geen
groot nieuws meer waren. In Maart van dat jaar maakte
BEECKMAN, toen te Utrecht, bij eene plaats uit GALENUS de
volgende aanteekening, waaruit tevens blijkt, dat toen het nut
er van ook op praktisch gebied reeds doorzien werd: (³)

(¹) Zie blz. 223 noot 3.
(²) De dikte dezer munt is ± 1,5 m.M.
(³) Fol. 157 verso van het blz. 151 genoemde handschrift.

Microscópij *»*Gal. εἰς τὸ κατ᾽ ἰητρεῖον a. 669. 32. τὰ πρὸς
usus in αὐγὴν ἐκ τῶν παρεοισέων πρὸς τὴν λαμπρότητα
medicina.[1] τρέπειν τὸ χειριζόμενον.[2] Twelck sonder schade
van de sieckten soude konnen geschieden met sulck eenen bril
daerdoor men sien kan, dat een vloo eenen steert heeft; men
soude oock veel dingen in de sieckte sien, die men nu niet
en siet, en soude veel baten.*»*

en eenigen tijd later schreef hij: [3]

Microscopij *»*Met de gla(e)skens, daer men eenen vloo etc. so
vsus in re distinckt en groot mede siet, soude men konnen
'nercatoria. groot profijt doen in koopmanschappen, daer kennisse
van waren van doen is; want hier kan men scherpelick alle
fouten deur sien, siende veel dinghen in koren etc., die men
te vooren niet en sach, en andere veel bescheelicker. Die hem
selven dan daerin wilde oeffenen, wat teecken het nieu gesiene
dinck sij, soude konnen voorweten, of de stoffen haest bederven
souden of langhe dueren konnen, of beter of erger sijn dan andere.*»*

Microscopen, samengesteld uit twee convexe lenzen, worden
inderdaad spoedig gevonden. Fontana, die zich met zulke
combinaties van lenzen in het bijzonder bezig hield, plaatst
zijne uitvinding zelfs reeds in 1618: [4]

*»*Inventionem hanc reperi in anno 1618 duo assero. Primo,
dictum specillum antiquius non esse dicto anno. Secundo, me
fuisse inventorem in hac Civitate Neapolitana, in qua haec
publici iuris fiunt, limito dictum, quia ut etiam supra in
alia mea inventione teloscopij duarum lentium convexarum
insinuavi, omnes intellectu, et operatione praediti sumus,
atque adeo microscopij inventio, alibi, citato anno antiquior
potest esse.*»*

---

[1] Deze kantteekeningen zijn naar het schijnt later bijgeschreven;
ook is de naam „microscopium" van later dagteekening dan 1620.

[2] ΓΑΛΗΝΟΥ E. Galeni *librorum* (vol. III) *Pars quinta, Basileae
1538* pag. 669 lin. 32: *Τὰ δὲ πρὸς αὐγὴν ἐκ τῶν παρεουσέων, ἐκ
τῶν ξυμφορουσέων αὐγέων πρὸς τὴν λαμπρότητα τρέπειν τὸ
χειριζόμενον.*

[3] Juni of Juli 1624. — Fol. 195 verso.

[4] *Novae coelestium terrestriumque rerum observationes* etc. *Neapoli 1646*
pag. 145 (Tractatus octavus: De Microscopio, cap. 1: De inventore
hujus specilli).

De getuigenis van Sirsalis omtrent de microscopen van Fontana reikt slechts tot 1625. (¹) In dat jaar was het microscoop van de nieuwe constructie op meer dan eene plaats in Italië bekend. De verspreiding hierheen had zijn oorsprong genomen uit door Drebbel vervaardigde instrumenten. Om de rechten van Drebbel vast te stellen zou men de inrichting van het microscoop, dat hij van Janssen ontvangen had, en dat in 1619 door Boreel bij hem gezien werd, moeten kennen: was Janssen's instrument een werktuig, bestaande uit eene holle en eene bolle lens, dan zou men Drebbel een verbeteraar van het microscoop kunnen noemen; bestond het uit twee convexe lenzen, dan was hij slechts een namaker; in ieder geval schijnt het niet onmogelijk, dat in Janssen's microscoop de oorsprong van de verdere connecties tusschen Janssen en Drebbel is te zoeken, waarvan Johannes Sachariassen en Boreel gewag maken. Het eerste bericht omtrent de microscopen met twee convexe lenzen van Drebbel dagteekent van 1621. Christiaan Huyghens, wiens vader Constantijn als gezantschapsecretaris te Londen in 1621 en 1622 veel omgang had met Drebbel, schreef daaromtrent: (²)

"Anno autem 1621 apud Drebelium nostratem conspecta fuisse Microscopia hujusmodi Londini in Britannia, ipsi qui adfuerant saepe mihi narraverunt, ipsumque primum auctorem eorum tunc habitum."

Spoedig vonden deze microscopen hun weg naar Italië en wel door toedoen van Peiresc; zijn levensbeschrijver zegt nl.: (³)

"Attexenda est potius quae virum eximiè constantem examinare pene potuit, nunciata Pauli Gualdi mors, quae contigit mense Octobri (1621) ..... Miserat ad illum Peireskius mox ante, cum varia Telescopia, tum vitra Microscopica, non ita pridem adinventa a Cornelio Drebelsio, ipso quoque Alcmariensi, et Regi Britaniae à Mechanicis."

Doch ook nog op andere wijze deed Peiresc ze ingang

(¹) Zie blz. 284.

(²) *Opuscula postuma, quae continent Dioptricam* etc. *Lugd. Bat. 1703* pag. 221.

(³) P. Gassendi, *Viri illustris Nicolai Claudii de Peiresc* etc. *Parisiis 1641* pag. 7.

vinden. Jacob Kufler, een bloedverwant van Drebbel, had hem te Parijs eenige door deze vervaardigde microscopen vertoond en geschonken; deze Kufler kreeg nu van Peiresc een aanbevelingsbrief mede aan Hieronymus Aleandro te Rome, gedateerd 7 Juni 1622, met het verzoek Kufler te introduceeren bij het hof, met name bij den kardinaal di Santa Susanna (Scipione Cobellucci), en bij kardinaal Barberini, later paus Urbanus VIII: (¹)

„Egli potrà mostrar a. V. S. — schreef Peiresc — un occhiale o Thelescopio di nuova invenzione, diversa di quella del Galileo, con il quale egli fa vedere una Pullice altretanto grossa quanto una locusta di quelle che non hanno ale, che chiamano Grilli, et quasi di medesima forma con le due braccia et l'altre gambe minori, la testa, et quasi tutto il restante del corpo incrostato et armato di croste o squaglie come le locuste e come i gamberi piccioli. Gli animalucci, che si sogliono gene-rare attorno il formaggio, che noi chiamiamo Mitte, Mittoni o Artiggioni, li quali son tanto minuti, che quasi paiono polvere, quando son veduti con quell' istrumento, diventano altrettanto grossi quanto le mosche senza ali, e si lasciano discernere tanto distintamente, che vi si riconoscono le gambe molto lungue, la testa aguzzata, et tutte l'altre parti del Corpo evidentissime, et nelle quali si fan sommamente admirare gli effetti della divina Providenza, la quale era molto più in-comprehensibile, mentre ci mancava quell' aiuto alli nostri occhi. Ho creduto, che V. S. lo vedrebbe molto volentieri, sicome hanno fatto qui il sig. Duca d'Anjou, fratello di S. M.tà et tutti i più curiosi di questa città, et sicome fuori di questo regno hanno fatto il re d'Inghilterra, il prencipe Mauritio et infinite altre persone di gran nome . . . . "

Kufler stierf echter kort na zijne aankomst te Rome; want den 8ste December maakte Peiresc gewag van zijn dood, zijn spijt uitdrukkende, dat Kufler niet in staat is geweest te Rome de wonderlijke werking van het instrument te laten zien. Den 21sten December schreef Peiresc over dezelfde zaak aan Johannes Selden: (²)

(¹) Men vindt die briefwisseling bij Rezzi en nog meer gecompleteerd bij Govi (zie blz. 294 noot 1).

(²) V. Cl. Gulielmi Camdeni et illustrium virorum ad G. Camdenum epistolae, Londini 1691, pag. 387.

„On nous racconte icy de grandes merveilles des inventions
de Sieur Cornelius Drubelsius Alcmariensis, qui est au
service du Roy de la Grand Bretagne, resident en une
maison pres de Londres; entre autres d'un bateau couvert,
qui va entre deux eaux, d'un globe de verre, dans lequel
il fait representer le flux et reflux de la mer, par un mou-
vement perpetuel reglé comme le flux naturel de la mer, et
d'une lunette, qui fait lire de l'escriture de plus loin qu'une
lieuë. Je vous supplie de m'escrire un mot de la verité de
chacune de ces inventions. Nous avons bien veu icy de
ses petites lunettes, qui font voir des cirons et des mittes
gros comme des mouches, qui sont certainement admirables;
mais je voudrois bien estre asseuré de ce qu'il y a de vray
touchant ces autres inventions. Je vous serviray en revanche
en autre chose, quand vous m'employerez."

Eerst den 14^{den} Augustus 1620 kon Peiresc aan zijn
wensch de microscopen te Rome bekend te maken gevolg geven
door de overzending van twee zijner instrumenten, hem door
Kufler indertijd geschonken. Men kon evenwel te Rome
met het gebruik van het werktuig niet slagen, en in een brief
van 3 Maart 1624 geeft Peiresc van uit Aix verschillende
aanwijzigingen, hoe men het instrument gebruiken moet, uit
welke mededeelingen tevens blijkt, dat de bedoelde werktuigen
waren samengesteld uit twee bolle lenzen, daar Peiresc
melding maakt van het omkeeren der beelden daardoor: ([1])

„In effetto la maggior difficoltà della riuscita più notabile
sta nella direttione della lastrella mobile, sopra la quale si
mette l'obietto, acciò di farlo passare et restar fermo sotto il
punto al quale si termina la linea che passa dall' occhio per
il centro delli duoi vetri. Che quando una volte se n'è im-
parata la practica si conduce poi facilissimamente e con grandissimo gusto et diletto, quando si mira un animaluccio vivo che
camina e si ritiene sotto della linea precisamente con movere
della lastrella al contrario del luoco dove tende l'animaluccio.
Perciochè l'effetto dell' occhiale è di mostrare l'obietto a
rovescio nel punto della conversione proportionata, e di far
che il moto vero naturale dell' animaluccio che va per essempio
d'oriente in ponente paya che vadi al contrario, cioè da ponente in oriente . . . . "

([1]) Rezzi, l. c. pag. 38, Govi, l. c. pag. 23.

Uit den brief blijkt voorts, dat men den onderlingen afstand
der lenzen en dus ook de vergrooting van het instrument kon
veranderen, terwijl uit een schrijven van 10 en 17 Mei volgt,
dat het microscoop alleen geschikt was voor ondoorschijnende
voorwerpen, omdat PEIRESC daarin de verlichting door zonlicht
aanbeveelt. Blijkens een brief van GIOVANNI FABER van
11 Mei 1624 aan vorst CESI was daags te voren ook GALILEI
met zijne microscopen te Rome gekomen: (¹)

*Sono stato hier sera col signor GALILEO nostro che habita
vicino alla Madalena; ha dato un bellissimo ochialino al signor
Cardinale di ZOLLER per il Duca di Baviera: Io ho visto una
Mosca che il signor GALILEO stesso mi ha fatto vedere; sono
restato attonito et ho detto al signor GALILEO che esso è un
altro Creatore, atteso che fà apparire cose che fin hora non
si sapera che fossero state create.*

Blijkens een brief van ALEANDRO van 24 Mei was men
pas na GALILEI's komst met zijne vroeger geconstrueerde instrumenten te Rome in het gebruik van het instrument geslaagd. Deze zond nog datzelfde jaar exemplaren, geconstrueerd
met twee convexe lenzen, aan verschillende vrienden, o. a. aan
BARTOLOMEO IMPERIALI te Genua, die zich in zijne dank-
betuiging van 5 September 1624 beroemde de eenige in de
stad te zijn, die zulk een schat bezit; BARTOLOMEO BALBI
zond aan GALILEI een schrijven, waarin hij uitdrukt, met welk
een verlangen hij *il piccolo occhiale della nuova inventione*
verwacht, en GALILEI zond den 17 December een brief aan
CESARE MARSILI te Bologna, *che gli avrebbe mandato un
Occhialino per veder le cose minime da vicino, ma l'orefice
che fà il cannone non l'ha ancora finito*. In een brief van
GALILEI aan CESI van 23 September 1624 spreekt hij van de
moeite, die het hem gekost had dè juiste methode te vinden
om de lenzen te slijpen, en doet hij tevens uit de beschrijving
van het instrument blijken, dat dit thans volkomen overeenstemt met die, welke door PEIRESC naar Rome waren ge-

(¹) GOVI, l. c. pag. 3.

zonden. Ook Fontana zag in 1625 de nieuwe microscopen te Rome bij Fabio Colonna. ([1])

De nog heden gebruikte naam voor het instrument werd in 1625 uitgedacht door den Linceër Giovanni Faber blijkens een brief van hem aan Cesi van 13 April van dat jaar: ([2])

"Ho voluto avertir quest' ancora a V. Eccza che Lei dia una vista solamente a quello che io ho scritto delle nove inventioni del Sig. Galileo se ho messo ogni cosa o se si ha da levare, che faccia a modo suo. E perchè io fo anche mentione di questo novo Ochiale da veder le cose minute e lo chiamo Microscopio, veda V. Eccza se gli piace con aggiungere che li Lyncei si come hanno dato il nome al primo di Telescopio, così hanno voluto dare il nome conveniente a questo ancora, et meritamente perchè sono stati li primi qui a Roma che l'hanno havuto . . . . "

Ook in een later gedrukt werk laat Faber zich op dezelfde wijze uit. ([3]) Echter bleven ook nog andere namen in gebruik en noemt Galilei's leerling Nicolo Aggiunti nog in 1626 diens werktuig met den naam van "Microtelescopium"; blijkbaar meent hij een instrument, bestaande uit twee convexe lenzen. ([4])

De eerste stelselmatige waarnemingen, gedaan met betrekking tot de honingbij, werden verricht door het lid der Accademia dei Lincei Francesco Stelluti in 1625 en weldra gepubliceerd. ([5]) Scheiner kende het microscoop tusschen 1626 en

---

([1]) *Giornale de' Letterati, Roma, Anno 1749* pag. 324—326, *Anno 1750* pag. 63—64, *Anno 1751* pag. 94, 95, 254; zie Rezzi, l. c. pag. 12—14, 43—45; Govi, l. c. pag. 16 en 32.

([2]) Govi l. c. pag. 5.

([3]) Joannis Fabri *Animalia mexicana descriptionibus scholiisque expositis, Romae apud Iacobum Mascardum 1628* pag. 757 en ook in volgende werken over dat onderwerp.

([4]) „Sed maioris ne ego tantum Telescopii laudes commemorabo, et eiusdem Galilaei Microtelescopium tacitus praeteribo?" (*Oratio de Mathematicae laudibus habita in florentissima Pisarum Academia* etc. *Roma 1627*).

([5]) *Apiarium ex frontispiciis naturalis theatri Principis Federici Caesii Lyncei S. Angeli et S. Poli Principis I, Marchionis montis Caelii II, Baronis Romani, depromptum, quo universa melificum familia ab suis praegeneribus derivata, in suas species ac differentias distributa, in physicum conspectum adducitur.* Op het door Greuter gestoken frontispiece staat nog: *Urbano VIII Pontifici Maximo cum accuratior ΜΕΛΙΣΣΟΓΡΑΦΙΑ a Lynceorum*

1630. (¹) De groote verspreiding van het instrument duurde echter nog lang : „P. JOANNINUS — zegt LEIBNITZ (²) — mihi narravit, quendam Judaeum medicinae doctorem primum microscopium ex Anglia Coloniam attulisse anno 1638."

Uit het bovenstaande schijnt te mogen worden afgeleid, dat de vinding van het microscoop posterieur is aan die van den verrekijker, of juister nog, dat het microscoop langzamerhand uit den kijker is ontstaan. Hiermede zou dan al reeds zijn beslist, dat het door BOREEL in zijn brief aan BOREL medegedeelde feit, dat SACHARIAS JANSSEN en zijn vader lang vóór de uitvinding der verrekijkers het microscoop hebben samengesteld (³), onjuist is. Al moge het verder door BOREEL medegedeelde, dat het door hem bij DREBBEL te Londen geziene microscoop afkomstig was van JANSSEN, waarheid bevatten, het komt ons niet waarschijnlijk voor, dat de uitvinding vóór zijne vervaardiging van verrekijkers dagteekent, en dat een brillemaker, die in 1604 een kijker namaakt, te voren reeds zelfstandig een microscoop zou hebben samengesteld. Bovendien stierf HANS MARTENS reeds in 1592 en werd SACHARIAS JANSSEN eerst omstreeks 1588 geboren. Toch werd tot heden BOREEL's meening algemeen aangenomen en zelfs die uitvinding op 1590 gesteld, ook omdat men geloofde, dat JOHANNES SACHARIASSEN in zijne getuigenis van 1655 met de „korte buisse", welke hij voorgaf, dat zijn vader in 1590 had uitgevonden, wel een microscoop bedoeld zou hebben, en zich in den aard van het instrument had vergist. Maar JOHANNES, die de beide instrumenten ter dege gekend moet hebben en ze duidelijk wist te onderscheiden, werd in het veel genoemde

---

Academia in perpetuae devotionis symbolum ipsi offerretur etc. FRANÇISCUS STELLUTUS *Lynceus Fabrianensis microscopio observabat. Romae Superiorem permissu, anno 1625.*

(¹) Zie blz. 289.

(²) *Otium Hannov.* pag. 185.

(³) „Ast longe post, nempe anno 1610 inquirendo paulatim etiam ab illis inventa sunt Middelburgi telescopia.....", zegt hij na de bespreking van het te Londen geziene microscoop.

jaar 1655 niet gevraagd naar microscopen, maar wel naar verrekijkers; het is niet twijfelachtig, wat men door zijne benamingen van lange en korte buizen heeft te verstaan: den astronomischen en den z.g. Hollandschen verrekijker. Het jaartal 1590 heeft trouwens ook blijkens de geschiedenis van den verrekijker betrekking op de uitvinding van dit instrument, al gold het ook het tijdstip van de vervaardiging van het werktuig, dat de Italiaan in 1604 ter beschikking van Sacharias Janssen stelde, en niet eene uitvinding van deze.

Niet onopgemerkt mag intusschen blijven, dat het oordeel van prof. Harting zich moest gronden op veel minder gegevens, dan thans van die uitvindingen bekend zijn.

BIJLAGEN.

1.

Uittreksel uit de *Notulen van Gecommitteerde Raden van de Staten van Zeeland.*

XXIII^{en} Maii 1590.

Op de requeste van GOVERT VAN DER HAGHE, meistere de la fournaise aux verres de christal a Middelburch, versoeckende verboth tegens toverbrenghen van Antwerpen herwerts van gelasen, is geappostilleert: scriftelick besloten advis van de magistraet van Middelburch om etc.

2.

Uittreksel uit het *Acte- ende missyveboeck van de Gecommitteerde Raeden van den Staten van Zeelandt, beginnende prima January 1591.*

Acte van accorde met Govert van der Haghen, gelasblaser, gemaect.

Die Gecommitteerde Raden van de Staten van Zeelandt mitsgaders die magistraet der stadt Middelburch, verstaende, dat meester GOVERT VAN DER HAGHEN, residerende binnen Middelburch voorschreven, op veerden was om te handelen met die van Amstelredan, jae verre gecontracteert hadde tot zijn vertreck ende residentie om aldaer te doen zyne voorschreven neeringhe ende conste van gelaesblasen, hebbende naer communicatie ende rype deliberatie ter eere ende oorboire van den Lande goetgevonden metten voorschreven meester GOVERT te handelen, om tot Middelburch te blyven continueren zyne voorschreven exercitie, zijn mettenselven meester GOVERT geaccordeert in der manieren naervolghende:

Eerst dat hy hem verbindt zeven jaeren lanck naer date deser aen de provintie van Zeelandt van daeruuyt nyet te vertrecken ende zyne voorschreven exercitie ende const van gelaesblasen aldaer soo langhe te continuëren;

dat hy twee soo drye jonghers in dienste aen sal nemen, die daertoe met zynen advise bequaem bevonden sullen wordden, om hun die voorschreven conste te leeren;

dat hy zyne gelasen sal vercoopen ten redelicken pryse;

dat hy onder tdecxel van den vrydom van impost, excijs, convoy oft licent nyet en sal frauderen der gemeene zake oft stadts innecomen;

dat hy zyne materialen, behouvende tottet stoken ende wercken in zyne hoven, tydelijck sal besorghen.

Waertegens hem van weghen als voren beloeft es ende beloeft wordt mits desen hem indemne ende schadeloos te houden teghens die van Amstelredan, van dat zy zouden willen pretenderen uuyt cracht van eenich contract hem derwaerts te willen trecken; ende zoo hem yemandt zyne dienaers oft werckluyden ontrocke, daerteghens gemainteneert zal wordden naer behooren;

dat hy sal hebben tweehondert guldens tsjaers, daeraff die van de voornoemde Rade hem sullen betalen eenhondert guldens, ende die van de voorschreven stadt dander hondert guldens, ingaende metten eersten May XVᶜ een ende tnegentich, daertoe zy hun verbinden mits desen;

dat die van den voorschreven Rade hem sullen leenen achthondert guldens voor den tijt van twee jaeren, zonder interest, mits stellende souffisante cautie van die ten expireren van de voorschreven twee jaeren te restitueren, daertoe partyën hun reciproquelick verbinden by desen;

dat die van den voorschreven Rade van weghen die Staten van Zeelandt hem sullen geven octroy om binnen dese provintie alleen te wercken met exclusie van alle andere, ende dat zy daerom zullen benernstighen ende doen benernstigen, dat van Antwerpen geen cristalyne gelasen door die wachten te watere en moghen passeren;

dat die van den voorschreven Rade tot slandts van Zeelandt laste nemen mits desen, hem te geven sooveel, als den vrydom van licent ende convoy van zyne materialen tot zyne neeringhe noodich bevonden zal wordden te bedraghen, eensamentlick van het licent van brandthout tzijnder neeringhe behouvende, voor het eerste tot ses schepen toe int jaer; ende wordt hem geconsenteert mits desen tzelve branthout op eenen bodem te bringhen uuyt vyanden landt, mits nemende daertoe behoirlick pasport.

Sullen oick die van den voorschreven Rade hem geven telcker verpachtinghe van de gemeyn middelen van consumptiën vrydom van eenen redelicken taux van den impost van wynen ende bieren naer advenant van zynen familie.

Die van de voorschreven stadt Middelburch sullen hem doen

accommoderen tot zyne huysinghe van de erve, by hem versocht, mits deselve betalende op redelicke termynen, daertoe by hunlieden gegeven sal wordden particulier bescheet.

Sullen oick die van Middelburch voorschreven hem geven durende den voorschreven tijt vrydom van excijs, wachte ende foureringhe voor geheel zijn familie.

Alle die voorschreven pointen ende conditiën hebben die voorschreven partyën geloeft ende geloven mits desen deen den anderen in der voughen voorschreven te voldoen ende te volbringen zonder zwaericheyt. Alle dinghen zonder argh oft list.

Oorconden die hanteyckenen van parthyën, hieronder gestelt den vijfthienden Juny XVᶜ eenentnegentich.

Onder stondt: Ter ordonnantie van de voorschreven Rade, by my :....

Daerbenevens stondt noch: Ter ordonnantie van burgemeesters, schepenen ende raedt der stadt Middelburch :....

3.

Uittreksel uit de *Notulen van Gecommitteerde Raden van de Staten van Zeeland.*

XVIᵉⁿ July 1591.

CAREL VERHASSELT is borge gebleven voor zynen schoonsone mr. GOVAERT VAN DER HAGHEN, glaesblaser tot Middelburch, voor de leeninge van achthondert guldens, hem GOVAERT by den Rade te doen uuyte proffyten van de munte, met gelofte van te voldoen dyenangaende het contract, metten voorschreven GOVAERT gemaect tot restitutie van de voorschreven somme. Ende heeft die voorschreven GOVAERT geloft den voorschreven CAREL, zynen borge, te ontheffen costeloos ende schadeloos. Ende is dyenvolgende den muntmeester BOREEL geordonneert daerop de voorschreven leeninge van VIIIᶜ guldens te doen.

4.

Uittreksel uit de *Notulen van de · Staten van Zeeland.*

12 Augusti 1595.

Op de requeste van GOVAERT VAN DER HAGHEN, mr. van den cristalhoven alhier binnen Middelburch, versouckende de passaigen van den vyant, volgende zijn contract, gesloten gehouden te worden, zulcx dat geen cristalhgelas, by den vyant gebacken, herwaerts en mach passeren, op poene van confiscatie, ende daeraft te mogen doen publicatie, 'tzy by billetten oft anderssins; item dat hy mach genyeten vrydom van convoy uyt dese Geünieerde Provinciën naer Westen oft Oosten, zulcx hem gelegen zal zijn, is daerop genomen rapport ende gelast copie te maecken van den voorschreven requeste.

5.

Uittreksel uit de *Notulen van de Staten van Zeeland.*

7 Novembris 1595.

Op 't versouck van mr. GOVAERT VAN DER HAGEN, mr. van den cristalhoven alhier, zoo om op 't passagie te water verboden te worden op pene van confiscatie het inbrengen van cristalglaesen van Antwerpen uyt vyanden landt, als om zijn eygen geback alhier te mogen uytvoeren naer Oosten oft Westen vry van convoy, wort denselven zijn versouck by desen geaccordeert, te weten om 't verbodt van inbringen van de voorschreven cristalglaesen by scryvens aen de commisen in de vloten te doen ende by toesicht, by den suppliant daertoe te stellen, zonder daeraft publicatie te doen, op pene van confiscatie van de voorschreven glaesen; ende dat op den uytvoer van zijn eygen geback hem vergundt wordt midts desen 'tzelve te mogen doen naer Oosten oft Westen, zonder eenich recht van convoy daeraft gehouden zijn te betaelen.

Die van der Vere zullen metten eersten hun advis innebryngen: den 17 hebben die van der Vere hierop favorabel advis ingebracht en hun geconformeert met d' ander leden van de Staten.

6.

Uittreksel uit de *Notulen van Gecommitteerde Raden van de Staten van Zeeland.*

Xᵃ Juny 1597.

Op de requeste van GOVAERT VAN DER HAGHE, glaesblaser, versouckende, dat hem restitutie van een obligatie van achthondert guldens gedaen wordde, mitsgaders zyne borgen ontslegen, ter causse vant voorschreven accord, met den Staten aengegaen, is geappostilleert: die suppliant zal overbrengen tcontract, in desen geroert, om, tzelve gesien, voorder gedaen te worden als naer behooren.

7.

Uittreksel uit de *Notulen van de Staten van Zeeland.*

16 December 1597.

Op de requeste van de mrs. van den christaloven binnen Middelburch, te kennen ghevende, hoedat de ontfanghers van de convoyen ende lycenten willen doen betaelen 't recht van convoy ende lycent van zijn eyghen gheback, contrarie 'tghene hem by den Staeten is gheaccordeert, versouckende daerom deselve ghelast te worden hem daervan te laeten onghemoeyt, is gheappostilleerdt: den ontfanghers van de convoyen ende lycenten worden ghelast alleenelijck opteekeninghe te doene ende notitie te houden van 'tghene den suppliant ter zaeke voorschreven zoude moghen schuldich wesen, zonder de daetelijcke betaelinghe van deselve aft te voorderen.

8.

Uittreksel uit de *Notulen van de Staten van Zeeland.*

22 Februarii 1601.   •

Op de requeste van GOVAERT VERHAGEN, mr. van den glashuyse binnen deser stadt, versoeckende op te mogen reghten seker loterye van gelasen, is daerop geseght: den suppliant zal hem addresseeren aen de magistraten van de steden, die op sijn versoeck zullen adviseren ende resolveren, gelijck sy zullen bevinden te behooren.

9.

Uittreksel uit het *Acte- ende missivebouck van de Gecommitteerde Raden der Heeren Staten van Zeelandt, beginnende met prima January 1601.*

Aen de magistraet van Amstelredam.

Achtbare etc.

Den mr. van den glaesfournaise hier binnen dese stadt Middelburgh heeft ons verthoont ende te kennen gegeven, hoedat hy in zynen dienst onder andere aengenomen hebbende eenen JOHAN VISITELLI, Italiaen, met eenen HUYST EGGER, Engelschman, ende eenen jongen, genaempt HEYNDRICK LAMBRECHTSZOON, ende om dezelve aen hem te verobligeren ende verbinden met den voorschreven VISITELLI, EGGER ende den voorschreven jongen contract hadde aengegaen, daerby zy respective henlieden verbonden elcx eenen zekeren tijt in zynen voorschreven dienst te continuëren sonder denzelven eenichssints te mogen vóór texpireren van den voorschreven tijt verlaten, gelijck ons al tzelve by de copiën van de onderlinge contracten is gebleken. Ende alhoewel het wel hadde behoort, dat zy volgende henne verbintenisse den beloeffden tijt hadden by den suppliant uuytgedient, soo schijnt nochtans, dat dies niettegenstaende zy hen uuyt denzelven hebben ontogen, tzy dan deur hope van meerder gewin daertoe aengeloct sijnde, oft anderssints. Ende want reden is, dat wy den voorschreven mr. GOVAERT in tgene voorschreven is souden voorstaen ende sonderlinge oock daerin, dat hem zijn werckvolck niet t'onrechte en soude ontrocken werden, soo hebben wy U E. by dese wel vrientlick willen versoecken, dat dezelve gelieve by U E. t' ontbieden den mr. van den glaesshuyse aldaer, die wy verstaen hebben, dat de voorschreven werckluyden by sinistre vonden uuyt den dienst van den suppliant soude hebben doen gaen, ende hem te gelasten, dat hy de voorschreven werckluyden vry wil laten vertrecken ende geenssints aenhouden noch aldaer laten wercken, ende sullen U E. ons daer vruntschap ende dienst aen doen, die wy in andere gelijcke oft meerder saecken geerne willen verschuldigen.

Hiermede Achtbare etc.

den XXIII^{en} Septembris 1601.

Raden.

10.

Uittreksel uit het *Acte- ende missivebouck van de Gecommitteerde Raden der Heeren Staten van Zeelandt*, *beginnende met prima January 1601.*

Aen de magistraet van Amsterdam.

Achtbare etc.

Wy hebben Uw E. antwoorde op onsen brieff, aan dezelve geschreven in faveur van tversoeck van GOVERT VAN DER HAGEN, mr. van den glaesfournaise hier binnen Middelburgh, denselven gecommuniceert, die ons daerop heeft verclaert, dat nemmermeer en sal blijcken, dat hy yemande van de werckluyden van den mr. van den glaeshuyse aldaer heeft ontrocken degene, die aen den mr. aldaer verbonden waeren, daer ter contrariën by aucthentijcque contracten by hem is bewesen, dat degene, die hy versoeckt, dat

den mr. aldaer soude laten gaen, hem verbonden zijn, ende dat
hy die met den middel van X gulden ter maent meer te geven,
dan zy alhier hadden bedongen, aldaer is houdende, ende nyet
omdat deselve hem souden ontgaen wesen ter cause van quade
betalinge van desen mr., alzoo zelffs hy wert met recht aengesproken
voor de somme van VII £ Vlaems, die JAN VISITELLI aen de
burgerie alhier schuldich is; jae verclaert daerenboven, datter nyet een
en is van de werckluyden, die den meester aldaer hem is onthoudende,
off zy en zijn aen hem noch eenige penningen schuldich; dat oock
nyet en sal blijcken, dat eenige van de werkluyden, die den meester
aldaer heeft off tot noch toe gehadt heeft, by hem zijn becosticht,
maer hem telckens by al dusdanige middelen onttrocken. Wat
voorts aengaet tinnehouden van de voorschreven antwoorde van
dat hy soude verscheyden persoonen gepersuadeert hebben de potten
int wercken te vergiftigen, ontkent tselve wel expresselick ende
seght, dat sulcx maer voorgestelde calumniën zijn, ende dat hy in
tyden ende wylen zijn actie van injurie daervan meynt te instituëren.
Ende want den voorschreven mr. ons seer instantelicken is versoeckende, dat wy wilden U E. daer nochmaels op schryven, ten eynde
hem de werckluyden, by hem becosticht ende aen hem by contracte
verbonden, nyet langer by den mr. aldaer en wierden onthouden,
soo hebben wy U E. andermael wel willen versoecken, dat deselve
gelieve alle goede debvoiren te doen, sonder dat parthyën noodich
zy daerover te commen in proces, dat den voorschreven mr. zijn
versoeck toegelaten ende geëffectueert werdde. Wy en sullen oock
nyet naerlaten in gelijcke off meerder saecken U E. alle behulp
ende assistentie wes mogelick te doen.

Hiermede Achtbare etc.
den VII Jannuari 1602.

Raden.

11.

Uittreksel uit de *Notulen van de Staten van
Zeeland.*

7 December 1605.

Op de requeste van de erfgenamen van wylen GOVERT VERHAGEN,
meester van den glashuyse binnen dese stadt, versoeckende continuatie van den octroy, daerop wesende gedelibereert, is verstaen,
mits de redenen, in de requeste geroert, dat 't voorschreven
octroy de voorschreven erfgenamen wort gegunt ende gecontinueert

drie jaren. Ende is voorts den ontfanger-generaal gelast te voorderen 'tgene den voorschreven GOVERT VERHAGEN ter cause van de penningen hem gelevert of andersints schuldigh is gebleven.

12.

Uittreksel uit de *Notulen van Gecommitteerde Raden van de Staten van Zeeland.*

X^{en} Martii 1606.

Op de requeste van de momboirs ende voochden van de weesen van wylen mr. GOVERT VAN DER HAEGEN, in zynen leven mr. van de glasenhuyse hier binnen Middelburch, te kennen gevende hoedat sy tzelffve sterfhuys bevinden met excessive schulden belast, ende also zy tzelve hebben aenveert onder beneficie van inventaris, ende dat zy onder andere schulden mede bevinden, dat het Landt van Zeelandt soude competeren de somme van II^c £. Vlaems, nu eenen tijt lanck geloopen hebbende tegen thiene ten honderde tsjaers onder verbant van speciale hypotheque, doch dat de gelegentheyt vant sterffhuys zulcx is, dat zy van nu aff wel connen sien, dat zeer cleyne middelen sullen voor de weesen thunder alimentatie mogen resteren, versouckende mitsdyen quytscheldinge van twee jaren verloops, noch onbetaelt staende, midts belofte van promptelijck naer gedaen rekeninge metten ontfanger-generael tresterende te suppleren, is geappostilleert: die van de Rade om redenen ende consideratiën, hun daertoe moverende, ende sonder getrocken te worden in consequentie, remitteren den supplianten qualitate qua twee jaren verloops vant capitael van de II^c £. gr. Vlaems, in desen vermelt, midts dat dezelve binnen den tijt van veerthien daghen sullen hebben te rekenen ende liquideren met den ontfanger-generael TEELLINCK ende aen denzelven promptelijck te betaelen tcapitael, midtsgaders tgene zy voorder van tverloop sullen mogen bevinden schuldich te wesen, die daervan in zyne rekeninge gehouden werdt te verantwoerden.

13.

Uittreksel uit de *Notulen van de Staten van Zeeland.*

5 December 1607.

Op de requeste van ANTHONI MIOTTO, exercerende de konste van glasblasen binnen Middelburgh, versoeckende continuatie van den octroy tot exercitie van de voorschreven konste in alle manieren, gelijck 'tselve gehadt heeft mr. GOVERT VAN DER HAEGEN, synen voorsaet, gesien het voorgaende octroy, is daerinne geaccordeert, naerdat 'tselve expireren zal, voor den tijt van nogh seven jaren, uytgenomen dat den suppliant geen leeninge van penningen en zal worden gedaen, die te voren den voorschreven mr. GOVERT gedaen was.

14.

Uittreksel uit het *Eerste register van octrooien.*

Fol. 149.

Octroy van ANTHONIO MIOTTO, meester van de cristalynen glasfornayse hier binnen Middelburgh.

Die Staten van Zeelandt, alsoo ANTHONIO MIOTTO, meester van den cristalynen glaesfornayse binnen deser stadt Middelburgh, ons heeft verthoont, dat hy tzelve was exercerende op de continuatie vant octroy, vergunt aen wylen mr. GOVAERT VAN DER HAGEN den V^{en} December 1598 voor den tijt van seven jaeren, ende daernaer aen desselffs erffgenamen voor den termijn van drye noch volgende jaeren, welcke souden comen te expireren den V^{en} December 1608, dat hem oock van wegen Weth ende Raet deser voorschreven stadt is vergunt ende gecontinueert soodanigen octroy, privilegie ende beneficie, als wylen den voorschreven mr. GOVAERT van hunnentwege heeft genoten, ons daeromme ootmoedelijck versouckende wy wilden hem van onsentwege mede octroyeren ende toestaen alsulcken privilegie, vrydom ende emolimenten, als den voorschreven mr. GOVAERT VAN DER HAGE van wegen tlant van Zeelant heeft genoten, soo ist, dat wy, gesien hebbende de continuatie, hem by die van de magistraet alhier vergunt, ende genegen wesende ter ernstiger bede van den suppliant, hebben denselven ANTHONIO MIOTTO gegunt ende geaccordeert, gunnen ende accorderen midts desen continuatie van tvoorschreven octroy om alhier in Zeelant te mogen exerceren de conste vant gelasblasen voor den tijt van zeven jaeren, innegaende naer de expiratie van de drye jaeren, aen de erffgenamen van wylen mr. GOVAERT vergunt, twelcke wesen sal den V^{en} December 1608, consenterende, dat den voorschreven ANTHONIO MIOTTO deselve const sal mogen

exerceren met exclusie van alle andere, ende dat oock geen cristalyne glasen en sullen mogen van Antwerpen worden gebracht,
op de pene in den voorschreven octroye begrepen. Hebben voorts
den voorschreven Miotto vergunt, zoo wy gunnen midts desen,
vrydom van tlicent ende convoy van de materialen, tot syne
neringe noodich, oock van tbranthout, dat hy door de vloote voor
Lilloo sal mogen laeten comen op eenen bodem, midts nemende
daartoe behoorlijck paspoorte; sal mede genieten vrydom van den
impost van de wynen ende bieren naer advenant van zyne familie;
ende wort hem boven allen desen noch toegeleght tot een vereeringe
de somme van hondert vijftich gulden, jaerlijckx den voorschreven
tijt geduerende, te betalen by d' heer ontfanger-generael Teelinc
off andere, in der tijt wesende, daervan hem ordonnantie apart sal
worden verleent.

Aldus gedaen etc, den V^{en} December 1607.

Staten.

15.

Uittreksel uit de *Notulen van de Staten van
Zeeland*.

4 Februarii 1609.

Op de requeste van Anthonio Miotto, mr. van den glaeshuyse,
versoeckende, dat sijn octroy zoude worden geaugmenteert ende
gestelt gelijck van den voorgaenden meester, is zijn verzoek afgeslagen.

16.

Uittreksel uit de *Notulen van de Staten van
Zeeland*.

16 December 1609.

Op de requeste van Anthony Miotto, meester van den christalynen
glaesfournaise binnen Middelburgh, versoeckende mits de redenen
daerinne geroert, dat syne glasen ende glaeswaren zouden mogen
uytgevoert worden op alderhande quartieren, havenen ende riveren,
sonder ter cause van dien eenige lasten te betalen, is geappostilleert, dat de Heeren Staten daerinne niet en verstaen te treden.

17.

Uittreksel uit de *Notulen van de Staten van Zeeland.*

19 Martii 1611.

Is gelesen de requeste van Anthonio Miotto, meester van den glaesfournaise binnen Middelburgh, versoeckende mits de redenen, daerby in 't langh verhaelt, dat hy suppliant magh getracteert worden gelijck alle andere meesters van de glaesfournaisen, elders buyten dese landen opgereght, ende overzulcx ten aensien van de groote ende excessive kosten, die hy tot onderhouden van sijn glaesfournais gehouden is dagelijcx te gedoogen, nader in 't particulier een iegelijck te verbieden alderhande soorte van drink-glasen, de Veneetsche ende Roomers uytgesondert, 'tzy directelijck ofte indirectelijck, alhier te lande te brengen, ende de officieren respectivelijck te belasten hen daerna te reguleren, ende tegen de contraventeurs te procederen naer behooren, mits dat hy suppliant tevreden is, dat alderhande soorte van glaeswerck, uytgenomen drinkbekers, alhier te lande werden gebraght, gelijck nader by de requeste is blijckende. Waerop wesende gedelibereert, is verstaen, dat de voorschreven requeste met de stucken daerby gevoeght zal worden overzien by de Heeren van den Raade ende daerop formeren hun advys, om hetzelve ter naester Vergaderinge wesende gerap-porteert, daerop by de Heeren Staaten gedaen ende gedisponeert te worden naer behooren.

18.

Uittreksel uit de *Notulen van Gecommitteerde Raden van de Staten van Zeeland.*

XXIX April 1611.

Geresumeert sijnde de resolutie, by de Heeren Staten genomen op de requeste van Anthonio Miotto, mr. van den gelaesfourneyse hier binnen Middelburgh, daerby Haer E. M. versoucken tadvys van de Rade, is goetgevonden deselve te adviseren, dat men soude goetvinden by placcate te verbieden het inbringen ende ver-coopen in dese provintie van alderhande soorte van gelaeswerck, drinckbekers ende anders, uuytgesundert de Keulsche ende Franc-foortsche Romers ende de Veneetsche gelasen, mits dat degene, al gereets nu hier te lande sijnde, sullen sonder verbeuren mogen worden vercocht.

19.

11 Junii 1611.

Gesien het advys van de Heeren Raaden nopende de requeste van Anthonio Miotto, mr. van den glaesfournuyse binnen dese stadt Middelburgh, daerby de voorschreven Heeren Raaden verklaren, dat sy goetvinden, dat by placcaate verboden werde in dese provintie inne te brengen ende te verkoopen alderhande soorte van glaeswerck, op den voet ende limitatie, naeder in hunne resolutie van den 29 Aprilis lestleden geroert; naerdat daerop is gelet geweest, is by de Eerste edele, steden van Middelburgh, Ziericzee ende Tholen daerinne geaccordeert, ende die van der Goes, Vlissingen ende Vere hebben genomen rapport.

21 September 1611.

Die van der Goes, Vlissingen ende Vere zijn versoght geweest hun advys inne te brengen op het versoeck van Anthonio Miotto, mr. van den glaesoven in dese stadt, ende hebben verklaert, dat sy tevreden zijn, blijckende, dat de eertshertogen hebben verbodt gedaen, dat van gelijcken alhier verboden zal worden, datter geen glasen, onder de eertshertogen gemaeckt, en zullen innegebraght mogen worden of in dese landen verkoght.

————

20.

16 Julii 1614.

Op de requeste van Anthonio Miotto, mr. van de kristalijn glasenoven binnen dese stadt Middelburgh, versoeckende continuatie van het octroy, hem suppliant gegunt, voor den tijt van nogh vijfthien of sesthien jaren, op gelijcke forme ende met gelijcke voordeelen als het voorgaende, hetwelcke zal komen te expireren in December van den jare 1615, is daerinne geaccordeert by de Eerste edele, Middelburgh ende Ziericzee voor den tijt van vijfthien jaren, by die van der Goes ende Tholen voor seven jaren; die van Vlissingen ende Vere hebben versoght copye van den voorgaenden octroye.

27 November 1614.

Op de requeste van ANTHONIO MIOTTO, mr. van den glaesfournaise hier binnen Middelburgh, versoeckende continuatie van sijn octroy, daerop by die van Vlissingen ende Vere was genomen rapport, hebben die van Vlissingen hun geconformeert met de andere leden, dan gedifficulteert de 25 ponden jaerlijcx, die hy voor pensioen van het lant is ontfangende; die van der Vere verklaren nogh niet gelast te zijn.

9 Martii 1615.

Die van der Vere versoght zijnde in te brengen hun advys op de requeste van den meester van den glasenfournaise ANTHONI MIOTTO nopende de continuatie van sijn octroy, hebben daerinne geaccordeert voor den tijt van seven jaren, dan difficulteren de 25 £. groote 's jaers, die hy uyt kraghte van 'tselve heeft genoten.

15 September 1615.

Die van der Vere versoght zijnde hun advys te willen inbrengen op het versoeck van ANTHONIO MIOTTO, mr. van den glaessefurnayse hier binnen Middelburgh, nopende de 25 ponden grooten 's jaers, die hy uyt kraght van sijn octroy voor desen heeft genoten, hebben hun dienaengaende geconformeert met de andere leden ende in de continuatie geaccordeert voor den tijt van zeven jaren.

20a.

Uittreksel uit eene *Declaraetie van verschoten penningen, gedaen by* HANS VAN ROUBERGEN *deur last van mynen E. Heeren die Gecommitteerde Raeden van de Staten van Zeelandt, ende dat aen verscheyden soldaten ende soldaetsvrouwen, beginnende den VIIIen October 1603 ende eyndende den 19en October 1604.* (Bijlage tot de rekening van den ontvanger-generaal van Zeeland betreffende de administratie te lande over 1604/5 (4de lias van uitgaaf).)

. . . .

Den VIen Merte aen zeven Italiaenen, ge-
commen van den vyandt, tsaemen . . . I £. III sch. IIII d.

. . . .

Den 12 Merte aen vierthien Italiaenen, overgecommen van den vyandt, elcx III sch. IIII d.,
tsaemen . . . . II £. VI sch. VIII d.

. . . .

Den 7ᵉⁿ Meye aen zes Italiaenen, comende
van Blanckenberge, tyde Syne Excellentie
int Casandt lach, tsaemen . . . . . . I £.

. . . .

Den 11 Meye aen zeven Italiaenen, ge-
commen van Ysendijcke. . . . . . . XXIII sch. IIII d.

. . . .

Tenselven daege (13 Juny) aen drye Italiaenen,
gecomen van Ysendijck, tsaemen . . . X sch.

. . . .

Den 24 Juny aen zeven Italiaenen, overgecommen van den vyandt, tsaemen . . . XIIII sch.

. . . .

Den 28 Juny aen zeven Italiaenen, gecommen
uuyt tleger voer Sluys . . . . XIIII sch.

. . . .

Den 2 July aen vijff Italiaenen, gecommen
van den vyandt . . . . X sch.

Den 21 Juny aen zeven Italiaenen, gecommen
van den vyandt voer Blanckenberge . . XI sch. VIII d.

. . . .

Den 3ᵉⁿ July aen twelff Italiaenen, commende
van voer Blanckenberge . . . . . . II £.

. . . .

Den Xᵉⁿ July aen eenen Italiaen, overgecommen van voer Oostende . . . . . V sch.

. . . .

Den IXᵉⁿ Augusto aen vijff Italiaenen, gecomen uuyt der Sluys . . . . XII sch. VI d.

. . . .

Den 12ᵉⁿ Augusto aen 18 Italiaenen . . . XVIII sch.

. . . .

Den 18 (Augusto) aen zes Italiaenen, comende
uuyten leger voer Sluys . . . . . . I £.

. . . .

Den 21 Augusto aen vier Italiaenen, comende
uuyt ssvyandts leger . . . .   XIII sch. IIII d.
. . . .

Alsnoch betaelt by laste van mynen Heeren
van de Raede aen JOHAN SOMER de somme
van XCI £. XIIII sch. ende dat over tgene
by hem betaelt is aen verscheyden siecke
ende gequetste soldaeten als oock soldaetsvrouwen, midtsgaeders vele ende verscheyden soldaten, overgecommen van den
vyandt, naer luydt zyner declaraetie hier
annex, dus hier de voorschreven . . . XCI £. XIIII sch. gr.

    Met ordonnantie tot betaling, verklaring
van registratie en kwitantie van betaling.

    Uittreksel uit de declaratie van JAN SOMER,
in den laatsten post hierboven bedoeld.

. . . .

Den XXII ditto (Jannuary 1604) gegeven aen drye
soldaten, overgecommen van den viandt, wesende
Italiaenen, door laste van de Rade elcx V sch., facit £ 0—15—0
. . . .

Den XXV ditto betaelt aen vijff Italiaenen, commende
van Bergen, by laste van den Raet elcx 3 sch. 4 d.,
facit . . . . £ 0—16—8
. . . .

Den Ven ditto (Februarius 1604) betaelt aen SIRVANI
GALLARD, PIERRE MONTE ende FERDINANDE GIOVANI,
Italiaenen, overgecommen van den viandt, elcx
III sch. IIII gr., facit. . . . . £ 0—10—0

Tenzelven dage aen vier andere Italiaenen, met namen
JAN DE LA BEKE, ORATIO CAMINGO, SIMEON DE LA
TOORA ende . . . ., elcx 3 sch. 4 d. . . £ 0—13—4
. . . .

Den XIIII ditto betaelt aen BALDUYN VAN FERRARE,
Italiaen, overgecommen van den viandt om naer
Hollandt te gaen . . . . £ 0—3—4
. . . .

Den XXV ditto (Martii) betaelt aen vijff Italiaenen,
elcx I sch. VIII gr., by laste . . . . £ 0—8—4

. . . .

Den XXV ditto (Aprilis 1604) betaelt aen vier
Italiaenen, overgecommen van den viandt van voor
Oostende, elcx 3 sch. 4 d., facit . . . . . . £ 0—13—4

21.

Uittreksel uit het *Lidmatenboek der Nederduitsch
Hervormden te Middelburg. 1574—1588.*

1586, nachtmael 82.

. . . .

Dese zijn gecommen van de gemeente van Antwerpen:

. . . .

(N°.) 124. HANS MARTENS in SCHYNEN's huys van de gemeente
van Antwerpen.

22.

Uittreksel uit het *Doodboek van Middelburg.
1574—1609.*

1592 December 11.
HANS MARTENS.

23.

Uittreksel uit het *Lidmatenboek der Nederduitsch
Hervormden te Middelburg. 1589—1607.*

Het 22e nachtmael . . . . den 14en Martii 1593.

. . . .

Nieuwe aencommelinghen met belydenisse des gelooffs:
(N°.) 41 MAEYKEN, weduwe van HANS MARTENS, woont tusschen
de pylaren van de Nieuwe kercke.

24.

Uittreksel uit de *Notulen van Gecommitteerde
Raden van de Staten van Zeeland.*

Den XIen Maii 1606.

JACOB GOEDAERT van Empden heeft als munter zynen eedt gedaen
op de nieuwe instructie voor de munters ende gesellen.

25.

Uittreksel uit het *Trouwboek der Nederduitsch Hervormden te Middelburg. 1601—1610.*

Den 23sten Octobris 1610.

. . . .

| Getrout den 6 Novembris 1610. | SACHARIAS JANSEN, j.g. uut den Haghe. CATHARINA DE HAENE, j.d. van Middelburch. |

Testes:

MAEYKEN MEERTENS, moeder van den brudegom, MAEYCKEN, weduwe van GEDEON DE HANE, moeder van de bruyt, consenteeren beyde in dit houwelijck.

26.

Uittreksel uit het *Doopboek der Nederduitsch Hervormden te Middelburg. 1594—1614.*

1611 September 25.

JOHANNES, filius ZACHARIAS JANSSEN.

Testes:

JACOB GOVAERTS, MAYKEN VAN HOPS, weduwe van GIDEON DE HAEN, JANNEKEN JACOBS.

27.

Uittreksel uit het *Register ter Vierschaar van de stad Middelburg. 1605—1619.*

Den XV^{en} Julii XVI^c XIIIIe.

Present t·collegie van wette, preyter den burgemeester BOREEL ende NICOLAES TENIJS, schepen.

Compareerden voor burgemeesters ende schepenen ZACHARIAS JANSSEN, cramer, als man en de voocht aan CATHALINKEN, dochter van GEDION DE HAEN ende MAYKEN HAPS, beyde deser werelt overleden, ende heeft by monde van GHIJSBRECHT TRIJSSEN, synen procureur in desen, zoo voor hem selfs als in desen vervangende zyne huysvrouw minderjarige broeder ende suster, verclaert hem te onthouden van de successie van de voorschreven sijns huysvrouw moeder, deselve haere naergelaten goederen abandonerende ende laetende tot behouve van haere crediteuren, daertoe gerechticht zijnde; ende werdt dienvolgende in deselve gestelt als sequester ABRAHAM KENT ende geauthoriseert die te doen inventariseren ten overstaen van den wethouder ende voorts deselve te beneficeren ten yders rechte naer kennisse van den secretarius VET.

28.

Uittreksel uit het *Lidmatenboek der Nederduitsch Hervormden te Middelburg 1607—1621.*

Nachmael 251, gehouden den 14 December 1614.

. . . .

Nieuwe aenkomelingen:

. . . .

SACHARIAS JANSSEN, tegensover de Choorkercke.

29.

Uittreksel uit het *Register van de Middelburgsche weeskamer.*

N⁰. XLVI^c XL^{tich.}

LOWYS LOWYSSEN, geseyt HENRICXEN brilmakers, twee weesen, daer moeder aff was LIJSBETH.

SAGARIAS JANSEN is goede bekende van de kinderen van de moederlijcke syde, heeft angenomen de vochdie van de kinderen, ende den behoorlijcke eedt, daertoe staende, gedaen. Testes: QUERIJN GELEYNSSEN, JAN ADRIAEN WILLEMSSEN ende JORIS FORTSSEN, weesmeesters.

Actum op den XXV^{en} Martii 1615.

30.

Uittreksel uit het *Register van „kleene daginge" of „uytban" van de stad Middelburg. 1614—1620.*

Den XXI^{en} Junii XVI^c XVIe.

Fol. 87 verso.

ZACHARIAS JANSEN, brilmaker, omme X £ I schelling over coop ende leveringe van laken, baeyen ende carsayen, met costen . . . . contra JAN VAN ES, p(rocureur) WELLE.

31.

> Uittreksel uit de *Lijst der lidmaten der Neder-*
> *duitsch Hervormden te Arnemuiden 1611—1682*,
> welke lijst zich van achteren in het *Trouwboek van*
> *1607—1716* bevindt.

1618. 31 December. ZACARIUS JANSEN CATARINA DE HAEN	Met attestatie van Middelburch, wonende in de Tolstrate [1]) in de Busse.

32.

> Uittreksel uit de *Gerechtsrol van Arnemuiden*
> *1613—1623.*

Op den XXVII[en] Jullii, 1619, present enz.

. . . .

Burchmeesters ende sche-penen ordonneren te proce-deren naer stijl van de vierschaere. Ende soe	JAN AUGUSTIJNSSEN, heesschere, contra SACHARIAS JANSSEN ende sijn huysvrouwe, gedaechden, omme betaelinghe te heb-ben van III £ IIII schellingen om ge-leent gelt, verschoten penningen ende gelevert broot volgende specificatie, metten costen.

33.

> Uittreksel uit het *Register van „kleene daginge"*
> *of „uytban" van de stad Middelburg. 1620—1628.*

Den IX[en] Maerte XVI[c] XXI.

Fol. 38.

ZACHARIAS JANSEN om twee pont vijf-
tien schellingen [2]) twee grooten Vls.
over verteerde gelagen, met costen . . contra SACHARIAS COENE,
(procureur) WELL.

---

[1]) De Tolstrate is ongetwijfeld een gedeelte van de Langstraat (zie
H. M. KESTELOO. *Geschiedenis en plaatsbeschrijving van Arnemuiden.* Aant.
16 blz. 323).

[2]) Het HS. heeft ponden.

34.

Uittreksel uit het *Register van nieuwe paey-brieven, schultbrieven, schepenzekeringen, indem-nisatiebrieven en verbandtbrieven, P. 1627—1630.*

Fol. 29 verso.

Overgedragen int II⁰ Wijckre-gister folio 89 verso.

Overgebracht ter registratie den II Junii 1628.

SACHARIAS JANSSEN, ingeseten dezer stadt Middel-burch in Zeelandt, compareerde voor schepenen derzelver stadt ende heeft bekent ende verleden, soo hy bekent ende verlijdt mits desen, wel ende deu(ch)delick schuldich te wesen aen GOVAERT JACOBSSEN VAN DEN HEUVEL, ketelaer ende inge-seten alhier, de somme van achtentachtich ponden ses schel-lingen acht grooten Vls. over goede lequide affgerekende schult, spruytende uytten coope ende levereringe van toebacco, welcke voorschreven somme van achtentachtich ponden ses schellingen ende acht grooten Vls. hy comparant belooft heeft ende belooft mits desen wel ende trouwelick te betaelen oft doen betaelen aen den voornoemden GOVAERT JACOBSSEN VAN DEN HEUVEL oft aen den thoonder deser binnen vier maenden naestcommende naer datum deser sonder dilay, oft indien met bewillige desselffs de voorschreven betalinge langer retarde, soo belooft hy comparant daervoore intrest te betalen ten advenante van ses ende een quart ten honderden tsjaers, te loopen totte effective betalinge der voorschreven somme toe; verbindende daervooren insonderheyt de voornoemde comparant tot specialen onderpande ende hypoteque de gerechte helft ¹), hem competeerende in seker huys, gestaen ende gelegen by de poorte van de munte aen de Groene mart deser stadt binnen dese vier gemercken: oost de munte, zuyt de Nieuwe kercke, west DIRCK JANSSEN, timmerman, ende noort sheeren straete, met alle den gevolge van dien, ende generalick voorts noch zijnnen persoon ende alle zijnne goederen, roerende ende onroerende, present ende toecommende, binnen dese eylande van Walcheren ende daarbuyten, onder de renunciatie als naer rechte, zonder fraude.

Hierover waeren dheeren OLIVIER CORBAUT, PIETER LEUNISSEN LEM ende ADRIAEN GEERTSSEN VAN LISVELT, schepenen in Middelburch, ende dit oirconden sy.

Dit is gedaen op den XXI Meye XVI° tweentwintich, ende was besegelt met drye groene wasse zegelen onderaen uuythangende in dobbele steerten.

¹) Het HS. heeft dit woord tweemaal.

35.   Uittreksel uit het *Register van nieuwe paey-
brieven, schultbrieven, schepenzekeringen, indem-
nisatiebrieven en verbandtbrieven*, Q. 1630—1633.

Folio 273.

Schultbrieffve.

**Overgedragen
int Iᵉ Wijckre-
gister tus-
schen fol. 276
ende 277 op
een nieuw blat
verso ende int
IIᵉ Wijckregis-
ter fol. 89
verso.**

Compareerde voor schepenen der stadt Middelburch
in Zeelandt Sara Janssen, wedᵉ van Abraham Bouchee,
ingesetene derselver stadt, geadsisteert met Daniël
van der Rijst, notaris, als haren gecoren voocht in
desen, ende verlyde wel ende deuchdelijck schuldich te
wesen aen Jan Barthelssen Hardecappe, beenhouwer,
poorter ende burger alhier, de somme van vijffen-
vijftych ponden gr. Vls. ter cause over den coop
ende leveringe van vleesch, thaer comparanten vollen dancke
ten diversche reysen gecocht ende ontfangen, belovende oversulcx
sy comparanten aen den voorschreven Hardecappe ofte thoonder
deser de voorschreven somme van LVᵗⁱᶜʰ ponden gr. Vls.
wel ende getrouwelijck te restituëren ende betalen ofte doen
betalen naer haer comparantes overlyden van ofte uuyt haere
eerste ende gereeste naer te laten goederen ofte oock eer, soo de
voorschreven Hardecappe voor haer comparante afflivich quaeme te
worden, als wanneer desselffs weduwe, kinderen oft erffgenamen
de voorschreven somme voorderen sullen mogen tallen dagen; hiertoe
verbindende sy comparante eerst specialijck seker heur huys ende
hoffstede metten gevolge van dien, staende in de Gistrate deser
stadt, genaempt nu ter tijdt Den Grouwen Hoet, tusschen
deze vier gemercken: oost Cornelis . . . ., zuyt thuys, genaempt
t Vercken, west thuys Cleen Lavoir, ende noort sheeren
strate; ende noch haer gerechte helft van de huyse ende erve met sijn
gevolgen, gestaen ende gelegen op de Groenmarct neffens de munte
alhier, oost . . . ., zuyt de Nieuwe kercke, west de poorte van
de munte ende noort sheeren st(r)ate; ende voorts verobligeerende
haer persoon ende generalijck alle hare ander goederen, roerende
ende onroerende, present ende toecommende, zonder froude.

Hierover waren d' heeren mr. Jacob Schotte, Cornelis Hey(n)-
dricxsen ende Johan van Roubergen, schepenen in Middelburch
voornoemt; dit oirconden sylieden.

Ende was gedaen int jaar ons Heeren ende Zalichmaker Jesu
Christy XVIᶜ tweendertich op den eersten July, ende was besegelt met
drye groene wasse segelen onderaen uuythangende in dobbelen steerten.

36.

Uittreksel uit het *Tweede wijkregister (oudste serie).*

Fol. 89 bis.

Thuysken, staende by de poorte van de munte by de Groenmarct op stadtsgrond, is belast met eenen schultbrief van LXXVIII £. VI schellingen VIII grooten, verleden by Sacharias Jansen tot behouve van Govert Jacobs van den Heuvel, sprekende op de helft van de voorschreve huyse van date 21 Meye 1622, blykende in *tregister P van de nieuwe schultbrieven* fol. 29 verso. (Zie nr. 34 hiervoren.)

De helft van desen huyse is belast in een schultbrief van LV £, verleden by Sara Jans, weduwe van Abraham Bouche, ten behoeve van Jan Hardecappe, den brief in date den 1en July 1632 blykende in *tregister Q van de schultbrieven* fol. 273. (Zie nr. 35 hiervoren.)

NB. In het handschrift is in later tijd boven deze aanteekening met potlood geschreven Lt. A. N° 24.

37.

Uittreksel uit de *Rekening van den 40sten—80sten penning op den overgang van onroerende goederen, 1622/3.*

Fol. 22 verso.

Van Zacharias Janssen vier ponden vijff schellingen over den XL ende LXen penning van hondert een ende tachtich ponden coopsomme van een huys, staende in de Schuytvlotstraete, gecocht met den stocke op den IIII January XVIᶜ XXIII van de weduwe van Lenaert Jacobssen van Damme, te betaelen met acht ponden vijff schellingen rente, XVI £. gereet ende gelyke somme tsjaers naer luyt den extracte, die voorschreven....... IIII £ V schellingen. (Zie nrs. 39 en 48.)

38.

Uittreksel uit het *Register van „kleene daginge" of „uytban" van de stad Middelburg. 1620—1628.*

Den XVIen April XXIIII.

Fol. 124.

Zacharias Janssen, brilleman, gedaechde omme vier ponden gr. Vls. over twee

jaren rente, verschenen December 1622
ende 1623, geypotequeert op zijn gedaechdens huysinge, daer hy inne woont, met
costen . . . . contra Jaspar Adriaenssen,
eyscher, p(rocureur) Tr(ijs-
sen).

39.

Uittreksel uit het *Register van „kleene daginge"*
of „uytban" van de stad Middelburg. 1620—1628.

Den XI^en Juni XVI^c XXIIIIe.

Fol. 128 verso.

Zacharias Janssen, brillemaecker, als
besitter van de ypoteecque, gedaechde
omme negen ponden acht schellingen eene
groote twaelff myten sjaers, verschenen
den XI^en October 1622 ende 1623, spe-
cialijcken beset op zijn gedaechdens huys,
genaemt Den Swarten Leeuw,
staende in de Schuytvlotstrate alhier,
met costen . . . . contra Jan Pieterssen van
den Brande, rentmeester
vant extraordinaris van
Walcheren, eyscher, p(ro-
cureur) Tr(ijssen).

40.

Uittreksel uit het *Doodboek van Middelburg.*
1609—1626.

October 1624.

Kerckhof.

. . . .

16. Catelijntjen de Haene.

41.

Uittreksel uit het *Register van „kleene daginge"*
of „uytban" van de stad Middelburg. 1620—1628.

Den XIX^en November 1624.

Fol. 144.

Sacharias Janssen, brillemaecker, gedaechde omme vier ponden zes schellingen

21*

gr. Vls. ter saecken voorschreven (over
verteerde gelagen), met costen . . . contra Jan de Bleecker,
herbergier, eyscher, p(ro-
cureur) Nan.

42.

Uittreksel uit het *Trouwboek der Nederduitsch
Hervormden te Middelburg. 1621—1630.*

Den 9 Augusti 1625.

Getrout den | Zacharias Janssen, wed^r van 's-Gravenhage.
9 Novembris | Anna Couget van Antwerpen, weduwe van Willem
1625. | Janssen.

Getuyghen:
Pieter Goedaert, Statenbode, ende Sara Goedaert,
suster van den bruidegom, dat hy weduwnaer is;
ende Gillis Janssen ende Tanneken Gillis tuyghen,
dat de bruyt weduwe is.

43.

Uittreksel uit het *Register van „kleene daginge"
of „uytban" van de stad Middelburg. 1620—1628.*

Den XXIII^{en} September 1625.

Fol. 182 verso.

Sacharias Janssen, brillemaker, gedaechde om elff pont thien schellingen
gr. Vls. over (¹) anderhalff jaer huys-
huere, verschenen Meye lestleden, van
den huyse genaempt De Halve Mane,
gestaen in de Gistrate binnen deser stadt,
voort gecondemneert te werden tvoor-
noemde huys te moeten comen bewoonen
ofte wel voor (¹) de (¹) huere, die inne-
ganck genomen heeft den I^{en} November
1624 ende expireren sal Meye 1627, te
moeten stellen suffisante cautie, met costen contra de wed^e van wylen
Guilliame Parisys, eyscher,
p(rocureur) Nan.

(¹) Het HS. heeft dit woord tweemaal.

44.

Uittreksel uit het *Trouwboek der Nederduitsch Hervormden te Middelburg 1621—1630.*

Den 21^{en} Octobris 1625.

| Getrouwt den 17^{en} No-vembris 1625. | ABRAHAM BOUCHÉ, j.g. van Antwerpen. SARA JANS van Antwerpen, weduwe van JACOB GOEDAERD. |

Testes:

Dat de bruydegom vry j.g. sy, tuycht PIETER CUYLEN-BURCH, ende dat sijn moeder in sijn huwelijc consenteert, is ons gebleken by missive; van de bruyds wege, dat sy weduwe sy, tuycht JUDITH POTTIER, weduwe van PIETER GOEDARDE.

45.

Uittreksel uit het *Register van „kleene daginge"* of *„uytban" van de stad Middelburg. 1620—1628.*

Den XXVIII^{en} October 1625.

Fol. 186.

SACHARIAS JANSEN, brillemaker, ge-daechde omme drye ponden ses schellingen vier grooten Vls. over tmaecken van sijnne gedaechdens glasen aen sijn huys, daer hy inne woont, met costen. . . . . . contra CORNELIS WITHOGE, glaesmaker, eyscher, p(ro-cureur) NAN.

46.

Den X^{en} Februarii 1626.

Fol. 194.

SACHARIAS JANSEN, brilleman, gedaechde om seven ponden elf schellingen een groote Vls. ter saecken voorschreven (over ver-teerde gelagen), met costen. . . . . contra PIETER DIAS, eyscher, p(rocureur) DEYNSSE.

47.

Den laesten Maerte 1626.

Fol. 199.

ZACHARIAS JANSSEN, brilleman, gedaechde omme vier ponden gr. Vls. over twee
jaren rente, verschenen December
XVI^c XXIIIIe ende XVI^c XXVe, ge-
hypotequeert op sijn gedaechdens huy-
singe, daer hy inne woont, met costen contra JASPER ADRIAENSSEN,

eyscher, p(rocureur)Tr(IJS-
SEN).

48.

Uittreksel uit *Journalen van uitgaaf* (ook genaamd *uitgeefboeken* of *generaal-uitgeefboeken*) van
de stad Middelburg. *1619—1628*.

Folio 164.

Overgedragen fol. 116^r. Betaelt aen mr. DIRICK DE VRIESE uyt den naeme
ende van wege derffgenaemen van wylen DIRICK DE
VRIESE, synen vader, de somme van thien ponden acht schellingen
ses myten Vls. in minderinge van XXV £ III schellingen ses
myten, deselve erffgenaemen geprefereert in minderinge van meerder
somme uyt de gereede penningen van thuys, genaempt Den
Swarten Leuwe, aengecomen hebbende laest SACHARIAS JANSSEN,
brillemaker, ende dat uyt saeke van eenen schepenenpaybrieff, ingehouden hebbende VIII^c L Carolusgulden, verleden by LENAERT
JACOBSSEN in date den XVIII^{en} Meerte XV^c XCII^e, alles volgens
schepenaenschattinge in date den XXII^{en} Meerte XVI^c XXVIIe.
Oorconden zijn hantschrift:

DIRICK DE VRISE. 1627.

Overgedragen fol. 116^c. Betaelt een d'heer PIETER JOOSSEN DUYVELAER, als
ontfanger van den aermen deser stadt, de somme
van drie ponden twee schellingen ses grooten Vls., over twee
jaren verloops eener rente van I £ XI schellingen III grooten
tsjaers, beset op thuys Den Swarten Leuw, gestaen ende
gelegen op het eynde van de Schuytvlotstraete, aengecomen hebbende SACHARIAS JANSSEN, brillemaker, verschenen den XV^{en} Augusti
XVI^c XXIIIIe ende XXVe.

Des t'oorconde dese geteykent:

PR. DUVELAER.

Betaelt aen Anthonis van den Brande uyt den naem ende van
wege de weduwe ende erffgenaemen van wylen Jan Pieterssen van
den Brande, in sijn leven rentmeester van de geestelijcke goederen
in Walcheren, de somme van vier pont vierthien schellingen
achthien myten Vls. over een jaer verloops eener rente van gelijcke
somme tsjaers, gehypothequeert op thuys Den Swarten Leuw in de
Schuytvlotstraete binnen dese stadt, aengecomen hebbende Sacharias de brillenmaker, verschenen November XVIᶜ XXVᵉ.

Oorconden zijn hantschrift hieronder gestelt op den 26 Marti 1627:
A. van den B(r)ande.

49.

Uittreksel uit het *Register van „kleene daginge"*
of „uytban" van de stad Middelburg. 1628—1636.

Den VIIᵉⁿ April 1630.

Fol. 37 verso.

Johannis Sachariassen, brilmaker, gedaechde om drye pont XIX schellingen
III grooten Vls. omme ende ter cause
als boven (over coop ende leveringe van
Neurenburgeryen) . . . . contra Floris van Scha-
                                    renbuech, eyscher, p(ro-
                                    cureur) ·Ma. . . . .

50.

Uittreksel uit het *Trouwboek der Nederduitsch
Hervormden te Middelburg. 1631—1640.*

Den 17 April 1632.

. . . .

Getrouwt | Johannes Sacharias, j. g. van Middelburgh.
den | Sara du Pril van der Veren, wᵉ Marten Goverts.
7 Mey 1632. |

Testes:

Dat de bruydegom geen ouders noch vooghden
en heeft, getuight Sara Boussé, syne moeye op den
Dam int Goude cruys, ende consenteert; dat de
bruit 7 maenden weduwe is geweest, tuight haren
vader Maximiliaen du Pril.

ADDENDA ET CORRIGENDA.

Blz. 2, noot 3, lin. 1. staat: *"in eene verhandeling"*, lees: *"in een appendix De luce et lumine Disputatio tot de verhandeling"*.

lin. 2. staat: *"1611"* lees: *"1612"*.

lin. 5—7. De tusschen haakjes geplaatste aanwijzing gelieve men te schrappen.

Blz. 36, noot 1, lin. 7. staat: *"vertaling: Geschichte und gegenwärtiger Zustand des Mikroskopes"* lees: *"vertaling: Das Mikroskop. Theorie, Gebrauch, Geschichte und gegenwärtiger Zustand desselben"*.

lin. 8. staat: *"Th. III"* lees: *"Dritter Band: Geschichte und gegenwärtiger Zustand des Mikroskopes"*.

Blz. 51, noot 3, lin. 5. staat: *"n° 153"* lees: *"n°s 134, 148, 152, 162"*.

Blz. 66 lin. 14—27. Niet onwaarschijnlijk heeft GLORIOSI het verhaal omtrent den kijker van LEO X ontleend aan de in 1611 verschenen *Διανοία astronomica* van SIZI (zie blz. 264 noot 1). Na de mededeeling van het bericht van PORTA omtrent den toren van PTOLOMAEUS (zie blz. 48) gaat SIZI voort:

"Sed alia, eaque recentiora, commemoro: ALBERTUM MAGNUM quoddam perspicillum effinxisse, eoque usum fuisse, quo mirum in modum res longe dissitas conspicuas habebat, amicisque videndas ostendebat. Idem de CORNELIO AGRIPPA scriptis consignatum habemus. Sed notiora. LEONEM X Pontificem maximum perspicillum possedisse certum est, quo mira exercuit: fertur enim, domo sua et ex aliis nostrae urbis locis, aves, quae in Fesulano

monte positae erant et evolabant, et vidisse et earum distinxisse speciem et numerum. Nam supremo ille bonarum artium omniumque scientiarum pater omnes artifices et sapientissimos viros fovit et aluit: testes innumerae bibliothecae conditae; testes innumerabiles eximiorum in omni genere scientiarum virorum, qui aevo suo frequentissimi extiterunt, nomini suo dicatae memoriae; testis organorum et instrumentorum admirabilium immensa et lauta supellex, qua nominis immortalitatem sibi comparavit admirabilem, unde his organis instructus, admiranda patravit. Ex quibus historiarum monumentis elicitur, perspicilli inventum multis abhinc saeculis viguisse, perque posteros propagatum, tandem ad nos pervenisse. . . . ."

Blz. 75, noot 2, lin. 1. staat: *"Stratisticos"* lees: *Stratioticos".*

Bld. 77, noot 1, lin. 3. voeg toe: *"Extra Series".*

Blz. 94, lin. 15 staat: "1280. Nulladimano" lees: "1280 nulladimeno".

lin. 16 staat: "in oggetti vili" lees: "solo in 'oggetti vili".
lin. 17 staat: "ova" lees: "ora".

Blz. 100—101. Dit hoofdstuk was reeds eenigen tijd afgedrukt, toen Prof. FAVARO te Padua zoo welwillend was ons mede te deelen, zoo juist onder de handschriften der Accademia del Cimento een brief van GUALTEROTTI gevonden te hebben over hetzelfde onderwerp. Hij is reeds van 6 April 1610, geschreven uit Florence en gericht aan COSIMO II. Men zal hem kunnen vinden in *Le opere di* GALILEO GALILEI, *Vol. XVIII* pag. 409—410. De aanhef luidt:

"Ser.mo Gran Duca di Toscana,

Con umiltà et affetto fo reverenza a V. A. Ser.ma, e le bacio la veste.
Io ho letto il *Messaggiero stellato* di GALILEO, dal qual si comprendono tre nobili cose. Il primo, che GALILEO ha nobilitato uno strumento debile e che nel principio io stimai pochissimo, come quegli che havevo tra le mie bagattelle due o tre cose che tendevono a quel medesimo fine; ma hora la perfezione che gli ha dato GALILEO

è sua propria, cosa invero mirabillissima. La
seconda . . . ."

Zij bevestigt de meening, dat GUALTEROTTI tot zijn brief
van 24 April aanleiding vond in de lezing van GALILEI's
verhaal in den *Nuncius Sidereus* omtrent de geruchten
van LIPPERHEY's aanbieding in den Haag.

Blz. 101, lin. 21 staat: *"cortoni"* lees: *"cartoni"*.

Blz. 103, lin. 7—14. Tegelijkertijd met het bovenstaande
maakte Prof. FAVARO ons opmerkzaam op het in dezen
brief vermelde instrument van IGNAZIO DANTE, sinds
1583 bisschop van Alatri, overleden in 1586; doch daar
dit wellicht elders beter zal behandeld worden, zij hier
met de verwijzing volstaan. Opgemerkt zij, dat de datum
van den brief, 3 April 1619, ontleend is aan JACOLI, doch
dat Prof. FAVARO hem stelt op 3 April 1616, zoodat hij
geplaatst is in *Le Opere di* GALILEO GALILEI *Vol. XII*
n° 1194.

Blz. 108 vlg. In dit hoofdstuk is gewezen op de aanwezigheid
van Italiaansch werkvolk en Italiaansche soldaten te Middelburg. De berichten, daaromtrent afgedrukt op blz. 108,
109, 113, zijn uit de jaren 1601 en 1606, en nu schijnt
het niet overbodig om hun verblijf te Middelburg ook
voor 1604, het jaartal van den namaak van den kijker,
te constateeren. Daarom is aan de bijlagen nog een uittreksel van een tweetal archiefstukken toegevoegd (zie n°
20a). Er mag hier nog wel eens op gewezen worden, hoezeer
de mededeeling van JOHANNES SACHARIASSEN door die
berichten in betrouwbaarheid wint. Hem kon uit eigene
ervaring van de tegenwoordigheid van Italianen te Middelburg in 1604 niets bekend zijn, zoodat eene onwaarheid
ten opzichte van de uitvinding der verrekijkers door hem
niet gekoppeld kon worden aan eene herinnering aangaande Italianen. In hem kon alleen leven de herinnering aan eene mededeeling van zijn vader over die
instrumenten.

Blz. 141, lin. 4 van onderen staat: *als* lees: *ab*.

Blz. 161—162 en blz. 192. Op een enkel, trouwens minder belangrijk, punt, nl. ten opzichte van de schenking van een kijker door JANSSEN aan MAURITS, zouden we ons gevoelen willen wijzigen. *Specimen unum — zegt BOREEL — principi MAURITIO etiam obtulit, qui illud inter secreta custodivit, usui futurum forte in Expeditionibus Belgicis*, en doet daarna het verhaal van den onbekende volgen, die naar Middelburg kwam om JANSSEN te bezoeken. BOREEL's mededeelingen omtrent de kijkers van JANSSEN en LIPPERHEY komen ons in hoofdzaak voor als eene uitbreiding en opheldering van hetgeen door SIRTURUS wordt medegedeeld (zie blz. 192), wiens relaas door BOREL in zijn werk ook wordt weergegeven en dus BOREEL niet onwaarschijnlijk bekend was. Voor de waarde van SIRTURUS' berichten pleiten de omstandigheden, dat zij waarschijnlijk dagteekenen van vóór 1612, dat hijzelf te Middelburg zal hebben vertoefd, en dat hij stellig in den Haag den daar door LIPPERHEY aangeboden kijker onderzocht. In de eerste plaats meenen we op grond van de uitlegging, die we op blz. 196 aan de uitdrukkelijke woorden van SIRTURUS *nemo alter (perspicillorum artifex) est in ea urbe*, hebben gegeven, verder te mogen afleiden, dat het ook h e m niet onbekend is gebleven, dat JANSSEN vóór LIPPERHEY kijkers bezat: indien SIRTURUS overtuigd ware geweest, dat zij niet bij JANSSEN te verkrijgen waren, zouden zij in zijne mededeeling geheel overtollig zijn en het geen zin hebben om de afwezigheid van JANSSEN te releveeren; thans echter geven zij in den zin, dien wij er aan hechten, de reden, waarom de onbekende bij LIPPERHEY terecht kwam — uitvoeriger aldus nog toegelicht door BOREEL. En met die wetenschap van SIRTURUS, dat JANSSEN vóór LIPPERHEY kijkers bezat, zal eene zijner volgende mededeelingen verband houden: *Het was twijfelachtig, of de prins vroeger deze voor het krijgswezen zoo nuttige en noodwendig geheim te houden zaak had gehad of niet. Maar daar hij bemerkt had, dat zij door toeval bekend was geworden, zal hij het zich ontgeven hebben, den ijver en de welwillendheid van den maker (LIPPERHEY) beloonende.″ Dit is het allereerste bericht, waarin op eene schenking van een kijker door JANSSEN wordt gezinspeeld, dagteekenende van vóór 1612, medegedeeld door iemand, die zoowel te Middelburg als in den Haag heeft vertoefd. Het is waar, dat die schenking hier niet als iets zekers wordt voorgesteld, maar na de besliste verklaring van JOHANNES SACHARIASSEN daaromtrent, kan men haar wel, evenals trouwens BOREEL in 1655 deed, als daadzaak aanvaarden. In het ontvangen eener belooning met verzoek om de zaak geheim te houden, kan men eene der redenen zien, waarom JANSSEN geen octrooi heeft aangevraagd, al hield hij zich weer op andere wijze niet aan de afspraak. — Lét men verder op de omstandigheid, dat de beslissing op LIPPERHEY's verzoek om octrooi in October 1608 wordt uitgesteld, hetgeen o. i. eene vreemde zaak is, indien de Staten-Generaal geen redenen hadden om aan de nieuwheid van het instrument te twijfelen, dan komt het ons zelfs waarschijnlijk voor, dat MAURITS van JANSSEN's vroegere schenking heeft gewag gemaakt. Ook het feit, dat MAURITS of zijn broeder in die dagen zoo grif den kijker aan SPINOLA toonden, met wien nog wel juist de vredesonderhandelingen waren afgebroken, lijkt ons eene bevestiging van SIRTURUS' vermoeden, dat MAURITS bij de komst van JANSSEN's buurman het geheim heeft opgegeven.

Onze meening omtrent eene schenking door JANSSEN aan ALBERTUS kan ongewijzigd blijven.

Blz. 176, lin. 6 van onderen staat: ″dé″ lees: ″de'″.

Blz. 231, lin. 22 staat: ″des″ lees: ″de″.

noot 4 staat: ″etc. a Paris M. DC. IX pag. 244 verso en 245 recto″ lees: ″Années 1605—1610 A Paris, par IEAN RICHER, M. DC. XIII. pag. 338—340.

Blz. 232, lin. 9 en 28 staat: ″Midelbourg″ lees: ″Mildebourg″.

lin. 13 en 21 staat: *loin* lees: *loing*.

lin. 18 staat: *notre* lees: *nostre*.

lin. 19 staat: *SPINOLA* lees: *de SPINOLA*.

lin. 31 staat: *demi* lees: *demie*.

lin. 32 staat: *BACCON* lees: *BACHON*.

lin. 35 staat: *reconut* lees: recogneut*.

We ontleenen deze verbeteringen aan een afschrift, dat de heer P. ADAM te Nancy zoo vriendelijk was ons op ons verzoek te zenden.

Caetera minoris momenti corrigat benevolus Lector.

www.ingramcontent.com/pod-product-compliance
Lightning Source LLC
Chambersburg PA
CBHW051204200326
41519CB00025B/7000